모든 교재 정보와 다양한 이벤트가 가득!
EBS 교재사이트 book.ebs.co.kr

본 교재는 EBS 교재사이트에서
eBook으로도 구입하실 수 있습니다.

매쓰 디렉터의 고1 수학 개념 끝장내기

공통수학 2

기획 및 개발

최다인
박진주
이소민

발행일 2025. 2. 15. **1쇄 인쇄일** 2025. 2. 8. **신고번호** 제2017-000193호 **펴낸곳** 한국교육방송공사 경기도 고양시 일산동구 한류월드로 281
표지디자인 금새컴퍼니 **편집** ㈜글사랑 **인쇄** 팩컴코리아㈜
인쇄 과정 중 잘못된 교재는 구입하신 곳에서 교환하여 드립니다. 신규 사업 및 교재 광고 문의 pub@ebs.co.kr

정답과 풀이 PDF 파일은 EBS*i* 사이트(www.ebs*i*.co.kr)에서 내려받으실 수 있습니다.

교재 내용 문의
교재 내용 문의는
EBS*i* 사이트(www.ebs*i*.co.kr)의
학습 Q&A 서비스를 활용하시기 바랍니다.

교재 정오표 공지
발행 이후 발견된 정오 사항을
EBS*i* 사이트 정오표 코너에서 알려 드립니다.
교재 → 교재 자료실 → 교재 정오표

교재 정정 신청
공지된 정오 내용 외에 발견된 정오 사항이 있다면
EBS*i* 사이트를 통해 알려 주세요.
교재 → 교재 정정 신청

EBS

하루 6개 1등급 영어독해

내신과 수능을 모두 책임지는

하루 6개 1등급 영어독해

매일매일 밥 먹듯이,
EBS랑 영어 1등급 완성하자!

규칙적인 일일 학습으로
영어 1등급 5주 완성

최신 기출문제 + 실전 같은
문제 풀이 연습으로
내신과 학력평가, 수능 등급 UP!

대학별 최저 등급 기준 충족을 위한
변별력 높은 문항 집중 학습

매쓰 디렉터의
고1 수학
개념 끝장내기

공통수학 2

| 구성과 특징 | 매쓰 디렉터와 함께하는 공통수학2 개념 끝장내기!

대표 유형 & 유제

핵심 개념 & 개념CHECK

대표유형

단원별로 자주 출제되는 문제를 선별하여 문제의 해결전략이 되는 톡톡 MD의 한마디!와 함께 제시하였습니다.

핵심 개념

필수 개념을 보다 쉽게 이해할 수 있도록 자세하게 설명하였습니다.

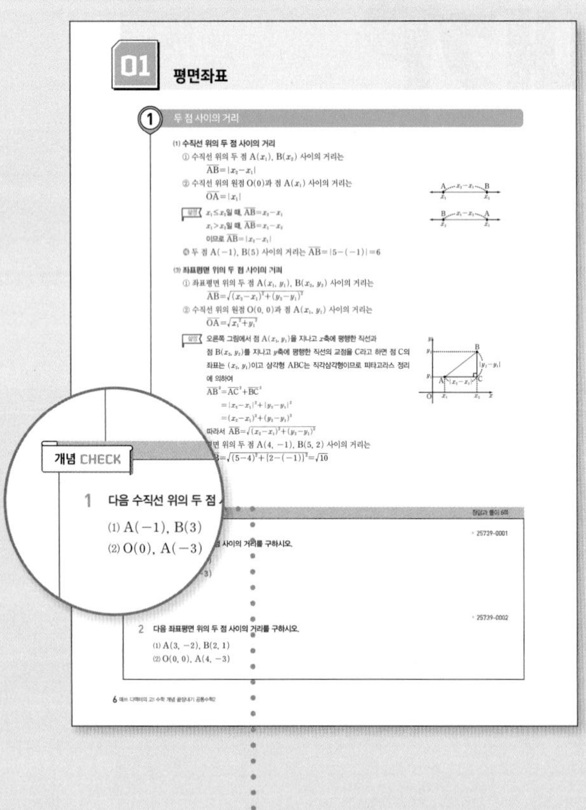

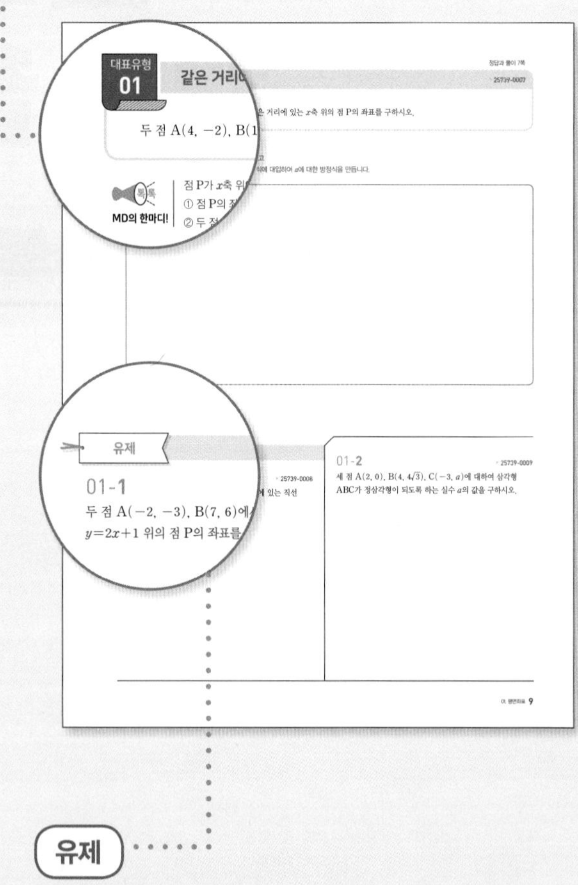

유제

대표유형과 유사한 문제로 구성하여,
스스로 문제의 구조를 파악하고 연습할 수 있도록 하였습니다.

개념 CHECK

학습한 내용을 바로 적용해보며 점검할 수 있도록 하였습니다.

정답과 풀이에도
모든 문제가 실려있습니다.

정답과 풀이

단원 마무리

각 중단원을 정리할 수 있는 문제로 구성하였습니다.

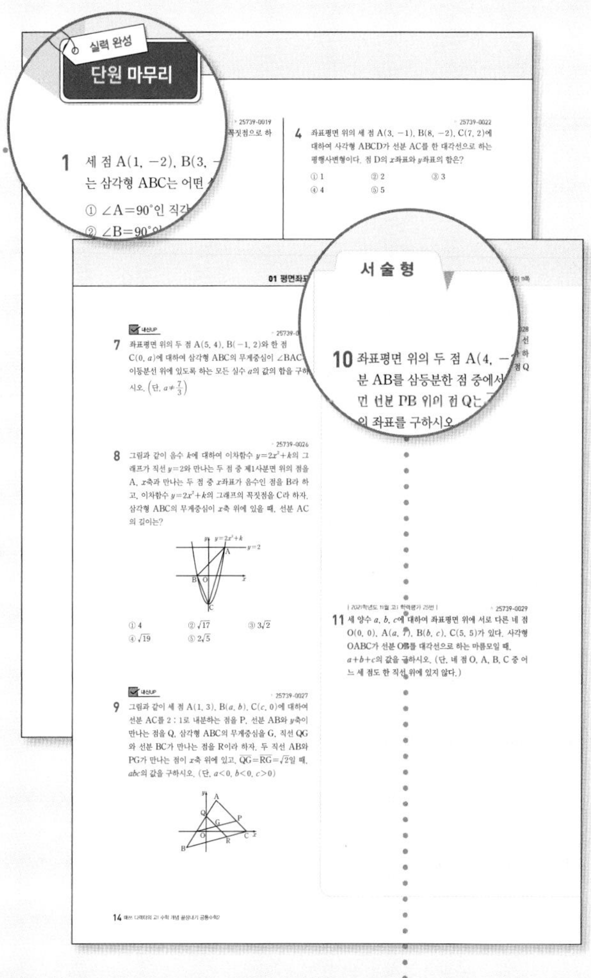

서술형, 내신UP, 기출문제

서술형, 고난도 문제와 학력평가 기출문제를 함께 수록하여 내신 시험을 대비할 수 있도록 하였습니다.

MD's 가이드북(정답과 풀이)

MD's 가이드북만으로도 학습이 가능하도록 모든 문제를 수록하였습니다.

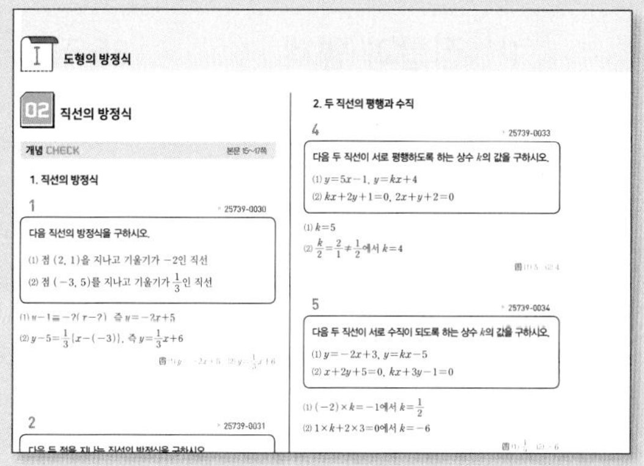

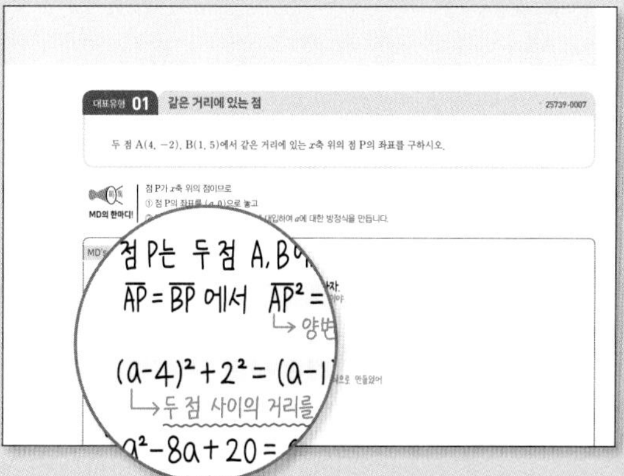

MD's Solution

특히 대표유형 문제는 MD's Solution을 제시하여 MD의 친절한 풀이를 손글씨를 통해 만날 수 있습니다.

CONTENTS

차례

풀이 강의는 추후 제공될 예정입니다.

학생
인공지능 DANCHGQ
푸리봇 문|제|검|색
EBSi 사이트와 EBSi 고교강의 APP 하단의 AI 학습도우미 푸리봇을 통해 문항코드를 검색하면 푸리봇이 해당 문제의 해설과 해설 강의를 찾아 줍니다. 사진 촬영으로도 검색할 수 있습니다.
문제별 문항코드 확인
문항코드 검색
[25739-0001]
1. 아래 그래프를 이해한 내용으로 가장 적절한 것은?
25739-0001
사진 촬영 검색
선생님
EBS 교사지원센터
교재 관련 자|료|제|공
교재의 문항 한글(HWP) 파일과 교재이미지, 강의자료를 무료로 제공합니다.
한글다운로드
교재이미지
강의자료
• 교사지원센터(teacher.ebsi.co.kr)에서 '교사인증' 이후 이용하실 수 있습니다.
• 교사지원센터에서 제공하는 자료는 교재별로 다를 수 있습니다.

I 도형의 방정식

01 평면좌표

02 직선의 방정식

03 원의 방정식

04 도형의 이동

평면좌표

두 점 사이의 거리

(1) 수직선 위의 두 점 사이의 거리

① 수직선 위의 두 점 $A(x_1)$, $B(x_2)$ 사이의 거리는

$\overline{AB}=|x_2-x_1|$

② 수직선 위의 원점 $O(0)$과 점 $A(x_1)$ 사이의 거리는

$\overline{OA}=|x_1|$

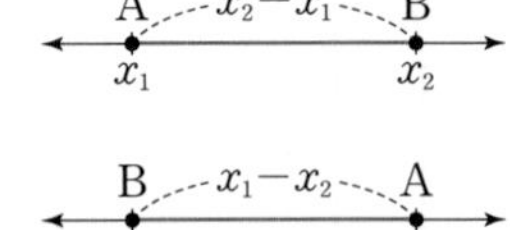

설명 $x_1 \le x_2$일 때, $\overline{AB}=x_2-x_1$

$x_1 > x_2$일 때, $\overline{AB}=x_1-x_2$

이므로 $\overline{AB}=|x_2-x_1|$

예 두 점 $A(-1)$, $B(5)$ 사이의 거리는 $\overline{AB}=|5-(-1)|=6$

(2) 좌표평면 위의 두 점 사이의 거리

① 좌표평면 위의 두 점 $A(x_1, y_1)$, $B(x_2, y_2)$ 사이의 거리는

$\overline{AB}=\sqrt{(x_2-x_1)^2+(y_2-y_1)^2}$

② 수직선 위의 원점 $O(0, 0)$과 점 $A(x_1, y_1)$ 사이의 거리는

$\overline{OA}=\sqrt{x_1^2+y_1^2}$

설명 오른쪽 그림에서 점 $A(x_1, y_1)$을 지나고 x축에 평행한 직선과 점 $B(x_2, y_2)$를 지나고 y축에 평행한 직선의 교점을 C라고 하면 점 C의 좌표는 (x_2, y_1)이고 삼각형 ABC는 직각삼각형이므로 피타고라스 정리에 의하여

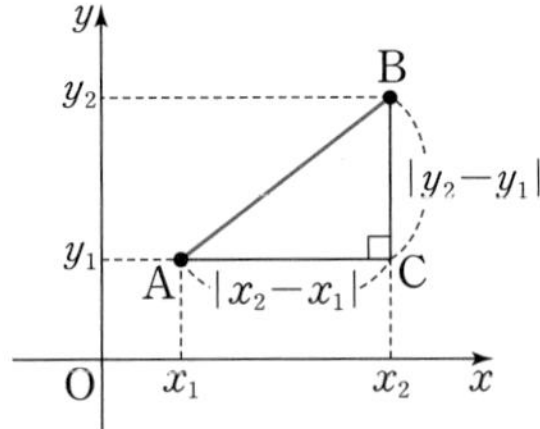

$\overline{AB}^2=\overline{AC}^2+\overline{BC}^2$

$=|x_2-x_1|^2+|y_2-y_1|^2$

$=(x_2-x_1)^2+(y_2-y_1)^2$

따라서 $\overline{AB}=\sqrt{(x_2-x_1)^2+(y_2-y_1)^2}$

예 좌표평면 위의 두 점 $A(4, -1)$, $B(5, 2)$ 사이의 거리는

$\overline{AB}=\sqrt{(5-4)^2+\{2-(-1)\}^2}=\sqrt{10}$

개념 CHECK

정답과 풀이 6쪽

▸ 25739-0001

1 다음 수직선 위의 두 점 사이의 거리를 구하시오.

(1) $A(-1)$, $B(3)$

(2) $O(0)$, $A(-3)$

▸ 25739-0002

2 다음 좌표평면 위의 두 점 사이의 거리를 구하시오.

(1) $A(3, -2)$, $B(2, 1)$

(2) $O(0, 0)$, $A(4, -3)$

2 수직선 위의 선분의 내분점

(1) **선분의 내분**

수직선 위에서 선분 AB 위의 점 P에 대하여

$\overline{AP}:\overline{PB}=m:n\ (m>0,\ n>0)$

일 때, 점 P는 선분 AB를 $m:n$으로 내분한다고 하고,
점 P를 선분 AB의 내분점이라고 한다.

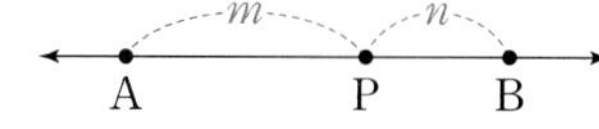

(2) **수직선 위의 선분의 내분점**

① 수직선 위의 두 점 $A(x_1)$, $B(x_2)$에 대하여 선분 AB를 $m:n\ (m>0,\ n>0)$으로 내분하는 점을 P라 하면

$$P\left(\frac{mx_2+nx_1}{m+n}\right)$$

② 선분 AB의 중점을 M이라 하면

$$M\left(\frac{x_1+x_2}{2}\right)$$

설명 수직선 위의 두 점 $A(x_1)$, $B(x_2)$에 대하여 선분 AB를 $m:n\ (m>0,\ n>0)$으로 내분하는 점 P의 좌표 x를 구해 보자.

(i) $x_1<x_2$일 때,

$\overline{AP}=x-x_1$, $\overline{PB}=x_2-x$이고, $\overline{AP}:\overline{PB}=m:n$이므로

$(x-x_1):(x_2-x)=m:n$에서 $x=\dfrac{mx_2+nx_1}{m+n}$

(ii) $x_1>x_2$일 때

$\overline{AP}=x_1-x$, $\overline{PB}=x-x_2$이고, $\overline{AP}:\overline{PB}=m:n$이므로

$(x_1-x):(x-x_2)=m:n$에서 $x=\dfrac{mx_2+nx_1}{m+n}$

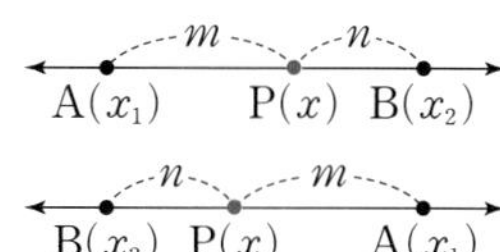

예 수직선 위의 두 점 A(1), B(5)에 대하여 선분 AB를 3 : 1로 내분하는 점 P의 좌표는

$$\frac{3\times5+1\times1}{3+1}=4$$

개념 CHECK 정답과 풀이 6쪽

▸ 25739-0003

3 **그림과 같이 수직선 위에 있는 두 점 A(0), B(6)에 대하여 다음 점의 좌표를 구하시오.**

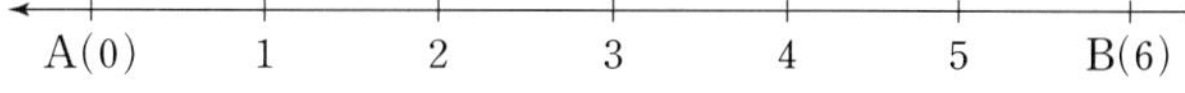

(1) 선분 AB를 1 : 2로 내분하는 점

(2) 선분 AB의 중점

▸ 25739-0004

4 **수직선 위의 두 점 A(−4), B(6)에 대하여 다음 점의 좌표를 구하시오.**

(1) 선분 AB를 3 : 2로 내분하는 점

(2) 선분 AB의 중점

3 좌표평면 위의 선분의 내분점

(1) 좌표평면 위의 선분의 내분점

① 좌표평면 위의 두 점 $A(x_1, y_1)$, $B(x_2, y_2)$에 대하여 선분 AB를 $m : n$ $(m>0, n>0)$으로 내분하는 점 P의 좌표는 $\left(\dfrac{mx_2+nx_1}{m+n}, \dfrac{my_2+ny_1}{m+n}\right)$

② 선분 AB의 중점 M의 좌표는 $\left(\dfrac{x_1+x_2}{2}, \dfrac{y_1+y_2}{2}\right)$

설명 좌표평면 위의 두 점 $A(x_1, y_1)$, $B(x_2, y_2)$에 대하여 선분 AB를 $m : n$ $(m>0, n>0)$으로 내분하는 점 P의 좌표 (x, y)를 구해보자.
세 점 A, B, P에서 x축에 내린 수선의 발을 각각 A′, B′, P′이라 하면
$\overline{A'P'} : \overline{P'B'} = \overline{AP} : \overline{PB} = m : n$
이므로 점 P′은 선분 A′B′을 $m : n$으로 내분하는 점이다. 즉,

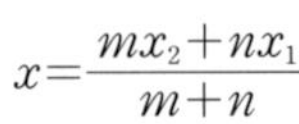

$x=\dfrac{mx_2+nx_1}{m+n}$

이다. 같은 방법으로 점 P의 y좌표를 구하면 $y=\dfrac{my_2+ny_1}{m+n}$

따라서 $P\left(\dfrac{mx_2+nx_1}{m+n}, \dfrac{my_2+ny_1}{m+n}\right)$

예 두 점 $A(-9, 1)$, $B(3, 4)$에 대하여 선분 AB를 $2 : 1$로 내분하는 점을 P라 하면
$\dfrac{2\times3+1\times(-9)}{2+1}=-1$, $\dfrac{2\times4+1\times1}{2+1}=3$이므로 $P(-1, 3)$

(2) 삼각형의 무게중심

좌표평면 위의 세 점 $A(x_1, y_1)$, $B(x_2, y_2)$, $C(x_3, y_3)$을 꼭짓점으로 하는 삼각형 ABC의 무게중심 G의 좌표는 $\left(\dfrac{x_1+x_2+x_3}{3}, \dfrac{y_1+y_2+y_3}{3}\right)$

설명 변 BC의 중점을 $M(x', y')$이라 하면 $x'=\dfrac{x_2+x_3}{2}$, $y'=\dfrac{y_2+y_3}{2}$
무게중심 $G(x, y)$는 선분 AM을 $2 : 1$로 내분하는 점이므로
$x=\dfrac{2x'+x_1}{2+1}=\dfrac{x_1+x_2+x_3}{3}$, $y=\dfrac{2y'+y_1}{2+1}=\dfrac{y_1+y_2+y_3}{3}$
따라서 무게중심 G의 좌표는 $\left(\dfrac{x_1+x_2+x_3}{3}, \dfrac{y_1+y_2+y_3}{3}\right)$

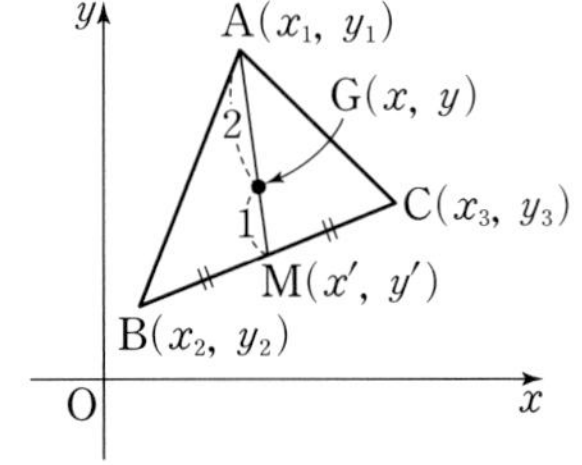

개념 CHECK

정답과 풀이 6쪽

▸ 25739-0005

5 두 점 $A(-5, 3)$, $B(3, 7)$에 대하여 다음 점의 좌표를 구하시오.

(1) 선분 AB를 $1 : 3$으로 내분하는 점

(2) 선분 AB의 중점

▸ 25739-0006

6 다음 세 점 A, B, C를 꼭짓점으로 하는 삼각형 ABC의 무게중심 G의 좌표를 구하시오.

(1) $A(4, 1)$, $B(-2, 7)$, $C(7, 1)$

(2) $A(-1, -3)$, $B(5, 4)$, $C(8, -4)$

대표유형 01 같은 거리에 있는 점

▸ 25739-0007

두 점 $A(4,\ -2)$, $B(1,\ 5)$에서 같은 거리에 있는 x축 위의 점 P의 좌표를 구하시오.

MD의 한마디!

점 P가 x축 위의 점이므로
① 점 P의 좌표를 $(a,\ 0)$으로 놓고
② 두 점 사이의 거리를 구하는 식에 대입하여 a에 대한 방정식을 만듭니다.

Solution

유제

01-1

▸ 25739-0008

두 점 $A(-2,\ -3)$, $B(7,\ 6)$에서 같은 거리에 있는 직선 $y=2x+1$ 위의 점 P의 좌표를 구하시오.

01-2

▸ 25739-0009

세 점 $A(2,\ 0)$, $B(4,\ 4\sqrt{3})$, $C(-3,\ a)$에 대하여 삼각형 ABC가 정삼각형이 되도록 하는 실수 a의 값을 구하시오.

정답과 풀이 8쪽

대표유형 02

선분의 내분점

▸ 25739-0010

좌표평면 위의 두 점 A(1, -4), B(-2, 3)에 대하여 선분 AB를 $1 : k$로 내분하는 점이 y축 위에 있을 때, 자연수 k의 값을 구하시오.

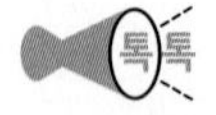

MD의 한마디!

자연수 k의 값을 구하기 위해
① 선분 AB를 $1 : k$로 내분하는 점의 좌표를 구하고
② 이 점이 y축 위에 있다는 조건을 이용하여 k의 값을 구합니다.

Solution

유제

02-1

▸ 25739-0011

좌표평면 위의 두 점 A(11, 9), B(-7, 0)에 대하여 선분 AB를 $m : n$으로 내분하는 점 P가 직선 $y=-2x+6$ 위에 있을 때, $m+n$의 값을 구하시오.

(단, m과 n은 서로소인 자연수이다.)

02-2

▸ 25739-0012

세 점 A(2, 1), B(5, 5), C(-1, 13)을 꼭짓점으로 하는 삼각형 ABC에서 $\angle$ABC를 이등분하는 직선이 변 AC와 만나는 점을 D라 할 때, 점 D의 x좌표와 y좌표의 합을 구하시오.

대표유형 03 선분의 내분점의 활용

▸ 25739-0013

좌표평면 위의 두 점 $A(-3, 5)$, $B(7, -1)$에 대하여 $2\overline{AC}=3\overline{BC}$를 만족시키는 선분 AB 위의 점 C의 좌표를 구하시오.

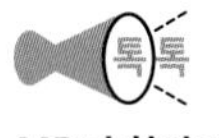

MD의 한마디!

점 C의 좌표를 구하기 위해
① $2\overline{AC}=3\overline{BC}$를 비례식으로 나타낸 후
② 내분점을 구하는 식을 이용하여 점 C의 좌표를 구합니다.

Solution

유제

03-1

▸ 25739-0014

두 점 $A(5, -1)$, $B(-3, 6)$에 대하여 선분 AB 위의 점 $C(a, 1)$이 $m\overline{AC}=n\overline{BC}$를 만족시킬 때, 실수 a의 값을 구하시오. (단, m과 n은 서로소인 자연수이다.)

03-2

▸ 25739-0015

두 점 $A(3, -2)$, $B(a, b)$와 선분 AB의 연장선 위의 점 $C(9, 6)$에 대하여 $\overline{AB}=3\overline{BC}$이다. 두 실수 a, b에 대하여 $a+b$의 값을 구하시오. (단, $\overline{AC}>\overline{BC}$)

대표유형 04 삼각형의 무게중심

▶ 25739-0016

삼각형 ABC에서 점 A의 좌표가 $(1, 9)$, 변 AC의 중점 M의 좌표가 $(2, 4)$, 삼각형 ABC의 무게중심 G의 좌표가 $(3, 5)$이다. 선분 AB의 길이를 구하시오.

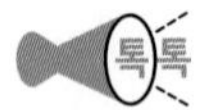

MD의 한마디!

두 점 B, C의 좌표를 구하기 위해
① 두 점 B, C의 좌표를 각각 $B(a, b)$, $C(c, d)$로 놓고,
② 선분 AC의 중점의 좌표를 구하는 식을 이용하여 점 C의 좌표를 먼저 구하고
③ 삼각형 ABC의 무게중심의 좌표를 구하는 식을 이용합니다.

Solution

유제

04-1

▶ 25739-0017

삼각형 ABC의 세 변 AB, BC, CA를 $1:2$로 내분하는 점의 좌표가 각각 $P(0, 1)$, $Q(7, 2)$, $R(-1, 6)$일 때, 삼각형 ABC의 무게중심의 좌표를 구하시오.

04-2

▶ 25739-0018

세 점 $A(-3, a)$, $B(b, -2)$, $C(4, 6)$에 대하여 삼각형 ABC는 $\overline{AC}=\overline{BC}$인 이등변삼각형이고, 무게중심의 x좌표와 y좌표가 같다. 두 실수 a, b에 대하여 a^2+b^2의 값을 구하시오.

실력 완성

단원 마무리

▸ 25739-0019

1 세 점 $A(1, -2)$, $B(3, -4)$, $C(4, 1)$을 꼭짓점으로 하는 삼각형 ABC는 어떤 삼각형인가?

① $\angle A=90^\circ$인 직각삼각형
② $\angle B=90^\circ$인 직각삼각형
③ $\angle C=90^\circ$인 직각삼각형
④ $\overline{AC}=\overline{BC}$인 이등변삼각형
⑤ $\overline{AB}=\overline{AC}$인 이등변삼각형

▸ 25739-0020

2 좌표평면 위의 두 점 $A(8, 2)$, $B(4, -3)$과 직선 $y=2x$ 위의 점 P에 대하여 $\overline{AP}^2+\overline{BP}^2$의 최솟값은?

① 63 ② 68 ③ 73
④ 78 ⑤ 83

▸ 25739-0021

3 세 점 $A(6, 2)$, $B(1, -3)$, $C(4, -2)$를 꼭짓점으로 하는 삼각형 ABC의 외심의 좌표를 구하시오.

▸ 25739-0022

4 좌표평면 위의 세 점 $A(3, -1)$, $B(8, -2)$, $C(7, 2)$에 대하여 사각형 ABCD가 선분 AC를 한 대각선으로 하는 평행사변형이다. 점 D의 x좌표와 y좌표의 합은?

① 1 ② 2 ③ 3
④ 4 ⑤ 5

| 2020학년도 11월 고1 학력평가 25번 | ▸ 25739-0023

5 좌표평면 위의 두 점 A, B에 대하여 선분 AB의 중점의 좌표가 $(1, 2)$이고, 선분 AB를 $3:1$로 내분하는 점의 좌표가 $(4, 3)$일 때, $\overline{AB}^2$의 값을 구하시오.

▸ 25739-0024

6 좌표평면 위의 세 점 $A(8, 9)$, $B(1, 0)$, $C(7, 0)$에 대하여 선분 AB를 $m:n$으로 내분하는 점을 P, 선분 AC를 $m:n$으로 내분하는 점을 Q라 할 때, 사각형 PQCB의 넓이가 15이다. 두 자연수 m, n에 대하여 $m+n$의 최솟값은?

① 3 ② 4 ③ 5
④ 6 ⑤ 7

서술형

내신UP

▸ 25739-0025

7 좌표평면 위의 두 점 A(5, 4), B(−1, 2)와 한 점 C(0, a)에 대하여 삼각형 ABC의 무게중심이 ∠BAC의 이등분선 위에 있도록 하는 모든 실수 a의 값의 합을 구하시오. $\left(\text{단, } a\neq\frac{7}{3}\right)$

▸ 25739-0026

8 그림과 같이 음수 k에 대하여 이차함수 $y=2x^2+k$의 그래프가 직선 $y=2$와 만나는 두 점 중 제1사분면 위의 점을 A, x축과 만나는 두 점 중 x좌표가 음수인 점을 B라 하고, 이차함수 $y=2x^2+k$의 그래프의 꼭짓점을 C라 하자. 삼각형 ABC의 무게중심이 x축 위에 있을 때, 선분 AC의 길이는?

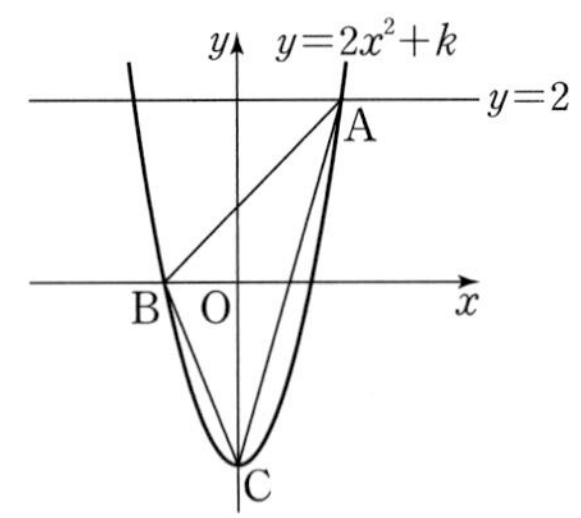

① 4 ② $\sqrt{17}$ ③ $3\sqrt{2}$
④ $\sqrt{19}$ ⑤ $2\sqrt{5}$

내신UP

▸ 25739-0027

9 그림과 같이 세 점 A(1, 3), B(a, b), C(c, 0)에 대하여 선분 AC를 2 : 1로 내분하는 점을 P, 선분 AB와 y축이 만나는 점을 Q, 삼각형 ABC의 무게중심을 G, 직선 QG와 선분 BC가 만나는 점을 R이라 하자. 두 직선 AB와 PG가 만나는 점이 x축 위에 있고, $\overline{QG}=\overline{RG}=\sqrt{2}$일 때, abc의 값을 구하시오. (단, $a<0$, $b<0$, $c>0$)

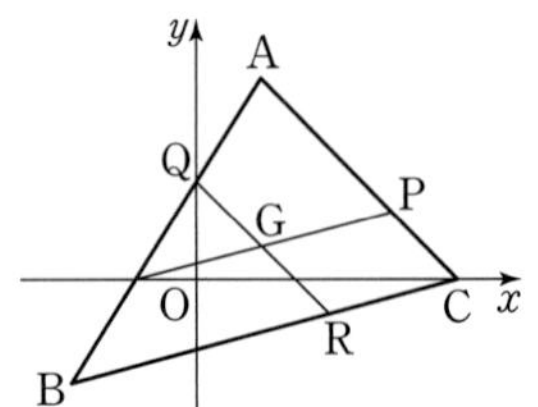

▸ 25739-0028

10 좌표평면 위의 두 점 A(4, −3), B(10, 0)에 대하여 선분 AB를 삼등분한 점 중에서 점 A에 가까운 점을 P라 하면 선분 PB 위의 점 Q는 $\overline{AP}=2\overline{BQ}$를 만족시킨다. 점 Q의 좌표를 구하시오.

| 2021학년도 11월 고1 학력평가 25번 |

▸ 25739-0029

11 세 양수 a, b, c에 대하여 좌표평면 위에 서로 다른 네 점 O(0, 0), A(a, 7), B(b, c), C(5, 5)가 있다. 사각형 OABC가 선분 OB를 대각선으로 하는 마름모일 때, $a+b+c$의 값을 구하시오. (단, 네 점 O, A, B, C 중 어느 세 점도 한 직선 위에 있지 않다.)

직선의 방정식

1 직선의 방정식

(1) 한 점과 기울기가 주어진 직선의 방정식

점 $A(x_1, y_1)$을 지나고 기울기가 m인 직선의 방정식은

$$y-y_1=m(x-x_1)$$

참고 점 $A(x_1, y_1)$을 지나고 x축에 평행한 직선의 기울기는 0이므로 이 직선의 방정식은 $y=y_1$

(2) 두 점을 지나는 직선의 방정식

서로 다른 두 점 $A(x_1, y_1)$, $B(x_2, y_2)$를 지나는 직선의 방정식은

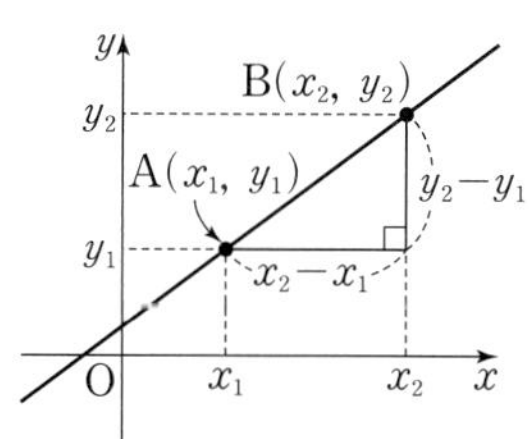

① $x_1 \neq x_2$일 때, $y-y_1=\dfrac{y_2-y_1}{x_2-x_1}(x-x_1)$

② $x_1=x_2$일 때, $x=x_1$

예 두 점 $(1, 2)$, $(-2, 5)$를 지나는 직선의 방정식은

$$y-2=\frac{5-2}{-2-1}(x-1),\ 즉\ y=-x+3$$

두 점 $(2, -3)$, $(2, 4)$를 지나는 직선의 방정식은 두 점의 x좌표가 같으므로 $x=2$

(3) x절편과 y절편이 주어진 직선의 방정식

x절편이 a, y절편이 b인 직선의 방정식은 $\dfrac{x}{a}+\dfrac{y}{b}=1$ (단, $a\neq 0$, $b\neq 0$)

예 x절편이 3, y절편이 2인 직선의 방정식은 $\dfrac{x}{3}+\dfrac{y}{2}=1$

(4) 일차방정식 $ax+by+c=0$과 직선

① 좌표평면 위의 직선은 항상 x, y에 대한 일차방정식 $ax+by+c=0$ ($a\neq 0$ 또는 $b\neq 0$)의 꼴로 나타낼 수 있다.

② x, y에 대한 일차방정식 $ax+by+c=0$ ($a\neq 0$ 또는 $b\neq 0$)은 좌표평면에서 항상 직선을 나타낸다.

개념 CHECK

정답과 풀이 14쪽

▸ 25739-0030

1 다음 직선의 방정식을 구하시오.

(1) 점 $(2, 1)$을 지나고 기울기가 -2인 직선

(2) 점 $(-3, 5)$를 지나고 기울기가 $\dfrac{1}{3}$인 직선

▸ 25739-0031

2 다음 두 점을 지나는 직선의 방정식을 구하시오.

(1) $(1, 3)$, $(3, 7)$

(2) $(-1, 5)$, $(-1, 4)$

▸ 25739-0032

3 다음 직선의 방정식을 구하시오.

(1) x절편이 2, y절편이 -1인 직선

(2) x절편이 3이고 점 $(0, 5)$를 지나는 직선

2 두 직선의 평행과 수직

(1) 두 직선 $y=mx+n$, $y=m'x+n'$의 평행과 수직

① 평행 조건

두 직선이 서로 평행하면 $m=m'$, $n\neq n'$이고, 거꾸로 $m=m'$, $n\neq n'$이면 두 직선은 서로 평행하다.

② 수직 조건

두 직선이 서로 수직이면 $mm'=-1$이고, 거꾸로 $mm'=-1$이면 두 직선은 서로 수직이다.

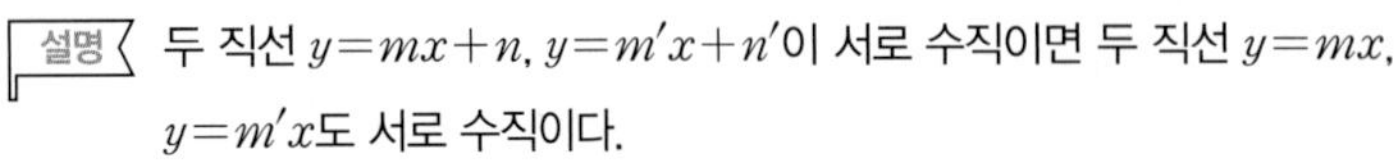

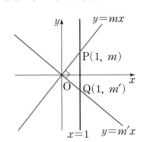

설명 두 직선 $y=mx+n$, $y=m'x+n'$이 서로 수직이면 두 직선 $y=mx$, $y=m'x$도 서로 수직이다.

오른쪽 그림에서 삼각형 POQ는 직각삼각형이므로 피타고라스 정리에 의하여

$\overline{OP}^2+\overline{OQ}^2=\overline{PQ}^2$이고 $\overline{OP}^2=1+m^2$, $\overline{OQ}^2=1+m'^2$, $\overline{PQ}^2=(m-m')^2$

이므로 $(1+m^2)+(1+m'^2)=(m-m')^2$

이 식을 정리하면 $mm'=-1$

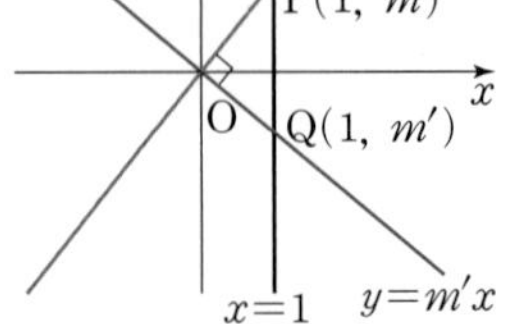

참고 두 직선 $y=mx+n$, $y=m'x+n'$에 대하여 $m=m'$, $n=n'$이면 두 직선이 서로 일치한다.

(2) 두 직선 $ax+by+c=0$, $a'x+b'y+c'=0$ $(abc\neq0,\ a'b'c'\neq0)$의 평행과 수직

① 평행 조건

두 직선이 서로 평행하면 $\dfrac{a}{a'}=\dfrac{b}{b'}\neq\dfrac{c}{c'}$

② 수직 조건

두 직선이 서로 수직이면 $aa'+bb'=0$

설명 두 직선 $ax+by+c=0$, $a'x+b'y+c'=0$을 $y=-\dfrac{a}{b}x-\dfrac{c}{b}$, $y=-\dfrac{a'}{b'}x-\dfrac{c'}{b'}$ 꼴로 나타낼 수 있으므로

두 직선이 서로 평행하면 $-\dfrac{a}{b}=-\dfrac{a'}{b'}$, $-\dfrac{c}{b}\neq-\dfrac{c'}{b'}$에서 $\dfrac{a}{a'}=\dfrac{b}{b'}\neq\dfrac{c}{c'}$

두 직선이 서로 수직이면 $\left(-\dfrac{a}{b}\right)\times\left(-\dfrac{a'}{b'}\right)=-1$이므로 $aa'+bb'=0$

개념 CHECK

정답과 풀이 14쪽

▸ 25739-0033

4 다음 두 직선이 서로 평행하도록 하는 상수 k의 값을 구하시오.

(1) $y=5x-1$, $y=kx+4$

(2) $kx+2y+1=0$, $2x+y+2=0$

▸ 25739-0034

5 다음 두 직선이 서로 수직이 되도록 하는 상수 k의 값을 구하시오.

(1) $y=-2x+3$, $y=kx-5$

(2) $x+2y+5=0$, $kx+3y-1=0$

3 점과 직선 사이의 거리

(1) 점과 직선 사이의 거리

① 점 $P(x_1, y_1)$과 직선 $ax+by+c=0$ 사이의 거리 d는

$$d=\frac{|ax_1+by_1+c|}{\sqrt{a^2+b^2}}$$

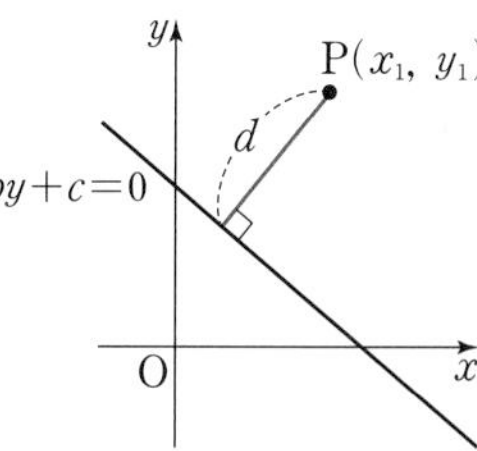

② 원점 $O(0, 0)$과 직선 $ax+by+c=0$ 사이의 거리 d는

$$d=\frac{|c|}{\sqrt{a^2+b^2}}$$

설명 점 $P(x_1, y_1)$에서 점 P를 지나지 않는 직선 l: $ax+by+c=0$에 내린 수선의 발을 $H(x_2, y_2)$라 하면

(i) $a\neq0$, $b\neq0$일 때,

직선 l의 기울기는 $-\frac{a}{b}$, 직선 PH의 기울기는 $\frac{y_2-y_1}{x_2-x_1}$이고 $l\perp\overline{PH}$이므로

$-\frac{a}{b}\times\frac{y_2-y_1}{x_2-x_1}=-1$, $\frac{x_2-x_1}{a}=\frac{y_2-y_1}{b}$

이때 $\frac{x_2-x_1}{a}=\frac{y_2-y_1}{b}=k$로 놓으면 $x_2-x_1=ak$, $y_2-y_1=bk$ …… ㉠

$\overline{PH}=\sqrt{(x_2-x_1)^2+(y_2-y_1)^2}=\sqrt{k^2(a^2+b^2)}=|k|\sqrt{a^2+b^2}$ …… ㉡

또, 점 $H(x_2, y_2)$가 직선 l 위의 점이므로 $ax_2+by_2+c=0$ …… ㉢

㉠에서 $x_2=x_1+ak$, $y_2=y_1+bk$를 ㉢에 대입하면

$a(x_1+ak)+b(y_1+bk)+c=0$, $k=-\frac{ax_1+by_1+c}{a^2+b^2}$ …… ㉣

㉣을 ㉡에 대입하여 정리하면 $\overline{PH}=\frac{|ax_1+by_1+c|}{\sqrt{a^2+b^2}}$ …… ㉤

(ii) $a=0$, $b\neq0$ 또는 $a\neq0$, $b=0$일 때,

직선 l은 x축 또는 y축에 평행하고, 이 경우에도 점 P와 직선 l 사이의 거리 $\overline{PH}$는 ㉤과 같다.

(2) 평행한 두 직선 사이의 거리

평행한 두 직선 l, l' 사이의 거리는 직선 l 위의 한 점 P와 직선 l' 사이의 거리와 같다.

참고 직선 l 위의 점 P를 x축 위의 점이나 y축 위의 점으로 택하면 편리하다.

예 두 직선 l: $3x+4y-6=0$, l': $3x+4y+4=0$ 사이의 거리는 직선 l 위의 한 점 $(2, 0)$과 직선 l' 사이의 거리와 같으므로

$$\frac{|3\times2+4\times0+4|}{\sqrt{3^2+4^2}}=\frac{10}{5}=2$$

개념 CHECK 정답과 풀이 14쪽

▶ 25739-0035

6 다음 점과 직선 사이의 거리를 구하시오.

(1) 점 $(3, 2)$, 직선 $2x-y+4=0$

(2) 점 $(0, 0)$, 직선 $x+y+3=0$

▶ 25739-0036

7 평행한 두 직선 $3x-y+1=0$, $3x-y-4=0$ 사이의 거리를 구하시오.

정답과 풀이 15쪽

대표유형 01

직선의 방정식

▸ 25739-0037

세 점 A(3, -4), B(-2, 11), C(-4, 5)에 대하여 삼각형 ABC의 무게중심과 점 A를 지나는 직선의 y절편을 구하시오.

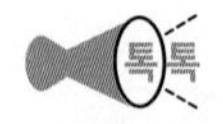

MD의 한마디!

직선의 y절편을 구하기 위해
① 삼각형 ABC의 무게중심의 좌표를 먼저 구한 후
② 두 점을 지나는 직선의 방정식을 구하고 $x=0$을 대입합니다.

Solution

유제

01-1

▸ 25739-0038

두 점 (-1, 2), (5, -4)를 이은 선분의 중점을 지나고 기울기가 3인 직선이 점 (a, 2)를 지날 때, 실수 a의 값을 구하시오.

01-2

▸ 25739-0039

세 점 A(2, 1), B(k, 3), C(14, $k+4$)가 한 직선 위에 있을 때, 양수 k의 값을 구하시오.

대표유형 02

도형의 넓이를 이등분하는 직선

▸ 25739-0040

세 점 $\mathrm{A}(-1,\ 12)$, $\mathrm{B}(2,\ -1)$, $\mathrm{C}(4,\ 9)$를 꼭짓점으로 하는 삼각형 ABC의 넓이를 이등분하고 점 A를 지나는 직선의 x절편을 구하시오.

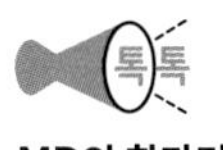

MD의 한마디!

삼각형 ABC의 넓이를 이등분하고 점 A를 지나는 직선은 선분 BC의 중점을 지난다는 것을 이용하여
① 선분 BC의 중점의 좌표를 구하고
② 점 A와 선분 BC의 중점을 지나는 직선의 방정식을 구합니다.

Solution

유제

02-1

▸ 25739-0041

직선 $y=ax+2-a$가 세 점 $\mathrm{A}(-1,\ 0)$, $\mathrm{B}(1,\ 2)$, $\mathrm{C}(5,\ -4)$를 꼭짓점으로 하는 삼각형의 넓이를 이등분할 때, 상수 a의 값을 구하시오.

02-2

▸ 25739-0042

그림과 같은 직사각형 ABCD의 넓이를 이등분하고 원점을 지나는 직선의 기울기를 구하시오.

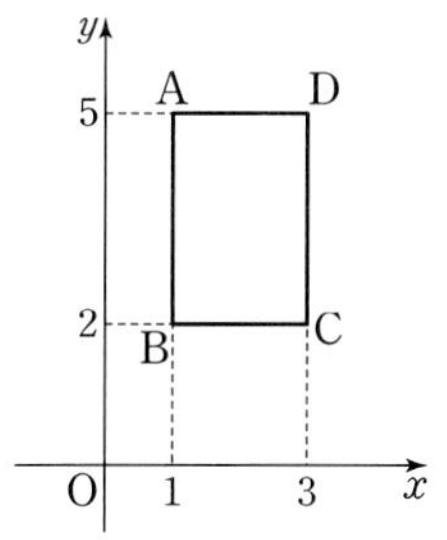

정답과 풀이 17쪽

대표유형 03

두 직선의 위치 관계

▸ 25739-0043

두 점 $(-1, 2)$, $(5, 4)$를 지나는 직선에 수직이고 점 $(1, 0)$을 지나는 직선의 방정식을 구하시오.

MD의 한마디!

두 점 $(-1, 2)$, $(5, 4)$를 지나는 직선에 수직이고 점 $(1, 0)$을 지나는 직선의 방정식을 구하기 위해
① 두 점 $(-1, 2)$, $(5, 4)$를 지나는 직선의 기울기를 구하고
② 두 직선의 기울기의 곱이 -1이면 두 직선이 수직임을 이용합니다.

Solution

유제

03-1

▸ 25739-0044

두 직선 $x+y-a-1=0$, $x-2y+2a-1=0$의 교점을 지나고 직선 $2x+y+1=0$과 평행한 직선이 점 $(3, 4)$를 지날 때, 상수 a의 값을 구하시오.

03-2

▸ 25739-0045

두 실수 a, b에 대하여 직선 $ax+y-2=0$이 직선 $bx-2y+3=0$에 수직이고, 직선 $(b+5)x-y+6=0$에 평행할 때, a^2+b^2의 값을 구하시오.

대표유형 04 선분의 수직이등분선의 방정식

▸ 25739-0046

두 점 A$(1, 5)$, B$(a, 3)$에 대하여 선분 AB의 수직이등분선이 점 $(3, -4)$를 지날 때, 실수 a의 값을 구하시오.

(단, $a>1$)

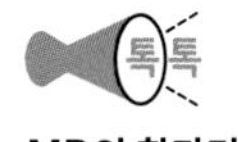

MD의 한마디!

선분 AB의 수직이등분선의 방정식은
① 두 점 A$(1, 5)$, B$(a, 3)$을 지나는 직선과 수직이라는 조건과
② 선분 AB의 중점을 지난다는 조건을 이용하여 구합니다.

Solution

유제

04-1

▸ 25739-0047

두 점 A$(1, a)$, B$(b, -3)$에 대하여 선분 AB의 수직이등분선의 방정식이 $x+2y-4=0$일 때, $a+b$의 값을 구하시오.

04-2

▸ 25739-0048

세 점 A$(2, 3)$, B$(k, k-3)$, C$(1, 0)$에 대하여 선분 AB의 수직이등분선과 선분 AC의 수직이등분선이 만나는 점의 좌표가 $(3, 1)$일 때, 선분 BC의 수직이등분선은 $ax+y+b=0$이다. 두 상수 a, b에 대하여 a^2+b^2의 값을 구하시오.

(단, B는 제1사분면 위의 점이다.)

정답과 풀이 19쪽

대표유형 05

점과 직선 사이의 거리

▸ 25739-0049

점 $(a, 1)$에서 두 직선 $x+2y+4=0$, $2x-y-8=0$에 이르는 거리가 서로 같도록 하는 모든 실수 a의 값의 합을 구하시오.

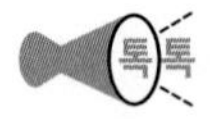

MD의 한마디!

모든 실수 a의 값의 합을 구하기 위해
① 점 $(a, 1)$과 두 직선 $x+2y+4=0$, $2x-y-8=0$ 사이의 거리를 각각 구하고
② ①에서 구한 두 값이 같음을 이용하여 실수 a의 값을 구합니다.

Solution

유제

05-1

▸ 25739-0050

점 $(1, 2)$와 직선 $3x-4y+k=0$ 사이의 거리가 2가 되도록 하는 모든 실수 k의 값의 합을 구하시오.

05-2

▸ 25739-0051

직선 l : $4x-3y-1=0$에 평행하고 직선 l과의 거리가 2인 직선의 방정식을 모두 구하시오.

▸ 25739-0052

1 세 상수 a, b, c에 대하여 $ab<0$, $bc<0$일 때, 직선 $ax+by+c=0$이 지나는 사분면을 모두 고른 것은?

① 제1사분면, 제2사분면
② 제3사분면, 제4사분면
③ 제1사분면, 제2사분면, 제3사분면
④ 제1사분면, 제3사분면, 제4사분면
⑤ 제2사분면, 제3사분면, 제4사분면

▸ 25739-0053

2 두 직선 $m(x+2)-y-1=0$, $2x+y-6=0$이 제1사분면에서 만나도록 하는 모든 실수 m의 값의 범위가 $a<m<b$일 때, $10ab$의 값을 구하시오.

▸ 25739-0054

3 그림과 같이 점 $(-3, 0)$을 지나는 직선 l과 두 점 $A(8, 9)$, $B(2, -3)$이 있다. 직선 l 위의 두 점 $C(1, m)$, $D(13, n)$에 대하여 삼각형 ACB와 삼각형 ABD의 무게중심이 모두 직선 l 위에 있을 때, $m+n$의 값은?

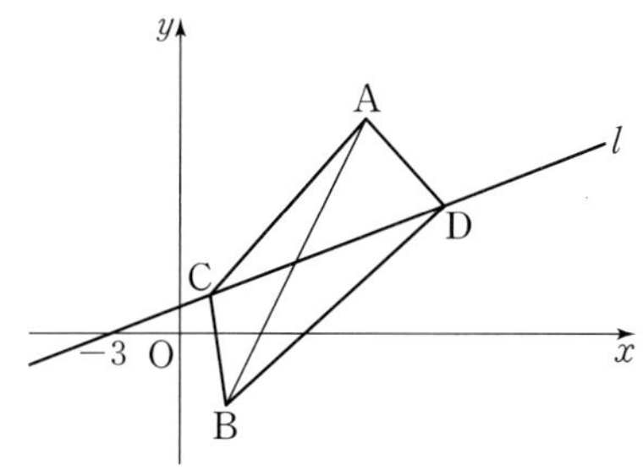

① $\frac{15}{2}$ ② 8 ③ $\frac{17}{2}$
④ 9 ⑤ $\frac{19}{2}$

▸ 25739-0055

4 두 점 $A(0, 3)$, $B(6, 0)$과 $\overline{AC}=\overline{BC}$인 점 $C(a, b)$가 있다. 선분 AB를 $1:3$으로 내분하는 점 P에 대하여 세 점 C, P, O가 한 직선 위에 있을 때, $a+b$의 값은?

(단, O는 원점이다.)

① 21 ② $\frac{87}{4}$ ③ $\frac{45}{2}$
④ $\frac{93}{4}$ ⑤ 24

| 2023학년도 3월 고2 학력평가 26번 |

▸ 25739-0056

5 좌표평면 위의 네 점

$A(0, 1)$, $B(0, 4)$, $C(\sqrt{2}, p)$, $D(3\sqrt{2}, q)$

가 다음 조건을 만족시킬 때, $p+q$의 값을 구하시오.

> (가) 직선 CD의 기울기는 음수이다.
> (나) $\overline{AB}=\overline{CD}$이고 $\overline{AD}\,/\!/\,\overline{BC}$이다.

내신UP

▸ 25739-0057

6 그림과 같이 제1사분면 위의 점 $A(1, a)$와 제2사분면 위의 점 $B(b, 4)$에 대하여 $\angle OAB=90°$인 직각삼각형 OAB가 있다. 선분 AO의 중점을 M, 선분 AB와 y축이 만나는 점을 P, 선분 AO의 수직이등분선과 선분 BO가 만나는 점을 Q라 하자. 삼각형 OPA의 넓이와 삼각형 OQM의 넓이가 같을 때, ab의 값은?

(단, O는 원점이다.)

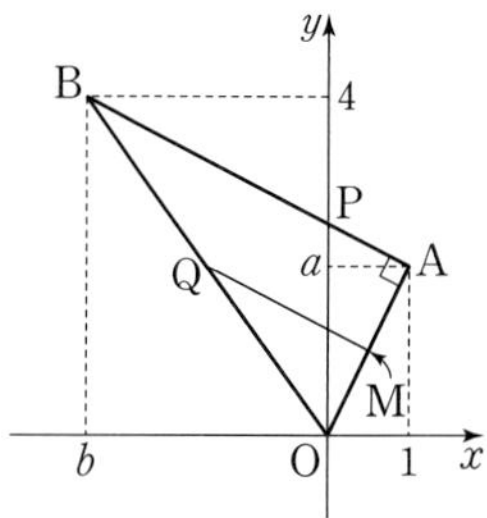

① -12 ② -10 ③ -8
④ -6 ⑤ -4

서 술 형

| 2023학년도 9월 고1 학력평가 14번 |

▸ 25739-0058

7 그림과 같이 좌표평면 위에 점 $\mathrm{A}(a,\ 6)\ (a>0)$과 두 점 $(6,\ 0)$, $(0,\ 3)$을 지나는 직선 l이 있다. 직선 l 위의 서로 다른 두 점 B, C와 제1사분면 위의 점 D를 사각형 ABCD가 정사각형이 되도록 잡는다. 정사각형 ABCD의 넓이가 $\frac{81}{5}$일 때, a의 값은?

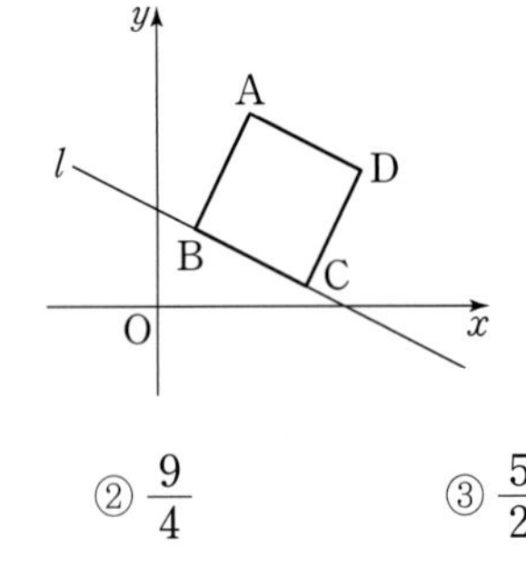

① 2　② $\frac{9}{4}$　③ $\frac{5}{2}$　④ $\frac{11}{4}$　⑤ 3

▸ 25739-0059

8 점 $\mathrm{A}(4,\ 2)$를 지나는 직선 l 위에 있는 제1사분면 위의 점 P에서 x축에 내린 수선의 발을 Q라 하고 점 Q에서 직선 l에 내린 수선의 발을 R이라 하자. 직선 QR과 원점 O 사이의 거리가 선분 RO의 길이와 같고 $\overline{\mathrm{QR}}=3$일 때, 점 Q의 x좌표를 구하시오.

내신UP

▸ 25739-0060

9 그림과 같이 세 직선

l : $3x-4y+25=0$

m : $y+2=0$

n : $4x+3y-10=0$

으로 둘러싸인 삼각형 ABC의 내심의 좌표가 $(a,\ b)$일 때, $a+b$의 값을 구하시오.

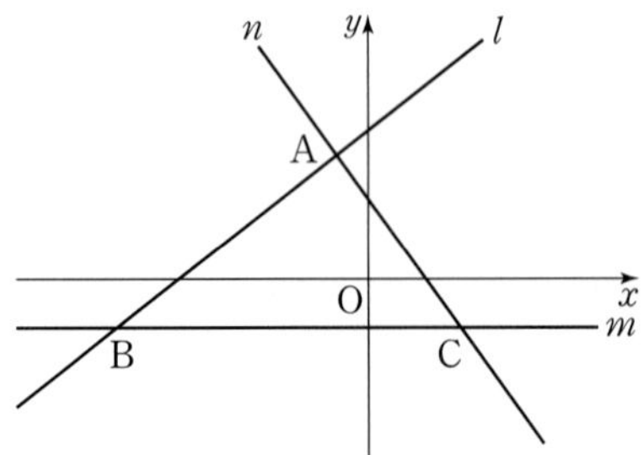

▸ 25739-0061

10 세 직선 $x-y-1=0$, $x+2y-7=0$, $mx-y+3m=0$이 좌표평면을 여섯 부분으로 나누도록 하는 실수 m의 값을 모두 구하시오.

▸ 25739-0062

11 직선 l: $2x-y-3=0$과 평행한 직선 m이 함수 $y=x^2$의 그래프와 한 점 P에서만 만난다. 직선 l 위의 점 Q에 대하여 선분 PQ의 길이의 최솟값을 구하시오.

원의 방정식

1 원의 방정식

(1) 원의 방정식

① 중심이 C(a, b)이고 반지름의 길이가 r인 원의 방정식은

$$(x-a)^2+(y-b)^2=r^2$$

② 중심이 원점 $(0, 0)$이고 반지름의 길이가 r인 원의 방정식은

$$x^2+y^2=r^2$$

설명 오른쪽 그림에서 원 위의 임의의 점을 P(x, y)라 하면 $\overline{\text{CP}}=r$이므로

$\sqrt{(x-a)^2+(y-b)^2}=r$

양변을 제곱하면

$(x-a)^2+(y-b)^2=r^2$

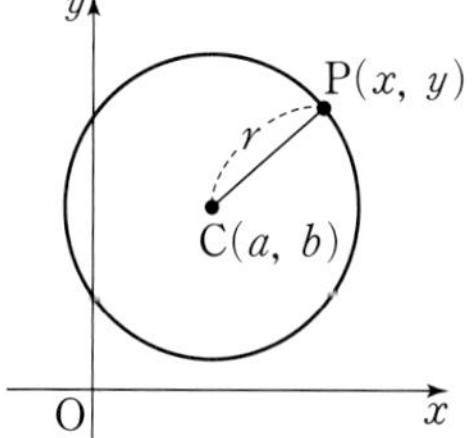

예 중심이 점 $(4, -3)$이고 반지름의 길이가 5인 원의 방정식은

$(x-4)^2+(y+3)^2=5^2$

(2) 방정식 $x^2+y^2+Ax+By+C=0$이 나타내는 도형

① 원의 방정식 $(x-a)^2+(y-b)^2=r^2$은 x, y에 대한 이차방정식 $x^2+y^2+Ax+By+C=0$의 꼴로 나타낼 수 있다.

② 거꾸로 x, y에 대한 이차방정식 $x^2+y^2+Ax+By+C=0$ $(A^2+B^2-4C>0)$이 나타내는 도형은 중심이 점 $\left(-\frac{A}{2}, -\frac{B}{2}\right)$이고 반지름의 길이가 $\frac{\sqrt{A^2+B^2-4C}}{2}$인 원을 나타낸다.

설명 ① 원의 방정식 $(x-a)^2+(y-b)^2=r^2$을 전개하여 정리하면

$x^2+y^2-2ax-2by+a^2+b^2-r^2=0$

이때 $-2a=A$, $-2b=B$, $a^2+b^2-r^2=C$라 하면

$x^2+y^2+Ax+By+C=0$과 같이 나타낼 수 있다.

② $x^2+y^2+Ax+By+C=0$을 변형하면 $\left(x+\frac{A}{2}\right)^2+\left(y+\frac{B}{2}\right)^2=\frac{A^2+B^2-4C}{4}$이므로

$A^2+B^2-4C>0$일 때 중심이 $\left(-\frac{A}{2}, -\frac{B}{2}\right)$, 반지름의 길이가 $\frac{\sqrt{A^2+B^2-4C}}{2}$인 원이다.

예 $x^2+y^2+2x-4y-4=0$을 변형하면 $(x^2+2x+1)+(y^2-4y+4)=1+4+4$

즉, $(x+1)^2+(y-2)^2=3^2$이므로 중심이 점 $(-1, 2)$이고 반지름의 길이가 3인 원을 나타낸다.

개념 CHECK

정답과 풀이 24쪽

▸ 25739-0063

1 다음 원의 방정식을 구하시오.

(1) 중심이 점 $(1, 2)$이고 반지름의 길이가 3인 원

(2) 중심이 원점이고 반지름의 길이가 $\sqrt{5}$인 원

▸ 25739-0064

2 다음 방정식이 나타내는 원의 중심의 좌표와 반지름의 길이를 각각 구하시오.

(1) $(x-4)^2+y^2=1$

(2) $x^2+y^2+6x-4y-3=0$

2 좌표축에 접하는 원의 방정식

(1) **중심이 점 (a, b)이고 x축에 접하는 원의 방정식**

$$(x-a)^2+(y-b)^2=b^2$$

(2) **중심이 점 (a, b)이고 y축에 접하는 원의 방정식**

$$(x-a)^2+(y-b)^2=a^2$$

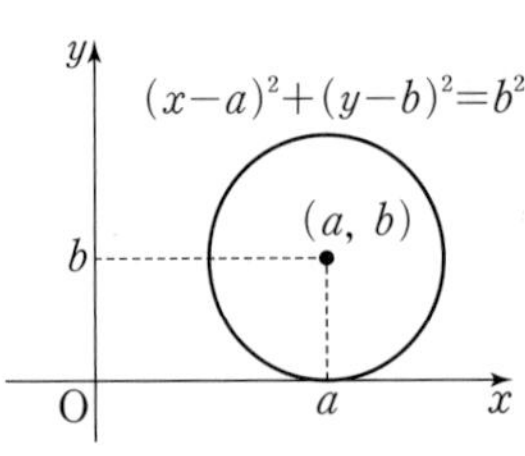

x축에 접하는 경우

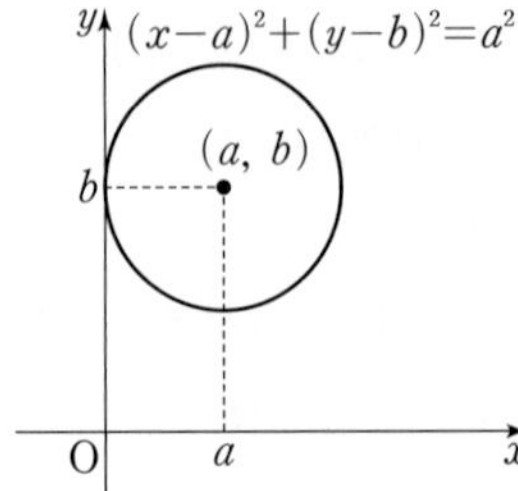

y축에 접하는 경우

설명 중심이 점 (a, b)인 원이
x축에 접하면 (반지름의 길이)=(중심의 y좌표의 절댓값)=$|b|$,
y축에 접하면 (반지름의 길이)=(중심의 x좌표의 절댓값)=$|a|$

(3) **x축, y축에 동시에 접하고 반지름의 길이가 r인 원의 방정식**

① 중심이 제1사분면에 있을 때
$(x-r)^2+(y-r)^2=r^2$

② 중심이 제2사분면에 있을 때
$(x+r)^2+(y-r)^2=r^2$

③ 중심이 제3사분면에 있을 때
$(x+r)^2+(y+r)^2=r^2$

④ 중심이 제4사분면에 있을 때
$(x-r)^2+(y+r)^2=r^2$

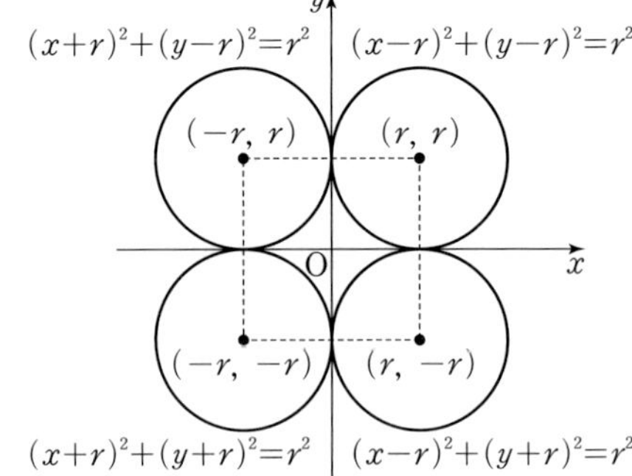

설명 반지름의 길이가 r이고 x축, y축에 동시에 접하는 원에서
(반지름의 길이)=(중심의 x좌표의 절댓값)=(중심의 y좌표의 절댓값)

개념 CHECK

정답과 풀이 24쪽

▸ 25739-0065

3 다음 원의 방정식을 구하시오.

(1) 중심이 점 $(4, 3)$이고 x축에 접하는 원
(2) 중심이 점 $(-3, 2)$이고 y축에 접하는 원

▸ 25739-0066

4 다음 원의 방정식을 구하시오.

(1) 중심이 점 $(-2, 2)$이고 x축과 y축에 동시에 접하는 원
(2) 반지름의 길이가 1이고 x축과 y축에 모두 접하는 원 (단, 원의 중심은 제3사분면 위에 있다.)

3 원과 직선의 위치 관계

(1) 판별식을 이용한 원과 직선의 위치 관계

원의 방정식과 직선의 방정식을 연립하여 얻은 이차방정식의 판별식을 D라 할 때, 원과 직선의 위치 관계는

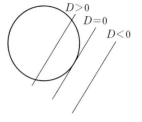

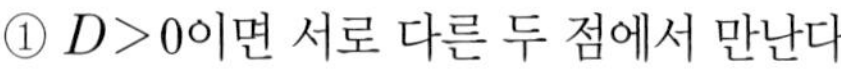

① $D>0$이면 서로 다른 두 점에서 만난다.

② $D=0$이면 한 점에서 만난다.(접한다.)

③ $D<0$이면 만나지 않는다.

예 원 $x^2+y^2=3$과 직선 $y=x+2$의 위치 관계는

$x^2+y^2=3$에 $y=x+2$를 대입하면 $x^2+(x+2)^2=3$, $2x^2+4x+1=0$

이 이차방정식의 판별식을 D라 하면

$\dfrac{D}{4}=2^2-2\times1=2>0$

이므로 원과 직선은 서로 다른 두 점에서 만난다.

(2) 원의 중심과 직선 사이의 거리를 이용한 원과 직선의 위치 관계

반지름의 길이가 r인 원에서 원의 중심과 직선 사이의 거리를 d라 하면 원과 직선의 위치 관계는

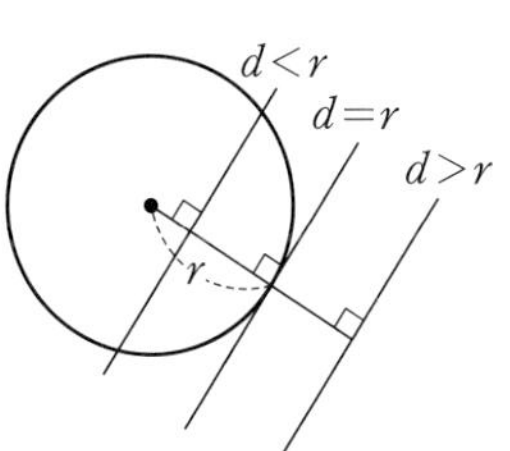

① $d<r$이면 서로 다른 두 점에서 만난다.

② $d=r$이면 한 점에서 만난다.(접한다.)

③ $d>r$이면 만나지 않는다.

예 원 $x^2+y^2=1$과 직선 $x+y+2=0$의 위치 관계는

원의 중심 $(0, 0)$과 직선 $x+y+2=0$ 사이의 거리

$\dfrac{|2|}{\sqrt{1^2+1^2}}=\sqrt{2}$에서 $d=\sqrt{2}$

반지름의 길이는 1이므로 $r=1$

따라서 $d>r$이므로 원과 직선은 만나지 않는다.

개념 CHECK

정답과 풀이 25쪽

▸ 25739-0067

5 이차방정식의 판별식을 이용하여 다음 원과 직선의 위치 관계를 구하시오.

(1) $(x+1)^2+y^2=6$, $y=2x-3$

(2) $x^2+(y-1)^2=2$, $y=-x+3$

▸ 25739-0068

6 점과 직선 사이의 거리를 이용하여 다음 원과 직선의 위치 관계를 구하시오.

(1) $(x+1)^2+y^2=9$, $y=x-5$

(2) $(x-4)^2+(y-2)^2=5$, $y=2x-1$

4 원의 접선의 방정식

(1) 기울기가 주어진 원의 접선의 방정식

원 $x^2+y^2=r^2$에 접하고 기울기가 m인 직선의 방정식은

$$y=mx\pm r\sqrt{m^2+1}$$

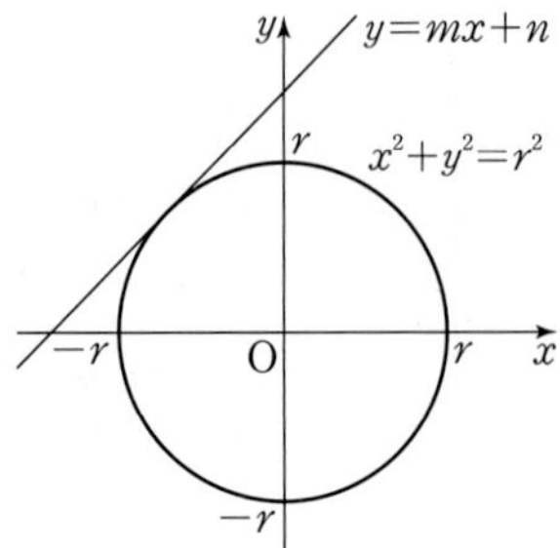

설명 구하는 접선의 방정식을 $y=mx+n$이라 하고 $y=mx+n$을 원의 방정식 $x^2+y^2=r^2$에 대입하면

$x^2+(mx+n)^2=r^2$, $(1+m^2)x^2+2mnx+n^2-r^2=0$

이 이차방정식의 판별식을 D라 할 때,

$\frac{D}{4}=(mn)^2-(m^2+1)(n^2-r^2)=0$

$n^2=r^2(m^2+1)$이므로 $n=\pm r\sqrt{m^2+1}$

따라서 구하는 접선의 방정식은 $y=mx\pm r\sqrt{m^2+1}$

(2) 원 위의 한 점에서의 접선의 방정식

원 $x^2+y^2=r^2$ 위의 점 $\mathrm{P}(x_1,\ y_1)$에서의 접선의 방정식은

$$x_1x+y_1y=r^2$$

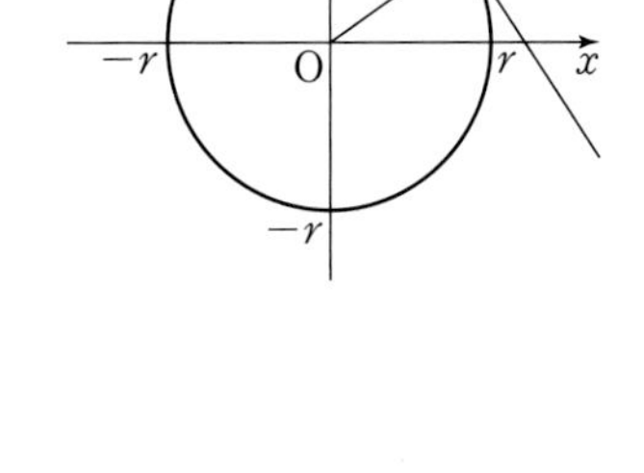

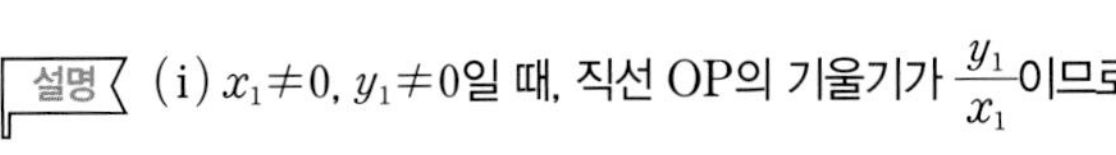

설명 (i) $x_1\neq0$, $y_1\neq0$일 때, 직선 OP의 기울기가 $\frac{y_1}{x_1}$이므로

구하는 접선의 기울기는 $-\frac{x_1}{y_1}$

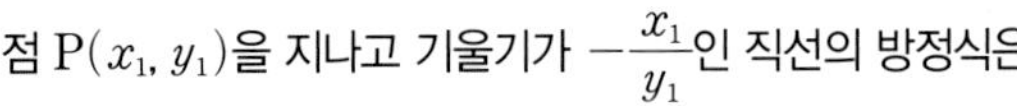

점 $\mathrm{P}(x_1,\ y_1)$을 지나고 기울기가 $-\frac{x_1}{y_1}$인 직선의 방정식은

$y-y_1=-\frac{x_1}{y_1}(x-x_1)$

$x_1x+y_1y={x_1}^2+{y_1}^2$ …… ㉠

점 $\mathrm{P}(x_1,\ y_1)$은 원 위의 점이므로

${x_1}^2+{y_1}^2=r^2$ …… ㉡

㉠, ㉡에서 접선의 방정식은

$x_1x+y_1y=r^2$

(ii) $x_1=0$ 또는 $y_1=0$일 때, 점 P의 좌표는 $(0,\ \pm r)$ 또는 $(\pm r,\ 0)$이므로 점 P에서의 접선의 방정식은

$y=\pm r$ 또는 $x=\pm r$

즉, 이 경우에도 $x_1x+y_1y=r^2$이 성립한다.

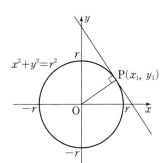

개념 CHECK

정답과 풀이 25쪽

▸ 25739-0069

7 다음 직선의 방정식을 구하시오.

(1) 원 $x^2+y^2=4$에 접하고 기울기가 5인 직선

(2) 원 $x^2+y^2=9$에 접하고 기울기가 -1인 직선

▸ 25739-0070

8 다음 직선의 방정식을 구하시오.

(1) 원 $x^2+y^2=5$ 위의 점 $(1,\ 2)$에서의 접선

(2) 원 $x^2+y^2=25$ 위의 점 $(3,\ -4)$에서의 접선

정답과 풀이 26쪽

대표유형 01 원의 방정식

▸ 25739-0071

두 점 A$(1,\ -2)$, B$(5,\ 2)$를 지름의 양 끝점으로 하는 원이 점 $(4,\ k)$를 지날 때 양수 k의 값을 구하시오.

MD의 한마디!

선분 AB의 중점이 원의 중심이고 지름이 선분 AB의 길이이므로

① 선분 AB의 중점의 좌표와 반지름의 길이 $\frac{1}{2}\overline{\mathrm{AB}}$를 구하고

② 원의 방정식을 구한 뒤 $(4,\ k)$를 대입하여 k의 값을 구합니다.

Solution

유제

01-1 ▸ 25739-0072

중심이 x축 위에 있고 두 점 A$(1,\ 2)$, B$(-4,\ -3)$을 지나는 원의 반지름의 길이를 구하시오.

01-2 ▸ 25739-0073

중심이 직선 $y=2x$ 위에 있고 반지름의 길이가 4인 원이 원점을 지날 때, 원의 중심의 좌표는 $(a,\ b)$이다. ab의 값을 구하시오.

정답과 풀이 27쪽

대표유형 02

좌표축에 접하는 원의 방정식

▸ 25739-0074

원 $x^2+y^2+6x-4y+k=0$이 x축에 접할 때, 상수 k의 값을 구하시오.

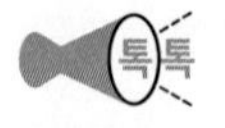

MD의 한마디!

상수 k의 값을 구하기 위해
① 주어진 원의 방정식을 변형하여 원의 중심과 반지름의 길이를 구한 후,
② x축에 접한다는 조건[(중심의 y좌표의 절댓값)=(반지름의 길이)]를 이용합니다.

Solution

유제

02-1

▸ 25739-0075

제1사분면 위의 두 점 $(2, a)$, $(8, 4)$를 지름의 양 끝점으로 하고 y축에 접하는 원의 반지름의 길이를 r이라 할 때, $a+r$의 값을 구하시오.

02-2

▸ 25739-0076

중심이 직선 $y=2x-4$ 위에 있고 x축과 y축에 동시에 접하는 두 원의 중심 사이의 거리는?

① $\frac{4\sqrt{5}}{3}$ ② $\frac{5\sqrt{5}}{3}$ ③ $2\sqrt{5}$
④ $\frac{7\sqrt{5}}{3}$ ⑤ $\frac{8\sqrt{5}}{3}$

정답과 풀이 28쪽

대표유형 03 원과 직선의 위치 관계 (판별식)

▸ 25739-0077

원 $x^2+y^2=9$와 직선 $2x-y+a=0$이 서로 다른 두 점에서 만나도록 하는 정수 a의 개수를 구하시오.

MD의 한마디!

판별식을 이용하기 위해
① 직선의 방정식에서 y를 x에 대한 식으로 정리하여 원의 방정식에 대입한 후
② 판별식을 이용하여 a에 대한 이차부등식을 구합니다.

Solution

유제

03-1

▸ 25739-0078

원 $x^2+y^2=4$와 직선 $x+y+k=0$이 만나지 않도록 하는 모든 실수 k의 값의 범위를 구하시오.

03-2

▸ 25739-0079

중심이 원점이고 둘레의 길이가 $k\pi$인 원과 직선 $y=kx+\sqrt{5}$가 한 점에서만 만나도록 하는 양수 k의 값을 구하시오.

정답과 풀이 29쪽

대표유형 04

원과 직선의 위치 관계 (원의 중심과 직선 사이의 거리)

▸ 25739-0080

원 $(x+2)^2+(y-4)^2=13$과 직선 $3x+4y+k=0$이 서로 다른 두 점 A, B에서 만나고 $\overline{AB}=4$일 때, 양수 k의 값을 구하시오.

MD의 한마디!

주어진 조건을 만족시키는 양수 k의 값을 구하기 위해
① 점과 직선 사이의 거리 공식을 이용하여 $\overline{AB}$를 k에 대한 식으로 나타낸 후
② $\overline{AB}=4$에서 k에 대한 이차방정식을 풉니다.

Solution

유제

04-1

▸ 25739-0081

점 $(2, 1)$을 지나고 기울기가 m인 직선이 원

$$(x-1)^2+(y-3)^2=4$$

와 만나도록 하는 모든 실수 m의 값의 범위를 구하시오.

04-2

▸ 25739-0082

두 양수 a, b에 대하여 원 $x^2+y^2+4x-2ay+b=0$ 위의 점 P$(1, 1)$을 지나는 직선 l과 이 원의 중심 사이의 거리가 5이다. 원 위의 한 점 Q에 대하여 점 Q와 직선 l 사이의 거리의 최댓값이 10일 때, $a+b$의 값을 구하시오.

기울기 또는 접점이 주어진 원의 접선의 방정식

▸ 25739-0083

원 $x^2+y^2=4$에 접하고 직선 $x+3y+1=0$과 수직인 두 직선이 y축과 만나는 점을 각각 A, B라 할 때, 선분 AB의 길이를 구하시오.

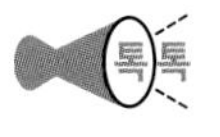

MD의 한마디!

선분 AB의 길이를 구하기 위해
① 접선의 방정식의 공식 $y=mx\pm r\sqrt{m^2+1}$을 이용하여 두 접선의 방정식을 구한 후
② 두 접선의 y절편을 구합니다.

Solution

유제

05-1

▸ 25739-0084

원 $x^2+y^2=12$ 위에 있는 제1사분면 위의 점 $\mathrm{P}(x_1, y_1)$에서의 접선의 y절편이 4일 때, x_1y_1의 값을 구하시오.

05-2

▸ 25739-0085

원 $x^2+(y-1)^2=20$ 위의 점 $(4, 3)$에서의 접선의 방정식이 $y=mx+n$일 때, $m+n$의 값을 구하시오.

(단, m, n는 상수이다.)

정답과 풀이 31쪽

대표유형 06 원 밖의 한 점에서의 접선의 방정식

▸ 25739-0086

점 $(2,\ 1)$에서 원 $x^2+y^2=4$에 그은 접선의 방정식을 모두 구하시오.

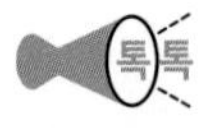

MD의 한마디!

원 밖의 한 점 $(2,\ 1)$에서 원에 그은 접선의 접점을 $\mathrm{P}(x_1,\ y_1)$이라 할 때
① 접선의 방정식 $x_1x+y_1y=4$에 점 $(2,\ 1)$을 대입하고
② 점 $(x_1,\ y_1)$을 원의 방정식에 대입한 후
③ ①, ②에서 구한 두 식을 연립하여 접선의 방정식을 구합니다.

Solution

유제

06-1

▸ 25739-0087

점 $\mathrm{P}(-1,\ 3)$을 지나는 직선 l과 원점 O 사이의 거리가 $2\sqrt{2}$이다. 직선 l 위의 점 Q에 대하여 $\angle\mathrm{OQP}=90^\circ$인 모든 점 Q의 x좌표의 합을 구하시오.

06-2

▸ 25739-0088

점 $(0,\ 5)$를 지나고 기울기가 m인 직선이 원 $(x+1)^2+y^2=4$에 접하도록 하는 모든 실수 m의 값의 곱을 구하시오.

실력 완성

단원 마무리

▸ 25739-0089

1 반지름의 길이가 $\sqrt{3}$인 원 C 위에 두 점 $(-2, 0)$, $(1, 0)$이 있다. 원 C의 중심이 제2사분면 위에 있을 때, 중심의 y좌표는?

① $\frac{\sqrt{3}}{4}$ ② $\frac{\sqrt{3}}{2}$ ③ $\frac{3\sqrt{3}}{4}$
④ $\sqrt{3}$ ⑤ $\frac{5\sqrt{3}}{4}$

▸ 25739-0090

2 x축과 y축에 동시에 접하고 반지름의 길이가 각각 3, 6인 두 원 C_1, C_2가 있다. 원 C_1의 중심이 제1사분면에 있고, 원 C_2의 중심이 제2사분면에 있을 때, 두 원 C_1, C_2의 중심 사이의 거리를 구하시오.

▸ 25739-0091

3 좌표평면 위에 두 점 A(6, 8), B(a, b)가 있다. $\overline{\mathrm{AB}}=k$(k는 양의 상수)를 만족시키는 모든 점 B에 대하여 a^2+b^2의 최댓값이 169일 때, a^2+b^2의 최솟값은?

① 46 ② 47 ③ 48
④ 49 ⑤ 50

▸ 25739-0092

4 원 $x^2+y^2-4x+6y+12=0$ 위의 점 P와 직선 $3x+4y+12=0$ 위의 점 Q에 대하여 선분 PQ의 길이의 최솟값은?

① $\frac{1}{5}$ ② $\frac{3}{10}$ ③ $\frac{2}{5}$
④ $\frac{1}{2}$ ⑤ $\frac{3}{5}$

▸ 25739-0093

5 원 C : $x^2+y^2+2ax-4y-6=0$에 대하여 원 C와 직선 $3x-4y+1=0$이 만나는 두 점 사이의 거리와 원 C와 직선 $y=-3$이 만나는 두 점 사이의 거리가 같을 때, 양수 a의 값을 구하시오.

내신UP | 2022학년도 9월 고1 학력평가 28번 | ▸ 25739-0094

6 그림과 같이 x축과 직선 l : $y=mx$ $(m>0)$에 동시에 접하는 반지름의 길이가 2인 원이 있다. x축과 원이 만나는 점을 P, 직선 l과 원이 만나는 점을 Q, 두 점 P, Q를 지나는 직선이 y축과 만나는 점을 R이라 하자. 삼각형 ROP의 넓이가 16일 때, $60m$의 값을 구하시오.
(단, 원의 중심은 제1사분면 위에 있고, O는 원점이다.)

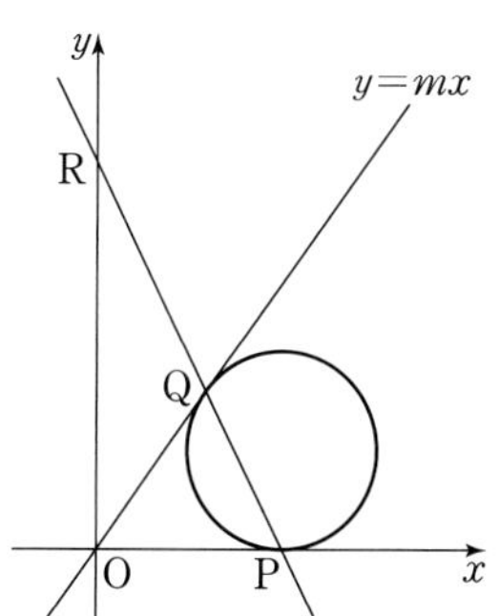

▸ 25739-0095

7 점 A(3, 3)에서 원 $x^2+y^2+4y-5=0$에 그은 접선의 접점을 P라 하자. 원의 중심을 C라 할 때, 삼각형 APC의 넓이를 구하시오.

| 2020학년도 11월 고1 학력평가 20번 |

▸ 25739-0096

8 그림과 같이 좌표평면에서 원 $C : x^2+y^2=4$와 점 A$(-2, 0)$이 있다. 원 C 위의 제1사분면 위의 점 P에서의 접선이 x축과 만나는 점을 B, 점 P에서 x축에 내린 수선의 발을 H라 하자. $2\overline{AH}=\overline{HB}$일 때, 삼각형 PAB의 넓이는?

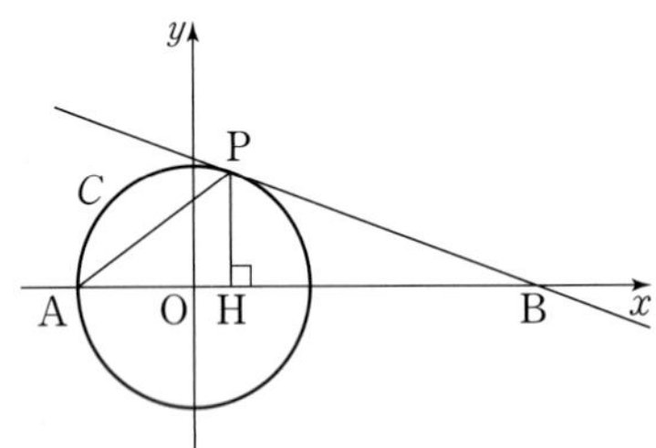

① $\frac{10\sqrt{2}}{3}$　② $4\sqrt{2}$　③ $\frac{14\sqrt{2}}{3}$
④ $\frac{16\sqrt{2}}{3}$　⑤ $6\sqrt{2}$

내신UP

▸ 25739-0097

9 직선 $3x+4y+20=0$ 위의 점 P에서 원 $x^2+y^2=4$에 그은 두 접선의 접점을 각각 A, B라 하자. 사각형 OAPB의 넓이의 최솟값은? (단, O는 원점이다.)

① $4\sqrt{2}$　② $2\sqrt{10}$　③ $4\sqrt{3}$
④ $2\sqrt{14}$　⑤ 8

서술형

▸ 25739-0098

10 좌표평면 위의 세 점 P(6, 0), Q$(-6, 0)$, R(a, b)에 대하여 삼각형 PQR이 정삼각형일 때, 세 점 P, Q, R을 지나는 원의 중심의 좌표를 (m, n), 반지름의 길이를 r이라 하자. $m^2+n^2+r^2$의 값을 구하시오. (단, $b>0$)

▸ 25739-0099

11 중심이 원점인 원 C 밖의 점 (8, 4)에서 원 C에 그은 두 접선 중 한 접선의 기울기가 1이다. 나머지 한 접선의 접점의 좌표를 구하시오.

도형의 이동

평행이동

(1) 점의 평행이동

좌표평면 위의 점 $P(x, y)$를 x축의 방향으로 a만큼, y축의 방향으로 b만큼 평행이동한 점을 P'이라 하면 P'의 좌표는

$P'(x+a, y+b)$

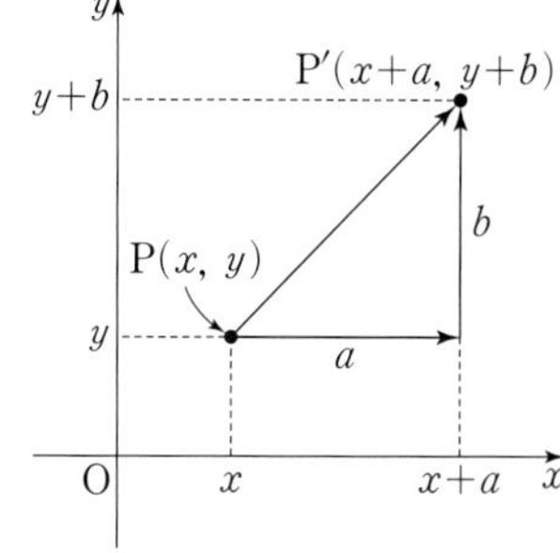

설명 점 $P(x, y)$를 x축의 방향으로 a만큼, y축의 방향으로 b만큼 평행이동한 점을 $P'(x', y')$이라 하면

$x'=x+a, y'=y+b$

따라서 점 P'의 좌표는 $(x+a, y+b)$이다.

(2) 도형의 평행이동

좌표평면에서 방정식 $f(x, y)=0$이 나타내는 도형 F를 x축의 방향으로 a만큼, y축의 방향으로 b만큼 평행이동한 도형 F'의 방정식은

$f(x-a, y-b)=0$

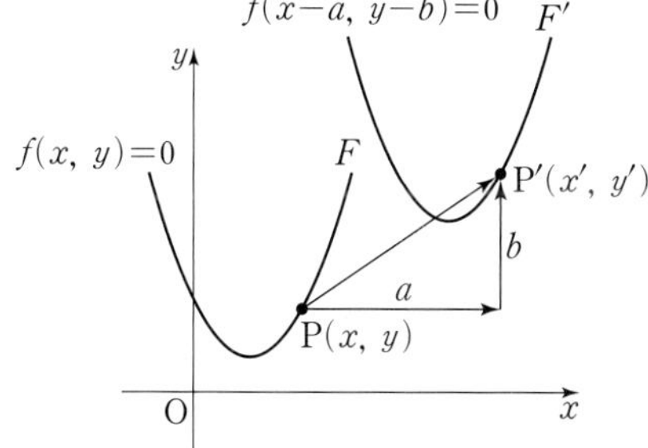

설명 방정식 $f(x, y)=0$이 나타내는 도형 F 위의 점 $P(x, y)$를 x축의 방향으로 a만큼, y축의 방향으로 b만큼 평행이동한 점을 $P'(x', y')$이라 하면

$x'=x+a, y'=y+b$

에서

$x=x'-a, y=y'-b$

이 식을 $f(x, y)=0$에 대입하면

$f(x'-a, y'-b)=0$

점 $P'(x', y')$은 방정식 $f(x-a, y-b)=0$이 나타내는 도형 위의 점이므로 이 방정식이 도형 F'의 방정식이다.

개념 CHECK

정답과 풀이 37쪽

▸ 25739-0100

1 다음 점의 좌표를 구하시오.

(1) 점 $(2, 5)$를 x축의 방향으로 1만큼, y축의 방향으로 3만큼 평행이동한 점

(2) 점 $(7, -1)$을 x축의 방향으로 -5만큼, y축의 방향으로 -4만큼 평행이동한 점

▸ 25739-0101

2 다음 도형의 방정식을 구하시오.

(1) 직선 $2x-y+1=0$을 x축의 방향으로 3만큼, y축의 방향으로 -4만큼 평행이동한 직선

(2) 원 $(x+1)^2+(y-3)^2=4$를 x축의 방향으로 -1만큼, y축의 방향으로 2만큼 평행이동한 원

2 점의 대칭이동

(1) 대칭이동

좌표평면 위의 한 점 또는 도형을 어떤 점이나 직선에 대하여 대칭인 점 또는 도형으로 옮기는 것을 각각 그 점 또는 그 직선에 대한 대칭이동이라 한다.

(2) 점의 대칭이동

좌표평면 위의 점 $(x,\ y)$를 x축, y축, 원점 및 직선 $y=x$에 대하여 각각 대칭이동한 점의 좌표는 다음과 같다.

① x축에 대하여 대칭이동

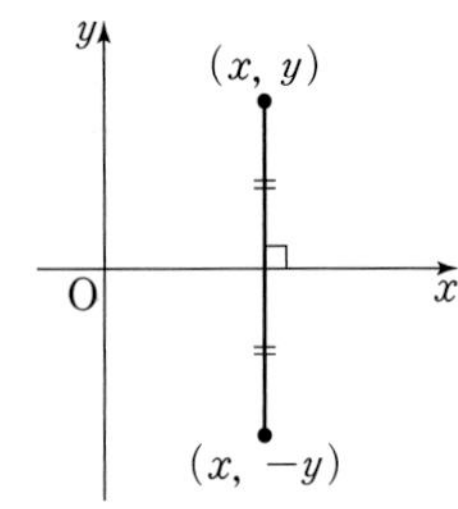

$(x,\ y) \rightarrow (x,\ -y)$

⇨ y좌표의 부호가 바뀐다.

② y축에 대하여 대칭이동

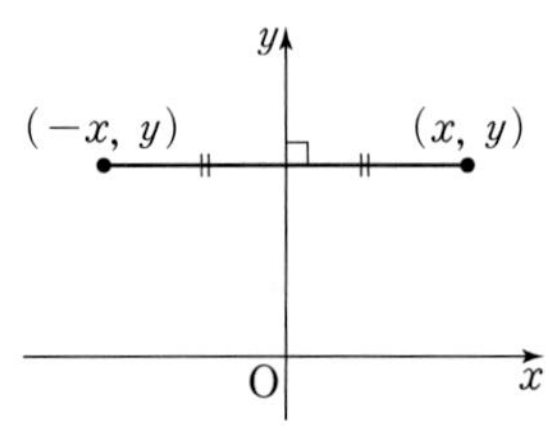

$(x,\ y) \rightarrow (-x,\ y)$

⇨ x좌표의 부호가 바뀐다.

③ 원점에 대하여 대칭이동

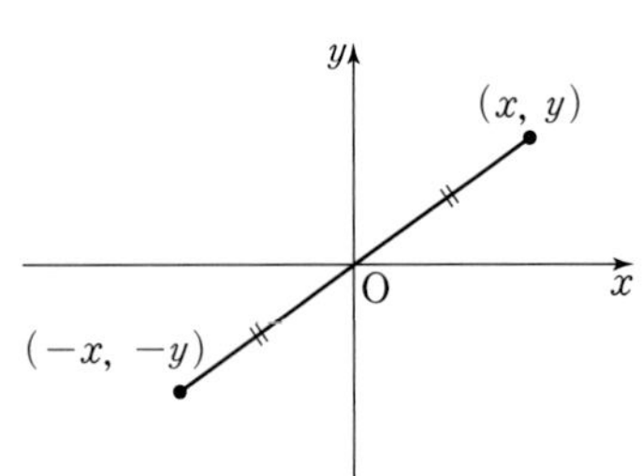

$(x,\ y) \rightarrow (-x,\ -y)$

⇨ x좌표의 부호와 y좌표의 부호가 모두 바뀐다.

④ 직선 $y=x$에 대하여 대칭이동

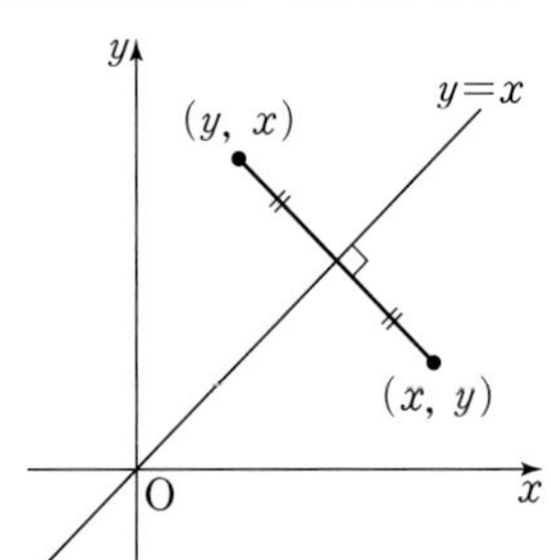

$(x,\ y) \rightarrow (y,\ x)$

⇨ x좌표와 y좌표가 서로 바뀐다.

개념 CHECK

정답과 풀이 37쪽

▸ 25739-0102

3 다음 점의 좌표를 구하시오.

(1) 점 $(1,\ 3)$을 x축에 대하여 대칭이동한 점

(2) 점 $(-2,\ 1)$을 y축에 대하여 대칭이동한 점

(3) 점 $(4,\ -1)$을 원점에 대하여 대칭이동한 점

(4) 점 $(-3,\ -1)$을 직선 $y=x$에 대하여 대칭이동한 점

3 도형의 대칭이동

도형의 대칭이동

방정식 $f(x, y)=0$이 나타내는 도형을 x축, y축, 원점 및 직선 $y=x$에 대하여 각각 대칭이동한 도형의 방정식은 다음과 같다.

① x축에 대하여 대칭이동

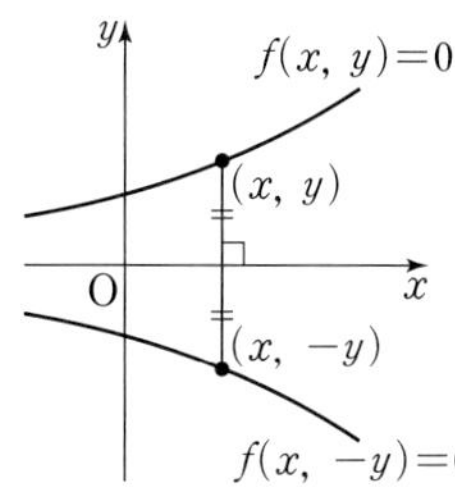

$f(x, y) \to f(x, -y)=0$
⇨ y 대신 $-y$를 대입한다.

② y축에 대하여 대칭이동

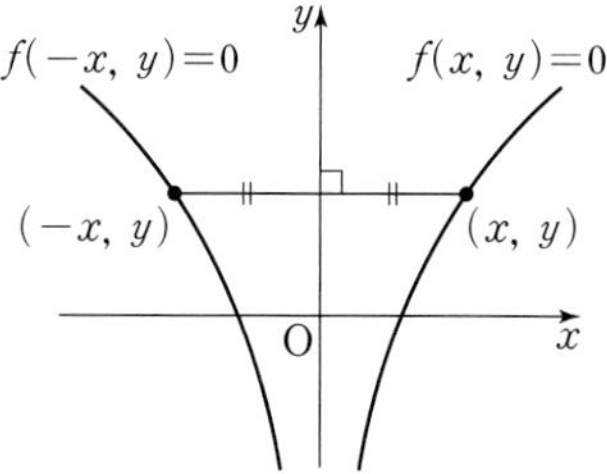

$f(x, y) \to f(-x, y)=0$
⇨ x 대신 $-x$를 대입한다.

③ 원점에 대하여 대칭이동

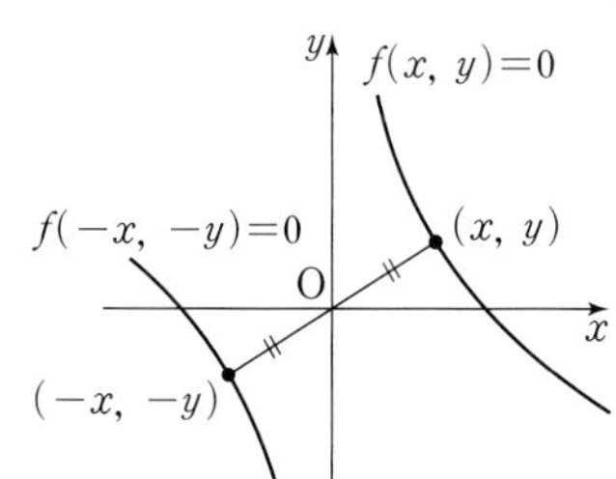

$f(x, y) \to f(-x, -y)=0$
⇨ x 대신 $-x$, y 대신 $-y$를 대입한다.

④ 직선 $y=x$에 대하여 대칭이동

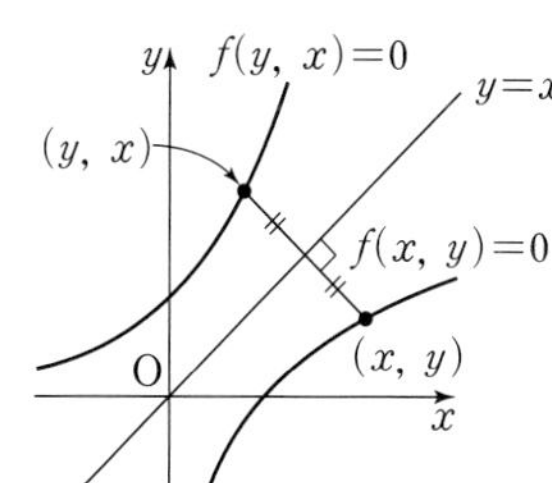

$f(x, y) \to f(y, x)=0$
⇨ x 대신 y, y 대신 x를 대입한다.

설명 ④ 방정식 $f(x, y)=0$이 나타내는 도형 위의 점 $\mathrm{P}(x, y)$를 직선 $y=x$에 대하여 대칭이동한 점을 $\mathrm{P}'(x', y')$이라 하면
$x'=y,\ y'=x,\ x=y',\ y=x'$
이 식을 $f(x, y)=0$에 대입하면 $f(y', x')=0$이므로 점 $\mathrm{P}'(x', y')$은 방정식 $f(y, x)=0$이 나타내는 도형 위의 점이다.
따라서 방정식 $f(x, y)=0$이 나타내는 도형을 직선 $y=x$에 대하여 대칭이동한 도형의 방정식은 $f(y, x)=0$이다.

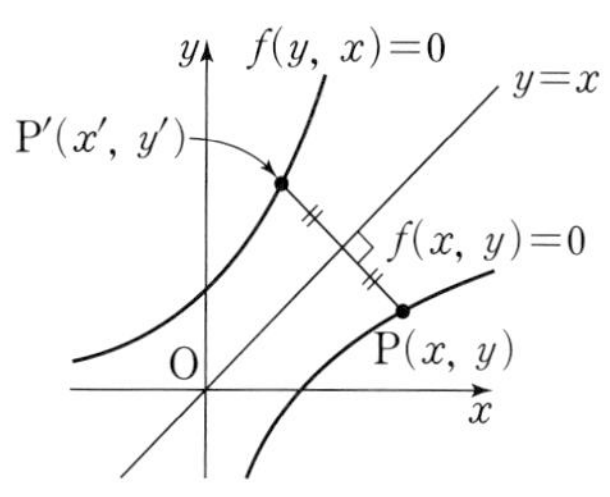

개념 CHECK

정답과 풀이 37쪽

▸ 25739-0103

4 **직선 $x-3y+2=0$을 다음에 대하여 대칭이동한 직선의 방정식을 구하시오.**

(1) x축 (2) y축 (3) 원점 (4) 직선 $y=x$

▸ 25739-0104

5 **원 $(x+2)^2+(y-3)^2=9$를 다음에 대하여 대칭이동한 원의 방정식을 구하시오.**

(1) x축 (2) y축 (3) 원점 (4) 직선 $y=x$

정답과 풀이 38쪽

대표유형 01

점의 평행이동

▸ 25739-0105

점 P(2, -4)를 x축의 방향으로 a만큼 평행이동한 점을 Q, y축의 방향으로 3만큼 평행이동한 점을 R이라 할 때, 직선 QR은 원점을 지난다. 상수 a의 값을 구하시오.

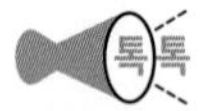

MD의 한마디!

두 점 Q, R을 지나는 직선의 방정식을 구하기 위해
① 점의 평행이동을 이용하여 두 점 Q, R의 좌표를 구하고
② 두 점 Q, R을 지나는 직선이 원점을 지나는 것을 이용해 상수 a의 값을 구합니다.

Solution

유제

01-1

▸ 25739-0106

점 (3, a)를 x축의 방향으로 b만큼, y축의 방향으로 -2만큼 평행이동한 점의 좌표가 ($2b^2$, $4a+1$)일 때, $a+b$의 최댓값을 구하시오.

01-2

▸ 25739-0107

점 (3, 2)를 x축의 방향으로 a만큼, y축의 방향으로 $-a$만큼 평행이동한 점이 곡선 $y=x^2-2x$ 위에 있도록 하는 모든 실수 a의 값의 합을 구하시오.

대표유형 02 도형의 평행이동

▶ 25739-0108

두 점 $\mathrm{A}(-2,\ 3)$, $\mathrm{B}(1,\ -3)$에 대하여 선분 AB의 수직이등분선을 x축의 방향으로 -1만큼, y축의 방향으로 4만큼 평행이동한 직선의 방정식이 $ax-4y+b=0$이다. 두 상수 a, b에 대하여 $a+b$의 값을 구하시오.

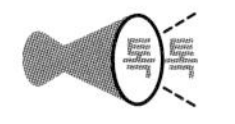

MD의 한마디!

수직이등분선의 성질을 이용하여
① 직선 AB의 기울기와 직선 AB가 지나는 한 점(선분 AB의 중점)을 구하여 수직이등분선의 방정식을 구한 후
② 주어진 직선을 평행이동한 직선의 방정식과 비교하여 두 상수 a, b를 각각 구합니다.

Solution

유제

02-1

▶ 25739-0109

직선 $y=ax+b$를 x축의 방향으로 3만큼, y축의 방향으로 -2만큼 평행이동한 직선의 방정식이 $3x+y+4=0$일 때, 두 상수 a, b의 값을 각각 구하시오.

02-2

▶ 25739-0110

원 $x^2+y^2+8x-2y-8=0$을 x축의 방향으로 a만큼, y축의 방향으로 b만큼 평행이동한 원이 x축과 y축에 모두 접할 때, $a\times b$의 값을 구하시오. (단, $a>0$, $b>0$)

대표유형 03

점의 대칭이동

▸ 25739-0111

점 $\mathrm{P}(a,\ a+3)$을 직선 $y=x$에 대하여 대칭이동한 점을 Q라 하고 점 Q를 x축에 대하여 대칭이동한 점을 R이라 하자. $\angle\mathrm{RPQ}=\angle\mathrm{RQP}$가 되도록 하는 실수 a의 값을 구하시오.

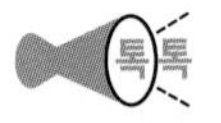

MD의 한마디!

$\angle\mathrm{RPQ}=\angle\mathrm{RQP}$인 실수 a의 값을 구하기 위해
① $\overline{\mathrm{PR}}$, $\overline{\mathrm{QR}}$의 길이를 각각 구하고
② $\overline{\mathrm{PR}}=\overline{\mathrm{QR}}$을 이용하여 실수 a의 값을 구합니다.

Solution

유제

03-1

▸ 25739-0112

점 $\mathrm{P}(4,\ 2)$를 x축에 대하여 대칭이동한 점을 Q라 하고, 점 Q를 원점에 대하여 대칭이동한 점을 R이라 할 때, 삼각형 PQR의 무게중심의 좌표를 구하시오.

03-2

▸ 25739-0113

점 $\mathrm{P}(a,\ b)$를 y축에 대하여 대칭이동한 점을 Q, 직선 $y=x$에 대하여 대칭이동한 점을 R이라 하자. 점 Q를 x축의 방향으로 3만큼, y축의 방향으로 -5만큼 평행이동한 점이 R일 때, $a\times b$의 값을 구하시오.

정답과 풀이 41쪽

대표유형 04 도형의 대칭이동

▸ 25739-0114

원 $x^2+y^2+6x-2y=0$을 직선 $y=x$에 대하여 대칭이동한 후 원점에 대하여 대칭이동한 원이 직선 $x-2y+k=0$에 의하여 넓이가 이등분될 때, 상수 k의 값을 구하시오.

MD의 한마디!

원의 넓이를 이등분하는 직선의 방정식을 구하기 위해
① 대칭이동한 원의 중심을 구하고
② 직선의 방정식에 원의 중심의 좌표를 대입합니다.

Solution

유제

04-1

▸ 25739-0115

직선 $x+ay+2=0$을 x축에 대하여 대칭이동한 직선과 직선 $x+ay+2=0$이 서로 수직일 때 양수 a의 값을 구하시오.

04-2

▸ 25739-0116

포물선 $y=x^2-4x+3$을 x축에 대하여 대칭이동한 후 원점에 대하여 대칭이동한 포물선이 직선 $y=2x+6$과 만나는 두 점 사이의 거리를 구하시오.

정답과 풀이 42쪽

대표유형 05

도형의 평행이동과 대칭이동

▸ 25739-0117

원 $(x-a)^2+(y+2)^2=9$를 x축의 방향으로 4만큼, y축의 방향으로 -2만큼 평행이동한 후 직선 $y=x$에 대하여 대칭이동한 원이 x축에 접할 때, 실수 a의 값을 모두 구하시오.

MD의 한마디!

실수 a의 값을 구하기 위해
① 원을 평행이동한 후 대칭이동한 원의 방정식을 구하고
② 이 원이 x축에 접하기 위한 조건을 이용하여 a의 값을 구합니다.

Solution

유제

05-1

▸ 25739-0118

직선 $2x+5y-1=0$을 x축의 방향으로 4만큼, y축의 방향으로 -1만큼 평행이동한 후 직선 $y=x$에 대하여 대칭이동한 직선이 점 $(2, a)$를 지날 때, 실수 a의 값을 구하시오.

05-2

▸ 25739-0119

원 $C : (x-1)^2+(y-3)^2=4$를 x축의 방향으로 a만큼 평행이동한 후 원점에 대하여 대칭이동한 원의 중심을 A라 할 때, 원 C 위의 점 P에 대하여 선분 PA의 길이의 최댓값이 8이다. 상수 a의 값을 구하시오.

▸ 25739-0120

1 좌표평면 위의 점 P$(1, a)$를 x축의 방향으로 4만큼, y축의 방향으로 b만큼 평행이동한 점을 Q라 하자. 두 점 P, Q가 모두 직선 $x+4y-2=0$ 위에 있을 때, $a-b$의 값은?

① $\frac{1}{4}$ ② $\frac{1}{2}$ ③ $\frac{3}{4}$
④ 1 ⑤ $\frac{5}{4}$

▸ 25739-0121

2 점 (a, b)를 x축의 방향으로 3만큼, y축의 방향으로 -2만큼 평행이동하였더니 포물선 $y=x^2-8x+28$의 꼭짓점과 일치하였다. $a+b$의 값은?

① 12 ② 13 ③ 14
④ 15 ⑤ 16

▸ 25739-0122

3 포물선 $y=x^2+1$을 x축의 방향으로 a만큼, y축의 방향으로 $3a$만큼 평행이동한 곡선이 직선 $y=2x-4$와 접할 때, 실수 a의 값은?

① -4 ② -2 ③ 0
④ 2 ⑤ 4

▸ 25739-0123

4 점 $(3, -1)$을 지나는 직선 l을 x축의 방향으로 -3만큼, y축의 방향으로 2만큼 평행이동한 직선이 직선 l과 일치할 때, 직선 l의 x절편은?

① $-\frac{3}{2}$ ② $-\frac{3}{4}$ ③ 0
④ $\frac{3}{4}$ ⑤ $\frac{3}{2}$

내신UP | 2022학년도 3월 고2 학력평가 27번 | ▸ 25739-0124

5 두 양수 a, b에 대하여 원 C : $(x-1)^2+y^2=r^2$을 x축의 방향으로 a만큼, y축의 방향으로 b만큼 평행이동한 원을 C'이라 할 때, 두 원 C, C'이 다음 조건을 만족시킨다.

> (가) 원 C'은 원 C의 중심을 지난다.
> (나) 직선 $4x-3y+21=0$은 두 원 C, C'에 모두 접한다.

$a+b+r$의 값을 구하시오. (단, r은 양수이다.)

▸ 25739-0125

6 방정식 $f(x, y)=0$이 나타내는 원 F를 직선 $y=x$에 대하여 대칭이동한 후 x축의 방향으로 a만큼, y축의 방향으로 b만큼 평행이동한 원 F'을 나타내는 방정식이 $f(y-4, x+1)=0$일 때, $a+b$의 값은?

① 1 ② 2 ③ 3
④ 4 ⑤ 5

서 술 형

| 2022학년도 9월 고1 학력평가 13번 | ▸ 25739-0126

7 좌표평면 위의 점 A$(-3,\ 4)$를 직선 $y=x$에 대하여 대칭이동한 점을 B라 하고, 점 B를 x축의 방향으로 2만큼, y축의 방향으로 k만큼 평행이동한 점을 C라 하자. 세 점 A, B, C가 한 직선 위에 있을 때, 실수 k의 값은?

① -5 ② -4 ③ -3
④ -2 ⑤ -1

내신UP ▸ 25739-0127

8 좌표평면 위에 두 점 A$(a,\ 3)$, B$(-1,\ 1)$이 있다. x축 위의 점 P에 대하여 $\overline{\mathrm{AP}}+\overline{\mathrm{BP}}$의 최솟값이 5가 되도록 하는 양수 a의 값을 구하시오.

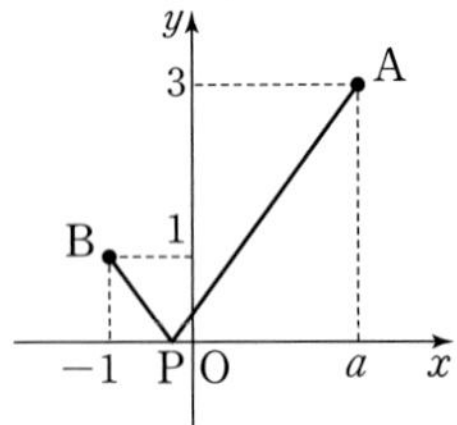

▸ 25739-0128

9 직선 $ax-y+3=0$을 x축에 대하여 대칭이동한 직선을 l, y축에 대하여 대칭이동한 직선을 m이라 하자. 두 직선 l, m 사이의 거리가 4일 때, 양수 a의 값은?

① $\frac{\sqrt{5}}{4}$ ② $\frac{3\sqrt{5}}{8}$ ③ $\frac{\sqrt{5}}{2}$
④ $\frac{5\sqrt{5}}{8}$ ⑤ $\frac{3\sqrt{5}}{4}$

▸ 25739-0129

10 직선 $x-3y+3=0$을 직선 $y=x$에 대하여 대칭이동한 도형이 원 $(x-1)^2+(y-a)^2=9$에 접할 때, 양수 a의 값을 구하시오.

▸ 25739-0130

11 원 C : $x^2+y^2+6x-2y+9=0$을 직선 $y=x$에 대하여 대칭이동한 원을 C_1이라 하고, 원 C를 x축의 방향으로 m만큼, y축의 방향으로 n만큼 평행이동한 원을 C_2라 하자. 원 C_1을 x축에 대하여 대칭이동하였더니 원 C_2와 일치하였다. 두 상수 m, n의 값을 각각 구하시오.

Ⅱ 집합과 명제

집합

집합과 원소

(1) 집합과 원소

① 집합: 어떤 기준에 따라 대상을 분명하게 정할 수 있는 모임을 집합이라 한다.

② 원소: 집합을 이루고 있는 대상 하나하나를 그 집합의 원소라 한다.

설명 '3보다 작은 자연수의 모임'은 그 대상을 분명하게 정할 수 있으므로 집합이고, 이 집합의 원소는 1, 2이다. '키가 큰 학생들의 모임'은 '키가 큰'의 기준이 명확하지 않아 그 대상을 분명하게 정할 수 없으므로 집합이 아니다.

(2) 집합과 원소 사이의 관계

① a가 집합 A의 원소일 때, a는 집합 A에 속한다고 하며 이것을 기호로 $a\in A$와 같이 나타낸다.

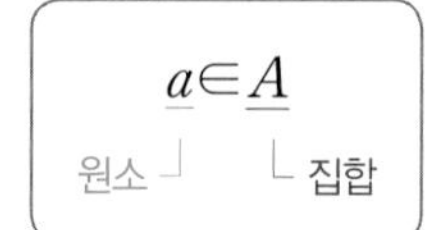

② b가 집합 B의 원소가 아닐 때, b는 집합 B에 속하지 않는다고 하며 이것을 기호로 $b\notin B$와 같이 나타낸다.

예 3 이하의 자연수의 모임을 집합 A라 하면 집합 A의 원소가 1, 2, 3이므로 $1\in A$, $4\notin A$이다.

참고 ① 일반적으로 집합은 영어의 알파벳 대문자 A, B, C, …로 나타내고, 원소는 알파벳 소문자 a, b, c, …와 같이 나타낸다.

② 속한다는 의미의 기호 '$\in$'는 원소를 뜻하는 영어 'Element'의 첫 글자 E를 기호로 만든 것이다.

개념 CHECK

정답과 풀이 46쪽

▸ 25739-0131

1 다음 중 집합이 아닌 것은?

① 10월에 태어난 사람의 모임
② 5의 배수의 모임
③ 자연수의 모임
④ 큰 수의 모임
⑤ 역대 동계올림픽 우승국의 모임

▸ 25739-0132

2 14의 약수의 집합을 A라 할 때, 다음 □ 안에 기호 $\in$, $\notin$ 중 알맞은 것을 써넣으시오.

(1) 2 □ A (2) 4 □ A

(3) 7 □ A (4) 9 □ A

집합의 표현과 분류

(1) 집합의 표현

① 원소나열법: 집합에 속하는 모든 원소를 기호 { } 안에 모두 나열하여 집합을 나타내는 방법

② 조건제시법: 집합에 속하는 원소들의 공통적인 성질을 조건으로 제시하여 집합을 나타내는 방법

③ 벤 다이어그램: 도형 안에 집합의 모든 원소를 표시하여 집합을 나타내는 방법

예 6의 약수의 집합을 A라 할 때, 집합 A는 다음과 같이 세 가지 방법으로 나타낼 수 있다.

원소나열법	조건제시법	벤 다이어그램
$\{1, 2, 3, 6\}$	→ 원소들의 공통된 성질 $\{x \mid x$는 6의 약수$\}$ → 원소를 대표하는 문자	A: 1, 2, 3, 6

참고 ① 집합을 원소나열법으로 나타낼 때, 원소의 순서는 바꿀 수 있으나 중복하여 쓰지 않는다.

예 $\{1, 1, 2, 2, 3\}$ (×), $\{2, 3, 1\}$ (○)

② 원소의 개수가 많고 일정한 규칙이 있을 때는 '…'을 사용하여 원소의 일부를 생략하여 나타내기도 한다.

예 $\{x \mid x$는 100 이하의 자연수$\} = \{1, 2, 3, \cdots, 99, 100\}$

(2) 집합의 분류

① 유한집합: 원소가 유한개인 집합

② 무한집합: 원소가 무수히 많은 집합

③ 공집합: 원소가 하나도 없는 집합이고 기호로 $\varnothing$과 같이 나타낸다.

참고 공집합은 원소의 개수가 0이므로 유한집합으로 생각한다.

(3) 유한집합의 원소의 개수

집합 A가 유한집합일 때, 집합 A의 원소의 개수를 $n(A)$와 같이 나타낸다.

예 $A=\{1, 2, 4, 8\}$일 때, 원소가 4개이므로 $n(A)=4$

특히 공집합 $\varnothing$의 경우 원소가 하나도 없으므로 $n(\varnothing)=0$

개념 CHECK

정답과 풀이 46쪽

▸ 25739-0133

3 다음에서 원소나열법으로 나타낸 집합은 조건제시법으로, 조건제시법으로 나타낸 집합은 원소나열법으로 나타내시오.

(1) $\{1, 2, 3, 4\}$

(2) $\{x \mid x$는 8의 약수$\}$

(3) $\{2, 4, 6, 8, 10\}$

(4) $\{x \mid x^2-x-6=0\}$

▸ 25739-0134

4 다음 집합 A에 대하여 $n(A)$의 값을 구하시오.

(1) $A=\{1, 2, 4\}$

(2) $A=\{x \mid x$는 15의 약수$\}$

(3) $A=\{x \mid x$는 $x^2+1=0$인 실수$\}$

(4) $A=\{x \mid x$는 $x^2-2x-15<0$인 정수$\}$

3 부분집합

(1) 부분집합의 뜻

① 집합 A의 모든 원소가 집합 B에 속할 때, A를 B의 부분집합이라 하고, 이것을 기호로 $A\subset B$와 같이 나타낸다.

② 집합 A가 집합 B의 부분집합이 아닐 때, 이것을 기호로 $A\not\subset B$와 같이 나타낸다.

설명 ① 집합 A가 집합 B의 부분집합일 때, '집합 A는 집합 B에 포함된다.' 또는 '집합 B는 집합 A를 포함한다.' 라 한다.

② $A\not\subset B$는 집합 A의 원소 중 적어도 하나는 집합 B에 속하지 않는다는 의미이다.

(2) 부분집합의 성질

① 공집합은 모든 집합의 부분집합이다. 즉, $\varnothing\subset A$

② 모든 집합은 자기 자신의 부분집합이다. 즉, $A\subset A$

③ $A\subset B$이고 $B\subset C$이면 $A\subset C$

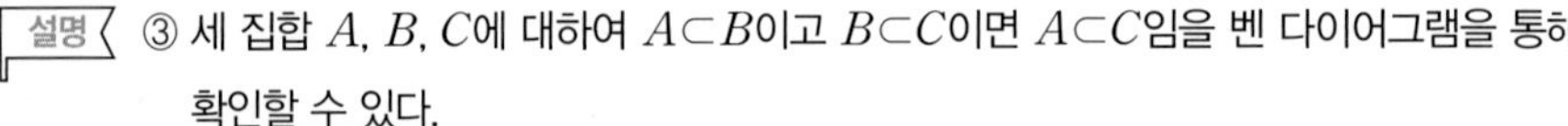

설명 ③ 세 집합 A, B, C에 대하여 $A\subset B$이고 $B\subset C$이면 $A\subset C$임을 벤 다이어그램을 통해 확인할 수 있다.

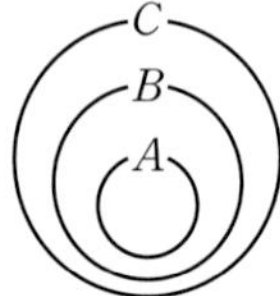

(3) 서로 같은 집합

① 두 집합 A, B에 대하여 $A\subset B$이고 $B\subset A$이면 A와 B는 서로 같다고 하고, 이것을 기호로 $A=B$와 같이 나타낸다.

② 두 집합 A, B가 서로 같지 않을 때, 이것을 기호로 $A\neq B$와 같이 나타낸다.

(4) 진부분집합

두 집합 A, B에 대하여 A가 B의 부분집합이지만 서로 같지 않을 때, 즉

$A\subset B$이고 $A\neq B$

일 때, A를 B의 진부분집합이라 한다.

(5) 부분집합의 개수

① 원소의 개수가 n인 집합의 부분집합의 개수는 2^n (단, $n\geq 1$)

② 원소의 개수가 n인 집합의 진부분집합의 개수는 2^n-1 (단, $n\geq 1$)

설명 오른쪽 그림은 집합 $A=\{a, b, c\}$의 부분집합을 세 원소 a, b, c가 속하거나 속하지 않는 것에 따라 나타낸 것이다.
집합 A의 모든 부분집합은 원소 a가 속하거나 속하지 않는 2가지로 나뉘고, 각 경우에 대하여 원소 b가 속하거나 속하지 않는 2가지로 나뉜다. 이처럼 원소의 개수가 3인 집합 A의 부분집합의 개수는 세 원소 a, b, c가 속하거나 속하지 않는 것에 따라

$2\times 2\times 2=2^3=8$

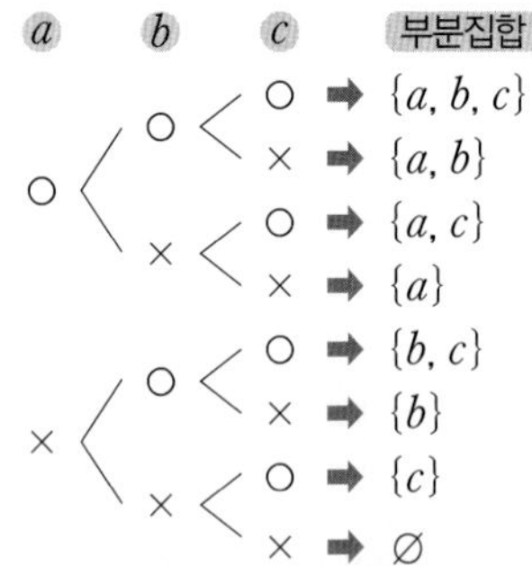

개념 CHECK 정답과 풀이 47쪽

▸ 25739-0135

5 집합 $A=\{x\,|\,x$는 20 이하의 짝수$\}$에 대하여 다음 중 옳지 <u>않은</u> 것은?

① $2\in A$　② $\{10, 20\}\subset A$　③ $\{1, 2, 3, 6\}\not\subset A$
④ $\{4, 8, 12, 16\}\not\subset A$　⑤ $\varnothing\subset A$

▸ 25739-0136

6 집합 $A=\{x\,|\,x$는 $x^2-7x+10\leq 0$인 자연수$\}$의 부분집합의 개수와 진부분집합의 개수를 각각 구하시오.

합집합과 교집합

(1) 합집합

두 집합 A, B에 대하여 A에 속하거나 B에 속하는 모든 원소로 이루어진 집합을 A와 B의 합집합이라 하고, 이것을 기호로 $A\cup B$와 같이 나타낸다.

$A\cup B=\{x \mid x\in A$ 또는 $x\in B\}$

(2) 교집합

두 집합 A, B에 대하여 A에도 속하고 B에도 속하는 모든 원소로 이루어진 집합을 A와 B의 교집합이라 하고, 이것을 기호로 $A\cap B$와 같이 나타낸다.

$A\cap B=\{x \mid x\in A$ 그리고 $x\in B\}$

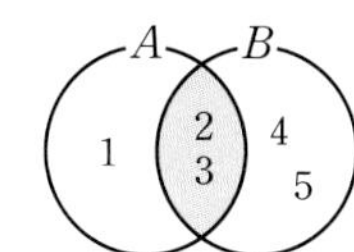

예 두 집합 $A=\{1, 2, 3\}$, $B=\{2, 3, 4, 5\}$에 대하여
$A\cup B=\{1, 2, 3, 4, 5\}$, $A\cap B=\{2, 3\}$

(3) 서로소

두 집합 A, B에 대하여 A와 B에 공통으로 속하는 원소가 하나도 없을 때, 즉 $A\cap B=\varnothing$일 때, A와 B는 서로소라고 한다.

설명 공집합은 모든 집합과 공통인 원소가 없으므로 모든 집합과 서로소이다.

(4) 합집합과 교집합의 성질

두 집합 A, B에 대하여

① $A\cup A=A$, $A\cap A=A$

② $A\cup\varnothing=A$, $A\cap\varnothing=\varnothing$

③ $A\cup(A\cap B)=A$, $A\cap(A\cup B)=A$

설명 합집합과 교집합의 성질 ③은 아래와 같은 벤 다이어그램으로 확인할 수 있다.

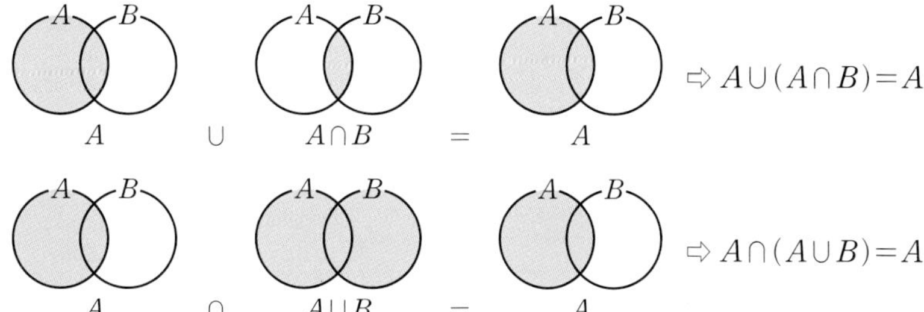

개념 CHECK

정답과 풀이 47쪽

▸ 25739-0137

7 다음 두 집합 A, B에 대하여 $A\cup B$, $A\cap B$를 각각 구하시오.

(1) $A=\{1, 3, 5, 7\}$, $B=\{1, 3, 9\}$

(2) $A=\{x \mid x^2-x-2=0\}$, $B=\{x \mid x$는 6의 약수$\}$

▸ 25739-0138

8 다음 보기 중 집합 $A=\{3, 5\}$와 서로소인 집합을 있는 대로 고르시오.

보기

ㄱ. $\{1, 6\}$　　ㄴ. $\{1, 2, 5\}$　　ㄷ. $\{x \mid x^2-3x=0\}$　　ㄹ. $\{x \mid x$는 $x^2+1=0$인 실수$\}$

5 여집합과 차집합

(1) 전체집합

어떤 집합에 대하여 그 부분집합을 생각할 때, 처음의 집합을 전체집합이라 하고, 이것을 기호로 U와 같이 나타낸다.

(2) 여집합

전체집합 U의 부분집합 A에 대하여 U의 원소 중에서 A에 속하지 않는 모든 원소로 이루어진 집합을 U에 대한 A의 여집합이라 하고, 이것을 기호로 A^C과 같이 나타낸다.

$A^C=\{x|x\in U \text{ 그리고 } x\notin A\}$

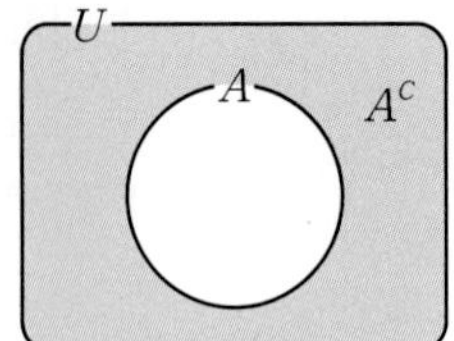

(3) 차집합

두 집합 A, B에 대하여 A에 속하지만 B에 속하지 않는 모든 원소로 이루어진 집합을 A에 대한 B의 차집합이라 하고, 이것을 기호로 $A-B$와 같이 나타낸다.

$A-B=\{x|x\in A \text{ 그리고 } x\notin B\}$

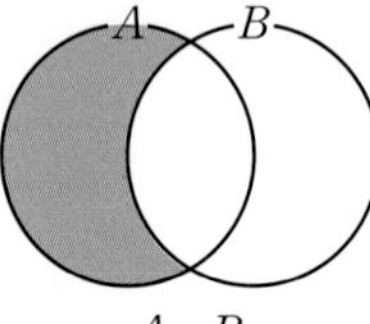

$A-B$

예 전체집합 $U=\{1, 2, 3, 4, 5, 6\}$의 두 부분집합
$A=\{1, 2, 3, 4\}$, $B=\{1, 3, 6\}$에 대하여
$A-B=\{2, 4\}$, $A^C=\{5, 6\}$

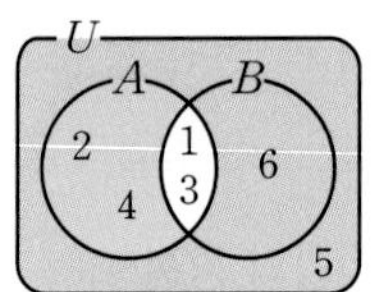

(4) 여집합과 차집합의 성질

전체집합 U의 두 부분집합 A, B에 대하여

① $U^C=\varnothing$, $\varnothing^C=U$

② $(A^C)^C=A$

③ $A\cup A^C=U$, $A\cap A^C=\varnothing$

④ $A-B=A\cap B^C$

설명 여집합과 차집합의 성질 ④는 아래와 같이 벤 다이어그램으로 확인할 수 있다.

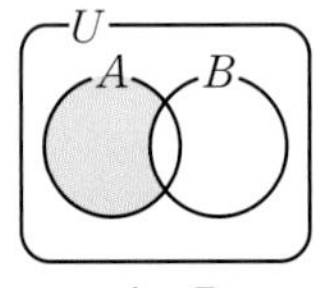

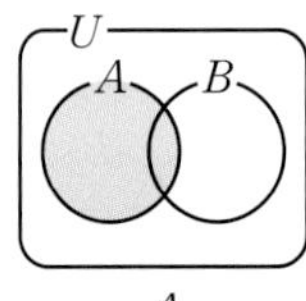

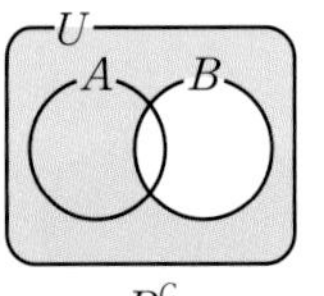

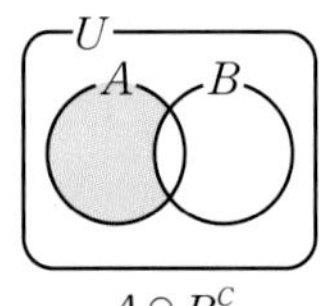

$A-B$ = A $\cap$ B^C = $A\cap B^C$

개념 CHECK

정답과 풀이 47쪽

▸ 25739-0139

9 전체집합 $U=\{x|x$는 10 이하의 자연수$\}$의 두 부분집합 $A=\{1, 3, 5, 7, 9\}$, $B=\{2, 3, 5, 7\}$에 대하여 다음 집합을 구하시오.

(1) $A-B$　　(2) A^C　　(3) $A\cap B^C$

▸ 25739-0140

10 전체집합 U의 두 부분집합 A, B에 대하여 다음 보기 중 항상 옳은 것만을 있는 대로 고르시오.

보기

ㄱ. $B\cap A^C=B-A$　　ㄴ. $U-A^C=A$　　ㄷ. $A\cap A^C=\varnothing$　　ㄹ. $A\cup(A\cap A^C)^C=A$

6 집합의 연산법칙

(1) 집합의 연산법칙

세 집합 A, B, C에 대하여 다음이 성립한다.

① 교환법칙: $A\cup B=B\cup A$, $A\cap B=B\cap A$

② 결합법칙: $A\cup(B\cup C)=(A\cup B)\cup C$, $A\cap(B\cap C)=(A\cap B)\cap C$

③ 분배법칙: $A\cap(B\cup C)=(A\cap B)\cup(A\cap C)$, $A\cup(B\cap C)=(A\cup B)\cap(A\cup C)$

설명 ③ 분배법칙은 아래와 같이 벤 다이어그램으로 확인할 수 있다.

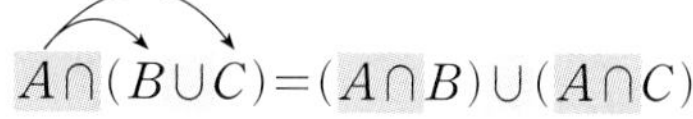

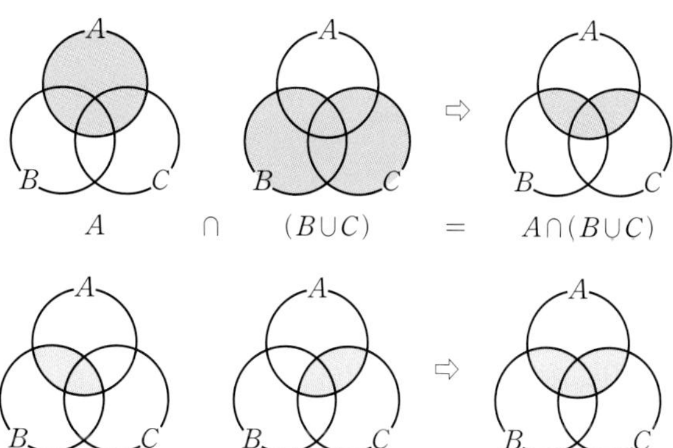

(2) 드모르간(De Morgan)의 법칙

전체집합 U의 두 부분집합 A, B에 대하여

① $(A\cup B)^C=A^C\cap B^C$

② $(A\cap B)^C=A^C\cup B^C$

설명 ① 드모르간의 법칙은 아래와 같이 벤 다이어그램으로 확인할 수 있다.

$(A\cup B)^C=A^C\cap B^C$

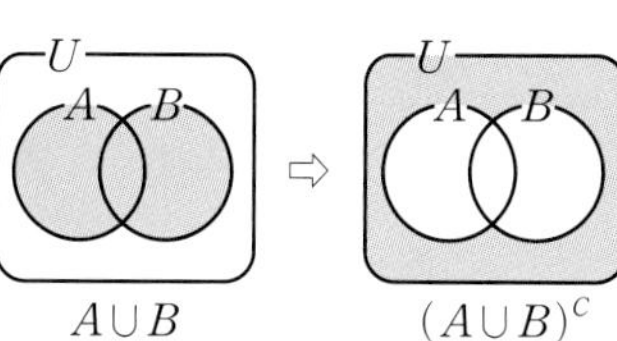

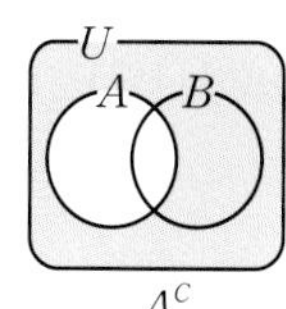

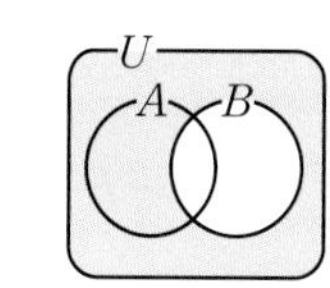

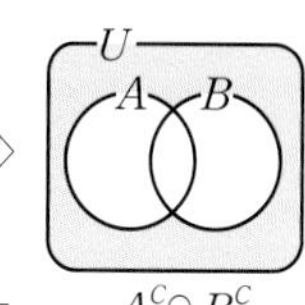

개념 CHECK

정답과 풀이 48쪽

▸ 25739-0141

11 전체집합 U의 두 부분집합 A, B에 대하여 다음 □ 안에 알맞은 것을 써넣으시오.

(1) $A\cup(A^C\cap B)=(A\square A^C)\square(A\square B)=\square\cap(A\square B)=A\cup B$

(2) $A\cap(A\cap B^C)^C=A\cap(\square)=(A\cap\square)\cup(A\cap\square)=\square\cup(A\cap B)=A\cap B$

▸ 25739-0142

12 전체집합 $U=\{1, 2, 3, 4, 6, 12\}$의 두 부분집합 A, B에 대하여 $A\cup B=\{3, 4, 6, 12\}$, $A\cap B=\{3, 6\}$일 때, 다음을 구하시오.

(1) $A^C\cap B^C$

(2) $A^C\cup B^C$

7 집합의 원소의 개수

(1) 합집합의 원소의 개수

두 집합 A, B의 원소의 개수가 유한개일 때

$$n(A\cup B)=n(A)+n(B)-n(A\cap B)$$

특히 A, B가 서로소, 즉 $A\cap B=\varnothing$이면 $n(A\cap B)=0$이므로

$$n(A\cup B)=n(A)+n(B)$$

설명 오른쪽 그림과 같이 두 집합 A, B에 대하여 $n(A-B)=a$, $n(A\cap B)=b$, $n(B-A)=c$라 하면

$$\begin{aligned} n(A\cup B)&=a+b+c \\ &=(a+b)+(b+c)-b \\ &=n(A)+n(B)-n(A\cap B) \end{aligned}$$

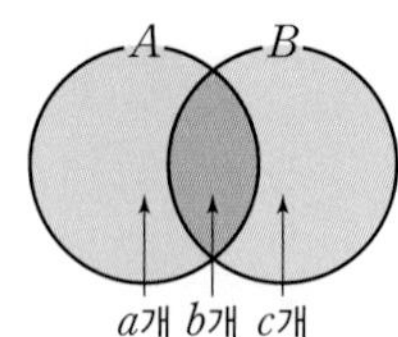

(2) 여집합과 차집합의 원소의 개수

전체집합 U의 두 부분집합 A, B에 대하여

① $n(A^C)=n(U)-n(A)$

② $n(A-B)=n(A)-n(A\cap B)=n(A\cup B)-n(B)$

특히 $B\subset A$이면 $A\cap B=B$이므로 $n(A-B)=n(A)-n(B)$

설명 ① 오른쪽 그림과 같이 $n(A)=a$, $n(A^C)=b$라 하면

$$\begin{aligned} n(A^C)&=b=(a+b)-a \\ &=n(U)-n(A) \end{aligned}$$

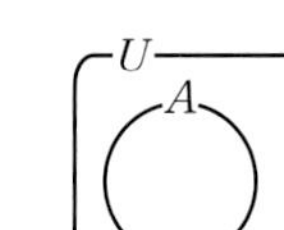
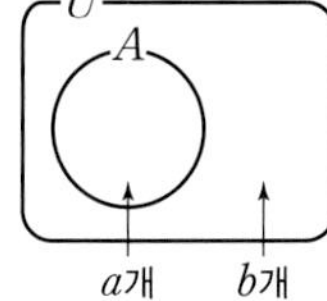

② 오른쪽 그림과 같이 두 집합 A, B에 대하여 $n(A-B)=a$, $n(A\cap B)=b$, $n(B-A)=c$라 하면

$$\begin{aligned} n(A-B)&=a=(a+b)-b \\ &=n(A)-n(A\cap B) \end{aligned}$$

$$\begin{aligned} n(A-B)&=a=(a+b+c)-(b+c) \\ &=n(A\cup B)-n(B) \end{aligned}$$

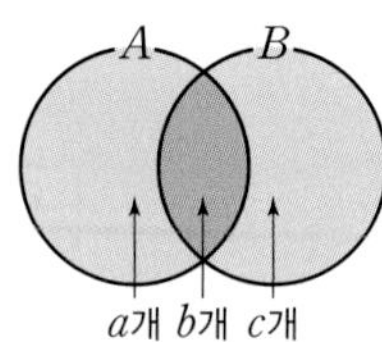

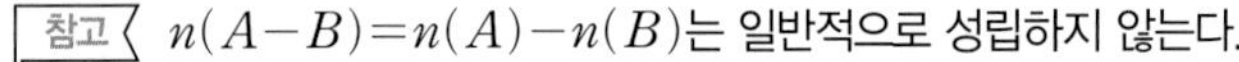

참고 $n(A-B)=n(A)-n(B)$는 일반적으로 성립하지 않는다.

개념 CHECK

정답과 풀이 48쪽

▸ 25739-0143

13 두 집합 A, B에 대하여 $n(A)=8$, $n(B)=19$, $n(A\cap B)=5$일 때, $n(A\cup B)$의 값을 구하시오.

▸ 25739-0144

14 전체집합 U의 두 부분집합 A, B에 대하여 $n(U)=20$, $n(A)=12$, $n(B)=10$, $n(A\cap B)=4$일 때, 다음을 구하시오.

(1) $n(A^C)$

(2) $n(B^C)$

(3) $n(A-B)$

(4) $n(B-A)$

(5) $n((A\cap B)^C)$

(6) $n((A\cup B)^C)$

정답과 풀이 49쪽

대표유형 01

집합과 원소

▸ 25739-0145

다음 **보기** 중 집합인 것만을 있는 대로 고르시오.

보기

ㄱ. 10 이하의 자연수의 모임
ㄴ. 우리나라의 높은 산의 모임
ㄷ. $x^2-1=0$을 만족시키는 실수 x의 모임
ㄹ. 0에 가까운 정수

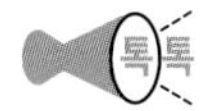

MD의 한마디!

집합은 그 대상을 분명하게 정할 수 있는 모임입니다.
① 각 모임의 대상을 분명하게 정할 수 있는지 판단합니다.
② 일반적으로 '잘', '큰' 등의 상대적인 표현, 즉 명확하지 않은 기준이 포함되는 경우는 집합이 아닙니다.

Solution

유제

01-1

▸ 25739-0146

3으로 나누었을 때 나머지가 1이 되는 자연수의 집합을 A라 할 때, 다음 중 A의 원소가 아닌 것은?

① 4　② 10　③ 15　④ 19　⑤ 25

01-2

▸ 25739-0147

30 이하의 자연수 중에서 6으로 나누었을 때 나머지가 4인 자연수들의 집합을 A라 할 때, 집합 A의 원소 중 가장 큰 수와 가장 작은 수의 합은?

① 32　② 34　③ 36　④ 38　⑤ 40

정답과 풀이 50쪽

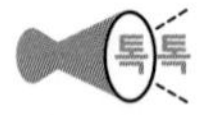

대표유형 02 집합의 표현

▶ 25739-0148

두 집합 $A=\{x|x$는 4 이하의 자연수$\}$, $B=\{x|x$는 $1\le x\le 6$인 정수$\}$에 대하여 집합 $C=\{a+b|a\in A,\ b\in B\}$일 때, 집합 C의 원소의 개수를 구하시오.

톡톡 MD의 한마디!

두 집합으로 만들어지는 새로운 집합 C에 대하여
① 집합 C의 원소는 집합 A의 원소 중 하나와 집합 B의 원소 중 하나를 더한 값입니다.
② a, b라고 해서 반드시 다른 값이어야 하는 것이 아니고 같은 값일 수도 있음에 주의해야 합니다.

Solution

유제

02-1

▶ 25739-0149

두 집합

$A=\{-1,\ 0,\ 1\}$

$B=\{x|x$는 $-2<x\le 2$인 정수$\}$

일 때, 집합 $C=\{ab|a\in A,\ b\in B\}$를 원소나열법으로 나타내시오.

02-2

▶ 25739-0150

집합 $A=\{x|x$는 12의 약수$\}$에 대하여 집합 $B=\{y|y=(x-3)^2,\ x\in A\}$의 원소의 개수를 구하시오.

정답과 풀이 51쪽

대표유형 03

기호 ∈, ⊂의 사용

▸ 25739-0151

집합 $A=\{\varnothing,\ 1,\ \{2\}\}$에 대하여 다음 중 옳지 <u>않은</u> 것은?

① $\varnothing\in A$ ② $1\in A$ ③ $\{2\}\subset A$ ④ $\{\{2\}\}\subset A$ ⑤ $\varnothing\subset A$

MD의 한마디!

원소와 집합, 집합과 집합 사이의 관계를 표현할 때

① (원소)∈(집합), (집합)⊂(집합)과 같이 ∈, ⊂의 양쪽에 쓰이는 요소를 정확하게 구별할 수 있어야 합니다.

② { } 기호가 포함된 원소의 경우에 대해서 기호 ∈, ⊂의 사용 여부를 정확히 이해해야 합니다.

Solution

유제

03-1

▸ 25739-0152

집합 $A=\{a,\ b,\ \{a\},\ \{b\}\}$에 대하여 다음 중 옳지 <u>않은</u> 것은?

① $a\in A$ ② $\{a\}\in A$ ③ $\{a\}\subset A$
④ $\{a,\ b\}\in A$ ⑤ $\{a,\ b\}\subset A$

03-2

▸ 25739-0153

집합 $A=\{x\mid x$는 10 이하의 자연수 중 3의 배수$\}$에 대하여 다음 중 옳은 것을 <u>모두</u> 고르면?

① $3\notin A$ ② $\varnothing\subset A$ ③ $\{3,\ 6\}\not\subset A$
④ $\{4,\ 5\}\not\subset A$ ⑤ $\{6,\ 9\}\in A$

정답과 풀이 52쪽

대표유형 04

부분집합

▸ 25739-0154

두 집합 $A=\{-1, a+2\}$, $B=\{2, a+1, a-1\}$에 대하여 $A\subset B$를 만족시키는 실수 a의 값은?

① -2 ② -1 ③ 0 ④ 1 ⑤ 2

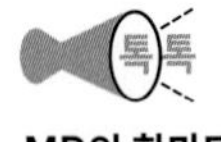

MD의 한마디!

두 집합 A, B에 대하여 $A\subset B$이므로
① 집합 A의 원소인 $a+2$는 반드시 집합 B의 원소이어야 합니다.
② $a+2$가 집합 B의 원소이어야 함을 통해 조건을 만족시키는 a의 값을 구합니다.

Solution

유제

04-1

▸ 25739-0155

두 집합 $A=\{2, a\}$, $B=\{a^2, a+1\}$에 대하여 $A\subset B$이고 $B\subset A$일 때 실수 a의 값을 구하시오.

04-2

▸ 25739-0156

세 집합

$A=\{3, 4\}$, $B=\{1, a, b\}$, $C=\{1, a-1, b+1, b+3\}$

에 대하여 $A\subset B$이고 $B\subset C$일 때, $a-b$의 값을 구하시오.

(단, a, b는 상수이다.)

정답과 풀이 53쪽

부분집합의 개수

▸ 25739-0157

집합 $A=\{x|x$는 24의 약수$\}$에 대하여 다음을 구하시오.

(1) 집합 A의 부분집합 중에서 2, 3, 4를 반드시 원소로 갖는 부분집합의 개수
(2) 집합 A의 부분집합 중에서 1, 2를 원소로 갖고 6, 8, 12를 원소로 갖지 않는 부분집합의 개수

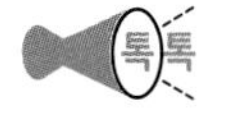

원소의 개수가 n $(n\geq 2)$인 집합에 대하여
① 이 집합의 부분집합 중에서 특정한 원소 k개를 반드시 원소로 갖는 부분집합의 개수는 2^{n-k} (단, $1\leq k\leq n$)
② 이 집합의 부분집합 중에서 특정한 원소 l개를 반드시 원소로 갖지 않는 부분집합의 개수는 2^{n-l} (단, $1\leq l\leq n$)

Solution

유제

05-1

▸ 25739-0158

집합 $A=\{1, 3, 5, 7, 9\}$에 대하여 집합 A의 부분집합 중에서 적어도 한 개의 3의 배수를 원소로 갖는 부분집합의 개수를 구하시오.

05-2

▸ 25739-0159

두 집합 $A=\{1, 2, 4\}$, $B=\{1, 2, 4, 8, 16, 32\}$에 대하여 $A\subset X\subset B$를 만족시키는 집합 X의 개수를 구하시오.

정답과 풀이 54쪽

대표유형 06

합집합과 교집합

▸ 25739-0160

두 집합 $A=\{1, 2, a\}$, $B=\{2, 3, 4, b\}$에 대하여 $A\cap B=\{1, 2, 4\}$일 때, 집합 $A\cup B$의 모든 원소의 합은? (단, a, b는 상수이다.)

① 8　② 10　③ 12　④ 14　⑤ 16

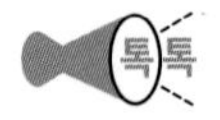

MD의 한마디!

두 집합 A, B가 원소나열법으로 주어졌을 때
① 집합 $A\cap B$의 원소는 두 집합 A, B의 공통인 원소입니다.
② 집합 $A\cup B$의 원소는 두 집합 A, B 중 적어도 한 집합의 원소입니다.

Solution

유제

06-1

▸ 25739-0161

두 집합

$A=\{2, a, b\}$, $B=\{x\,|\,x$는 10 이하의 짝수$\}$

가 있다. $A\cup B=\{2, 4, 6, 8, 10\}$을 만족시키는 두 실수 a, b에 대하여 $a+b$의 최댓값을 구하시오.

06-2

▸ 25739-0162

10 이하의 두 자연수 a, b와 두 집합

$A=\{1, 3, 6, 10\}$, $B=\{2, a, b, 8\}$

에 대하여 $A\cap B=\varnothing$이 되도록 a, b를 정할 때, $a+b$의 최댓값은?

① 8　② 10　③ 12
④ 14　⑤ 16

대표유형 07 여집합과 차집합

▸ 25739-0163

전체집합 $U=\{x|x$는 6 이하의 자연수$\}$의 두 부분집합 $A=\{1, 2, a\}$, $B=\{a-1, b\}$에 대하여 $A-B=\{1\}$일 때, B^C의 모든 원소의 합을 구하시오.

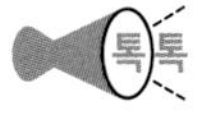

MD의 한마디!

두 집합 A, B의 차집합 또는 여집합을 구할 때
① 집합 A에 대한 집합 B의 차집합 $A-B$의 원소는 집합 A의 원소 중에서 집합 B의 원소를 제외하여 구합니다.
② 집합 A의 여집합 A^C의 원소는 전체집합의 원소에서 집합 A의 원소를 제외하여 구합니다.

Solution

유제

07-1

▸ 25739-0164

전체집합 $U=\{x|x$는 10 이하의 자연수$\}$의 두 부분집합 A, B가 $A=\{2x|x$는 자연수$\}$, $B=\{1, 2, 3, 6, 9\}$일 때, 집합 $A\cap B^C$의 원소의 개수는?

① 1 ② 2 ③ 3 ④ 4 ⑤ 5

07-2

▸ 25739-0165

두 집합 $A=\{3, 12, 15, a\}$, B에 대하여 $A-B=\{3, 6\}$일 때, 집합 $A\cap B$의 모든 원소의 합을 구하시오.

대표유형 08

집합의 연산법칙

▸ 25739-0166

전체집합 U의 두 부분집합 A, B에 대하여 집합

$$\{A\cup(A^C\cap B)\}\cap B$$

와 항상 같은 집합은?

① $\varnothing$ ② A ③ B ④ $A\cap B$ ⑤ $A\cup B$

MD의 한마디!

집합에 대한 연산문제를 해결할 때에는
① 집합의 연산법칙과 드모르간의 법칙을 이용합니다.
② 합집합, 교집합, 여집합, 차집합의 성질을 이용합니다.
③ 벤 다이어그램을 이용하여 연산을 할 수 있습니다.

Solution

유제

08-1

▸ 25739-0167

전체집합 U의 두 부분집합 A, B에 대하여 집합

$$\{(A-B)\cup(A\cap B)\}\cup B$$

와 항상 같은 집합은?

① $\varnothing$ ② A ③ B
④ $A\cap B$ ⑤ $A\cup B$

08-2

▸ 25739-0168

전체집합 U의 두 부분집합 A, B에 대하여 다음 **보기** 중 $A\cap B$와 항상 같은 집합을 있는 대로 고르시오.

보기

ㄱ. $A-(A-B)$ ㄴ. $A\cap(A^C\cup B)$
ㄷ. $B\cup(A\cap B^C)$ ㄹ. $B\cap(A\cup B^C)$

정답과 풀이 58쪽

대표유형 09

집합의 연산과 포함관계

▸ 25739-0169

전체집합 U의 두 부분집합 A, B에 대하여 $A\subset B$일 때, 다음 중 항상 옳은 것을 모두 고르면?

① $A=\varnothing$ ② $B=U$ ③ $B\subset A^{C}$ ④ $A\cap B=A$ ⑤ $A-B=\varnothing$

MD의 한마디!

집합의 포함관계를 알아보기 위해서

① 집합의 연산법칙과 집합의 성질을 이용하여 주어진 연산을 간단히 합니다.

② 전체집합(U), 공집합($\varnothing$)을 이용한 포함관계를 통해 두 집합 사이의 포함관계를 파악합니다.

Solution

유제

09-1

▸ 25739-0170

전체집합 U의 두 부분집합 A, B가 있다. $A\cap B=\varnothing$을 만족시키는 모든 집합 A, B에 대하여 다음 **보기** 중 항상 옳은 것만을 있는 대로 고르시오.

보기

ㄱ. $A\subset B^{C}$ ㄴ. $A^{C}\cap B=B$

ㄷ. $A-B=B$ ㄹ. $A^{C}\cup B^{C}=U$

09-2

▸ 25739-0171

전체집합 U의 두 부분집합 A, B에 대하여

$$A\subset\{(A\cup B^{C})-(A\cap B)\}$$

일 때, 다음 중 항상 옳은 것은?

① $A\subset B$ ② $B\subset A$ ③ $A\neq\varnothing$

④ $A\cup B=U$ ⑤ $A\cap B=\varnothing$

정답과 풀이 59쪽

대표유형 10

유한집합의 원소의 개수

▸ 25739-0172

전체집합 U의 두 부분집합 A, B에 대하여

$$n(U)=30,\ n(A)=16,\ n(A\cap B)=9,\ n(A^C\cap B^C)=8$$

일 때, $n(B)$의 값을 구하시오.

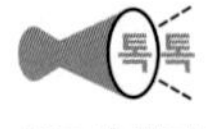
MD의 한마디!

유한집합의 원소의 개수를 구하는 문제에서
① $n(A\cup B)=n(A)+n(B)-n(A\cap B)$를 이용합니다.
② 여집합의 정의에 의하여 $n(A^C)=n(U)-n(A)$입니다.

Solution

유제

10-1

▸ 25739-0173

전체집합 U의 두 부분집합 A, B에 대하여

$$n(U)=30,\ n(A)=12,\ n(B^C)=15,\ n(A^C\cup B^C)=22$$

일 때, $n(A\cup B)$의 값은?

① 16 ② 17 ③ 18
④ 19 ⑤ 20

10-2

▸ 25739-0174

전체집합 U의 두 부분집합 A, B에 대하여 $n(U)=50$, $n(B)=28$, $n(A\cap B^C)=19$일 때, $n(A^C\cap B^C)$의 값은?

① 1 ② 2 ③ 3
④ 4 ⑤ 5

실력 완성

단원 마무리

▸ 25739-0175

1 다음 조건제시법으로 나타낸 집합 중 원소의 개수가 가장 큰 것은?

① $\{x|x$는 32의 약수$\}$
② $\{x|x$는 20보다 작은 4의 배수$\}$
③ $\{x|x$는 5보다 크지 않은 자연수$\}$
④ $\{x|x$는 $(x-3)(x-20)<0$인 소수$\}$
⑤ $\{x|x$는 20 이하의 자연수 중 6과 서로소인 수$\}$

▸ 25739-0176

2 집합 $A=\{1, 3, 5\}$에 대하여 집합

$B=\{ab|a\in A, b\in A\}$

일 때, 다음 중 옳은 것을 모두 고르면?

① $2\in B$ ② $\varnothing\in B$ ③ $\{5\}\subset B$
④ $\{1, 5, 6\}\subset B$ ⑤ $A\subset B$

내신UP

▸ 25739-0177

3 다음 조건을 만족시키는 자연수 전체의 집합의 부분집합 A의 개수는?

(가) $2\in A$
(나) $a\in A$이면 $7-a\in A$

① 1 ② 2 ③ 3
④ 4 ⑤ 5

▸ 25739-0178

4 두 집합

$A=\{x|a<x\le a+3\}$
$B=\{x|-1\le x<6\}$

에 대하여 $A\subset B$를 만족시키는 모든 정수 a의 개수는?

① 1 ② 2 ③ 3
④ 4 ⑤ 5

▸ 25739-0179

5 두 집합

$A=\{2, 3, a\}, B=\{3, 4, a^2\}$

이 있다. $X\subset A$, $X\subset B$를 만족시키는 모든 집합 X에 대하여 $n(X)$의 최댓값이 2일 때, 모든 자연수 a의 값의 합은?

① 5 ② 6 ③ 7
④ 8 ⑤ 9

▸ 25739-0180

6 두 집합

$A=\{1, 3, 5, 7, 9\}$, $B=\{2, 3, 4, 7, 9\}$

에 대하여 $(A\cap B)\subset X\subset(A\cup B)$를 만족시키는 집합 X의 개수는?

① 2 ② 4 ③ 8
④ 16 ⑤ 32

| 2022학년도 3월 고2 학력평가 13번 | ▸ 25739-0181

7 전체집합 $U=\{x|x$는 50 이하의 자연수$\}$의 두 부분집합

$A=\{x|x$는 6의 배수$\}$, $B=\{x|x$는 4의 배수$\}$

가 있다. $A\cup X=A$이고 $B\cap X=\varnothing$인 집합 X의 개수는?

① 8 ② 16 ③ 32
④ 64 ⑤ 128

▸ 25739-0182

8 두 집합

$A=\{x|x^2+ax-4=0\}$, $B=\{x|x^2-5x+b=0\}$

에 대하여 $A\cap B=\{4\}$일 때 집합 $A\cup B$의 모든 원소의 곱은? (단, a, b는 상수이다.)

① -8 ② -7 ③ -6
④ -5 ⑤ -4

내신UP ▸ 25739-0183

9 다음 조건을 만족시키는 집합 X의 개수를 구하시오.

(가) $X\subset\{x|x$는 18의 약수$\}$
(나) $n(X)\geq 2$
(다) 집합 X의 모든 원소의 합은 짝수이다.

▸ 25739-0184

10 다항식 $f(x)=(x^2-5x+6)(x^2-8x+7)$에 대하여 두 집합 A, B를

$A=\{x|f(x)=0\}$, $B=\{y|y$는 21의 약수$\}$

라 할 때, $n(A-B)$의 값은?

① 1 ② 2 ③ 3
④ 4 ⑤ 5

| 2024학년도 3월 고2 학력평가 11번 | ▸ 25739-0185

11 전체집합 $U=\{1, 2, 4, 8, 16, 32\}$의 두 부분집합 A, B가 다음 조건을 만족시킨다.

(가) $A\cap B=\{2, 8\}$
(나) $A^C\cup B=\{1, 2, 8, 16\}$

집합 A의 모든 원소의 합은?

① 21 ② 31 ③ 36
④ 41 ⑤ 46

▸ 25739-0186

12 전체집합 U의 세 부분집합 A, B, C에 대하여 $A\subset B\subset C$일 때 다음 **보기** 중 항상 옳은 것만을 있는 대로 고른 것은?

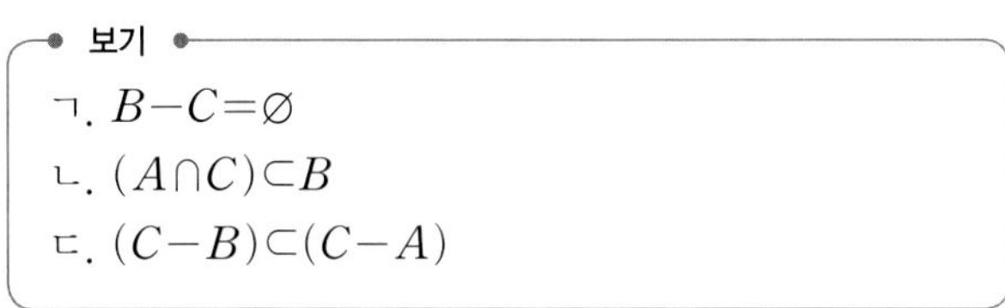

보기

ㄱ. $B-C=\varnothing$

ㄴ. $(A\cap C)\subset B$

ㄷ. $(C-B)\subset(C-A)$

① ㄱ　② ㄴ　③ ㄱ, ㄴ　④ ㄴ, ㄷ　⑤ ㄱ, ㄴ, ㄷ

| 2020학년도 3월 고2 학력평가 9번 |　▸ 25739-0187

13 집합 $A=\{1, 2, 3, 4\}$에 대하여 집합 B가

$$B-A=\{5, 6\}$$

을 만족시킨다. 집합 B의 모든 원소의 합이 12일 때, 집합 $A-B$의 모든 원소의 합은?

① 5　② 6　③ 7　④ 8　⑤ 9

▸ 25739-0188

14 전체집합 $U=\{x\mid x$는 20의 약수$\}$의 두 부분집합 A, B에 대하여 다음 조건을 만족시키는 모든 집합 B의 개수는?

(가) $A-B=A$

(나) $A^C\subset B$

(다) $n(A)=4$

① 15　② 18　③ 21　④ 24　⑤ 27

내신UP　▸ 25739-0189

15 전체집합 $U=\{x\mid x$는 25 이하의 자연수$\}$의 두 부분집합

$A=\{x\mid x$는 20의 약수$\}$,

$B=\{x\mid x$는 24의 약수$\}$

에 대하여 다음 **보기**의 설명 중 옳은 것만을 있는 대로 고른 것은?

보기

ㄱ. $n(A^C\cap B)=5$

ㄴ. $\{x\mid x$는 5 이하의 짝수$\}\subset(A\cap B)$

ㄷ. $\{2^x\mid x$는 4의 약수$\}\subset(A\cup B)$

① ㄱ　② ㄱ, ㄴ　③ ㄱ, ㄷ　④ ㄴ, ㄷ　⑤ ㄱ, ㄴ, ㄷ

내신UP　▸ 25739-0190

16 두 실수 a, b에 대하여 집합

$$A=\{a, a^2\},\ B=\{b, 2b-1\}$$

이다. $n(A)=n(A\cap B)$일 때, $a+b$의 값은?

① $-\frac{5}{4}$　② -1　③ $-\frac{3}{4}$　④ $-\frac{1}{2}$　⑤ $-\frac{1}{4}$

서술형

내신UP | 2022학년도 11월 고1 학력평가 28번 | ▸ 25739-0191

17 전체집합 $U=\{1, 2, 4, 8, 16, 32\}$의 두 부분집합 A, B가 다음 조건을 만족시킨다.

> (가) 집합 $A\cup B^C$의 모든 원소의 합은 집합 $B-A$의 모든 원소의 합의 6배이다.
> (나) $n(A\cup B)=5$

집합 A의 모든 원소의 합의 최솟값을 구하시오.
(단, $2\le n(B-A)\le 4$)

▸ 25739-0192

18 어느 학급 학생 30명의 학생들을 대상으로 A, B 두 문제를 풀게 하였더니 A 문제를 푼 학생은 18명이고 B 문제를 푼 학생은 21명이었다. 이 학급의 모든 학생이 A, B 문제 중 적어도 한 문제를 풀었다고 할 때, A, B 두 문제를 모두 푼 학생 수를 구하시오.

▸ 25739-0193

19 전체집합 $U=\{x\,|\,x$는 10 이하의 자연수$\}$의 두 부분집합
$A=\{x\,|\,x$는 10 이하의 소수$\}$,
$B=\{x\,|\,x$는 10의 약수$\}$
에 대하여 다음 조건을 만족시키는 전체집합 U의 부분집합 X의 개수를 구하시오.

> (가) $(A\cap B)\subset X$
> (나) $\{(A-B)\cup(B-A)\}\cap X=\varnothing$

▸ 25739-0194

20 어느 학급 학생 25명을 대상으로 축구 동아리와 배구 동아리에 대하여 신청을 받았다. 이 학급에서 축구 동아리를 신청한 학생 수는 17명이고, 배구 동아리를 신청한 학생 수는 12명일 때, 축구 동아리와 배구 동아리를 모두 신청한 학생 수의 최댓값을 M, 최솟값을 m이라 하자. $M+m$의 값을 구하시오.

명제

1 명제와 그 부정

(1) 명제

참인지 거짓인지 분명하게 판별할 수 있는 식이나 문장

설명 2는 자연수이다. → 참인 명제 ┐ 명제
5는 짝수이다. → 거짓인 명제 ┘
한라산은 높다. → '높다'라는 것은 참, 거짓을 분명하게 판별할 수 없음. ┐ 명제가 아님
$x+2=3$ → $x=1$이면 참, $x\neq1$이면 거짓 ┘

참고 ① 거짓인 명제도 명제이므로 혼동하지 않도록 한다.
② 명제를 나타낼 때에는 명제를 뜻하는 영단어 proposion의 첫글자 p를 주로 사용하고 여러 개의 명제를 나타낼 때에는 $p, q, r, \cdots$을 사용한다.

(2) 명제의 부정

① 명제 p에 대하여 'p가 아니다.'를 명제 p의 부정이라 하고 기호로 $\sim p$와 같이 나타낸다.
② 명제 p가 참이면 명제 $\sim p$는 거짓이고, 명제 p가 거짓이면 명제 $\sim p$는 참이다.
③ 명제 $\sim p$의 부정은 $\sim(\sim p)$이고 이는 p이다. 즉 $\sim(\sim p)$는 p이다.

참고 ① 명제 $\sim p$를 'not p' 또는 'p가 아니다.'라고 읽는다.
② 명제 p의 부정인 $\sim p$도 명제이다.

설명 두 명제 p와 $\sim p$의 참, 거짓을 정리하면 다음과 같다.

명제 p	명제 $\sim p$
5는 홀수이다. → 참	5는 홀수가 아니다. → 거짓
3은 2보다 작다. → 거짓	3은 2보다 크다. (부정이 아니다.) 3은 2보다 작지 않다. → 참 3은 2보다 크거나 같다. → 참
$1+6=7$ → 참	$1+6\neq7$ → 거짓
$12>15$ → 거짓	$12<15$ (부정이 아니다.) $12\leq15$ → 참

개념 CHECK

정답과 풀이 66쪽

▸ 25739-0195

1 다음 보기 중에서 명제인 것만을 있는 대로 고르시오.

보기
ㄱ. $\sqrt{2}$는 무리수이다.
ㄴ. 10은 5보다 작다.
ㄷ. 축구 선수는 달리기가 빠르다.
ㄹ. 공집합은 모든 집합의 부분집합이다.

▸ 25739-0196

2 다음 명제의 부정을 말하시오.

(1) 3은 소수이다.
(2) 6은 12의 약수가 아니다.
(3) $2+3=5$
(4) $3\times4<2\times5$

2 조건과 진리집합

(1) 조건

문자의 값에 따라 참, 거짓을 판별할 수 있는 식이나 문장

설명 x는 3의 약수이다. → $x=1$ 또는 $x=3$이면 참 / → $x=2$이면 거짓 　 x의 값에 따라 참, 거짓을 판별할 수 있으므로 이 문장은 조건이다.

명제는 그 자체로 참, 거짓을 판별할 수 있지만 조건은 그 자체로 참, 거짓을 판별할 수 없고, 조건에 포함된 문자의 값이 정해지면 참, 거짓을 판별할 수 있는 명제가 된다는 점에서 명제와 구별된다.

(2) 진리집합

전체집합 U의 원소 중에서 조건을 참이 되게 하는 모든 원소의 집합

설명

전체집합	조건	진리집합
$U=\{1, 2, 3, 4, 5\}$	x는 홀수이다.	$\{1, 3, 5\}$
$U=\{1, 2, 3, 4, 5, 6, 7, 8, 9, 10\}$		$\{1, 3, 5, 7, 9\}$

한 조건의 진리집합은 전체집합에 따라 달라질 수 있다.

(3) 조건의 부정

명제와 마찬가지로 조건 p에 대하여 'p가 아니다.'를 조건 p의 부정이라 하고, 기호로 $\sim p$와 같이 나타낸다. 또한 조건의 부정도 조건이다.

(4) 조건의 부정과 진리집합

전체집합 U에 대하여 조건 p의 진리집합을 P, 조건 q의 진리집합을 Q라 하면

① 조건 $\sim p$의 진리집합은 P^C이고 조건 $\sim q$의 진리집합은 Q^C이다.

② 조건 'p 또는 q'의 진리집합은 $P \cup Q$이다.

③ 조건 'p 그리고 q'의 진리집합은 $P \cap Q$이다.

설명 전체집합 U의 원소 중에서 조건 $\sim p$를 참이 되게 하는 원소는 조건 p를 거짓이 되게 하는 원소이므로 집합 P의 원소가 아니다. 따라서 P^C의 원소이므로 조건 $\sim p$의 진리집합은 P^C이다.

참고 전체집합 U에 대하여 집합의 연산에서 $(P^C)^C=P$이므로 조건 $\sim p$의 부정 $\sim(\sim p)$의 진리집합은 P이다.

예 전체집합 $U=\{1, 2, 3, 4, 5\}$에 대하여 두 조건 p: $x^2-4x+3=0$, q: $2<x\le5$의 진리집합을 각각 P, Q라 하면 $P=\{1, 3\}$, $Q=\{3, 4, 5\}$이므로

① 조건 $\sim p$의 진리집합은 $P^C=\{2, 4, 5\}$

② 조건 'p 또는 q'의 진리집합은 $P \cup Q=\{1, 3, 4, 5\}$

③ 조건 'p 그리고 q'의 진리집합은 $P \cap Q=\{3\}$

개념 CHECK

정답과 풀이 66쪽

▸ 25739-0197

3 전체집합 U가 실수 전체의 집합일 때, 다음 조건의 부정을 말하시오.

(1) $x+3=5$

(2) x는 자연수이다.

(3) x는 홀수이고 5의 배수이다.

(4) $1\le x\le10$

▸ 25739-0198

4 전체집합이 $\{x|x$는 10 이하의 자연수$\}$일 때, 두 조건

p: $x^2-9x+14\ge0$, q: x는 소수

에 대하여 조건 $\sim p$와 조건 q의 진리집합을 각각 구하시오.

3 '모든'이나 '어떤'을 포함하는 명제

(1) '모든'이나 '어떤'을 포함하는 명제

전체집합 U에 대하여 조건 p의 진리집합을 P라 할 때

① 명제 '모든 x에 대하여 p이다.'는 $P=U$이면 참이고, $P\neq U$이면 거짓이다.

② 명제 '어떤 x에 대하여 p이다.'는 $P\neq\varnothing$이면 참이고, $P=\varnothing$이면 거짓이다.

설명 전체집합 U가 자연수 전체의 집합일 때, 조건 p의 진리집합을 P라 하면

명제	조건	진리집합	참, 거짓
모든 자연수 x에 대하여 $x>0$이다.	p: $x>0$	모든 자연수는 0보다 크므로 $P=U$	참
모든 자연수 x에 대하여 $x>1$이다.	p: $x>1$	1은 자연수이고 $1>1$은 성립하지 않으므로 자연수 1은 진리집합의 원소가 아니다. 즉, $P\neq U$	거짓
어떤 자연수 x에 대하여 $x<0$이다.	p: $x<0$	모든 자연수는 0보다 크므로 $P=\varnothing$	거짓
어떤 자연수 x에 대하여 $x\leq 1$이다.	p: $x\leq 1$	1은 자연수이고 $1\leq 1$은 성립하므로 1은 진리집합의 원소이다. 즉, $P\neq\varnothing$	참

참고 명제 '모든 x에 대하여 p이다.'는 전체집합 U의 원소 중 조건 p를 만족시키지 않는 것이 단 하나라도 있는 경우 거짓인 명제가 되고, 명제 '어떤 x에 대하여 p이다.'는 전체집합 U의 원소 중 조건 p를 만족시키는 것이 단 하나라도 있으면 참이 된다.

(2) '모든'이나 '어떤'을 포함하는 명제의 부정

① '모든 x에 대하여 p이다.'의 부정은 '어떤 x에 대하여 $\sim p$이다.' 즉, '어떤 x에 대하여 p가 아니다.'

② '어떤 x에 대하여 p이다.'의 부정은 '모든 x에 대하여 $\sim p$이다.' 즉, '모든 x에 대하여 p가 아니다.'

설명 명제 '모든 x에 대하여 p이다.'를 부정하면 'p가 아닌 x가 있다.'는 의미이다. 즉, '어떤 x에 대하여 $\sim p$이다.'가 된다.

또 '어떤 x에 대하여 p이다.'를 부정하면 '어떤 x에 대해서도 p가 아니다.'는 의미이다. 즉, '모든 x에 대하여 $\sim p$이다.'가 된다.

개념 CHECK

정답과 풀이 67쪽

▸ 25739-0199

5 다음 명제의 참, 거짓을 판별하시오.

(1) 모든 자연수 x에 대하여 $|x|\geq 1$이다.

(2) 어떤 실수 x에 대하여 $x^2<0$이다.

▸ 25739-0200

6 다음 명제의 부정을 말하고, 그것의 참, 거짓을 판별하시오.

(1) 어떤 무리수 x에 대하여 x^2은 유리수이다.

(2) 모든 실수 x에 대하여 $|x|>0$이다.

4 명제 $p \longrightarrow q$

(1) 명제 $p \longrightarrow q$

두 조건 p, q로 이루어진 명제 'p이면 q이다.'를 기호로 $p \longrightarrow q$와 같이 나타내고 p를 이 명제의 가정, q를 이 명제의 결론이라 한다.

설명

조건	명제	기호
p: $x=2$ q: $x^2=4$	$\underline{x=2}$이면 $\underline{x^2=4}$이다. 가정 결론	$\underline{p} \longrightarrow \underline{q}$ 가정 결론

$2^2=4$이므로 명제 $p \longrightarrow q$는 참이다. 이와 같이 두 조건을 '~이면 ~이다.'의 형태로 결합하면 참, 거짓을 판별할 수 있는 명제가 된다.

(2) 명제 $p \longrightarrow q$의 참, 거짓

두 조건 p, q에 대하여

① 조건 p가 참이 되는 모든 경우에 대하여 조건 q가 참이면 명제 $p \longrightarrow q$는 참이다.

② 조건 p가 참이지만 조건 q가 거짓인 경우가 있으면 명제 $p \longrightarrow q$는 거짓이다.

예 세 조건 p: $x^2=1$, q: $-1 \le x \le 1$, r: $x(x+1)=0$에 대하여

① 조건 p가 참이 되게 하는 x의 값은 -1, 1이고 이는 모두 조건 q를 참이 되게 하는 값이므로 명제 $p \longrightarrow q$는 참이다.

② 조건 p가 참이 되게 하는 x의 값은 -1, 1이고 이 중 $x=1$은 조건 r이 거짓이 되게 하는 값이므로 명제 $p \longrightarrow r$은 거짓이다.

(3) 명제 $p \longrightarrow q$의 참, 거짓과 진리집합 사이의 관계

전체집합 U에 대하여 조건 p의 진리집합을 P, 조건 q의 진리집합을 Q라 할 때

① 명제 $p \longrightarrow q$가 참이면 $P \subset Q$이고 반대로 $P \subset Q$이면 명제 $p \longrightarrow q$가 참이다.

② 명제 $p \longrightarrow q$가 거짓이면 $P \not\subset Q$이고 반대로 $P \not\subset Q$이면 명제 $p \longrightarrow q$가 거짓이다.

참고 명제 $p \longrightarrow q$에서 조건 p는 참이 되게 하지만 조건 q는 거짓이 되게 하는 원소를 반례라 한다. 즉, $x \in P$이지만 $x \notin Q$인 x가 반례이다.

예 세 조건 p: $x^2=1$, q: $-1 \le x \le 1$, r: $x(x+1)=0$의 진리집합을 각각 P, Q, R이라 하면

$P=\{-1, 1\}$, $Q=\{x \mid -1 \le x \le 1\}$, $R=\{-1, 0\}$이고

① $P \subset Q$이므로 명제 $p \longrightarrow q$는 참이다.

② $P \not\subset R$이므로 명제 $p \longrightarrow r$은 거짓이고 $x=1$은 반례이다.

개념 CHECK

정답과 풀이 67쪽

▶ 25739-0201

7 다음 명제의 가정과 결론을 말하시오.

(1) $x=1$이면 $x+2=3$이다.

(2) n이 3의 배수이면 $2n$은 6의 배수이다.

(3) a, b가 모두 짝수이면 $a+b$는 짝수이다.

▶ 25739-0202

8 다음 명제의 참, 거짓을 판별하시오.

(1) $x=1$이면 $x^2=1$이다.

(2) n이 짝수이면 $3n$은 홀수이다. (단, n은 자연수이다.)

(3) a, b가 모두 홀수이면 ab는 홀수이다. (단, a, b는 자연수이다.)

5 명제의 역과 대우, 충분조건과 필요조건

(1) 명제의 역과 대우

① 역: 명제 $p \longrightarrow q$에 대하여 가정 p와 결론 q를 바꾼 명제 $q \longrightarrow p$

② 대우: 명제 $p \longrightarrow q$에 대하여 가정 p와 결론 q를 각각 부정하여 서로 바꾼 명제 $\sim q \longrightarrow \sim p$

명제 $p \longrightarrow q$와 그 역, 대우 사이의 관계를 나타내면 오른쪽과 같다.

$p \longrightarrow q$ ←역→ $q \longrightarrow p$
대우
$\sim p \longrightarrow \sim q$ ←역→ $\sim q \longrightarrow \sim p$

설명 명제 '$x=3$이면 $x^2=9$이다.'에 대하여 가정은 $x=3$이고 결론은 $x^2=9$이므로 이 명제의 역은 '$x^2=9$이면 $x=3$이다.'이고 그 대우는 '$x^2\neq 9$이면 $x\neq 3$이다.'이다.

(2) 명제와 그 대우 사이의 관계

① 명제 $p \longrightarrow q$가 참이면 그 대우 $\sim q \longrightarrow \sim p$도 참이다.

② 명제 $\sim q \longrightarrow \sim p$가 참이면 그 대우 $p \longrightarrow q$도 참이다.

설명 명제와 그 대우 사이의 관계는 진리집합으로 설명할 수 있다. 전체집합 U에 대하여 두 조건 p, q의 진리집합을 각각 P, Q라 하면 $\sim p$, $\sim q$의 진리집합은 각각 P^C, Q^C이다.
이때 $p \longrightarrow q$가 참이면 $P\subset Q$이고, $P\subset Q$이면 $Q^C\subset P^C$이므로 명제 $\sim q \longrightarrow \sim p$도 참이다.
역으로 명제 $\sim q \longrightarrow \sim p$가 참이면 $Q^C\subset P^C$이고 $Q^C\subset P^C$이면 $P\subset Q$이므로 $p \longrightarrow q$도 참이다.

(3) 충분조건과 필요조건

① 명제 $p \longrightarrow q$가 참일 때, 이것을 기호로 $p \Longrightarrow q$와 같이 나타내고 p는 q이기 위한 충분조건, q는 p이기 위한 필요조건이라 한다.

② 필요충분조건: 명제 $p \longrightarrow q$에 대하여 $p \Longrightarrow q$이고 $q \Longrightarrow p$일 때, 이것을 기호로 $p \Longleftrightarrow q$와 같이 나타내고 p는 q이기 위한 필요충분조건이라 한다. 이때 q도 p이기 위한 필요충분조건이다.

설명 $x=3$이면 $x^2=3^2=9$이므로 명제 '$x=3$이면 $x^2=9$이다.'는 참이다.
즉, $x=3 \Longrightarrow x^2=9$이고 $x=3$은 $x^2=9$이기 위한 충분조건이고, $x^2=9$는 $x=3$이기 위한 필요조건이다.

(4) 충분조건, 필요조건과 진리집합 사이의 관계

전체집합 U에 대하여 두 조건 p, q의 진리집합을 각각 P, Q라 하면

① $P\subset Q$이면 $p \Longrightarrow q$이므로 p는 q이기 위한 충분조건, q는 p이기 위한 필요조건

② $P\supset Q$이면 $p \Longleftarrow q$이므로 p는 q이기 위한 필요조건, q는 p이기 위한 충분조건

③ $P=Q$이면 $p \Longleftrightarrow q$이므로 p는 q이기 위한 필요충분조건, q는 p이기 위한 필요충분조건

설명 두 조건 p: $|x|=3$, q: $x^2=9$의 진리집합을 각각 P, Q라 하면
$P=\{-3, 3\}$, $Q=\{-3, 3\}$이므로 $P=Q$이다.
따라서 p는 q이기 위한 필요충분조건이고, q는 p이기 위한 필요충분조건이다.

개념 CHECK

정답과 풀이 68쪽

▸ 25739-0203

9 명제 '$xy=0$이면 $x=0$ 또는 $y=0$이다.'의 역과 대우를 말하고, 참, 거짓을 판별하시오. (단, x, y는 실수이다.)

▸ 25739-0204

10 두 조건 p, q가 다음과 같을 때, p는 q이기 위한 어떤 조건인지 말하시오.

(1) p: x는 6의 양의 약수, q: x는 12의 양의 약수

(2) p: $x^2\geq 0$, q: $x\geq 0$

(3) p: $x^2=2x$, q: $x=0$ 또는 $x=2$

6 명제의 증명과 절대부등식

(1) 명제의 증명

① 정의: 용어의 뜻을 명확하게 정한 문장

② 증명: 용어의 정의 또는 이미 알려진 사실이나 성질을 이용하여 어떤 명제가 참 또는 거짓임을 논리적으로 밝히는 과정

③ 정리: 참으로 증명된 명제 중에서 기본이 되는 것이나 다른 명제를 증명할 때 이용되는 문장이나 식

④ 대우를 이용한 증명법: 어떤 명제의 대우가 참임을 보임으로써 원래 명제가 참임을 증명하는 방법

⑤ 귀류법: 어떤 명제가 참임을 증명할 때, 그 명제의 결론을 부정한 명제가 거짓이나 모순임을 보임으로써 원래 명제가 참임을 증명하는 방법

(2) 절대부등식

문자를 포함한 부등식에서 문자가 가질 수 있는 어떤 실숫값을 대입하여도 항상 성립하는 부등식

예 부등식 $x^2+1>0$, $x^2-2x+1\geq0$은 모든 실수 x에 대하여 항상 성립하므로 절대부등식이다.

(3) 절대부등식을 증명할 때 이용되는 실수의 성질

두 실수 a, b에 대하여

① $a>b \Longleftrightarrow a-b>0$

② $a^2\geq0$, $a^2+b^2\geq0$

③ $a>0$, $b>0$일 때, $a>b \Longleftrightarrow a^2>b^2$

④ $|a|\geq a$, $|a|^2=a^2$, $|ab|=|a||b|$

⑤ $a^2+b^2=0 \Longleftrightarrow a=b=0$

(4) 산술평균과 기하평균의 관계

$a>0$, $b>0$일 때, $\frac{a+b}{2}\geq\sqrt{ab}$ (단, 등호는 $a=b$일 때 성립)

참고 산술평균과 기하평균의 관계를 이용하여 최댓값이니 최솟값을 구할 때 다음에 유의한다.

① 두 수가 모두 양수인지 확인한다.

② 두 수의 합의 최솟값을 구할 때에는 곱이 일정해야 하고, 곱의 최댓값을 구할 때에는 합이 일정해야 한다.

③ 등호가 성립하는 조건을 항상 확인하도록 한다.

예 ① $a>0$, $b>0$이고 $ab=1$일 때 $a+b\geq2\sqrt{ab}$에서 $a+b$의 최솟값은 2이고 등호는 $a=b=1$일 때 성립한다.

② $a>0$, $b>0$이고 $a+b=4$일 때 $4\geq2\sqrt{ab}$에서 $ab\leq4$이므로 ab의 최댓값은 4이고 등호는 $a=b=2$일 때 성립한다.

개념 CHECK

정답과 풀이 68쪽

▸ 25739-0205

11 다음 중 절대부등식인 것을 모두 고르시오. (단, x는 실수이다.)

(1) $2x-1<2x$

(2) $|x+2|>1$

(3) $x^2+x+1>0$

(4) $x^2-x-2>0$

▸ 25739-0206

12 $ab=9$인 두 양의 실수 a, b에 대하여 $a+b$의 최솟값을 구하시오.

정답과 풀이 69쪽

대표유형 01

명제와 조건

▸ 25739-0207

다음 **보기** 중 명제만을 고르고 참, 거짓을 판별하시오.

보기

ㄱ. 5는 3보다 작은 수이다.
ㄴ. 1200은 큰 3의 배수이다.
ㄷ. $x^2-x-2=0$
ㄹ. $3\in\{x|x$는 3의 배수$\}$

MD의 한마디!

명제인지 아닌지를 판별할 때에는 다음의 두 가지 사항에 유의합니다.
① 명제는 참, 거짓을 분명하게 판별할 수 있는 식이나 문장입니다.
② 기준이 명확하지 않아 사람에 따라 다르게 판단할 수 있는 식이나 문장은 명제가 아닙니다.

Solution

유제

01-1

▸ 25739-0208

다음 중 명제가 아닌 것은?

① $2+5=7$
② 직사각형은 평행사변형이다.
③ $\sqrt{2}$는 유리수이다.
④ $5+3>4+3$
⑤ 2^{64}은 아주 큰 수이다.

01-2

▸ 25739-0209

다음 중 그 부정이 참인 명제인 것만을 **보기**에서 있는 대로 고르시오.

보기

ㄱ. $5-3=1$
ㄴ. 2는 가장 작은 자연수이다.
ㄷ. $\varnothing\subset\{1, 2\}$
ㄹ. $\sqrt{5}\geq\sqrt{2}$

정답과 풀이 70쪽

대표유형 02 진리집합

▸ 25739-0210

전체집합 $U=\{x|x$는 $|x|\le 3$인 정수$\}$에 대하여 두 조건 p, q가

p: $x^2+4x-5\le 0$, q: $|x|\le 1$

일 때, 조건 'p이고 $\sim q$'의 진리집합의 원소의 개수를 구하시오.

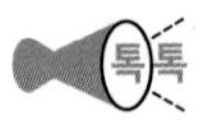

MD의 한마디!

① 전체집합이 실수 전체의 집합이 아님에 유의해야 합니다.

② 주어진 부등식을 만족시키는 x의 값 중에서 전체집합에 속하는 값만이 진리집합의 원소가 됩니다.

Solution

유제

02-1

▸ 25739-0211

전체집합 $U=\{x|x$는 12의 양의 약수$\}$에 대하여 조건 p가

p: $x^2-6x<0$

일 때, 조건 p의 진리집합의 모든 원소의 합은?

① 4 ② 10 ③ 16 ④ 22 ⑤ 28

02-2

▸ 25739-0212

전체집합 $U=\{x|x$는 30 이하의 자연수$\}$에 대하여 두 조건 p, q가

p: x는 4의 배수, q: x는 24의 양의 약수

일 때, 조건 'p이고 q'의 진리집합의 모든 원소의 합을 구하시오.

대표유형 03

'모든'이나 '어떤'을 포함하는 명제

▸ 25739-0213

전체집합 $U=\{0,\ 1,\ 2,\ 3,\ 4\}$에 대하여 $x\in U$일 때, 다음 **보기** 중에서 참인 명제만을 있는 대로 고르시오.

보기

ㄱ. 모든 x에 대하여 $2x+1\geq 1$이다.

ㄴ. 어떤 x에 대하여 $x^2>3x+4$이다.

ㄷ. 모든 x에 대하여 $x^2\leq 16$이다.

ㄹ. 어떤 x에 대하여 $x^2-x-2=0$

MD의 한마디!

'모든'이나 '어떤'이라는 말이 포함된 명제는 조건을 만족시키는 진리집합을 찾을 때 전체집합이 무엇인가에 주의해야 합니다.
① '모든'을 포함하는 명제는 전체집합의 모든 원소에 대하여 성립할 때에만 참입니다.
② '어떤'을 포함하는 명제는 전체집합의 원소 중 적어도 하나에 대하여 성립하면 참입니다.

Solution

유제

03-1

▸ 25739-0214

전체집합 $U=\{x\,|\,x$는 10 이하의 자연수$\}$에 대하여 $x\in U$일 때, 다음 중 거짓인 명제는?

① 어떤 x에 대하여 $x+2=9$이다.
② 모든 x에 대하여 $|x|=x$이다.
③ 어떤 x에 대하여 $x^2=25$이다.
④ 모든 x에 대하여 $x^2>6x-9$이다.
⑤ 어떤 x에 대하여 x^2은 홀수이다.

03-2

▸ 25739-0215

명제

'모든 실수 x에 대하여 $x^2-2kx+9>0$이다.'

가 참이 되도록 하는 자연수 k의 최댓값은?

① 1 ② 2 ③ 3 ④ 4 ⑤ 5

대표유형 04

명제 $p \longrightarrow q$의 참, 거짓과 진리집합의 포함관계

▸ 25739-0216

전체집합 U에 대하여 두 조건 p, q의 진리집합을 각각 P, Q라 하자. 명제 $p \longrightarrow \sim q$가 참일 때, 다음 중 항상 성립하는 것은?

① $P \subset Q$　② $Q \subset P$　③ $Q^C \subset P$　④ $P \subset Q^C$　⑤ $P \cup Q = U$

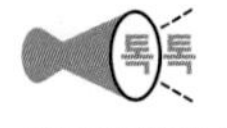

MD의 한마디!

전체집합 U에 대하여 두 조건 p, q의 진리집합을 각각 P, Q라 할 때
① 명제 $p \longrightarrow q$가 참이면 $P \subset Q$입니다.
② 진리집합 사이의 포함관계를 벤 다이어그램으로 파악하면 문제를 좀 더 쉽게 해결할 수 있습니다.

Solution

유제

04-1

▸ 25739-0217

전체집합 U에 대하여 두 조건 p, q의 진리집합을 각각 P, Q라 하자. 명제 $p \longrightarrow q$가 참일 때, 다음 중 항상 옳은 것은?

① $P \cup Q = U$　② $P^C \cap Q = P^C$
③ $P^C \cup Q^C = \varnothing$　④ $P \cap Q = Q$
⑤ $P \cap Q^C = \varnothing$

04-2

▸ 25739-0218

전체집합 U에 대하여 두 조건 p, q의 진리집합을 각각 P, Q라 하자. 두 집합 P, Q 사이의 포함관계가 오른쪽 벤 다이어그램과 같을 때, 다음 **보기** 중 항상 참인 명제를 있는 대로 고르시오.

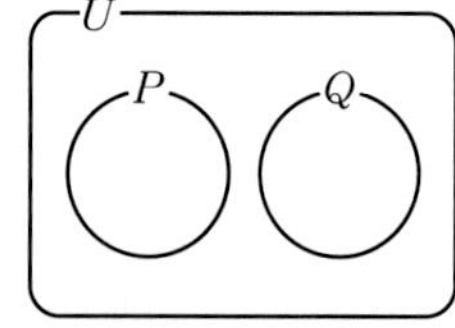

(단, P와 Q는 공집합이 아니다.)

보기

ㄱ. $p \longrightarrow \sim q$
ㄴ. $q \longrightarrow \sim p$
ㄷ. $\sim p \longrightarrow \sim q$

대표유형 05

명제 $p \longrightarrow q$의 참, 거짓

▸ 25739-0219

두 조건 p: $|x-1| \le a$, q: $x^2+3x-18 \le 0$에 대하여 명제 $p \longrightarrow q$가 참이 되도록 하는 양수 a의 최댓값을 구하시오.

MD의 한마디!

① 명제 $p \longrightarrow q$가 참임을 보이기 위해서는 두 조건 p, q의 진리집합을 각각 P, Q라 할 때 $P \subset Q$임을 이용합니다.
② 두 조건 p, q의 진리집합 P, Q에 대하여 $P \not\subset Q$이면 명제 $p \longrightarrow q$는 거짓입니다.

Solution

유제

05-1

▸ 25739-0220

두 조건

p: $2x-6=0$, q: $x^2+kx-21=0$

에 대하여 명제 $p \longrightarrow q$가 참이 되도록 하는 상수 k의 값은?

① 1 ② 2 ③ 3
④ 4 ⑤ 5

05-2

▸ 25739-0221

두 조건

p: $x^2-7x+10=0$, q: $3x^2-7ax+2a^2>0$

에 대하여 명제 $p \longrightarrow \sim q$가 참이 되도록 하는 양의 실수 a의 최댓값과 최솟값의 곱을 구하시오.

대표유형 06

명제 $p \longrightarrow q$의 역

▸ 25739-0222

다음 **보기**에서 그 역이 참인 명제만을 있는 대로 고르시오. (단, x, y, z는 실수이다.)

보기

ㄱ. $x^2=y^2$이면 $x=y$이다.
ㄴ. $x=y$이면 $xz=yz$이다.
ㄷ. $x>1$이고 $y>1$이면 $xy+1>x+y$이다.

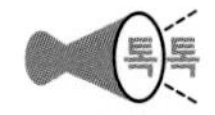

MD의 한마디!

① 명제 $p \longrightarrow q$의 역은 $q \longrightarrow p$입니다.
② 네 실수 a, b, c, d에 대하여 $a \geq b$이고 $c \geq d$이면 $a+c \geq b+d$가 성립합니다.

Solution

유제

06-1

▸ 25739-0223

두 조건 p, q에 대하여 명제 $\sim p \longrightarrow q$의 역이 참일 때, 다음 중 항상 참인 명제는?

① $p \longrightarrow q$
② $p \longrightarrow \sim q$
③ $q \longrightarrow p$
④ $\sim q \longrightarrow p$
⑤ $\sim p \longrightarrow \sim q$

06-2

▸ 25739-0224

두 조건 p, q의 진리집합이 각각

$$P=\{2,\ 3,\ a\},\ Q=\left\{-2b+8,\ \frac{b}{3}+2,\ 5\right\}$$

이다. 명제 $p \longrightarrow q$의 역이 참일 때, $a+b$의 값을 구하시오.

정답과 풀이 75쪽

대표유형 07

충분조건과 필요조건

▶ 25739-0225

세 조건 p, q, r의 진리집합이 각각 $P=\{a^2-4a+5,\ 7\}$, $Q=\{5,\ b+2\}$, $R=\{2b-a,\ b,\ 3b-2a\}$이다. p는 q이기 위한 필요충분조건이고 q는 r이기 위한 충분조건일 때, $a+b$의 값을 구하시오. (단, a, b는 상수이다.)

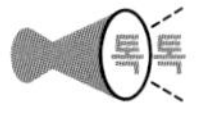

MD의 한마디!

세 조건 p, q, r의 진리집합을 각각 P, Q, R이라 할 때

① p가 q이기 위한 필요충분조건이면 $P\subset Q$이고 $Q\subset P$이므로 $P=Q$입니다.

② q가 r이기 위한 충분조건이면 $Q\subset R$입니다.

Solution

유제

07-1

▶ 25739-0226

두 조건

p: $2x-3=3x-7$, q: $x^2-ax+12=0$

에 대하여 p가 q이기 위한 충분조건일 때, 상수 a의 값은?

① 5 ② 6 ③ 7
④ 8 ⑤ 9

07-2

▶ 25739-0227

다음 중 p는 q이기 위한 필요조건이지만 충분조건이 아닌 것은?

① p: $x=0$이고 $y=0$ q: $xy=0$
② p: $x+y>0$ q: $x^2+y^2>0$
③ p: x는 8의 양의 약수 q: x는 4의 양의 약수
④ p: $x>y$ q: $x+1>y+1$
⑤ p: $|x|=2$ q: $x^2=4$

대표유형 08 여러 가지 증명

▸ 25739-0228

명제 '자연수 n에 대하여 n^2이 짝수이면 n도 짝수이다.'를 대우를 이용하여 증명하시오.

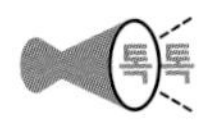

MD의 한마디!

① 주어진 명제의 대우는 '자연수 n에 대하여 n이 홀수이면 n^2도 홀수이다.'입니다.
② n이 홀수이므로 자연수 k에 대하여 $n=2k-1$로 둡니다.
③ n^2을 자연수 m에 대하여 $2m-1$의 형태로 나타낼 수 있으면 n^2이 홀수입니다.

Solution

유제

08-1

▸ 25739-0229

다음은 명제 '두 자연수 a, b에 대하여 ab가 짝수이면 a, b 중 적어도 하나는 짝수이다.'를 귀류법을 이용하여 증명하는 과정이다. (가), (나), (다)에 알맞은 것을 써넣으시오.

> a, b 둘 다 (가) 라고 가정하면 자연수 m, n에 대하여
> $a=2m-1$, $b=2n-1$로 놓을 수 있다.
> 이때
> $ab=(2m-1)(2n-1)=4mn-2m-2n+1$
> $=$ (나) -1
> 이고 $2mn-m-n+1=m(n-1)+n(m-1)+1$이므로
> $2mn-m-n+1$은 자연수이다.
> 즉, ab는 (다) 가 되어 가정에 모순이다.
> 따라서 ab가 짝수이면 a, b 중 적어도 하나는 짝수이다.

08-2

▸ 25739-0230

다음은 네 실수 a, b, x, y에 대하여 부등식

$$(a^2+b^2)(x^2+y^2)\geq(ax+by)^2$$

이 성립함을 증명하는 과정이다.

> $(a^2+b^2)(x^2+y^2)-(ax+by)^2$
> $=(a^2x^2+a^2y^2+b^2x^2+b^2y^2)-(a^2x^2+2abxy+b^2y^2)$
> $=$ (가)
> a, b, x, y는 실수이므로 (가) ≥ 0이다.
> 즉, $(a^2+b^2)(x^2+y^2)\geq(ax+by)^2$이다.
> (단, 등호는 (나) 일 때, 성립한다.)

위의 과정에서 (가), (나)에 알맞은 것을 써넣으시오.

대표유형 09 산술평균과 기하평균의 관계

▸ 25739-0231

$3a+b=6$을 만족시키는 두 양수 a, b에 대하여 ab의 최댓값이 M이고, 그 때의 a, b의 값을 각각 m, n이라 할 때, $m+n+M$의 값을 구하시오.

MD의 한마디!

산술평균과 기하평균의 관계를 이용하여 최솟값이나 최댓값을 구하는 경우에는 다음에 주의합니다.
① 두 수가 모두 양수이어야 합니다.
② 두 수의 합이나 곱이 일정할 때 사용합니다.
③ 등호가 성립할 조건을 항상 확인하도록 합니다.

Solution

유제

09-1

▸ 25739-0232

가로의 길이가 a, 세로의 길이가 b인 직사각형의 넓이가 36일 때, $a+b$의 최솟값을 구하시오.

09-2

▸ 25739-0233

두 양수 a, b에 대하여 $(a+b)\left(\frac{1}{a}+\frac{4}{b}\right)$의 최솟값을 구하시오.

실력 완성

단원 마무리

▸ 25739-0234

1 다음 중 임의의 세 실수 x, y, z에 대하여

$$(x-y)^2+(y-z)^2+(z-x)^2\neq 0$$

의 부정은?

① 어떤 세 실수 x, y, z에 대하여 x, y, z 중 두 수만 같다.
② 어떤 세 실수 x, y, z에 대하여 x, y, z는 모두 0이다.
③ 어떤 세 실수 x, y, z에 대하여 x, y, z 중 적어도 두 수는 같다.
④ 어떤 세 실수 x, y, z에 대하여 x, y, z는 모두 같다.
⑤ 어떤 세 실수 x, y, z에 대하여 $x=y$ 또는 $y=z$ 또는 $z=x$

▸ 25739-0235

2 실수 x에 대하여 두 조건 p, q가

$$p\colon 1\leq x<7,\ q\colon x\leq 4 \text{ 또는 } x>9$$

일 때, 조건 '$\sim p$ 또는 q'의 부정은?

① $4<x<7$　② $4\leq x<7$
③ $4<x\leq 7$　④ $4\leq x\leq 7$
⑤ $x<4$ 또는 $x>7$

▸ 25739-0236

3 정수 x에 대하여 조건 p가

$$p\colon x^2-5x+4\leq 0$$

일 때, 조건 p의 진리집합의 모든 원소의 합은?

① 9　② 10　③ 11
④ 12　⑤ 13

▸ 25739-0237

4 전체집합 U에 대하여 두 조건 p, q의 진리집합을 각각 P, Q라 할 때, **보기**에서 옳은 것만을 있는 대로 고른 것은?

보기

ㄱ. $P=U$이면 '모든 x에 대하여 p이다.'는 참이다.
ㄴ. $P=\varnothing$이면 '어떤 x에 대하여 p이다.'는 참이다.
ㄷ. $Q\neq U$이면 '모든 x에 대하여 q가 아니다.'는 거짓이다. (단, $Q\neq\varnothing$)
ㄹ. $Q\neq\varnothing$이면 '어떤 x에 대하여 q가 아니다.'는 거짓이다. (단, $Q\neq U$)

① ㄱ, ㄴ　② ㄱ, ㄷ　③ ㄱ, ㄴ, ㄹ
④ ㄱ, ㄷ, ㄹ　⑤ ㄴ, ㄷ, ㄹ

내신UP

▸ 25739-0238

5 전체집합 $U=\{x|x\text{는 10 미만의 자연수}\}$의 두 부분집합 A, B에 대하여 두 명제

'집합 A의 모든 원소 a에 대하여 $a+4\in U$이다.',
'집합 B의 어떤 원소 b에 대하여 $b^2-4b<0$이다.'

가 있다. 두 명제가 모두 참이 되도록 하는 두 집합 A, B의 개수를 각각 m, n이라 할 때, $m+n$의 값을 구하시오. (단, $A\neq\varnothing$)

내신UP | 2023학년도 3월 고2 학력평가 18번 |

▸ 25739-0239

6 실수 x에 대한 두 조건

$$p\colon |x-k|\leq 2,\ q\colon x^2-4x-5\leq 0$$

이 있다. 명제 $p \longrightarrow q$와 명제 $p \longrightarrow \sim q$가 모두 거짓이 되도록 하는 모든 정수 k의 값의 합은?

① 14　② 16　③ 18
④ 20　⑤ 22

▸ 25739-0240

7 전체집합 U에 대하여 세 조건 p, q, r의 진리집합을 각각 P, Q, R이라 하자. 세 집합 P, Q, R 사이의 포함관계가 오른쪽 벤 다이어그램과 같을 때, **보기**에서 항상 참인 명제만을 있는 대로 고른 것은?

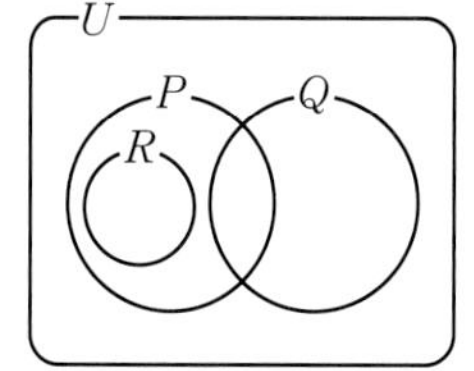

보기

ㄱ. $\sim p \longrightarrow \sim r$
ㄴ. $p \longrightarrow \sim q$
ㄷ. $r \longrightarrow \sim q$

① ㄱ ② ㄷ ③ ㄱ, ㄴ
④ ㄱ, ㄷ ⑤ ㄴ, ㄷ

▸ 25739-0241

8 두 실수 x, y에 대하여 다음 중 그 역과 대우가 모두 참인 명제는?

① $x=2$이고 $y=3$이면 $xy=6$이다.
② $xy>0$이면 $x>0$이고 $y>0$이다.
③ $x^2+y^2=0$이면 $|x|+|y|=0$이다.
④ 두 삼각형이 서로 합동이면 그 넓이가 서로 같다.
⑤ $x>y$이면 $x^2>y^2$이다.

내신UP | 2022학년도 3월 고2 학력평가 17번 | ▸ 25739-0242

9 실수 x에 대한 두 조건

p: $x^2+2ax+1\ge0$, q: $x^2+2bx+9\le0$

이 있다. 다음 두 문장이 모두 참인 명제가 되도록 하는 정수 a, b의 모든 순서쌍 (a, b)의 개수는?

- 모든 실수 x에 대하여 p이다.
- p는 $\sim q$이기 위한 충분조건이다.

① 15 ② 18 ③ 21
④ 24 ⑤ 27

▸ 25739-0243

10 두 실수 x, y에 대하여 세 조건 p, q, r이

p: $x\ge0$이고 $y\ge0$
q: $|xy|=xy$
r: $x^2+y^2=0$

일 때, **보기**에서 옳은 것만을 있는 대로 고른 것은?

보기

ㄱ. p는 r이기 위한 필요조건이다.
ㄴ. r은 q이기 위한 충분조건이다.
ㄷ. q는 p이기 위한 필요충분조건이다.

① ㄱ ② ㄱ, ㄴ ③ ㄱ, ㄷ
④ ㄴ, ㄷ ⑤ ㄱ, ㄴ, ㄷ

▸ 25739-0244

11 다음은 명제 '$\sqrt{3}$은 무리수이다.'를 증명하는 과정이다.

> $\sqrt{3}$이 유리수라고 가정하면 서로소인 두 자연수 m, n에 대하여 $\sqrt{3}=\frac{n}{m}$으로 놓을 수 있다.
> 위 식을 정리하면 $n^2=$ (가)
> n^2이 3의 배수이므로 n도 3의 배수이다. …… ㉠
> $n=3k$ (k는 자연수)라 하면 $3k^2=$ (나)
> m^2이 3의 배수이므로 m도 3의 배수이다. …… ㉡
> ㉠, ㉡에 의하여 m, n이 모두 3의 배수이고, 이는 m, n이 서로소인 두 자연수라는 사실에 모순이다.
> 그러므로 $\sqrt{3}$은 무리수이다.

위의 과정에서 (가), (나)에 알맞은 식을 각각 $f(m)$, $g(m)$이라 할 때, $f(2)+g(4)$의 값은?

① 26 ② 28 ③ 30
④ 32 ⑤ 34

▸ 25739-0245

12 실수 x에 대하여 $x^2+\frac{9}{4x^2+1}$는 $x^2=\alpha$일 때, 최솟값 m을 갖는다. $\alpha+m$의 값은?

① 1 ② 2 ③ 3
④ 4 ⑤ 5

| 2022학년도 11월 고1 학력평가 25번 | ▸ 25739-0246

13 두 양의 실수 a, b에 대하여 두 일차함수

$$f(x)=\frac{a}{2}x-\frac{1}{2},\ g(x)=\frac{1}{b}x+1$$

이 있다. 직선 $y=f(x)$와 직선 $y=g(x)$가 서로 평행할 때, $(a+1)(b+2)$의 최솟값을 구하시오.

내신UP ▸ 25739-0247

14 그림과 같이 $\overline{AB}=4$인 선분 AB를 지름으로 하는 반원이 있다. 호 AB 위의 점 C에 대하여 $\overline{AC}=a$, $\overline{BC}=b$일 때, 삼각형 ABC의 외부와 반원의 내부의 공통인 부분의 넓이의 최솟값은? (단, $a>0$, $b>0$)

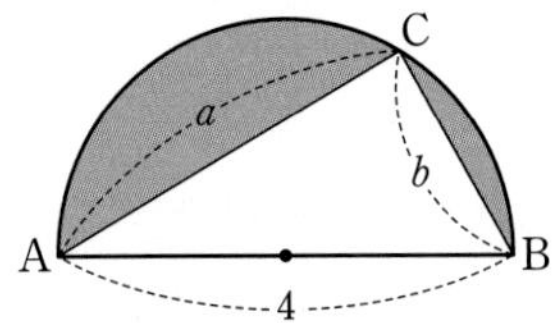

① $2\pi-4$ ② $2\pi-2$ ③ 2π
④ $2\pi+2$ ⑤ $2\pi+4$

서술형

▸ 25739-0248

15 실수 x에 대하여 세 조건 p, q, r이

p: $-3\le x<2$ 또는 $x\ge 5$
q: $x\ge a$
r: $x>b$

이다. 조건 p는 조건 q이기 위한 충분조건이고 조건 r이기 위한 필요조건일 때, 실수 a의 최댓값과 실수 b의 최솟값의 합을 구하시오.

▸ 25739-0249

16 양의 실수 a에 대하여 $f(x)=ax^2+2ax+b$라 하자. 점 $(1,\ 5)$를 지나고 기울기가 3인 직선이 함수 $y=f(x)$의 그래프와 접하도록 하는 실수 b의 최솟값을 구하시오.

함수와 그래프

07 함수

1 함수의 뜻

(1) 대응

공집합이 아닌 두 집합 X, Y에 대하여 X의 원소에 Y의 원소를 짝지어 주는 것을 집합 X에서 집합 Y로의 대응이라 한다. 이때 X의 원소 x에 Y의 원소 y가 짝지어지면 x에 y가 대응한다고 하고, 기호로 $x \longrightarrow y$와 같이 나타낸다.

(2) 함수

① 함수: 집합 X의 각 원소에 집합 Y의 원소가 오직 하나씩만 대응할 때, 이 대응을 집합 X에서 집합 Y로의 함수라 하고, 기호로 $f : X \longrightarrow Y$와 같이 나타낸다.

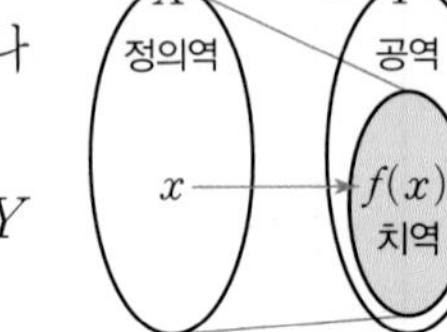

② 정의역과 공역: 함수 $f : X \longrightarrow Y$에서 집합 X를 함수 f의 정의역, 집합 Y를 함수 f의 공역이라 한다.

③ 정의역 X의 원소 x에 공역 Y의 원소 y가 대응될 때, 이것을 기호로 $y=f(x)$와 같이 나타낸다.

④ 치역: 함숫값 전체의 집합, 즉 $\{f(x) \mid x \in X\}$를 함수 f의 치역이라 한다.

예 오른쪽 그림과 같은 함수 $f : X \longrightarrow Y$에서

(1) 정의역: $X=\{1, 2, 3, 4\}$

(2) 공역: $Y=\{a, b, c, d\}$

(3) 치역: $\{a, c, d\}$

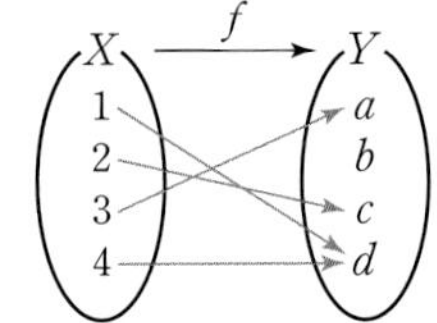

참고 ① 치역은 공역의 부분집합이다.

② 집합 X의 어떤 원소 x에 집합 Y의 원소가 대응하지 않거나 두 개 이상 대응하면 그 대응은 함수가 아니다.

③ 함수 $f(x)$의 정의역이나 공역이 주어지지 않을 때에는 정의역은 함수 $f(x)$가 정의되는 실수 전체의 집합으로, 공역은 실수 전체의 집합으로 한다.

개념 CHECK

정답과 풀이 84쪽

▸ 25739-0250

1 다음 대응 중에서 집합 X에서 집합 Y로의 함수인 것을 찾고, 그 함수의 정의역, 공역, 치역을 각각 구하시오.

(1)
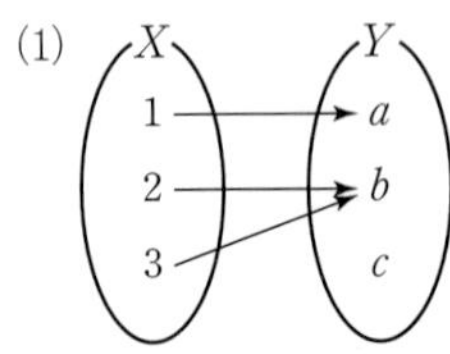

(2)
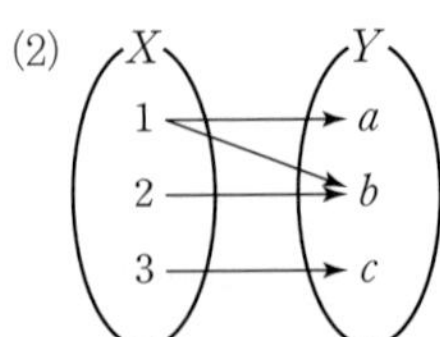

(3)
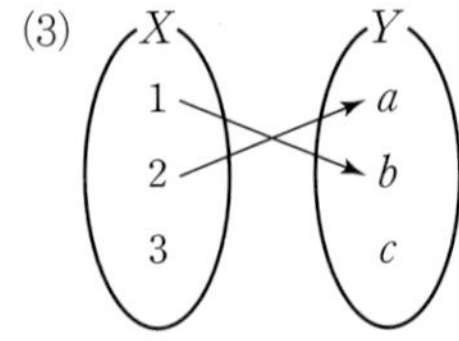

(4)
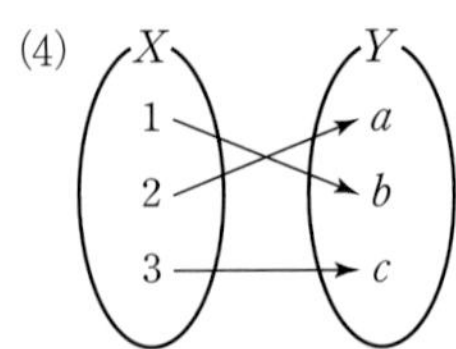

▸ 25739-0251

2 두 집합 $X=\{1, 2, 3\}$, $Y=\{0, 1, 2\}$에 대하여 다음 중 X에서 Y로의 함수인 것을 모두 고르시오.

(1) $f(x)=x-1$

(2) $g(x)=|x-3|-1$

(3) $h(x)=$(x를 3으로 나눈 나머지)

2 함수의 그래프

(1) 서로 같은 함수

두 함수 f, g가

(ⅰ) 정의역과 공역이 각각 서로 같고

(ⅱ) 정의역의 모든 원소 x에 대하여 $f(x)=g(x)$

가 성립할 때, 두 함수 f와 g는 서로 같다고 하고, 기호로 $f=g$와 같이 나타낸다.

참고 두 함수 f, g가 서로 같지 않음을 기호로 $f\neq g$와 같이 나타낸다.

예 (1) 정의역이 $X=\{-1, 1\}$인 두 함수 $f(x)=x$, $g(x)=x^3$에 대하여
$f(-1)=g(-1)=-1$, $f(1)=g(1)=1$이므로 $f=g$이다.

(2) 정의역이 $X=\{1, 2\}$인 두 함수 $f(x)=x$, $g(x)=x^3$에 대하여
$f(1)=1$, $g(1)=1$이고 $f(2)=2$, $g(2)=8$에서 $f(2)\neq g(2)$이므로 $f\neq g$이다.

(2) 함수의 그래프

함수 $f: X \longrightarrow Y$에서 정의역 X의 각 원소 x와 x에서의 함숫값 $f(x)$의 순서쌍 $(x, f(x))$ 전체의 집합 $\{(x, f(x))\,|\,x\in X\}$를 함수 f의 그래프라 한다.

예 (1) 정의역이 $\{-1, 0, 1, 2\}$일 때, 함수
$f(x)=x^2-2$의 그래프는 $\{(-1, -1),$
$(0, -2), (1, -1), (2, 2)\}$

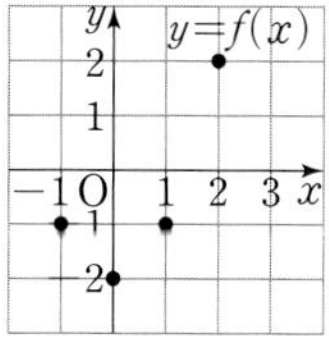

(2) 정의역이 실수 전체의 집합일 때, 함수
$f(x)=x^2-2$의 그래프는
$\{(x, f(x))\,|\,f(x)=x^2-2,\ x$는 실수$\}$

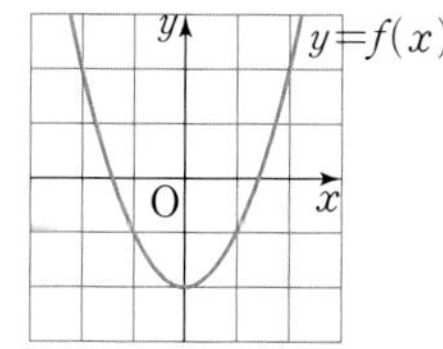

참고 함수 $f(x)$의 정의역과 공역의 원소가 모두 실수일 때, 함수의 그래프는 순서쌍 $(x, f(x))$를 좌표로 하는 점을 좌표평면에 나타내어 그릴 수 있다.

개념 CHECK

정답과 풀이 84쪽

▸ 25739-0252

3 두 집합 $X=\{-1, 0, 1\}$, $Y=\{-1, 0, 1, 2\}$에 대하여 X에서 Y로의 두 함수 f, g가 서로 같은 함수인지 확인하시오.

(1) $f(x)=|x|-1$, $g(x)=x^2-1$

(2) $f(x)=x+1$, $g(x)=|x|+1$

▸ 25739-0253

4 정의역이 다음과 같을 때, 함수 $f(x)=x+1$의 그래프를 좌표평면 위에 나타내시오.

(1) $\{-2, 0, 2\}$

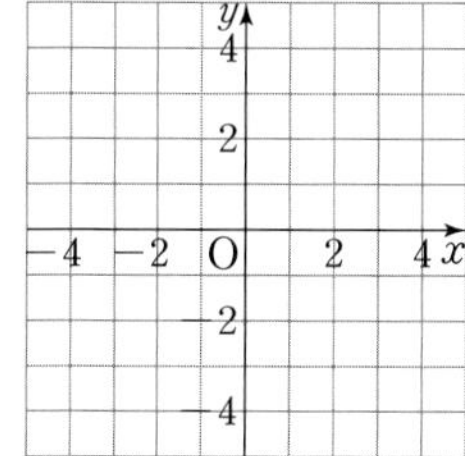

(2) $\{x\,|\,x$는 실수$\}$

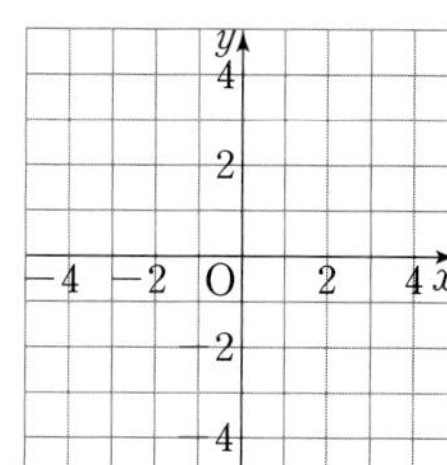

3 일대일함수와 일대일대응

(1) 일대일함수

정의역 X의 임의의 두 원소 x_1, x_2에 대하여

$x_1 \neq x_2$이면 $f(x_1) \neq f(x_2)$

를 만족시킬 때, 이 함수 f를 X에서 Y로의 일대일함수라고 한다.

설명 정의역 X의 임의의 두 원소 x_1, x_2에 대하여 $x_1 \neq x_2$이면 $f(x_1) \neq f(x_2)$가 성립한다는 것은 정의역 X의 임의의 서로 다른 두 원소에 대한 함숫값이 다르다는 의미이다.

참고 ① 명제 '$x_1 \neq x_2$이면 $f(x_1) \neq f(x_2)$'의 대우 '$f(x_1)=f(x_2)$이면 $x_1=x_2$'가 성립할 때에도 함수 f는 일대일함수이다.

② 일대일함수를 좌표평면 위에 나타낸 그래프는 치역의 임의의 원소 k에 대하여 직선 $y=k$와 오직 한 점에서 만난다.

(2) 일대일대응

함수 $f: X \longrightarrow Y$가 다음 두 조건

① 일대일함수이다.

② $\{f(x) \mid x \in X\}=Y$, 즉 치역과 공역이 같다.

를 모두 만족시킬 때, 이 함수 f를 일대일대응이라고 한다.

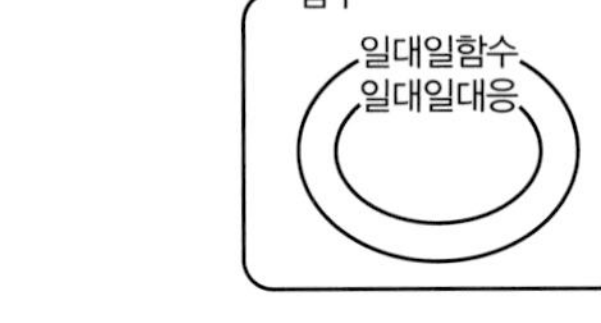

예 (1) 일대일함수

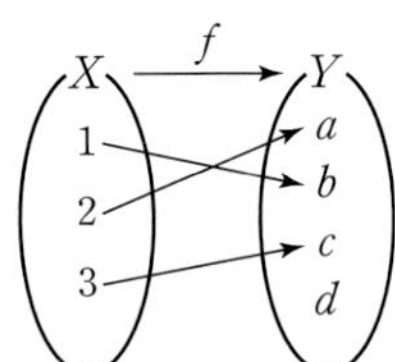

공역$=\{a, b, c, d\}$

치역$=\{a, b, c\}$ → 치역과 공역이 같지 않다.

(2) 일대일대응

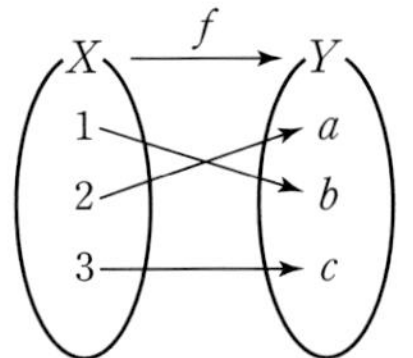

공역$=\{a, b, c\}$

치역$=\{a, b, c\}$ → 치역과 공역이 같다.

개념 CHECK

정답과 풀이 85쪽

▸ 25739-0254

5 보기의 대응 중에서 일대일함수, 일대일대응을 각각 있는 대로 고르시오.

보기

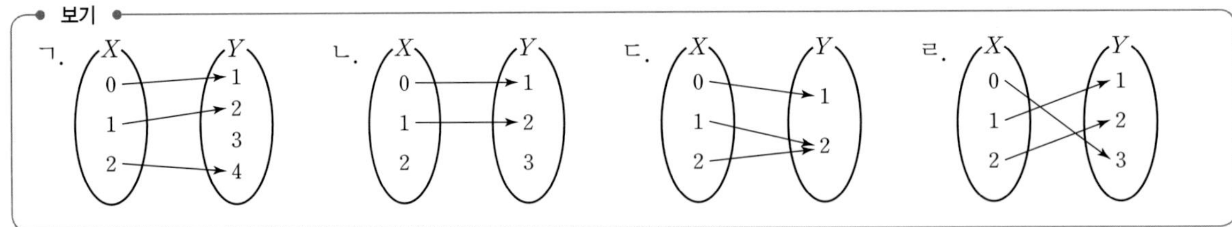

▸ 25739-0255

6 정의역과 공역이 모두 실수 전체의 집합인 보기의 함수의 그래프 중에서 일대일함수, 일대일대응을 각각 있는 대로 고르시오.

보기

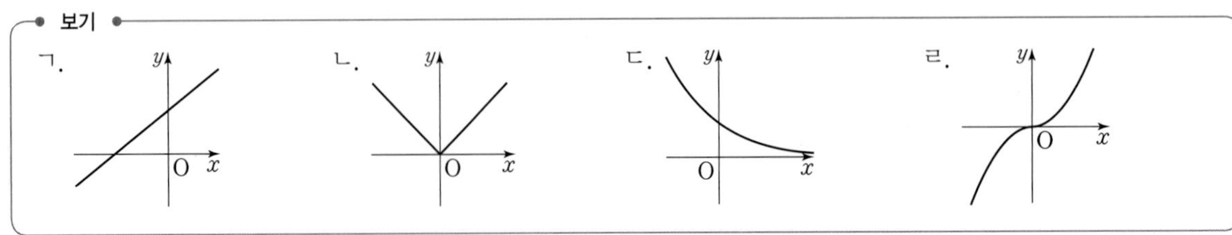

4 항등함수와 상수함수

(1) 항등함수

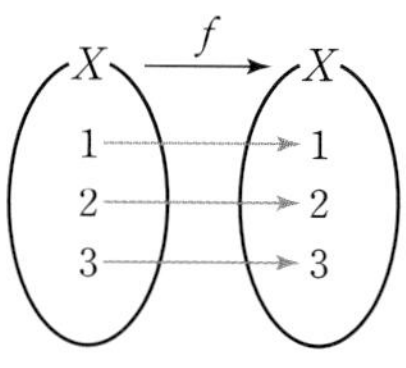

함수 $f : X \longrightarrow X$에서 정의역 X의 각 원소 x에 그 자신 x가 대응하는 함수, 즉 $f(x)=x$인 함수 f를 X에서의 항등함수라 한다.

참고 항등함수는 일대일대응이다.

설명 정의역 X가 다음과 같을 때, 항등함수 $f(x)=x$의 그래프는 그림과 같다.

(1) $X=\{-1, 0, 1, 2\}$ (2) $X=\{x \mid x$는 실수$\}$

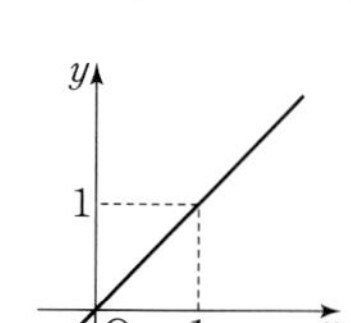

(2) 상수함수

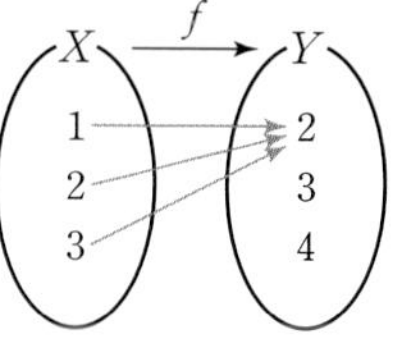

함수 $f : X \longrightarrow Y$에서 정의역 X의 모든 원소 x에 공역 Y의 단 하나의 원소 c가 대응하는 함수, 즉 $f(x)=c$ (c는 상수)인 함수 f를 상수함수라 한다.

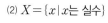

참고 상수함수의 치역의 원소의 개수는 1이다.

예 정의역 X가 다음과 같고 공역이 실수 전체의 집합인 상수함수 $f(x)=c$의 그래프는 다음과 같다.

(1) $X=\{-1, 0, 1, 2\}$ (2) $X=\{x \mid x$는 실수$\}$

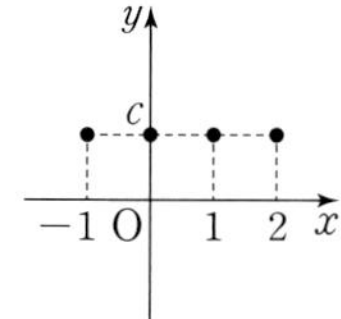

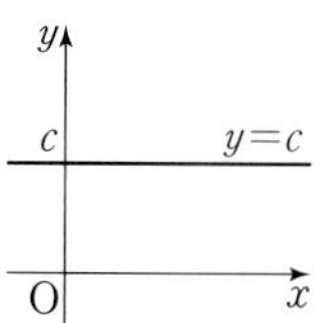

개념 CHECK 정답과 풀이 85쪽

7 다음 집합 X에서 X로의 함수 중에서 항등함수, 상수함수인 것을 각각 찾으시오. ▸ 25739-0256

보기

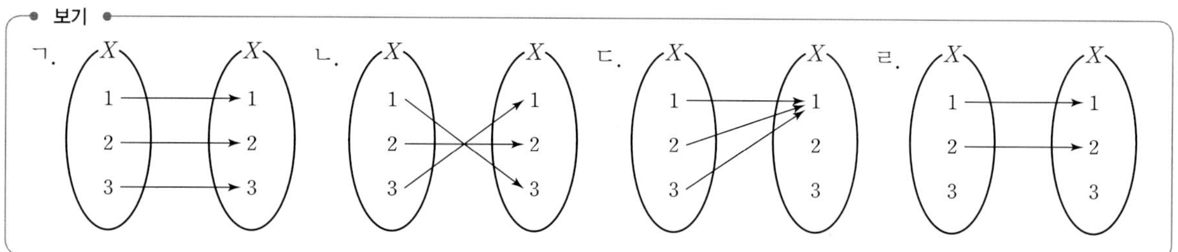

8 집합 $X=\{-1, 1\}$을 정의역과 공역으로 하는 보기의 함수 중에서 항등함수, 상수함수인 것을 각각 있는 대로 고르시오. ▸ 25739-0257

보기

ㄱ. $f(x)=x^2$　　ㄴ. $g(x)=x^3$　　ㄷ. $h(x)=\frac{|x|}{x}$　　ㄹ. $i(x)=2-x^2$

5 합성함수

(1) 합성함수

두 함수 $f: X \longrightarrow Y$, $g: Y \longrightarrow Z$가 주어질 때, 집합 X의 각 원소 x에 집합 Y의 원소 $f(x)$를 대응시키고, 다시 이 $f(x)$에 집합 Z의 원소 $g(f(x))$를 대응시키면 X를 정의역, Z를 공역으로 하는 새로운 함수를 정의할 수 있다. 이 함수를 f와 g의 합성함수라 하고, 기호로 $g \circ f$와 같이 나타낸다.

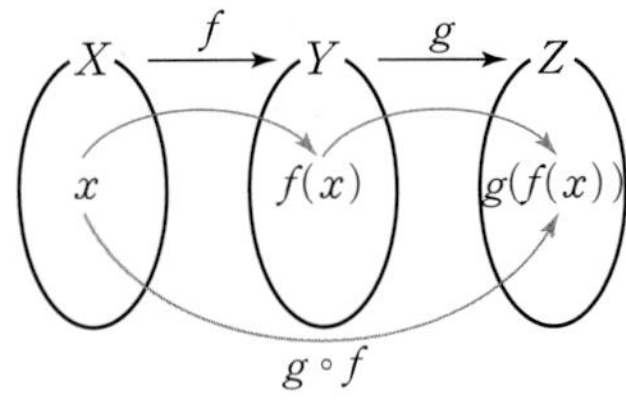

즉, 두 함수 $f: X \longrightarrow Y$, $g: Y \longrightarrow Z$의 합성함수 $g \circ f$는

$$g \circ f: X \longrightarrow Z,\ (g \circ f)(x) = g(f(x))$$

와 같이 나타낸다.

설명 함수 f의 치역이 함수 g의 정의역의 부분집합이면 합성함수 $g \circ f$를 정의할 수 있다.

예 두 함수 $f: X \longrightarrow Y$, $g: Y \longrightarrow Z$가 오른쪽 그림과 같을 때, 합성함수 $g \circ f$의 정의역 X의 각 원소에서의 함숫값은

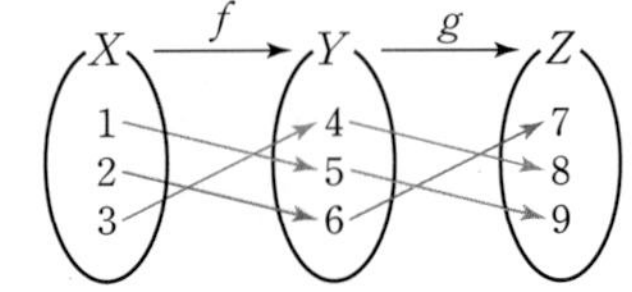

$(g \circ f)(1) = g(f(1)) = g(5) = 9$

$(g \circ f)(2) = g(f(2)) = g(6) = 7$

$(g \circ f)(3) = g(f(3)) = g(4) = 8$

이므로 합성함수 $g \circ f$는 오른쪽 그림과 같이 나타낼 수 있다.

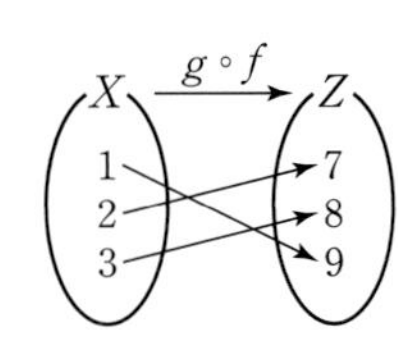

(2) 합성함수의 성질

세 함수 f, g, h에 대하여

① 일반적으로 $f \circ g \neq g \circ f$ ➡ 교환법칙이 성립하지 않는다.

② $(f \circ g) \circ h = f \circ (g \circ h) = f \circ g \circ h$ ➡ 결합법칙이 성립한다.

③ $f: X \longrightarrow X$이고, g가 X에서의 항등함수일 때, $f \circ g = g \circ f = f$

참고 두 함수 f, g에 대하여 $f \circ g = g \circ f$인 경우도 있다.

개념 CHECK

정답과 풀이 86쪽

▸ 25730-0258

9 **두 함수 $f: X \longrightarrow X$, $g: X \longrightarrow X$가 오른쪽 그림과 같을 때, 다음을 구하시오.**

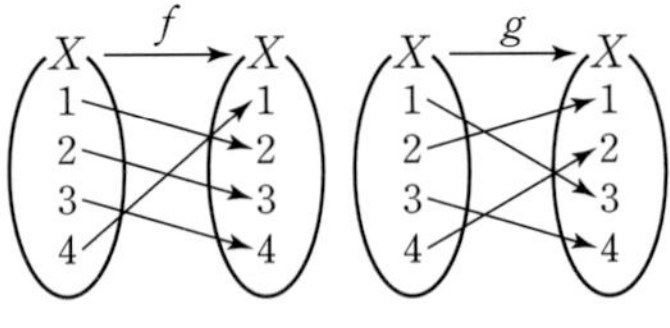

(1) $(g \circ f)(1)$ (2) $(f \circ g)(1)$

(3) $(f \circ f)(3)$ (4) $(g \circ g)(4)$

▸ 25739-0259

10 **두 함수 $f(x) = x + 2$, $g(x) = 2x - 1$에 대하여 다음을 구하시오.**

(1) $(f \circ g)(0)$ (2) $(g \circ f)(0)$

(3) $(f \circ f)(1)$ (4) $(g \circ g)(2)$

▸ 25739-0260

11 **세 함수 $f(x) = x + 1$, $g(x) = x^2 + 2$, $h(x) = -3x + 1$에 대하여 다음을 구하시오.**

(1) $(g \circ f)(x)$ (2) $(f \circ g)(x)$

(3) $((f \circ g) \circ h)(x)$ (4) $(f \circ (g \circ h))(x)$

6 역함수

(1) 역함수

함수 $f: X \longrightarrow Y$가 일대일대응일 때, Y의 임의의 원소 y에 $f(x)=y$를 만족시키는 X의 원소 x가 대응하는 함수를 함수 f의 역함수라 하고, 기호로 f^{-1}와 같이 나타낸다.

즉, $f^{-1}: Y \longrightarrow X$, $x=f^{-1}(y)$

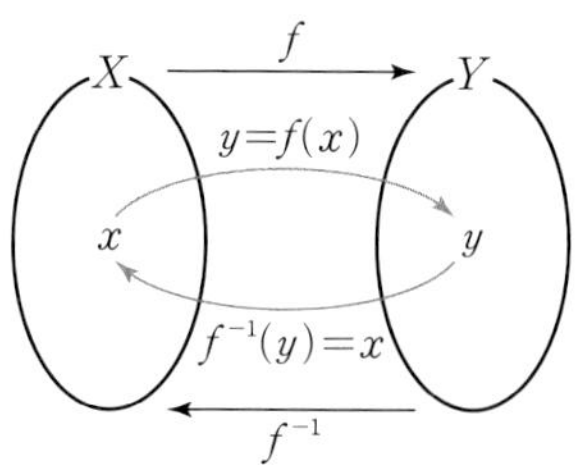

예 오른쪽 그림에서 함수 $f: X \longrightarrow Y$가 일대일대응이므로 그 역함수 f^{-1}가 존재한다.

(1) $f(1)=6$이므로 $f^{-1}(6)=1$

(2) $f(2)=4$이므로 $f^{-1}(4)=2$

(3) $f(3)=5$이므로 $f^{-1}(5)=3$

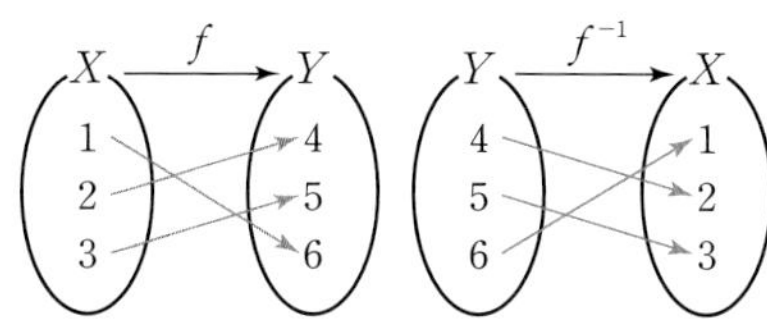

참고 함수 $f: X \longrightarrow Y$의 역함수 f^{-1}가 존재할 필요충분조건은 f가 일대일대응인 것이다.

(2) 역함수 구하기

일대일대응인 함수 $y=f(x)$의 역함수 $y=f^{-1}(x)$는 다음 순서로 구한다.

① $y=f(x)$에서 x를 y에 대한 식으로 나타낸다. 즉, $x=f^{-1}(y)$의 꼴로 나타낸다.

② $x=f^{-1}(y)$에서 x와 y를 서로 바꾸어 $y=f^{-1}(x)$로 나타낸다.

이때 함수 f의 치역은 역함수 f^{-1}의 정의역이 되고, f의 정의역은 f^{-1}의 치역이 된다.

예 함수 $y=2x-1$의 역함수를 구해 보자.

$$y=2x-1 \xrightarrow[\text{식으로 나타낸다.}]{x\text{를 } y\text{에 대한}} x=\frac{1}{2}y+\frac{1}{2} \xrightarrow[\text{서로 바꾼다.}]{x\text{와 } y\text{를}} y=\frac{1}{2}x+\frac{1}{2}$$

따라서 함수 $y=2x-1$의 역함수는 $y=\frac{1}{2}x+\frac{1}{2}$이다.

개념 CHECK

정답과 풀이 87쪽

▸ 25739-0261

12 함수 $f: X \longrightarrow Y$가 오른쪽 그림과 같을 때, 다음을 구하시오.

(1) $f^{-1}(a)$ (2) $f^{-1}(b)+f^{-1}(d)$

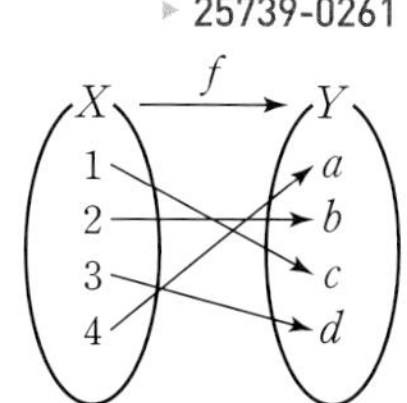

▸ 25739-0262

13 함수 $f(x)=3x-2$에 대하여 다음 등식을 만족시키는 상수 a의 값을 구하시오.

(1) $f^{-1}(4)=a$ (2) $f^{-1}(a)=1$

▸ 25739-0263

14 다음은 함수 $y=2x+1$의 역함수를 구하는 과정이다. (가), (나)에 알맞은 것을 써넣으시오.

> 함수 $y=2x+1$은 일대일대응이므로 역함수가 존재한다.
> $y=2x+1$에서 x를 y에 대한 식으로 나타내면 $x=$ (가)
> x와 y를 서로 바꾸면 $y=$ (나)

7 역함수의 성질

(1) 역함수의 성질

함수 $f: X \longrightarrow Y$가 일대일대응일 때

① 역함수가 $f^{-1}: Y \longrightarrow X$가 존재한다.

② $(f^{-1})^{-1}=f$, 즉 f^{-1}의 역함수는 f이다.

③ $(f^{-1}\circ f)(x)=x\ (x\in X)$, 즉 $f^{-1}\circ f$는 X에서의 항등함수

$(f\circ f^{-1})(y)=y\ (y\in Y)$, 즉 $f\circ f^{-1}$는 Y에서의 항등함수

④ 함수 $g: Y \longrightarrow Z$가 일대일대응이고 그 역함수가 g^{-1}일 때

$(g\circ f)^{-1}=f^{-1}\circ g^{-1}$

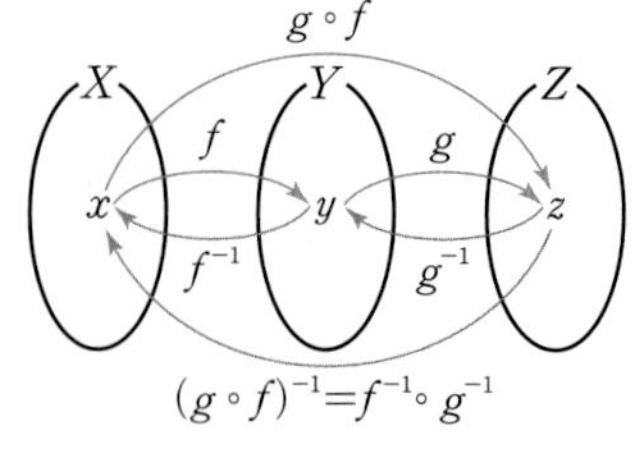

설명 두 함수 f, g의 역함수가 존재할 때 $g\circ f$의 역함수도 존재한다.

$(g\circ f)^{-1}(z)=x$

$(f^{-1}\circ g^{-1})(z)=f^{-1}(g^{-1}(z))=f^{-1}(y)=x$

이므로 $(g\circ f)^{-1}=f^{-1}\circ g^{-1}$이다.

(2) 역함수의 그래프의 특징

함수 $y=f(x)$의 그래프와 역함수 $y=f^{-1}(x)$의 그래프는 직선 $y=x$에 대하여 대칭이다.

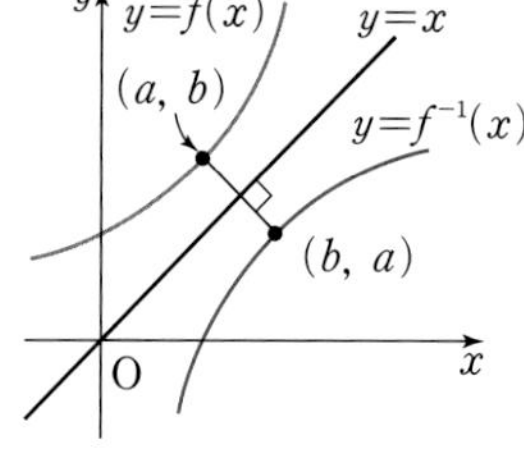

설명 함수 $y=f(x)$의 역함수 $y=f^{-1}(x)$가 존재할 때, 함수 $y=f(x)$의 그래프 위의 임의의 점을 (a, b)라 하면 $b=f(a)$, $a=f^{-1}(b)$이므로 점 (b, a)는 역함수 $y=f^{-1}(x)$의 그래프 위의 점이다.

이때 점 (a, b)와 점 (b, a)는 직선 $y=x$에 대하여 대칭이므로 함수 $y=f(x)$의 그래프와 역함수 $y=f^{-1}(x)$의 그래프는 직선 $y=x$에 대하여 대칭이다.

개념 CHECK

정답과 풀이 87쪽

▸ 25739-0264

15 함수 $f(x)=x+3$에 대하여 $(f^{-1})^{-1}(0)+(f^{-1}\circ f)(1)$의 값을 구하시오.

▸ 25739-0265

16 두 함수 f, g가 오른쪽 그림과 같을 때, 다음을 구하시오.

(1) $(f\circ g)^{-1}(1)$

(2) $(g\circ f)^{-1}(1)$

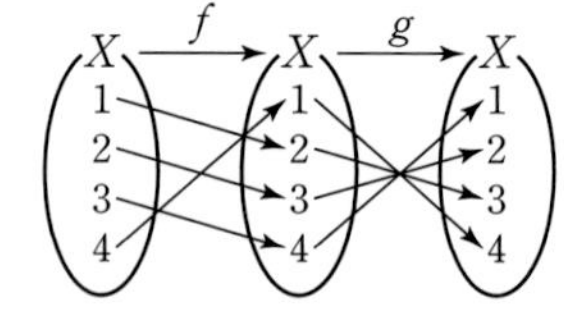

▸ 25739-0266

17 함수 $f(x)=\frac{1}{3}x-1$의 그래프와 그 역함수 $y=f^{-1}(x)$의 그래프를 오른쪽 좌표평면 위에 나타내시오.

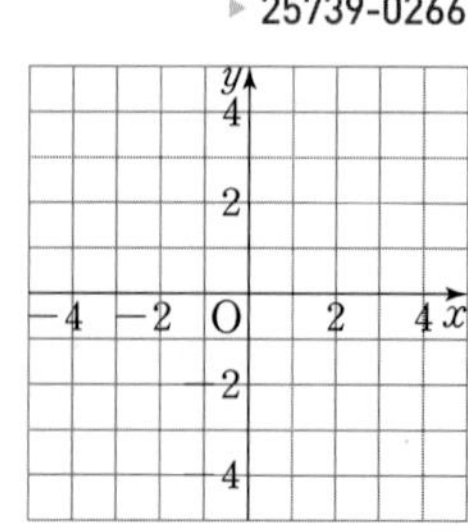

정답과 풀이 88쪽

대표유형 01 함수의 뜻과 함숫값

▸ 25739-0267

함수 $f(x)$에 대하여 $f\left(\frac{x+1}{2}\right)=3x+k$이고, $f(2k)-f(k)=24$일 때, $f(\sqrt{k})$의 값을 구하시오. (단, k는 상수이다.)

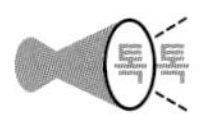

MD의 한마디!

① $\frac{x+1}{2}=t$라 놓은 후 $f(t)$를 구합니다.

② ①에서 구한 $f(t)$에 $t=2k$, $t=k$를 각각 대입하여 k의 값을 구한 후 $f(\sqrt{k})$의 값을 구합니다.

Solution

유제

01-1

▸ 25739-0268

집합 $X=\{0,\ 1,\ 2\}$에 대하여 **보기** 중 X에서 X로의 함수인 것만을 있는 대로 고르시오.

보기

ㄱ. $f(x)=\begin{cases} 0 & (\sqrt{x}\text{가 무리수}) \\ 1 & (\sqrt{x}\text{가 유리수}) \end{cases}$

ㄴ. $g(x)=(x$를 2로 나눈 나머지$)$

ㄷ. $h(x)=\begin{cases} x^2+1 & (x<1) \\ x^2-1 & (x\geq 1) \end{cases}$

01-2

▸ 25739-0269

실수 전체의 집합에서 정의된 함수 $f(x)$가

$$f(x)=\begin{cases} x+2 & (x<0) \\ x-2 & (x\geq 0) \end{cases}$$

일 때, $f(a)=1$을 만족시키는 모든 상수 a의 값의 합은?

① 1　　② 2　　③ 3　　④ 4　　⑤ 5

정답과 풀이 89쪽

대표유형 02 함수의 정의역, 공역, 치역

▸ 25739-0270

집합 $X=\{1, 2, 3, 4, 5, 6, 7, 8\}$에서 집합 $Y=\{0, 1, 2, 3, 4\}$로의 함수 f를

$f(x)=(x^2$을 5로 나눈 나머지$)$

라 하자. 함수 f의 치역의 원소의 개수를 m이라 할 때, $f(m)+f(n)=5$를 만족시키는 n의 최댓값을 구하시오.

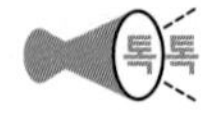

MD의 한마디!

① x의 값이 1, 2, $\cdots$, 8일 때, x^2을 5로 나눈 나머지를 모두 구합니다.
② 치역을 구하고 ①에서 구한 함숫값을 이용하여 $f(m)$, $f(n)$의 값을 차례로 구합니다.
③ $f(n)=1$을 만족시키는 n의 값 중에서 가장 큰 값을 찾습니다.

Solution

유제

02-1

▸ 25739-0271

함수 $y=x^2+1$의 정의역이 $\{1, 2, 3, 6\}$일 때, 다음 중 이 함수의 치역의 원소가 아닌 것은?

① 2　　② 5　　③ 10
④ 17　　⑤ 37

02-2

▸ 25739-0272

정의역이 $\{x|-2\le x\le 2\}$인 함수 $y=x^2-1$과 정의역이 $\{x|a\le x\le b\}$인 함수 $y=2x+3$의 치역이 서로 같을 때, 두 상수 a, b에 대하여 $a+b$의 값을 구하시오.

대표유형 03

일대일함수와 일대일대응

▸ 25739-0273

두 집합 $X=\{x|x\geq a\}$, $Y=\{y|y\geq -a+9\}$에 대하여 X에서 Y로의 함수 $f(x)=x^2-4x+5$가 일대일대응이 되도록 하는 실수 a의 값을 구하시오.

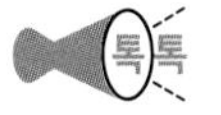

MD의 한마디!

① 주어진 함수 $f(x)$는 $x\leq 2$일 때 또는 $x\geq 2$일 때 일대일함수가 됩니다.

② 함수 $f(x)$가 일대일대응이 되려면 치역과 공역이 같아야 하므로 함수 $y=f(x)$의 그래프가 점 $(a, -a+9)$를 지나야 합니다.

Solution

유제

03-1

▸ 25739-0274

두 집합 $X=\{x|x\leq 1\}$, $Y=\{y|y\geq 2\}$에 대하여 X에서 Y로의 함수 $f(x)=x^2-4x+a$가 일대일대응일 때, 상수 a의 값을 구하시오.

03-2

▸ 25739-0275

정의역과 공역이 모두 실수 전체의 집합인 함수

$$f(x)=\begin{cases} 4x+5 & (x<2) \\ ax+b & (x\geq 2) \end{cases}$$

가 일대일대응이 되도록 하는 두 정수 a, b에 대하여 $a+b$의 최댓값을 구하시오.

대표유형 04

항등함수와 상수함수

▸ 25739-0276

집합 $X=\{-3,\ -1,\ 2\}$에 대하여 함수 $f:X \longrightarrow X$가

$$f(x)=\begin{cases} ax^2+bx-3 & (x<0) \\ 2 & (x\geq 0) \end{cases}$$

이다. 함수 $f(x)$가 항등함수일 때, 두 상수 a, b에 대하여 $a+b$의 값을 구하시오.

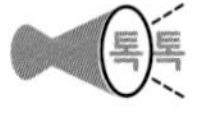

MD의 한마디!

항등함수는 정의역의 각 원소에 그 자신이 대응하는 함수이므로
① $f(-3)=-3$, $f(-1)=-1$, $f(2)=2$임을 이용하여
② a, b에 대한 식을 세우고 연립하여 풉니다.

Solution

유제

04-1

▸ 25739-0277

실수 전체의 집합에서 정의된 항등함수 $f(x)$와 상수함수 $g(x)=a$에 대하여 $f(6)+g(3)=a^2$을 만족시키는 양수 a의 값은?

① 1 ② 2 ③ 3
④ 4 ⑤ 5

04-2

▸ 25739-0278

집합 X를 정의역으로 하는 함수 $f(x)=x^3-4x^2+4x$가 항등함수가 되도록 하는 공집합이 아닌 집합 X의 개수를 구하시오.

대표유형 05 함수의 개수

▸ 25739-0279

두 집합 $X=\{1, 2, 3\}$, $Y=\{a, b, c, d\}$에 대하여 X에서 Y로의 함수의 개수를 p, 일대일함수의 개수를 q, 상수함수의 개수를 r이라 할 때, $p+q+r$의 값을 구하시오.

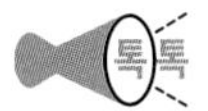

MD의 한마디!

함수 $f: X \longrightarrow Y$에서 두 집합 X, Y의 원소의 개수가 각각 m, n일 때,

함수의 개수 ⇨ n^m

일대일함수의 개수 ⇨ ${}_n\mathrm{P}_m=n\times(n-1)\times(n-2)\times\cdots\times\{n-(m-1)\}$ (단, $m\leq n$)

상수함수의 개수 ⇨ n

임을 이용하여 주어진 함수의 개수를 구합니다.

Solution

유제

05-1

▸ 25739-0280

집합 $X=\{1, 2, 3, 4\}$에 대하여 X에서 X로의 함수 중 짝수가 짝수에 대응되는 함수의 개수는?

① 8 ② 16 ③ 32 ④ 64 ⑤ 128

05-2

▸ 25739-0281

두 집합

$X=\{x \mid x$는 자연수 n에 대하여 3^n의 일의 자리의 수$\}$,

$Y=\{x \mid x^2-5x+4\leq 0$인 자연수$\}$

에 대하여 일대일함수 $f: X \longrightarrow Y$의 개수를 구하시오.

정답과 풀이 93쪽

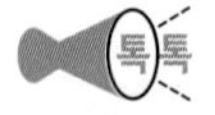

대표유형 06 합성함수

▸ 25739-0282

두 함수 $f(x)=\begin{cases} 2x+1 & (x<2) \\ -x+7 & (x\geq 2) \end{cases}$, $g(x)=3x-2$에 대하여 $(f\circ g)(1)+(g\circ f)(3)$의 값을 구하시오.

MD의 한마디!

① $(f\circ g)(1)$의 값을 구하기 위해 $g(1)$을 먼저 구한 후 $f(g(1))$의 값을 구합니다.
② $(g\circ f)(3)$의 값을 구하기 위해 $f(3)$을 먼저 구한 후 $g(f(3))$의 값을 구합니다.
이때 함수 $f(x)$에서 x의 값의 범위에 따라 적용해야 하는 식이 달라짐에 유의합니다.

Solution

유제

06-1

▸ 25739-0283

두 함수 $f(x)=3x+1$, $g(x)=ax-2$에 대하여 $(f\circ g)(1)=10$일 때, $g(a+1)$의 값은? (단, a는 상수이다.)

① 24　② 28　③ 32　④ 36　⑤ 40

06-2

▸ 25739-0284

세 함수 f, g, h에 대하여 $(f\circ g)(x)=4x+1$, $h(x)=ax+3$, $(f\circ(g\circ h))(2)=-3$일 때, 상수 a의 값을 구하시오.

대표유형 07 역함수

▸ 25739-0285

정의역이 $\{x|x\geq 1\}$인 함수 $f(x)=a(x-1)^2+b$에 대하여 $f^{-1}(3)=2$, $f^{-1}(-3)=3$일 때, $f(5)$의 값을 구하시오. (단, a, b는 상수이다.)

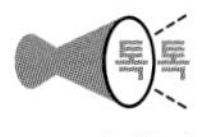

MD의 한마디!

① $f^{-1}(3)=2$, $f^{-1}(-3)=3$이므로 $f(2)=3$, $f(3)=-3$이 성립함을 이용하여
② a, b에 대한 방정식을 연립하여 풉니다.

Solution

유제

07-1

▸ 25739-0286

함수 $f(x)=ax+b$에 대하여 $f^{-1}(5)=1$이고 $f^{-1}(a^2+1)=a$일 때, $f^{-1}(9)$의 값은? (단, a, b는 상수이다.)

① 1 ② 2 ③ 3
④ 4 ⑤ 5

07-2

▸ 25739-0287

실수 전체의 집합에서 정의된 함수 f가 $f(4x+1)=1-2x$를 만족시킬 때, $f^{-1}(4)$의 값을 구하시오.

정답과 풀이 95쪽

대표유형 08

역함수의 성질

▶ 25739-0288

두 함수 $f(x)=\frac{1}{2}x+a$, $g(x)=\begin{cases} 3x-4 & (x<1) \\ x^2-2x & (x\geq 1) \end{cases}$에 대하여 $(g\circ(f\circ g)^{-1}\circ g)(-1)=2$일 때, 상수 a의 값을 구하시오.

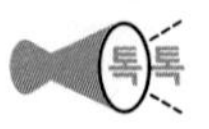

MD의 한마디!

상수 a의 값을 구하기 위해
① 합성함수로 표현된 식을 간단히 한 후
② 주어진 함수에 대입합니다.

Solution

유제

08-1

▶ 25739-0289

두 함수 $f(x)=5x-3$, $g(x)=2x+3$에 대하여 $((g^{-1}\circ f)^{-1}\circ f)(a)=1$을 만족시키는 상수 a의 값을 구하시오.

08-2

▶ 25739-0290

두 함수 $f(x)=ax+b$, $g(x)=bx+a$에 대하여 $f(4)=-1$, $g^{-1}(5)=1$일 때, $(f^{-1}\circ g^{-1})(19)$의 값을 구하시오.

(단, a, b는 상수이다.)

정답과 풀이 96쪽

대표유형 09

함수의 그래프와 합성함수, 역함수

▸ 25739-0291

함수 $y=f(x)$의 그래프와 직선 $y=x$가 그림과 같을 때, $(f\circ f)^{-1}(b)$의 값을 구하시오.
(단, 모든 점선은 x축 또는 y축에 평행하다.)

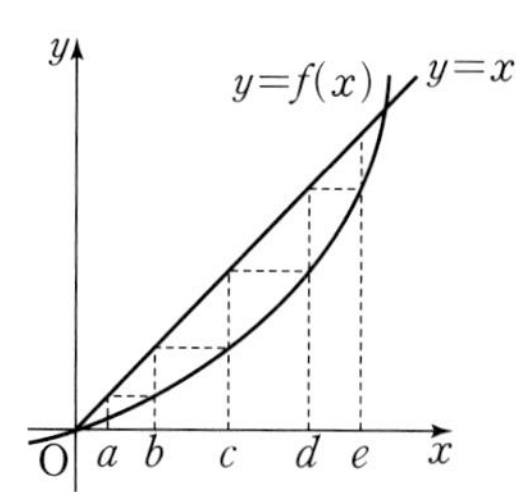

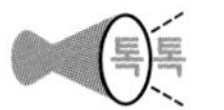

MD의 한마디!

합성함수의 역함수의 값을 구하기 위해
① 직선 $y=x$ 위의 점의 x좌표와 y좌표가 같음을 이용하여 $f(b)$, $f(c)$, $f(d)$, $f(e)$의 값을 먼저 구하고,
② $f(k)=b$, $f(m)=k$를 만족시키는 k, m의 값을 차례로 구합니다.

Solution

유제

09-1

▸ 25739-0292

함수 $y=f(x)$의 그래프가 그림과 같을 때, $(f\circ f\circ f)(b)$의 값을 구하시오. (단, 모든 점선은 x축 또는 y축에 평행하다.)

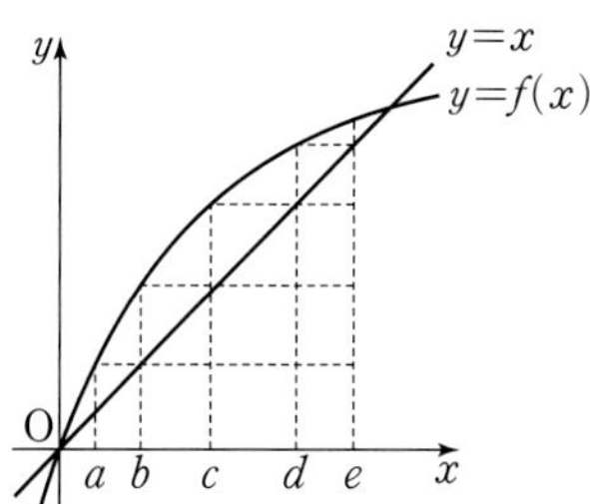

09-2

▸ 25739-0293

집합 $A=\{1, 2, 3, 4\}$에 대하여 집합 A에서 집합 A로의 두 함수 $f(x)$, $g(x)$가 있다. 두 함수 $y=f(x)$, $y=g(x)$의 그래프가 각각 그림과 같을 때, $(f\circ g)(3)+(g\circ f)^{-1}(2)$의 값은?

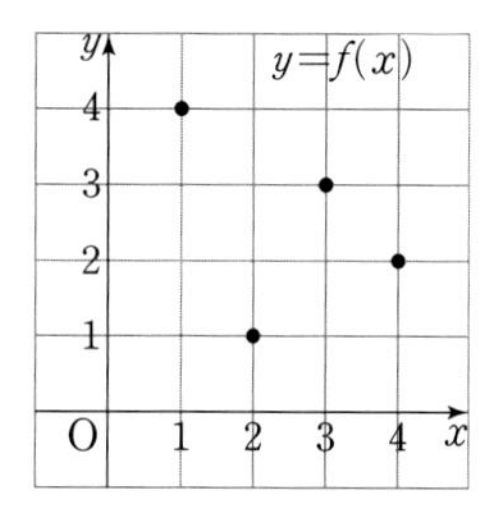

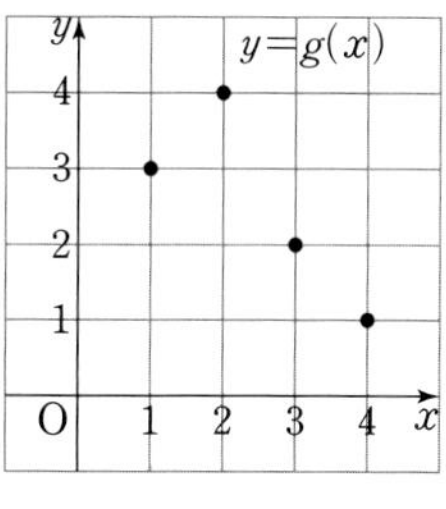

① 4 ② 5 ③ 6
④ 7 ⑤ 8

정답과 풀이 98쪽

대표유형 10

역함수의 그래프의 성질

▶ 25739-0294

함수 $f(x)=x^2-6x+10\ (x\ge3)$의 그래프와 그 역함수 $y=f^{-1}(x)$의 그래프가 만나는 점의 좌표를 구하시오.

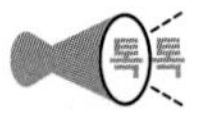

MD의 한마디!

두 함수 $y=f(x)$, $y=f^{-1}(x)$의 그래프가 만나는 점의 좌표를 구하기 위해
① 두 그래프가 직선 $y=x$에 대하여 대칭임을 이용하여
② 함수 $y=f(x)$의 그래프와 직선 $y=x$가 만나는 점의 좌표를 구합니다.

Solution

유제

10-1

▶ 25739-0295

일차함수 $f(x)=ax+b$의 그래프와 함수 $y=g(x)$의 그래프가 직선 $y=x$에 대하여 대칭이다. $f(2)=7$, $g(4)=3$일 때, $f(5)$의 값은? (단, a, b는 상수이다.)

① -1　② -2　③ -3　④ -4　⑤ -5

10-2

▶ 25739-0296

함수 $f(x)=\begin{cases} 3x-2 & (x<2) \\ \frac{1}{2}x+3 & (x\ge2) \end{cases}$의 그래프와 그 역함수 $y=f^{-1}(x)$의 그래프가 서로 다른 두 점 P, Q에서 만날 때, 선분 PQ의 길이를 구하시오.

실력 완성

단원 마무리

▸ 25739-0297

1 두 집합 $X=\{x|-1\le x\le 4\}$, $Y=\{y|2\le y\le 9\}$에 대하여 함수 $f(x)=ax+2a+1$이 X에서 Y로의 함수가 되도록 하는 실수 a의 최댓값과 최솟값의 합은?

① 2　② $\frac{13}{6}$　③ $\frac{7}{3}$
④ $\frac{5}{2}$　⑤ $\frac{8}{3}$

▸ 25739-0298

2 자연수 전체의 집합에서 정의된 함수 $f(x)$가

$$f(x)=\begin{cases} x^2+1 & (x\text{는 홀수}) \\ \frac{x^2}{2}+1 & (x\text{는 짝수}) \end{cases}$$

이다. 이차방정식 $x^2-5x+4=0$의 두 실근이 α, β일 때, $f(\alpha+\beta)+f(\alpha\beta)$의 값은?

① 32　② 33　③ 34
④ 35　⑤ 36

▸ 25739-0299

3 정의역이 $\{x|-2\le x\le 2\}$인 함수

$f(x)=-x^2+2x+2$

의 치역이 $\{y|p\le y\le q\}$일 때, $p+q$의 값은?

(단, p, q는 상수이다.)

① -1　② -2　③ -3
④ -4　⑤ -5

▸ 25739-0300

4 집합 X가 정의역이고, 공역이 실수 전체의 집합인 두 함수 $f(x)=x^3-3x$, $g(x)=2x^2$에 대하여 $f=g$가 성립하도록 하는 집합 X의 개수는? (단, $X\neq\varnothing$)

① 3　② 4　③ 5
④ 6　⑤ 7

▸ 25739-0301

5 실수 전체의 집합 R에서 R로의 함수

$$f(x)=\begin{cases} x+2 & (x<0) \\ (9-a^2)x+2 & (x\ge 0) \end{cases}$$

이 일대일대응일 때, 정수 a의 최댓값은?

① 1　② 2　③ 3
④ 4　⑤ 5

▸ 25739-0302

6 실수 전체의 집합에서 정의된 두 함수 f, g에 대하여 f는 항등함수, g는 상수함수이다. 모든 실수 x에 대하여 $h(x)=f(x)+g(x)$이고 $h(8)=30$일 때, $h(16)$의 값을 구하시오.

▸ 25739-0303

7 두 함수 $f(x)=ax+b$, $g(x)=-2x+3$에 대하여 $f(a)=a^2-3$이고 $f\circ g=g\circ f$일 때, $(f\circ f)(2)$의 값은? (단, a, b는 상수이다.)

① 9 ② 11 ③ 13
④ 15 ⑤ 17

내신UP

▸ 25739-0304

8 최고차항의 계수가 1인 이차함수 $y=f(x)$의 그래프는 그림과 같이 점 $(2,\ -2)$를 꼭짓점으로 하고 점 $(0,\ 2)$를 지난다. 함수 $g(x)=x^2+3x+a$에 대하여 방정식 $(f\circ g)(x)=f(x)$의 서로 다른 실근의 개수가 2가 되도록 하는 정수 a의 개수는?

$y=f(x)$

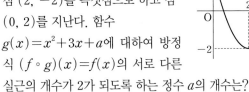

① 6 ② 7 ③ 8
④ 9 ⑤ 10

▸ 25739-0305

9 두 함수 $f(x)=ax+b$, $g(x)=cx+b$가 모든 실수 x에 대하여 다음 조건을 만족시킨다.

> (가) $(f\circ f)(x)=4x+3$
> (나) $(f\circ f\circ g)(x)=12x+7$

부등식 $g(f(k))<28$을 만족시키는 모든 자연수 k의 값의 합은? (단, $a>0$인 상수이고, b, c는 상수이다.)

① 4 ② 5 ③ 6
④ 7 ⑤ 8

| 2023학년도 11월 고1 학력평가 6번 |

▸ 25739-0306

10 실수 전체의 집합에서 정의된 두 함수 $f(x)=2x+1$, $g(x)$가 있다. 모든 실수 x에 대하여 $(g\circ g)(x)=3x-1$일 때, $((f\circ g)\circ g)(a)=a$를 만족시키는 실수 a의 값은?

① $\frac{1}{5}$ ② $\frac{3}{5}$ ③ 1
④ $\frac{7}{5}$ ⑤ $\frac{9}{5}$

▸ 25739-0307

11 집합 $X=\{1,\ 2,\ 3,\ 4,\ 5\}$에 대하여 X에서 X로의 일대일대응인 두 함수 f, g가 다음 조건을 만족시킨다.

> (가) $f(1)=3$, $f(2)+g(4)=7$
> (나) $f(2)=g(2)$, $f(4)=g(4)$
> (다) 함수 $(g\circ f)(x)$는 항등함수이다.

$f(3)+g(5)$의 값은?

① 5 ② 6 ③ 7
④ 8 ⑤ 9

내신UP

▸ 25739-0308

12 두 함수 $f(x)=|x+2|$, $g(x)=-x^2+4x+5$에 대하여 집합 A를 다음과 같이 정의하자.

$A=\{x\,|\,x$는 $(g\circ f)(x)=k$인 실수$\}$

집합 A의 원소의 개수가 4가 되도록 하는 모든 자연수 k의 값의 합은?

① 17 ② 18 ③ 19
④ 20 ⑤ 21

▸ 25739-0309

13 $x\geq0$에서 정의된 두 함수

$$f(x)=3x+2,\ g(x)=x^2+2$$

에 대하여 $(f\circ g)^{-1}(11)+(f^{-1}\circ g^{-1})(11)$의 값은?

① $\frac{4}{3}$　② $\frac{3}{2}$　③ $\frac{5}{3}$　④ $\frac{11}{6}$　⑤ 2

내신UP | 2024학년도 3월 고2 학력평가 27번 | ▸ 25739-0310

14 집합 $X=\{1, 2, 3, 4, 5, 6\}$에 대하여 다음 조건을 만족시키는 함수 $f: X\longrightarrow X$의 개수를 구하시오.

> (가) $x_1\in X$, $x_2\in X$인 임의의 x_1, x_2에 대하여
> $1\leq x_1<x_2\leq4$이면 $f(x_1)<f(x_2)$이다.
> (나) 함수 f의 역함수가 존재하지 않는다.

▸ 25739-0311

15 일차함수 f의 역함수를 g라 할 때, 다음 중 함수 $y=f\left(\frac{2x-1}{3}\right)+1$의 역함수는?

① $y=-\frac{3}{2}g(x-1)+\frac{1}{2}$　② $y=-\frac{3}{2}g(x+1)-\frac{1}{2}$
③ $y=\frac{3}{2}g(x-1)-\frac{1}{2}$　④ $y=\frac{3}{2}g(x-1)+\frac{1}{2}$
⑤ $y=\frac{3}{2}g(x+1)-\frac{1}{2}$

내신UP ▸ 25739-0312

16 함수 $f(x)=\frac{1}{2}(x-a)^2+1\ (x\geq a)$의 역함수를 $f^{-1}(x)$라 하자. 두 함수 $y=f(x)$와 $y=f^{-1}(x)$의 그래프가 서로 다른 두 점 A, B에서 만난다. $\overline{\text{AB}}=2$일 때, 상수 a의 값은?

① $\frac{1}{2}$　② $\frac{9}{16}$　③ $\frac{5}{8}$　④ $\frac{11}{16}$　⑤ $\frac{3}{4}$

| 2021학년도 3월 고2 학력평가 20번 | ▸ 25739-0313

17 세 집합

$$X=\{1, 2, 3, 4\},\ Y=\{2, 3, 4, 5\},\ Z=\{3, 4, 5\}$$

에 대하여 두 함수 $f: X\longrightarrow Y$, $g: Y\longrightarrow Z$가 다음 조건을 만족시킨다.

> (가) 함수 f는 일대일대응이다.
> (나) $x\in(X\cap Y)$이면 $g(x)-f(x)=1$이다.

보기에서 옳은 것만을 있는 대로 고른 것은?

> 보기
> ㄱ. 함수 $g\circ f$의 치역은 Z이다.
> ㄴ. $f^{-1}(5)\geq2$
> ㄷ. $f(3)<g(2)<f(1)$이면 $f(4)+g(2)=6$이다.

① ㄱ　② ㄱ, ㄴ　③ ㄱ, ㄷ　④ ㄴ, ㄷ　⑤ ㄱ, ㄴ, ㄷ

▸ 25739-0314

18 집합 $X=\{x\,|\,0\leq x\leq1\}$를 정의역으로 하는 함수 $f(x)=x^2+a$와 함수 $f(x)$의 치역을 정의역으로 하고 집합 $Y=\{y\,|\,2\leq y\leq5\}$를 공역으로 하는 함수 $g(x)=bx-1$이 있다. 함수 $g\circ f: X\longrightarrow Y$의 역함수가 존재하도록 하는 두 상수 a, b에 대하여 $a+b$의 최댓값을 M, 최솟값을 m이라 할 때, $M-m$의 값을 구하시오.

서술형

▸ 25739-0315

19 두 집합 $X=\{1, 2, 3, 4\}$, $Y=\{1, 2, 3, 4, 5\}$에 대하여 다음 조건을 만족시키는 함수 $f: X \longrightarrow Y$의 개수를 구하시오.

> (가) 함수 f는 일대일함수이다.
> (나) $f(1)<f(4)$, $f(2)+f(3)=6$

▸ 25739-0316

20 집합 $X=\{1, 2, 3, 4, 5\}$에 대하여 집합 X에서 집합 X로의 두 함수의 그래프가 그림과 같다.

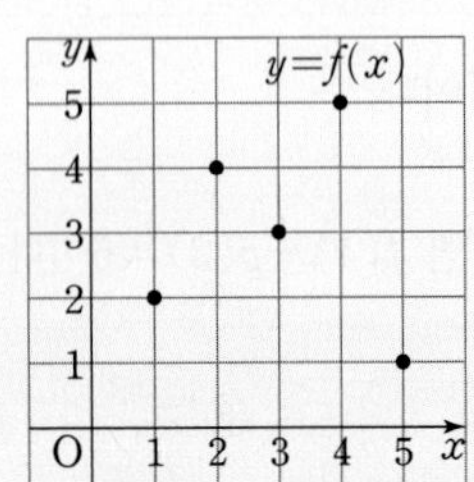

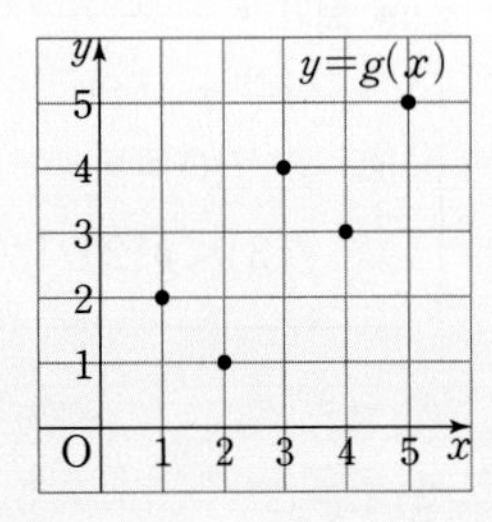

$f \circ (f \circ h)^{-1} \circ f=g$를 만족시키는 함수 $h(x)$에 대하여 $h(1)+h(4)$의 값을 구하시오.

▸ 25739-0317

21 실수 전체의 집합에서 정의된 함수 $f(x)$에 대하여 $f(5x-2)=10x+3$일 때, $f(x)$의 역함수를 $g(x)$라 하자. 함수 $y=g(x)$의 그래프가 x축, y축과 만나는 점을 각각 A, B라 하고 삼각형 OAB의 넓이를 $\frac{q}{p}$라 할 때, $p+q$의 값을 구하시오.

(단, O는 원점이고 p와 q는 서로소인 자연수이다.)

▸ 25739-0318

22 함수 $f(x)=\begin{cases} -\frac{1}{2}x+1 & (x<2) \\ -4x+8 & (x\geq 2) \end{cases}$의 그래프와 그 역함수 $y=f^{-1}(x)$의 그래프로 둘러싸인 부분의 넓이를 구하시오.

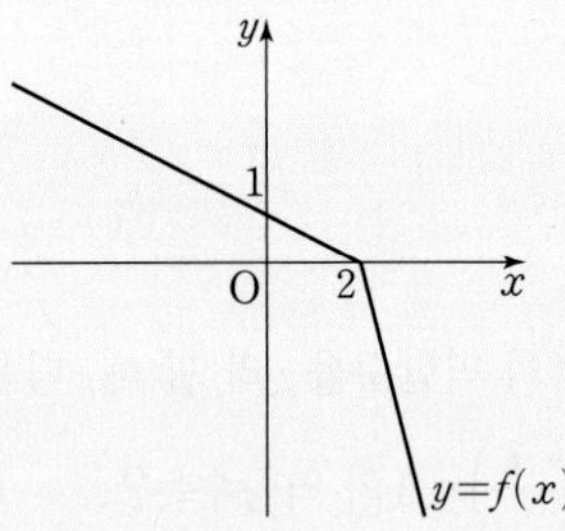

유리함수와 무리함수

1 유리식

(1) 유리식

두 다항식 A, B $(B\neq0)$에 대하여 $\dfrac{A}{B}$ 꼴로 나타내어진 식을 유리식이라 한다.

설명 $\dfrac{1}{x}$, $-\dfrac{2x}{x^2-3}$, $x+3$, $\dfrac{x^2-5x}{4}$는 모두 유리식이고 이 중에서 $x+3$, $\dfrac{x^2-5x}{4}$는 다항식이고, $\dfrac{1}{x}$, $-\dfrac{2x}{x^2-3}$는 분수식이다.

즉, 유리식은 다항식과 분수식(다항식이 아닌 유리식)으로 나뉜다.

유리식	
다항식	분수식

(2) 유리식의 성질

다항식 A, B, C $(B\neq0, C\neq0)$에 대하여

① $\dfrac{A}{B}=\dfrac{A\times C}{B\times C}$ ② $\dfrac{A}{B}=\dfrac{A\div C}{B\div C}$

(3) 유리식의 계산

다항식 A, B, C, D에 대하여

① $\dfrac{A}{C}+\dfrac{B}{C}=\dfrac{A+B}{C}$, $\dfrac{A}{C}-\dfrac{B}{C}=\dfrac{A-B}{C}$ (단, $C\neq0$)

② $\dfrac{A}{C}+\dfrac{B}{D}=\dfrac{AD+BC}{CD}$, $\dfrac{A}{C}-\dfrac{B}{D}=\dfrac{AD-BC}{CD}$ (단, $CD\neq0$)

③ $\dfrac{A}{B}\times\dfrac{C}{D}=\dfrac{AC}{BD}$ (단, $BD\neq0$)

④ $\dfrac{A}{B}\div\dfrac{C}{D}=\dfrac{A}{B}\times\dfrac{D}{C}=\dfrac{AD}{BC}$ (단, $BCD\neq0$)

⑤ $\dfrac{1}{AB}=\dfrac{1}{B-A}\left(\dfrac{1}{A}-\dfrac{1}{B}\right)$ (단, $A\neq B$, $AB\neq0$)

개념 CHECK

정답과 풀이 106쪽

▸ 25739-0319

1 다음 식을 계산하시오.

(1) $\dfrac{1}{x}+\dfrac{1}{x-1}$ (2) $\dfrac{x-1}{x^2+1}-\dfrac{1}{x}$

(3) $\dfrac{x^2-x}{x+2}\times\dfrac{2x+4}{x-1}$ (4) $\dfrac{x}{x^2+x-2}\div\dfrac{x}{x^2-x}$

▸ 25739-0320

2 다음 빈 칸에 알맞은 것을 써넣으시오.

(1) $\dfrac{1}{x(x+1)}=\dfrac{1}{(x+1)-\square}\left(\dfrac{1}{\square}-\dfrac{1}{x+1}\right)=\dfrac{1}{\square}-\dfrac{1}{x+1}$

(2) $\dfrac{1}{(x+1)(x+3)}=\dfrac{1}{(\square)-(\square)}\left(\dfrac{1}{\square}-\dfrac{1}{\square}\right)=\dfrac{1}{2}\left(\dfrac{1}{\square}-\dfrac{1}{\square}\right)$

2 유리함수

(1) 유리함수

함수 $y=f(x)$에서 $f(x)$가 x에 대한 유리식일 때, 이 함수를 유리함수라 한다.

설명 $y=\frac{1}{x}$, $y=\frac{2}{x-3}$, $y=x+3$, $y=\frac{x+2}{x-1}$ 는 모두 유리함수이고 이 중에서 $y=x+3$은 다항함수이다.

참고 다항함수가 아닌 유리함수에서 정의역이 주어지지 않을 때에는 분모를 0으로 하는 x의 값을 제외한 실수 전체의 집합을 정의역으로 한다.

(2) 유리함수 $y=\frac{k}{x}$ $(k\neq0)$의 그래프

① 정의역과 치역은 0이 아닌 실수 전체의 집합이다.

② $k>0$이면 그래프는 제1, 3사분면에 있고, $k<0$이면 그래프는 제2, 4사분면에 있다.

$k>0$

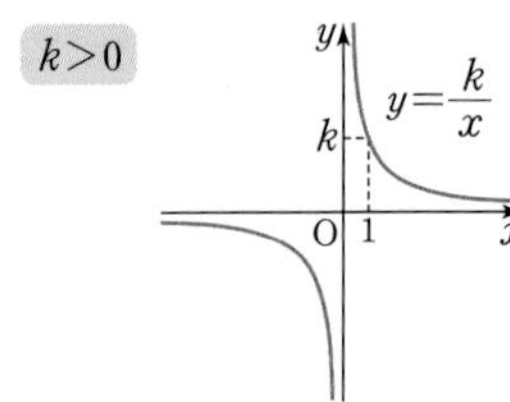

$k<0$

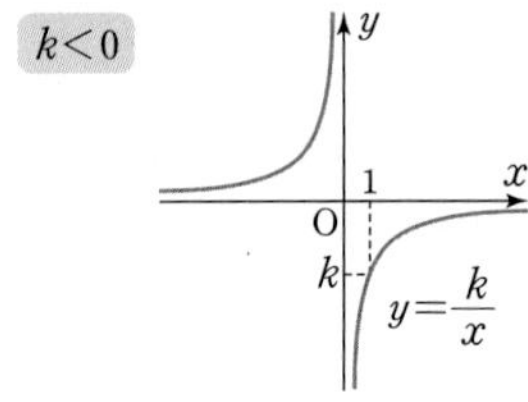

③ 그래프는 원점과 두 직선 $y=x$, $y=-x$에 대하여 대칭이다.

설명 특히 직선 $y=x$에 대하여 대칭이므로 유리함수 $y=\frac{k}{x}$의 역함수는 자기자신이다.

④ 점근선은 x축, y축이다.

설명 곡선 위의 점이 어떤 직선과의 거리가 0에 한없이 가까워질 때 이 직선을 그 곡선의 점근선이라고 한다.

⑤ 그림과 같이 $|k|$의 값이 커질수록 원점으로부터 멀어진다.

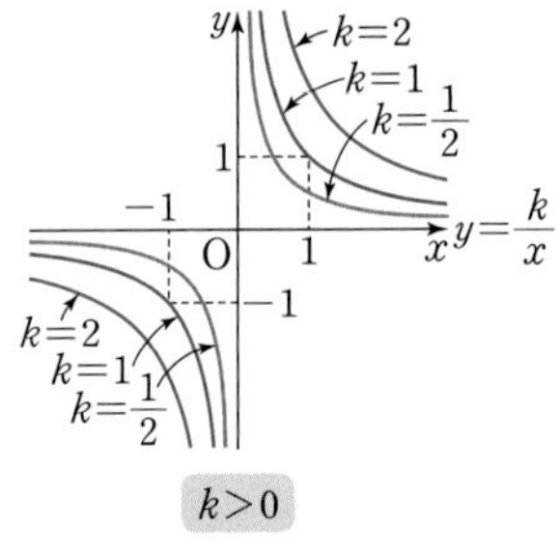

$k>0$

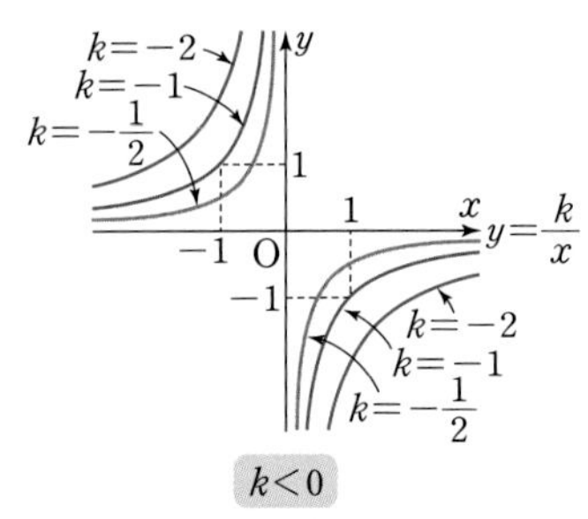

$k<0$

개념 CHECK

정답과 풀이 106쪽

▸ 25739-0321

3 다음 중 다항함수가 아닌 유리함수를 있는 대로 고르면?

① $y=\frac{1}{2x}$　② $y=2x+1$　③ $y=\frac{x}{2}$　④ $y=\frac{x-1}{2x+1}$　⑤ $y=\frac{x^2}{3x+2}$

▸ 25739-0322

4 다음 함수의 그래프를 그리시오.

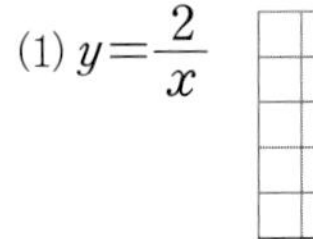

(1) $y=\frac{2}{x}$

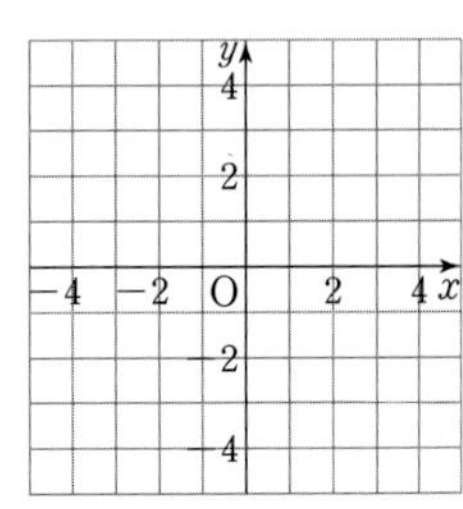

(2) $y=-\frac{3}{x}$

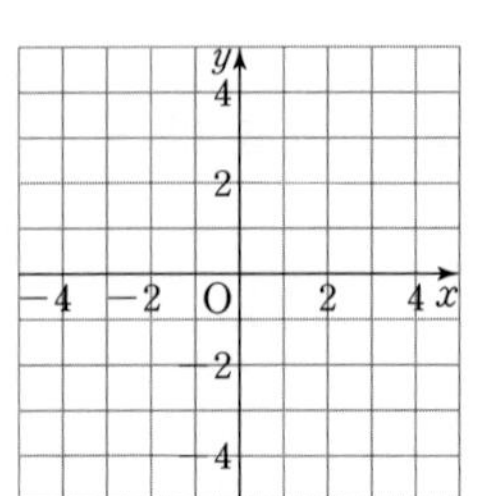

3 유리함수 $y=\frac{k}{x-p}+q\ (k\neq0)$의 그래프

(1) 유리함수 $y=\frac{k}{x-p}+q\ (k\neq0)$의 그래프

① 유리함수 $y=\frac{k}{x}\ (k\neq0)$의 그래프를 x축의 방향으로 p만큼, y축의 방향으로 q만큼 평행이동한 것이다.

② 정의역은 $\{x|x\neq p$인 실수$\}$, 치역은 $\{y|y\neq q$인 실수$\}$이다.

③ 그래프는 점 $(p,\ q)$에 대하여 대칭이고, 점 $(p,\ q)$를 지나고 기울기가 1, -1인 두 직선 $y=x-p+q$, $y=-x+p+q$에 대하여 대칭이다.

설명 $y=\frac{k}{x}\ (k\neq0)$의 그래프가 원점과 두 직선 $y=x$, $y=-x$에 대하여 대칭이므로, 이를 x축의 방향으로 p만큼, y축의 방향으로 q만큼 평행이동한 점 $(p,\ q)$와 두 직선 $y=\pm(x-p)+q$에 대하여 대칭이다.

④ 점근선은 두 직선 $x=p$, $y=q$이다.

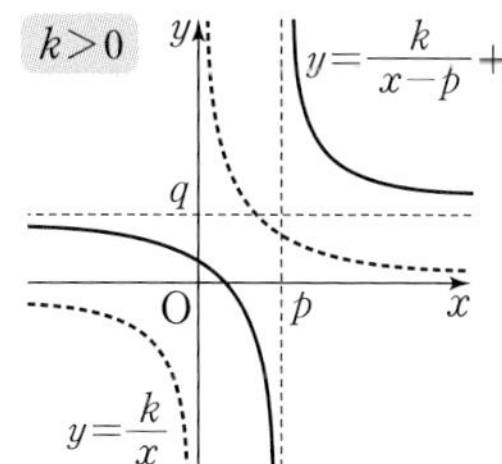

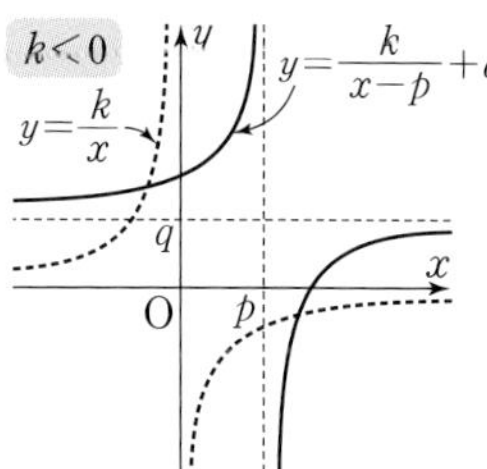

참고 $|k|$의 값이 서로 같은 두 유리함수의 그래프는 p, q의 값에 관계없이 평행이동이나 대칭이동을 이용하여 일치시킬 수 있다.

(2) 유리함수 $y=\frac{ax+b}{cx+d}\ (c\neq0,\ ad-bc\neq0)$의 그래프

유리함수 $y=\frac{ax+b}{cx+d}\ (c\neq0,\ ad-bc\neq0)$의 그래프는 $y=\frac{k}{x-p}+q\ (k\neq0)$의 꼴로 변형하여 그린다.

예 유리함수 $y=\frac{2x+1}{x-1}$에서

$y=\frac{2x+1}{x-1}=\frac{2(x-1)+3}{x-1}=\frac{2(x-1)}{x-1}+\frac{3}{x-1}=\frac{3}{x-1}+2$이므로 함수 $y=\frac{2x+1}{x-1}$의 그래프는 함수 $y=\frac{3}{x}$의 그래프를 x축의 방향으로 1만큼, y축의 방향으로 2만큼 평행이동한 것이다.

참고 유리함수 $y=\frac{ax+b}{cx+d}\ (c\neq0,\ ad-bc\neq0)$의 그래프의 점근선의 방정식은 $x=-\frac{d}{c}$, $y=\frac{a}{c}$이고, 점 $\left(-\frac{d}{c},\ \frac{a}{c}\right)$에 대하여 대칭이다.

개념 CHECK

정답과 풀이 107쪽

▸ 25739-0323

5 다음 함수의 그래프를 그리고, 점근선의 방정식, 정의역, 치역을 구하시오.

(1) $y=\frac{2}{x+2}+3$　　(2) $y=-\frac{3}{x-2}+1$

▸ 25739-0324

6 다음 유리함수를 $y=\frac{k}{x-p}+q$의 꼴로 바꾸시오. (단, p, q는 상수이고, $k\neq0$이다.)

(1) $y=\frac{3x-2}{x-1}$　　(2) $y=-\frac{2x-3}{x+1}$

4 무리식

(1) 무리식

근호 안에 문자가 포함되어 있는 식 중에서 $\sqrt{x-1}$, $\dfrac{1}{\sqrt{x+2}}$, $\sqrt{x}+x$와 같이 유리식으로 나타낼 수 없는 식을 무리식이라 한다.

식 $\begin{cases} \text{유리식} \begin{cases} \text{다항식} \\ \text{분수식} \end{cases} \\ \text{무리식} \end{cases}$

(2) 무리식의 값이 실수가 되기 위한 조건

① $\sqrt{A}$일 때, $A \geq 0$

② $\dfrac{1}{\sqrt{A}}$일 때, $A>0$

(3) 무리식의 계산

무리수의 계산과 같은 방법으로 제곱근의 성질을 이용한다.

참고 제곱근의 성질

두 실수 a, b에 대하여

(i) $(\sqrt{a})^2=a$ $(a \geq 0)$

(ii) $\sqrt{a^2}=|a|=\begin{cases} a & (a \geq 0) \\ -a & (a<0) \end{cases}$

(iii) $\sqrt{a}\sqrt{b}=\sqrt{ab}$ $(a>0,\ b>0)$

(iv) $\dfrac{\sqrt{b}}{\sqrt{a}}=\sqrt{\dfrac{b}{a}}$ $(a>0,\ b>0)$

(4) 분모의 유리화

$a>0$, $b>0$일 때

① $\dfrac{a}{\sqrt{b}}=\dfrac{a\sqrt{b}}{\sqrt{b}\sqrt{b}}=\dfrac{a\sqrt{b}}{b}$

② $\dfrac{c}{\sqrt{a}+\sqrt{b}}=\dfrac{c(\sqrt{a}-\sqrt{b})}{(\sqrt{a}+\sqrt{b})(\sqrt{a}-\sqrt{b})}=\dfrac{c(\sqrt{a}-\sqrt{b})}{a-b}$ (단, $a \neq b$)

③ $\dfrac{c}{\sqrt{a}-\sqrt{b}}=\dfrac{c(\sqrt{a}+\sqrt{b})}{(\sqrt{a}-\sqrt{b})(\sqrt{a}+\sqrt{b})}=\dfrac{c(\sqrt{a}+\sqrt{b})}{a-b}$ (단, $a \neq b$)

개념 CHECK

정답과 풀이 107쪽

▸ 25739-0325

7 다음 무리식의 값이 실수가 되도록 하는 실수 x의 값의 범위를 구하시오.

(1) $\sqrt{x-2}$

(2) $\sqrt{3x+4}$

(3) $\dfrac{1}{\sqrt{x+4}}$

(4) $\dfrac{1}{\sqrt{x-2}}+\dfrac{1}{\sqrt{5-x}}$

▸ 25739-0326

8 다음 식의 분모를 유리화하시오.

(1) $\dfrac{1}{\sqrt{x+1}+\sqrt{x-1}}$

(2) $\dfrac{4}{\sqrt{x+4}-2}$

▸ 25739-0327

9 다음 식을 간단히 하시오.

(1) $\dfrac{2}{\sqrt{x}-1}-\dfrac{2}{\sqrt{x}+1}$

(2) $\dfrac{1}{\sqrt{x}-\sqrt{y}}+\dfrac{1}{\sqrt{x}+\sqrt{y}}$

5 무리함수

(1) 무리함수

함수 $y=f(x)$에서 $f(x)$가 x에 대한 무리식일 때, 이 함수를 무리함수라 한다.

예 $y=\sqrt{x-2}$, $y=\sqrt{x}+3$, $y=\sqrt{2-x^2}$은 모두 무리함수이다.

(2) 무리함수 $y=\sqrt{ax}$ $(a\neq0)$의 그래프

① $a>0$일 때, 정의역은 $\{x|x\geq0\}$, 치역은 $\{y|y\geq0\}$이고

$a<0$일 때, 정의역은 $\{x|x\leq0\}$, 치역은 $\{y|y\geq0\}$이다.

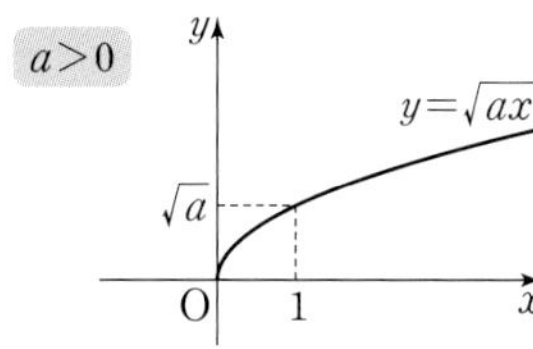

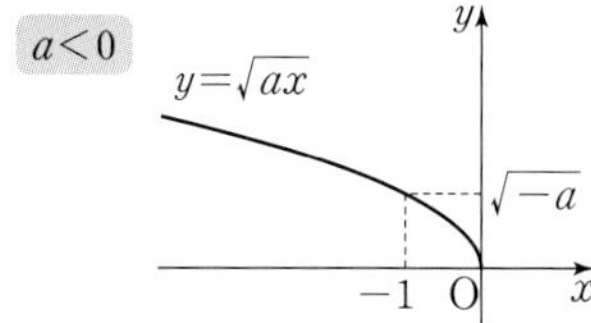

② 함수 $y=\frac{x^2}{a}$ $(x\geq0)$의 그래프와 직선 $y=x$에 대하여 대칭이다.

설명 $y=\sqrt{ax}$ $(a\neq0)$에서 $x=\frac{y^2}{a}$ $(y\geq0)$이므로 그 역함수는 $y=\frac{x^2}{a}$ $(x\geq0)$이다.

(3) 무리함수 $y=-\sqrt{ax}$ $(a\neq0)$의 그래프

① $a>0$일 때, 정의역은 $\{x|x\geq0\}$, 치역은 $\{y|y\leq0\}$이고

$a<0$일 때, 정의역은 $\{x|x\leq0\}$, 치역은 $\{y|y\leq0\}$이다.

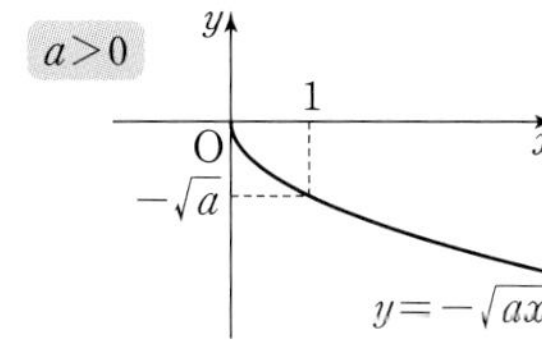

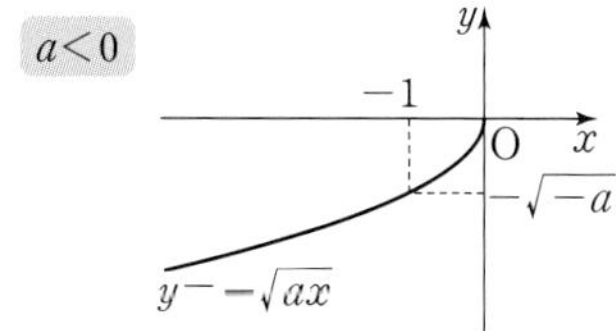

② 함수 $y=\frac{x^2}{a}$ $(x\leq0)$의 그래프와 직선 $y=x$에 대하여 대칭이다.

③ 무리함수 $y=\sqrt{ax}$의 그래프와 x축에 대하여 대칭이다.

참고 ① 두 함수 $y=\sqrt{ax}$, $y=-\sqrt{ax}$의 그래프는 모두 $|a|$의 값이 커질수록 x축에서 멀어진다.

② 세 함수 $y=-\sqrt{ax}$, $y=\sqrt{-ax}$, $y=-\sqrt{-ax}$의 그래프는 함수 $y=\sqrt{ax}$의 그래프를 각각 x축, y축, 원점에 대하여 대칭이동한 것과 같다.

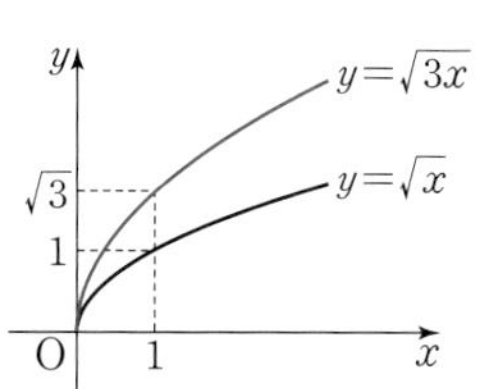

개념 CHECK

정답과 풀이 108쪽

▸ 25739-0328

10 다음 함수의 그래프를 오른쪽 좌표평면에 나타내고 정의역과 치역을 각각 구하시오.

(1) $y=\sqrt{2x}$

(2) $y=\sqrt{-3x}$

(3) $y=-\sqrt{2x}$

(4) $y=-\sqrt{-3x}$

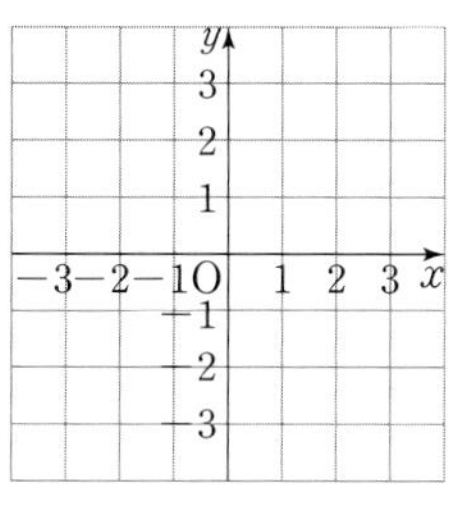

6 무리함수 $y=\sqrt{a(x-p)}+q\ (a\neq0)$의 그래프

(1) 무리함수 $y=\sqrt{a(x-p)}+q\ (a\neq0)$의 그래프

① 무리함수 $y=\sqrt{ax}$의 그래프를 x축의 방향으로 p만큼, y축의 방향으로 q만큼 평행이동한 것이다.

② $a>0$일 때, 정의역은 $\{x|x\geq p\}$, 치역은 $\{y|y\geq q\}$이고
$a<0$일 때, 정의역은 $\{x|x\leq p\}$, 치역은 $\{y|y\geq q\}$이다.

$a>0$

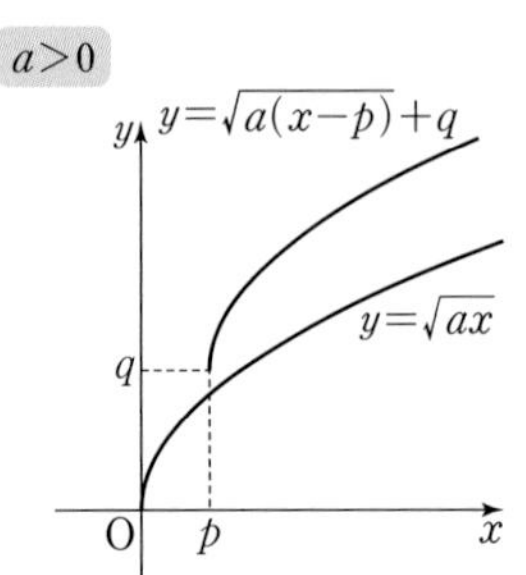

$a<0$

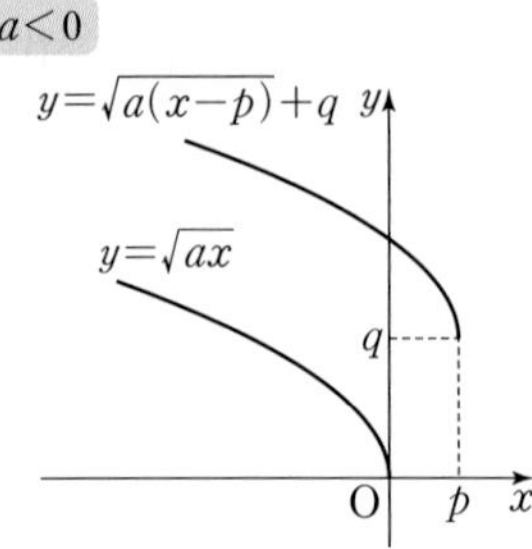

(2) 무리함수 $y=\sqrt{ax+b}+c\ (a\neq0)$의 그래프

① 무리함수 $y=\sqrt{ax+b}+c\ (a\neq0)$를 $y=\sqrt{a(x-p)}+q$의 꼴로 변형하면 $y=\sqrt{a\left(x+\frac{b}{a}\right)}+c$이므로 무리함수 $y=\sqrt{ax+b}+c$의 그래프는 함수 $y=\sqrt{ax}$의 그래프를 x축의 방향으로 $-\frac{b}{a}$만큼, y축의 방향으로 c만큼 평행이동한 것이다.

② $a>0$일 때 정의역은 $\left\{x\middle|x\geq-\frac{b}{a}\right\}$, 치역은 $\{y|y\geq c\}$이고, $a<0$일 때 정의역은 $\left\{x\middle|x\leq-\frac{b}{a}\right\}$, 치역은 $\{y|y\geq c\}$이다.

예 무리함수 $y=\sqrt{2x-3}+4$를 $y=\sqrt{a(x-p)}+q$의 꼴로 변형하면 $y=\sqrt{2\left(x-\frac{3}{2}\right)}+4$이므로 무리함수 $y=\sqrt{2x-3}+4$의 그래프는 함수 $y=\sqrt{2x}$의 그래프를 x축의 방향으로 $\frac{3}{2}$만큼, y축의 방향으로 4만큼 평행이동한 것이다.

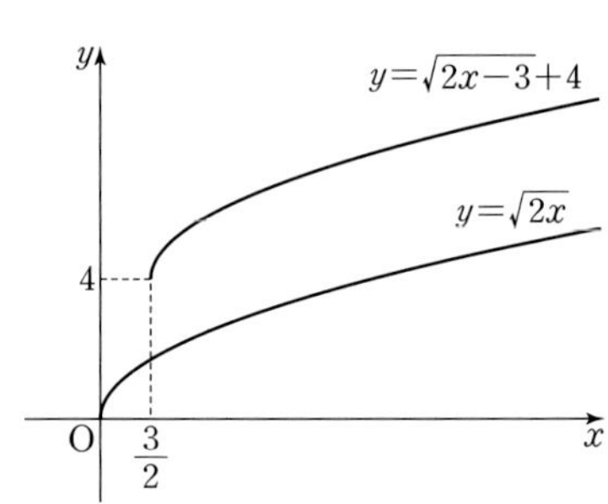

개념 CHECK

정답과 풀이 108쪽

▸ 25739-0329

11 **다음과 같이 평행이동한 그래프의 식을 구하고 그래프를 그리시오.**

(1) 함수 $y=\sqrt{2x}$의 그래프를 x축의 방향으로 2만큼, y축의 방향으로 1만큼 평행이동

(2) 함수 $y=\sqrt{-2x}$의 그래프를 x축의 방향으로 -1만큼, y축의 방향으로 3만큼 평행이동

▸ 25739-0330

12 **다음 함수의 식을 $y=\sqrt{a(x-p)}+q$ 또는 $y=-\sqrt{a(x-p)}+q$의 꼴로 나타내시오. (단, a, p, q는 상수이다.)**

(1) $y=\sqrt{-3x+1}-2$

(2) $y=-\sqrt{2x+4}+5$

정답과 풀이 109쪽

대표유형 01 유리식의 계산

▸ 25739-0331

다음 식의 분모를 0으로 만들지 않는 모든 실수 x에 대하여 다항식 $f(x)$가 다음 등식을 만족시킬 때, $f(a+b+c)$의 값을 구하시오. (단, a, b, c는 상수이다.)

$$\frac{1}{x-1}-\frac{1}{x}-\frac{1}{x+1}+\frac{1}{x+2}=\frac{f(x)}{x(x+a)(x+b)(x+c)}$$

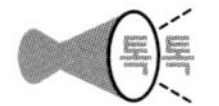

MD의 한마디!

① 좌변을 통분하여 계산합니다.
② ①의 결과와 우변을 비교하여 세 상수 a, b, c의 값과 다항식 $f(x)$를 각각 구합니다.
③ $a+b+c$의 값을 $f(x)$에 대입합니다.

Solution

유제

01-1

▸ 25739-0332

$x\neq1$인 모든 실수 x에 대하여 다항식 $f(x)$가

$$\frac{a}{x-1}+\frac{x+b}{x^2+x+1}=\frac{f(x)}{x^3-1}$$

를 만족시킨다. $f(0)=3$, $f(-1)=4$일 때, $f(a+b)$의 값을 구하시오. (단, a, b는 상수이다.)

01-2

▸ 25739-0333

다음 식의 분모를 0으로 만들지 않는 모든 실수 x에 대하여

$$\frac{6}{x(x+2)}+\frac{6}{(x+2)(x+4)}+\frac{6}{(x+4)(x+6)}+\frac{6}{(x+6)(x+8)}=\frac{a}{x^2+bx}$$

일 때, 두 상수 a, b에 대하여 $a+b$의 값을 구하시오.

대표유형 02 유리함수의 식 구하기

▸ 25739-0334

함수 $y=\frac{ax+b}{x+c}$의 그래프가 그림과 같고 점 $(1, 0)$을 지날 때, 세 상수 a, b, c에 대하여 $3a+2b+c$의 값을 구하시오.

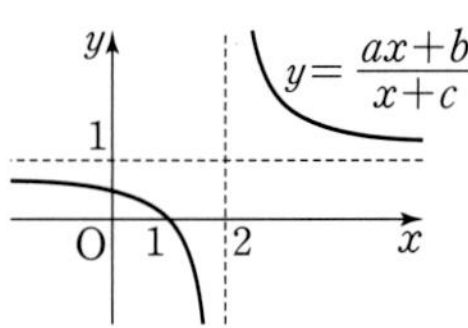

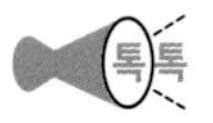

MD의 한마디!

주어진 유리함수의 그래프를 보고
① x축, y축과 평행한 두 점근선의 방정식을 구합니다.
② 그래프가 지나는 점의 좌표를 유리함수의 식에 대입하여 유리함수의 식을 구합니다.

Solution

유제

02-1

▸ 25739-0335

함수 $y=\frac{c}{x+a}+b$의 그래프가 그림과 같고 두 점 $(2, 0)$, $(0, k)$를 지날 때, 상수 k의 값은? (단, a, b, c는 상수이다.)

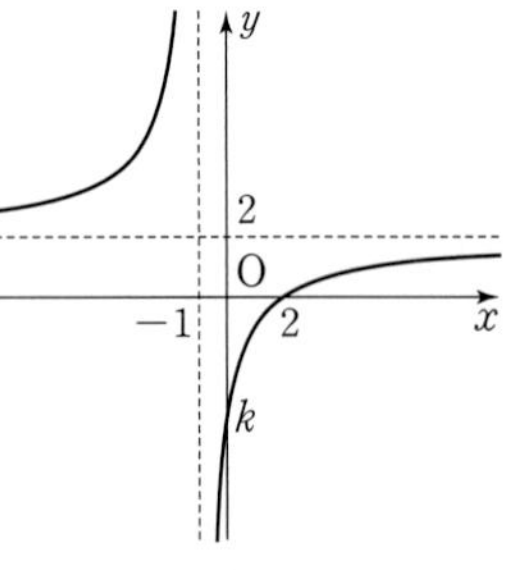

① -2 ② -4
③ -6 ④ -8
⑤ -10

02-2

▸ 25739-0336

두 상수 a, b에 대하여 함수 $y=\frac{4x+a}{x+b}$의 그래프가 다음 조건을 만족시킨다.

> (가) 두 점근선이 만나는 점은 직선 $y=-2x$ 위에 있다.
> (나) 점 $(1, 2)$를 지난다.

$a+b$의 값을 구하시오. (단, $a\neq 4b$)

정답과 풀이 111쪽

대표유형 03

유리함수의 그래프의 대칭성

▸ 25739-0337

함수 $y=\frac{ax-b}{x-c}$의 그래프가 점 $(4,\ 3)$에 대하여 대칭이고 점 $(3,\ 2)$를 지날 때, 세 상수 a, b, c에 대하여 $a+b+c$의 값을 구하시오. (단, $ac\neq b$)

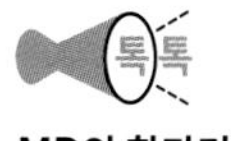
MD의 한마디!

유리함수의 그래프는
① 두 점근선의 교점에 대하여 대칭임을 이용하여 점근선의 방정식을 구합니다.
② ①에서 구한 점근선의 방정식과 점 $(3,\ 2)$를 지나는 것을 이용하여 세 상수 a, b, c의 값을 구합니다.

Solution

유제

03-1

▸ 25739-0338

함수 $y=\frac{2x-5}{x-4}$의 그래프가 점 $(a,\ b)$에 대하여 대칭일 때, $a+b$의 값은?

① 5 ② 6 ③ 7
④ 8 ⑤ 9

03-2

▸ 25739-0339

함수 $y=\frac{ax+1}{x-b}$의 그래프가 두 점 $(2,\ -5)$, $(4,\ 9)$를 지나고 직선 $y=-x+k$에 대하여 대칭일 때, 상수 k의 값을 구하시오. (단, a, b는 상수이고 $ab\neq -1$이다.)

정답과 풀이 112쪽

대표유형 04

유리함수의 역함수

▸ 25739-0340

함수 $f(x)$의 역함수가 $f^{-1}(x)=\dfrac{2}{x-1}+3$일 때, 함수 $y=f(x)$의 그래프는 두 직선 $y=x+p$, $y=-x+q$에 대하여 대칭이다. $p+q$의 값을 구하시오.(단, p, q는 상수이다.)

MD의 한마디!

① $(f^{-1})^{-1}(x)=f(x)$임을 이용하여 역함수의 역함수를 구한 후 이를 함수 f와 비교합니다.
② 함수 $y=f(x)$의 그래프의 두 점근선의 교점을 구합니다.
③ ②에서 구한 교점이 두 직선 $y=x+p$, $y=-x+q$ 위의 점임을 이용하여 p, q의 값을 구합니다.

Solution

유제

04-1

▸ 25739-0341

함수 $f(x)=\dfrac{2x}{x-3}$의 역함수 $y=f^{-1}(x)$의 그래프가 점 (p, q)에 대하여 대칭일 때, $p-q$의 값은?

① -5 ② -4 ③ -3
④ -2 ⑤ -1

04-2

▸ 25739-0342

함수 $f(x)=\dfrac{3x+3}{x-2}$의 그래프를 x축의 방향으로 a만큼, y축의 방향으로 b만큼 평행이동하였더니 함수 $y=f^{-1}(x)$의 그래프와 일치하였다. ab의 값을 구하시오. (단, a, b는 상수이다.)

대표유형 05 유리함수의 그래프와 직선의 위치 관계

▸ 25739-0343

두 집합 $A=\left\{(x,\ y)\,\middle|\,y=\dfrac{2x-7}{x-2}\right\}$, $B=\{(x,\ y)\,|\,y=mx+2\}$에 대하여 $n(A\cap B)=1$이 되도록 하는 상수 m의 값을 구하시오. (단, $m\neq 0$)

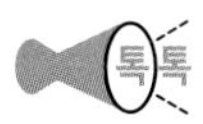

MD의 한마디!

① $n(A\cap B)=1$은 함수 $y=\dfrac{2x-7}{x-2}$의 그래프와 직선 $y=mx+2$가 한 점에서 만난다는 의미입니다.

② 방정식 $\dfrac{2x-7}{x-2}=mx+2$가 오직 하나의 실근을 갖게 되는 조건을 이용하여 m의 값을 구합니다.

Solution

유제

05-1

▸ 25739-0344

양수 m에 대하여 함수 $y=\dfrac{mx-5}{x+1}$의 그래프와 직선 $y=4(x-1)$이 오직 한 점 $(a,\ b)$에서만 만날 때, $m-a\times b$의 값은?

① 1　② 2　③ 3　④ 4　⑤ 5

05-2

▸ 25739-0345

$2\leq x\leq 4$인 모든 실수 x에 대하여 $ax\leq\dfrac{x+2}{x-1}\leq bx$가 항상 성립할 때, 실수 a의 최댓값을 M, 실수 b의 최솟값을 m이라 하자. $M+m$의 값을 구하시오.

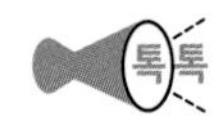

대표유형 06 무리식의 계산

▶ 25739-0346

$x=\sqrt{3}+\sqrt{2}$, $y=\sqrt{3}-\sqrt{2}$일 때, $\dfrac{\sqrt{x}+\sqrt{y}}{\sqrt{x}-\sqrt{y}}$의 값은?

① $\dfrac{\sqrt{6}}{2}-\dfrac{\sqrt{3}}{2}$ ② $\dfrac{\sqrt{6}}{2}-\dfrac{\sqrt{2}}{2}$ ③ $\dfrac{\sqrt{6}}{2}+\dfrac{\sqrt{2}}{2}$ ④ $\dfrac{\sqrt{6}}{2}+\dfrac{\sqrt{3}}{2}$ ⑤ $\sqrt{6}$

MD의 한마디!

무리식의 값을 구하기 위해서는
① 무리식의 분모를 유리화하여 간단히 정리합니다.
② 주어진 x, y의 값을 대입하여 계산합니다.

Solution

유제

06-1

▶ 25739-0347

$x=\sqrt{5}+1$일 때, $\dfrac{1}{\sqrt{x}-1}-\dfrac{1}{\sqrt{x}+1}=\dfrac{b\sqrt{5}}{a}$이다. $a+b$의 값은? (단, a와 b는 서로소인 자연수이다.)

① 6 ② 7 ③ 8
④ 9 ⑤ 10

06-2

▶ 25739-0348

$x+y=\sqrt{2}-1$, $x-y=\sqrt{2}+1$일 때, $\dfrac{\sqrt{x+y}+\sqrt{x-y}}{\sqrt{x+y}-\sqrt{x-y}}$의 값을 구하시오.

대표유형 07

무리함수의 식 구하기

▸ 25739-0349

그림과 같이 함수 $y=\sqrt{a(x-1)}+b$의 그래프가 두 점 $\left(-\frac{1}{3}, 0\right)$, $(1, -2)$를 지날 때, 두 상수 a, b에 대하여 $a\times b$의 값을 구하시오.

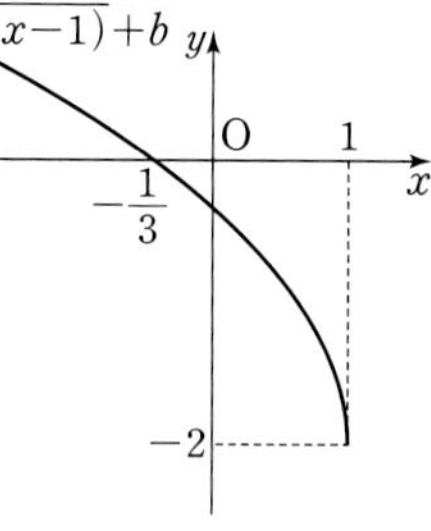

MD의 한마디!

주어진 무리함수의 그래프는

① $y=\sqrt{ax}$의 그래프를 x축의 방향과 y축의 방향으로 얼마만큼 평행이동한 것인지를 구합니다.

② 그래프가 점 $\left(-\frac{1}{3}, 0\right)$을 지난다는 것을 이용합니다.

Solution

유제

07-1

▸ 25739-0350

정의역이 $\{x|x\geq 3\}$이고 치역이 $\{y|y\leq 4\}$인 함수 $y=-\sqrt{ax-b}+c$의 그래프가 점 $(a, 4-\sqrt{10})$을 지날 때, $a+b+c$의 값을 구하시오. (단, a, b, c는 양수이다.)

07-2

▸ 25739-0351

함수 $y=\sqrt{ax+b}+c$의 그래프가 그림과 같고 점 $(0, 3)$을 지난다. 이차함수 $y=cx^2+ax+b$의 그래프의 꼭짓점의 좌표를 (p, q)라 할 때, $p+q$의 값을 구하시오. (단, a, b, c는 상수이다.)

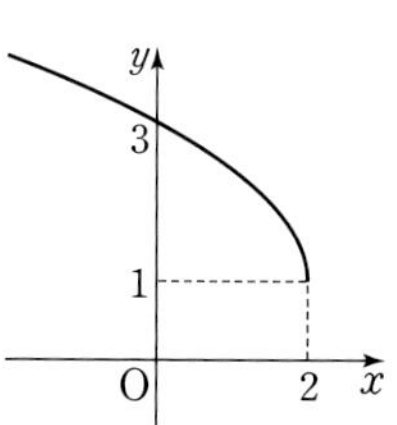

정답과 풀이 116쪽

대표유형 08

무리함수의 최댓값과 최솟값

▸ 25739-0352

$-2\le x\le 4$에서 함수 $y=\sqrt{-2x+a}+1$의 최댓값을 M, 최솟값을 3이라 할 때, 두 상수 a, M에 대하여 $a+M$의 값을 구하시오. (단, $a\ge 8$)

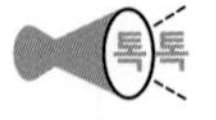

MD의 한마디!

제한된 범위에서 함수의 최댓값과 최솟값을 구하기 위해서는
① 주어진 범위에 대하여 함수의 그래프를 그립니다.
② 무리함수의 그래프를 통해 함수가 최대가 되는 x의 값과 최소가 되는 x의 값을 구합니다.

Solution

유제

08-1

▸ 25739-0353

정의역이 $\{x|-19\le x\le 2\}$인 함수 $y=-\sqrt{-x+a}+6$의 최댓값이 4일 때, 이 함수의 최솟값은? (단, $a\ge 2$)

① -2　② -1　③ 0
④ 1　⑤ 2

08-2

▸ 25739-0354

정의역이 $\{x|a\le x\le b\}$인 함수 $y=\sqrt{-2x+21}+1$의 치역이 $\{y|2\le y\le 6\}$일 때, 두 상수 a, b에 대하여 $b-a$의 값을 구하시오.

대표유형 09

무리함수의 역함수

▸ 25739-0355

무리함수 $f(x)=\sqrt{ax+b}+1$의 그래프와 $f(x)$의 역함수 $y=f^{-1}(x)$의 그래프가 원 $x^2+y^2-4x-6y+9=0$의 중심에서 만날 때, $f(-2)$의 값을 구하시오. (단, a, b는 상수이다.)

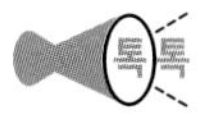

MD의 한마디!

함숫값을 구하기 위해서는 함수의 식을 먼저 완성해야 합니다.

① 주어진 원의 방정식에서 중심의 좌표를 구합니다.

② 두 함수 $y=f(x)$, $y=f^{-1}(x)$의 그래프가 모두 원의 중심을 지난다는 조건을 이용하여 a, b의 값을 구합니다.

③ $x=-2$를 함수 $f(x)$의 식에 대입하여 $f(-2)$의 값을 구합니다.

Solution

유제

09-1

▸ 25739-0356

무리함수 $y=-\sqrt{ax-3}+b$의 역함수의 정의역이 $\{x|x\le3\}$, 치역이 $\{y|y\le-2\}$일 때, 두 상수 a, b에 대하여 $a+b$의 값을 구하시오. (단, $a\ne0$)

09-2

▸ 25739-0357

함수 $f(x)=\sqrt{-ax+b}-c$의 역함수 $y=f^{-1}(x)$의 그래프가 오른쪽 그림과 같을 때, $a+b+c$의 값은?
(단, a, b, c는 상수이고, $f^{-1}(3)=0$이다.)

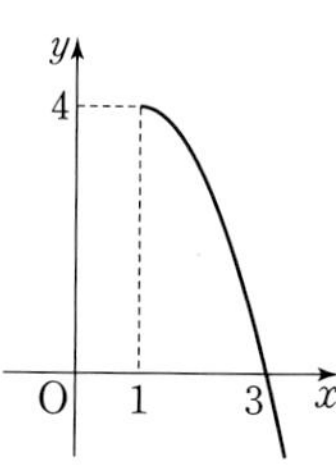

① 1 ② 2
③ 3 ④ 4
⑤ 5

대표유형 10 무리함수의 그래프와 직선의 위치 관계

▸ 25739-0358

실수 k에 대하여 함수 $y=\sqrt{3x-6}+1$의 그래프와 직선 $y=x+k$가 만나는 점의 개수를 $f(k)$라 할 때, $f(-2)+f(-1)+f\left(-\frac{1}{2}\right)+f(0)$의 값을 구하시오.

MD의 한마디!

① 함수 $y=\sqrt{3x-6}+1$의 그래프를 좌표평면에 그린 후
② 직선 $y=x+k$에서 k의 값이 달라짐에 따라 기울기가 1인 직선과의 교점의 개수를 파악합니다.
③ 교점의 개수에 따라 $f(k)$를 구합니다.

Solution

유제

10-1

▸ 25739-0359

두 집합

$A=\{(x, y)\,|\,y=\sqrt{x-2}+1\}$

$B=\{(x, y)\,|\,y=x+k\}$

에 대하여 $A\cap B\neq\varnothing$이 되도록 하는 실수 k의 최댓값은?

① -1 ② $-\frac{3}{4}$ ③ $-\frac{1}{2}$

④ $-\frac{1}{4}$ ⑤ 0

10-2

▸ 25739-0360

함수 $f(x)=\sqrt{2x-8}$의 그래프와 직선 $y=mx+1$이 한 점에서 만날 때, 양수 m의 값을 구하시오.

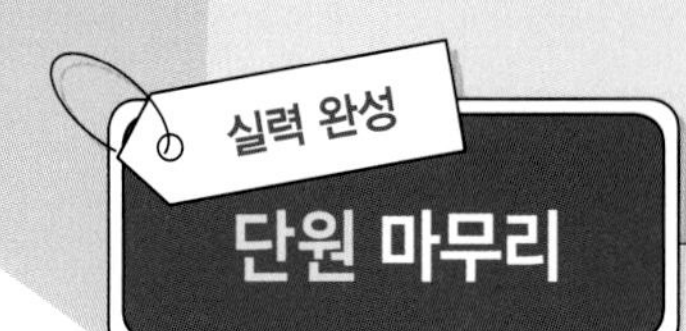

▸ 25739-0361

1 0이 아닌 세 실수 a, b, c에 대하여 $a+b+c=0$일 때,

$$\left(\frac{b-c}{a}-1\right)\left(\frac{c-a}{b}-1\right)\left(\frac{a-b}{c}-1\right)$$

의 값은?

① 2　② 4　③ 6　④ 8　⑤ 10

▸ 25739-0362

2 $\frac{2}{x^2+2x}+\frac{3}{x^2+7x+10}+\frac{4}{x^2+14x+45}$의 값이 $\frac{1}{n}$ (n은 자연수)의 꼴이 되도록 하는 자연수 x의 최솟값을 구하시오.

▸ 25739-0363

3 정의역이 $\{x|3\leq x\leq 7\}$인 함수 $f(x)=\frac{b}{x-1}+a$의 최댓값이 11, 최솟값이 7일 때, 두 양수 a, b에 대하여 ab의 값은?

① 40　② 45　③ 50　④ 55　⑤ 60

▸ 25739-0364

4 정의역이 $\left\{x \middle| x\leq -\frac{5}{2} \text{ 또는 } x\geq 0\right\}$인 함수 $f(x)=\frac{-3x-8}{x+2}$이 있다. 정의역의 원소 k에 대하여 $f(k)$의 값이 정수가 되도록 하는 모든 실수 k의 값의 합은?

① $-\frac{73}{6}$　② $-\frac{25}{2}$　③ $-\frac{77}{6}$　④ $-\frac{79}{6}$　⑤ $-\frac{27}{2}$

내신UP ▸ 25739-0365

5 함수 $y=\frac{2x-a}{x-2}$의 그래프가 모든 사분면을 지나도록 하는 정수 a의 최댓값은? (단, $a\neq 4$)

① -3　② -2　③ -1　④ 0　⑤ 1

내신UP | 2022학년도 3월 고2 학력평가 18번 | ▸ 25739-0366

6 함수 $f(x)=\frac{a}{x}+b$ $(a\neq 0)$이 다음 조건을 만족시킨다.

> (가) 곡선 $y=|f(x)|$는 직선 $y=2$와 한 점에서만 만난다.
> (나) $f^{-1}(2)=f(2)-1$

$f(8)$의 값은? (단, a, b는 상수이다.)

① $-\frac{1}{2}$　② $-\frac{1}{4}$　③ 0　④ $\frac{1}{4}$　⑤ $\frac{1}{2}$

▸ 25739-0367

7 함수 $f(x)=\dfrac{3x+b}{x+a}$가 다음 조건을 만족시킨다.

> (가) 1이 아닌 모든 실수 x에 대하여
> $f^{-1}(x)=f(x-2)-2$이다.
> (나) 함수 $y=f(x)$의 그래프를 평행이동하면 함수 $y=\dfrac{6}{x}$의 그래프와 일치한다.

$f(a+b)$의 값을 구하시오.

(단, a, b는 $b\neq 3a$인 상수이다.)

내신UP

▸ 25739-0368

8 함수 $y=\dfrac{2x-1}{x-1}$의 그래프와 직선 $y=mx-m+2$ $(m>1)$이 서로 다른 두 점 A, B에서 만난다. $\overline{\text{AB}}=\sqrt{17}$일 때, 상수 m의 값은?

① 3 ② 4 ③ 5
④ 6 ⑤ 7

▸ 25739-0369

9 함수 $y=\dfrac{4}{x}$의 그래프가 직선 $y=-x+k$와 제1사분면에서 만나는 서로 다른 두 점을 각각 A, B라 할 때 $\overline{\text{AB}}=3\sqrt{2}$이다. 삼각형 OAB의 넓이를 $\dfrac{q}{p}$라 할 때 $p+q$의 값을 구하시오. (단, p와 q는 서로소인 자연수이고, k는 상수, O는 원점이다.)

▸ 25739-0370

10 $x=\dfrac{1}{2-\sqrt{3}}$, $y=\dfrac{1}{2+\sqrt{3}}$일 때, $\dfrac{x\sqrt{y}}{\sqrt{x}-\sqrt{y}}-\dfrac{y\sqrt{x}}{\sqrt{x}+\sqrt{y}}$의 값은?

① $\dfrac{2\sqrt{3}}{3}$ ② $\sqrt{3}$ ③ $\dfrac{4\sqrt{3}}{3}$
④ $\dfrac{5\sqrt{3}}{3}$ ⑤ $2\sqrt{3}$

▸ 25739-0371

11 $x=\dfrac{\sqrt{2}+1}{\sqrt{2}-1}$, $y=\dfrac{\sqrt{2}-1}{\sqrt{2}+1}$일 때, $x^3-x^2y-xy^2+y^3$의 값을 구하시오.

▸ 25739-0372

12 함수 $y=\sqrt{2x-3}+3$의 정의역을 A, 함수 $y=-\sqrt{-3x+15}+2$의 정의역을 B라 할 때, 집합 $A\cap B$의 원소 중 정수인 것의 개수는?

① 3 ② 4 ③ 5
④ 6 ⑤ 7

▸ 25739-0373

13 두 상수 a, b에 대하여 함수 $f(x)=\sqrt{ax}+b$에 대한 설명 중 **보기**에서 옳은 것만을 있는 대로 고른 것은? (단, $a\neq 0$)

보기

ㄱ. $a=1$, $b=2$일 때, 함수 $y=f(x)$의 그래프는 제1사분면을 지난다.
ㄴ. a의 값에 관계없이 치역은 $\{y|y\geq b\}$이다.
ㄷ. $ab>0$일 때, 함수 $y=f(x)$의 그래프는 제4사분면을 지나지 않는다.

① ㄱ ② ㄱ, ㄴ ③ ㄱ, ㄷ
④ ㄴ, ㄷ ⑤ ㄱ, ㄴ, ㄷ

▸ 25739-0374

14 함수 $f(x)=\sqrt{4-2x}+3$과 그 역함수 $f^{-1}(x)$에 대하여 $f^{-1}(a)=\frac{3}{2}$, $f(0)=b$를 만족시킬 때, 두 상수 a, b에 대하여 $f(a-2b)$의 값을 구하시오.

내신UP | 2023학년도 3월 고2 학력평가 20번 | ▸ 25739-0375

15 함수

$$f(x)=\begin{cases} -(x-a)^2+b & (x\leq a) \\ -\sqrt{x-a}+b & (x>a) \end{cases}$$

와 서로 다른 세 실수 α, β, γ가 다음 조건을 만족시킨다.

(가) 방정식 $\{f(x)-\alpha\}\{f(x)-\beta\}=0$을 만족시키는 실수 x의 값은 α, β, γ뿐이다.
(나) $f(\alpha)=\alpha$, $f(\beta)=\beta$

$\alpha+\beta+\gamma=15$일 때, $f(\alpha+\beta)$의 값은?
(단, a, b는 상수이다.)

① 1 ② 2 ③ 3
④ 4 ⑤ 5

▸ 25739-0376

16 모든 실수 x에 대하여 $\sqrt{2kx^2-kx+4}$의 값이 실수가 되도록 하는 실수 k의 최댓값은?

① 28 ② 30 ③ 32
④ 34 ⑤ 36

▸ 25739-0377

17 그림과 같이 점 $\mathrm{A}(n, 0)$ $(n>0)$을 지나고 x축에 수직인 직선이 두 함수 $y=\sqrt{4x}$, $y=\sqrt{kx}$의 그래프와 만나는 점을 각각 B, C라 하자. 삼각형 OAB가 직각이등변삼각형이고 삼각형 OAB의 넓이와 삼각형 OAC의 넓이의 합이 11일 때, 상수 k에 대하여 $16k$의 값을 구하시오.
(단, $0<k<4$이고 O는 원점이다.)

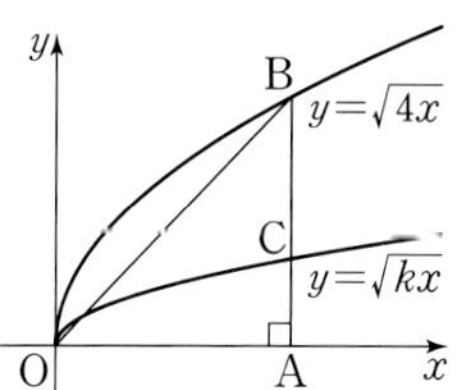

내신UP ▸ 25739-0378

18 양수 a와 실수 m에 대하여 함수 $y=|\sqrt{ax}-3|$의 그래프와 직선 $y=m(x+3)$이 만나는 서로 다른 점의 개수를 $N(m)$이라 하자. 임의의 양의 실수 m에 대하여 $N(m)\neq 1$일 때, 상수 a의 값을 구하시오.

정답과 풀이 127쪽

▸ 25739-0379

19 함수 $f(x)=\dfrac{x-3}{x-5}$의 그래프가 x축과 만나는 점을 A라 하고, 함수 $y=f(x)$의 그래프의 두 점근선이 만나는 점을 B라 하자. 두 점 A, B를 지나는 원의 넓이의 최솟값을 $m\pi$라 할 때, $12m$의 값을 구하시오.

(단, m은 상수이다.)

▸ 25739-0380

20 유리함수 $y=\dfrac{ax+3}{x-2a}$의 그래프의 두 점근선과 직선 $y=x+5$로 둘러싸인 도형의 넓이가 18일 때, 양수 a의 값을 구하시오.

▸ 25739-0381

21 함수 $y=\sqrt{ax+b}+c$의 정의역이 $\{x|x\geq 2\}$, 치역이 $\{y|y\geq 5\}$이고 이 함수의 그래프가 점 $(3, 9)$를 지난다. 함수 $y=\sqrt{cx-a}-b$의 정의역이 $\{x|x\geq \alpha\}$이고 치역이 $\{y|y\geq \beta\}$일 때, $\dfrac{\beta}{\alpha}$의 값을 구하시오.

(단, $a>0$, $\alpha\neq 0$이고 b, c, α, β는 상수이다.)

▸ 25739-0382

22 두 함수 $f(x)=\dfrac{ax+b}{x+2}$, $g(x)=\sqrt{x+4}+c$에 대하여 실수 전체의 집합에서 $h(x)$를

$$h(x)=\begin{cases} f(x) & (x\leq -3) \\ g(x) & (x\geq -3) \end{cases}$$

이라 할 때, $h(x)$는 함수이고, 다음 조건을 만족시킨다.

(가) 함수 $y=h(x)$의 그래프가 y축과 만나는 점의 y좌표는 23이다.
(나) 함수 $h(x)$는 일대일함수이다.
(다) 함수 $h(x)$의 치역은 $\{y|y>4\}$이다.

$h(-4)+h(5)$의 값을 구하시오.

(단, a, b, c는 상수이고, $b\neq 2a$이다.)

매쓰 디렉터의
고1 수학
개념 끝장내기

공통수학 2

MD's 가이드북
정답과 풀이

빠른 정답

Ⅰ. 도형의 방정식

01 평면좌표

개념 CHECK 본문 6~8쪽

1 (1) 4 (2) 3
2 (1) $\sqrt{10}$ (2) 5
3 (1) 2 (2) 3
4 (1) 2 (2) 1
5 (1) $(-3,\ 4)$ (2) $(-1,\ 5)$
6 (1) $(3,\ 3)$ (2) $(4,\ -1)$

대표유형 / 유제 본문 9~12쪽

01 $(-1,\ 0)$	01-**1** $(1,\ 3)$	01-**2** $3\sqrt{3}$
02 2	02-**1** 9	02-**2** 6
03 $\left(3,\ \frac{7}{5}\right)$	03-**1** $\frac{19}{7}$	03-**2** $\frac{23}{2}$
04 $2\sqrt{5}$	04-**1** $(2,\ 3)$	04-**2** 29

단원 마무리 본문 13~14쪽

1 ① **2** ⑤ **3** $(1,\ 2)$ **4** ⑤ **5** 160
6 ① **7** 8 **8** ③ **9** 12 **10** $\left(9,\ -\frac{1}{2}\right)$
11 19

02 직선의 방정식

개념 CHECK 본문 15~17쪽

1 (1) $y=-2x+5$ (2) $y=\frac{1}{3}x+6$
2 (1) $y=2x+1$ (2) $x=-1$
3 (1) $\frac{x}{2}-y=1$ (2) $\frac{x}{3}+\frac{y}{5}=1$
4 (1) 5 (2) 4
5 (1) $\frac{1}{2}$ (2) -6
6 (1) $\frac{8\sqrt{5}}{5}$ (2) $\frac{3\sqrt{2}}{2}$
7 $\frac{\sqrt{10}}{2}$

대표유형 / 유제 본문 18~22쪽

01 2	01-**1** 3	01-**2** 5
02 5	02-**1** -4	02-**2** $\frac{7}{4}$
03 $y=-3x+3$	03-**1** 8	03-**2** 21
04 9	04-**1** 4	04-**2** 53
05 16	05-**1** 10	

05-**2** $4x-3y+9=0$ 또는 $4x-3y-11=0$

단원 마무리 본문 23~24쪽

1 ③ **2** 7 **3** ① **4** ③ **5** 9 **6** ④
7 ⑤ **8** $3\sqrt{5}$ **9** -1 **10** $-\frac{1}{2},\ \frac{1}{3},\ 1$ **11** $\frac{2\sqrt{5}}{5}$

03 원의 방정식

개념 CHECK 본문 25~28쪽

1 (1) $(x-1)^2+(y-2)^2=9$ (2) $x^2+y^2=5$
2 (1) 중심의 좌표: $(4,\ 0)$, 반지름의 길이: 1
(2) 중심의 좌표: $(-3,\ 2)$, 반지름의 길이: 4
3 (1) $(x-4)^2+(y-3)^2=9$ (2) $(x+3)^2+(y-2)^2=9$
4 (1) $(x+2)^2+(y-2)^2=4$ (2) $(x+1)^2+(y+1)^2=1$
5 (1) 서로 다른 두 점에서 만난다. (2) 한 점에서 만난다.(접한다.)
6 (1) 만나지 않는다. (2) 한 점에서 만난다.(접한다.)
7 (1) $y=5x+2\sqrt{26}$ 또는 $y=5x-2\sqrt{26}$
(2) $y=-x+3\sqrt{2}$ 또는 $y=-x-3\sqrt{2}$
8 (1) $y=-\frac{1}{2}x+\frac{5}{2}$ (2) $y=\frac{3}{4}x-\frac{25}{4}$

대표유형 / 유제 본문 29~34쪽

01 $\sqrt{7}$	01-**1** $\sqrt{13}$	01-**2** $\frac{32}{5}$
02 9	02-**1** 17	02-**2** ⑤
03 13	03-**1** $k<-2\sqrt{2}$ 또는 $k>2\sqrt{2}$	
	03-**2** 2	
04 5	04-**1** $m\le 0$ 또는 $m\ge\frac{4}{3}$	
	04-**2** 9	
05 $4\sqrt{10}$	05-**1** $3\sqrt{3}$	05-**2** 9

06 $3x+4y-10=0$ 또는 $x=2$

06-**1** $-\frac{8}{5}$ 06-**2** -7

단원 마무리

본문 35~36쪽

1 ②	**2** $3\sqrt{10}$	**3** ④	**4** ①	**5** 6	**6** 80
7 $\frac{15}{2}$	**8** ④	**9** ③	**10** 60	**11** $\left(-\frac{2}{5}, \frac{14}{5}\right)$	

04 도형의 이동

개념 CHECK

본문 37~39쪽

1 (1) $(3, 8)$ (2) $(2, -5)$

2 (1) $2x-y-9=0$ (2) $(x+2)^2+(y-5)^2=4$

3 (1) $(1, -3)$ (2) $(2, 1)$ (3) $(-4, 1)$ (4) $(-1, -3)$

4 (1) $x+3y+2=0$ (2) $x+3y-2=0$
(3) $x-3y-2=0$ (4) $3x-y-2=0$

5 (1) $(x+2)^2+(y+3)^2=9$ (2) $(x-2)^2+(y-3)^2=9$
(3) $(x-2)^2+(y+3)^2=9$ (4) $(x-3)^2+(y+2)^2=9$

대표유형 / 유제

본문 40~44쪽

01 6	**01-1** $\frac{1}{2}$	**01-2** -5
02 21	**02-1** $a=-3, b=-11$	
	02-2 36	
03 $-\frac{3}{2}$	**03-1** $\left(\frac{4}{3}, \frac{2}{3}\right)$	**03-2** -4
04 7	**04-1** 1	**04-2** $4\sqrt{5}$
05 -1 또는 -7	**05-1** -3	**05-2** -2

단원 마무리

본문 45~46쪽

1 ⑤	**2** ④	**3** ①	**4** ⑤	**5** 12	**6** ③
7 ④	**8** 2	**9** ③	**10** $3\sqrt{10}$	**11** $m=4, n=2$	

Ⅱ. 집합과 명제

05 집합

개념 CHECK

본문 48~54쪽

1 ④

2 (1) $\in$ (2) $\notin$ (3) $\in$ (4) $\notin$

3 (1) $\{x \mid x$는 4 이하의 자연수$\}$ (2) $\{1, 2, 4, 8\}$
(3) $\{x \mid x$는 10 이하의 짝수$\}$ (4) $\{-2, 3\}$

4 (1) 3 (2) 4 (3) 0 (4) 7

5 ④

6 부분집합의 개수: 16, 진부분집합의 개수: 15

7 (1) $A \cup B=\{1, 3, 5, 7, 9\}$, $A \cap B=\{1, 3\}$
(2) $A \cup B=\{-1, 1, 2, 3, 6\}$, $A \cap B=\{2\}$

8 ㄱ, ㄹ

9 (1) $\{1, 9\}$ (2) $\{2, 4, 6, 8, 10\}$ (3) $\{1, 9\}$

10 ㄱ, ㄴ, ㄷ

11 (1) 왼쪽 위에서부터 순서대로 $\cup$, $\cap$, $\cup$, U, $\cup$
(2) 왼쪽 위에서부터 순서대로 $A^C \cup B$, A^C, B, $\varnothing$

12 (1) $\{1, 2\}$ (2) $\{1, 2, 4, 12\}$ **13** 22

14 (1) 8 (2) 10 (3) 8 (4) 6 (5) 16 (6) 2

대표유형 / 유제

본문 55~64쪽

01 ㄱ, ㄷ	**01-1** ③	**01-2** ①
02 9	**02-1** $\{-2, -1, 0, 1, 2\}$	
	02-2 5	
03 ③	**03-1** ④	**03-2** ②, ④
04 ③	**04-1** 1	**04-2** 1
05 (1) 32 (2) 8	**05-1** 24	**05-2** 8
06 ②	**06-1** 18	**06-2** ⑤
07 16	**07-1** ③	**07-2** 27
08 ③	**08-1** ⑤	**08-2** ㄱ, ㄴ, ㄹ
09 ④, ⑤	**09-1** ㄱ, ㄴ, ㄹ	**09-2** ⑤
10 15	**10-1** ④	**10-2** ③

단원 마무리

본문 65~68쪽

1 ⑤	**2** ③, ⑤	**3** ④	**4** ④	**5** ①	**6** ④
7 ②	**8** ⑤	**9** 28	**10** ①	**11** ⑤	**12** ⑤
13 ⑤	**14** ①	**15** ②	**16** ⑤	**17** 22	**18** 9
19 16	**20** 16				

06 명제

개념 CHECK
본문 69~74쪽

1 ㄱ, ㄴ, ㄹ
2 풀이 참조
3 풀이 참조
4 $\{3, 4, 5, 6\}$, $\{2, 3, 5, 7\}$
5 (1) 참 (2) 거짓
6 (1) 모든 무리수 x에 대하여 x^2은 유리수가 아니다. (거짓)
(2) 어떤 실수 x에 대하여 $|x| \leq 0$이다. (참)
7 풀이 참조
8 (1) 참 (2) 거짓 (3) 참
9 풀이 참조
10 (1) 충분조건 (2) 필요조건 (3) 필요충분조건
11 (1), (3)
12 6

대표유형 / 유제
본문 75~83쪽

01 명제: ㄱ(거짓), ㄹ(참)		01-1 ⑤
	01-2 ㄱ, ㄴ	
02 2	02-1 ②	02-2 48
03 ㄱ, ㄷ, ㄹ	03-1 ④	03-2 ②
04 ④	04-1 ⑤	04-2 ㄱ, ㄴ
05 2	05-1 ④	05-2 15
06 ㄱ	06-1 ②	06-2 8
07 9	07-1 ③	07-2 ③

08 풀이 참조
08-1 (가): 홀수, (나): $2(2mn-m-n+1)$, (다): 홀수
08-2 (가): $(ay-bx)^2$ (또는 $(bx-ay)^2$)
(나): $ay=bx$ (또는 $ay-bx=0$)

09 7	09-1 12	09-2 9

단원 마무리
본문 84~86쪽

1 ④	2 ①	3 ②	4 ②	5 479	6 ②
7 ④	8 ③	9 ①	10 ②	11 ②	12 ④
13 8	14 ①	15 2	16 2		

Ⅲ. 함수와 그래프

07 함수

개념 CHECK
본문 88~94쪽

1 함수인 것: (1), (4)
(1)의 (정의역)$=\{1, 2, 3\}$, (공역)$=\{a, b, c\}$, (치역)$=\{a, b\}$
(4)의 (정의역)$=\{1, 2, 3\}$, (공역)$=\{a, b, c\}$, (치역)$=\{a, b, c\}$
2 (1), (3)
3 (1) 같은 함수 (2) 같지 않은 함수
4 (1)

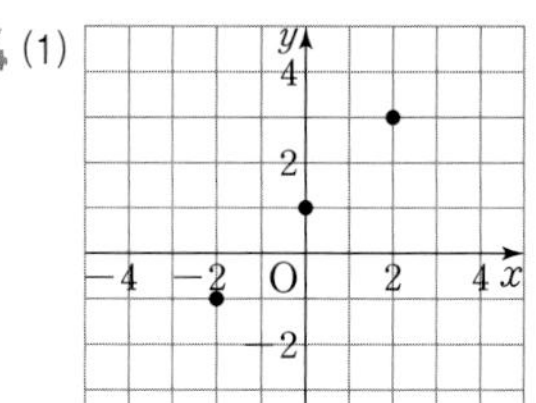

(2)

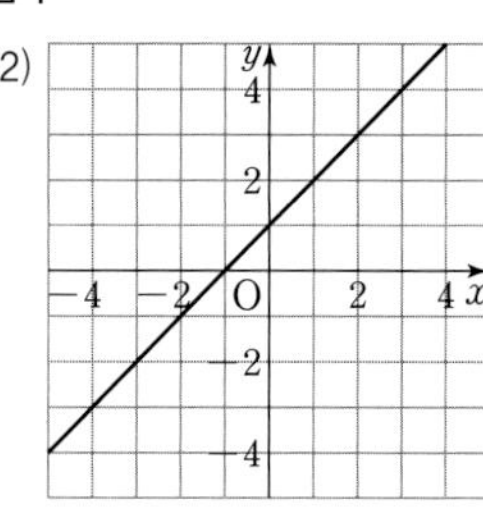

5 일대일함수: ㄱ, ㄹ, 일대일대응: ㄹ
6 일대일함수: ㄱ, ㄷ, ㄹ, 일대일대응: ㄱ, ㄹ
7 항등함수: ㄱ, 상수함수: ㄷ
8 항등함수: ㄴ, ㄷ, 상수함수: ㄱ, ㄹ
9 (1) 1 (2) 4 (3) 1 (4) 1
10 (1) 1 (2) 3 (3) 5 (4) 5
11 (1) x^2+2x+3 (2) x^2+3
(3) $9x^2-6x+4$ (4) $9x^2-6x+4$
12 (1) 4 (2) 5
13 (1) 2 (2) 1
14 (가) $\frac{1}{2}y-\frac{1}{2}$ (나) $\frac{1}{2}x-\frac{1}{2}$
15 4
16 (1) 1 (2) 3
17

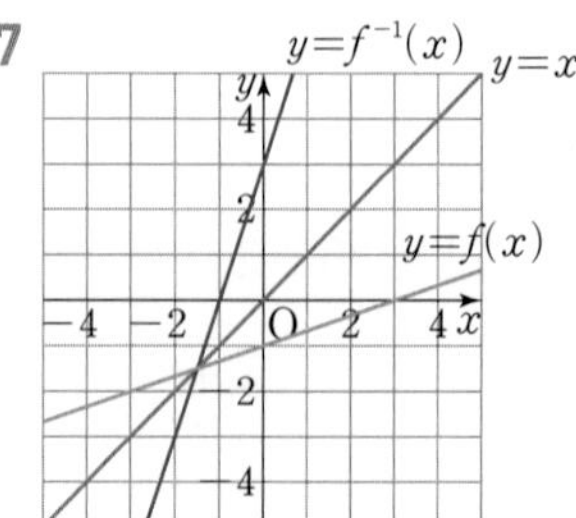

대표유형 / 유제

본문 95~104쪽

01 13	01-**1** ㄱ, ㄴ	01-**2** ②
02 6	02-**1** ④	02-**2** -2
03 4	03-**1** 5	03-**2** 12
04 -4	04-**1** ③	04-**2** 7
05 92	05-**1** ④	05-**2** 24
06 13	06-**1** ②	06-**2** -2
07 -27	07-**1** ②	07-**2** -5
08 -8	08-**1** $\frac{1}{2}$	08-**2** 2
09 d	09-**1** e	09-**2** ①
10 $(5, 5)$	10-**1** ②	10-**2** $5\sqrt{2}$

단원 마무리

본문 105~108쪽

1 ③	**2** ④	**3** ③	**4** ⑤	**5** ②	**6** 38
7 ⑤	**8** ①	**9** ③	**10** ①	**11** ①	**12** ⑤
13 ①	**14** 510	**15** ④	**16** ⑤	**17** ①	**18** 9
19 12	**20** 6	**21** 53	**22** $\frac{14}{3}$		

08 유리함수와 무리함수

개념 CHECK

본문 109~114쪽

1 (1) $\frac{2x-1}{x^2-x}$ (2) $-\frac{x+1}{x(x^2+1)}$ (3) $2x$ (4) $\frac{x}{x+2}$

2 풀이 참조

3 ①, ④, ⑤

4 (1) 풀이 참조 (2) 풀이 참조

5 (1) 풀이 참조 (2) 풀이 참조

6 (1) $y=\frac{1}{x-1}+3$ (2) $y=\frac{5}{x+1}-2$

7 (1) $x\geq 2$ (2) $x\geq -\frac{4}{3}$ (3) $x>-4$ (4) $2<x<5$

8 (1) $\frac{\sqrt{x+1}-\sqrt{x-1}}{2}$ (2) $\frac{4(\sqrt{x+4}+2)}{x}$

9 (1) $\frac{4}{x-1}$ (2) $\frac{2\sqrt{x}}{x-y}$

10 풀이 참조

11 (1) $y=\sqrt{2x-4}+1$ (2) $y=\sqrt{-2x-2}+3$
그래프는 풀이 참조

12 (1) $y=\sqrt{-3\left(x-\frac{1}{3}\right)}-2$ (2) $y=-\sqrt{2(x+2)}+5$

대표유형 / 유제

본문 115~124쪽

01 10	01-**1** 148	01-**2** 32
02 -1	02-**1** ②	02-**2** 4
03 18	03-**1** ②	03-**2** 5
04 2	04-**1** ⑤	04-**2** -1
05 3	05-**1** ⑤	05-**2** $\frac{5}{2}$
06 ③	06-**1** ②	06-**2** $-\sqrt{2}-1$
07 6	07-**1** 24	07-**2** 4
08 17	08-**1** ④	08-**2** 12
09 5	09-**1** $\frac{3}{2}$	09-**2** ④
10 5	10-**1** ②	10-**2** $\frac{1}{4}$

단원 마무리

본문 125~128쪽

1 ④	**2** 3	**3** ⑤	**4** ①	**5** ③	**6** ①
7 9	**8** ②	**9** 17	**10** ①	**11** 192	**12** ②
13 ⑤	**14** 7	**15** ③	**16** ③	**17** 9	**18** 24
19 15	**20** 1	**21** 10	**22** 37		

도형의 방정식

01 평면좌표

개념 CHECK 본문 6~8쪽

1. 두 점 사이의 거리

1 ▸ 25739-0001

다음 수직선 위의 두 점 사이의 거리를 구하시오.

(1) $A(-1)$, $B(3)$

(2) $O(0)$, $A(-3)$

(1) $\overline{AB}=|3-(-1)|=4$

(2) $\overline{OA}=|-3|=3$

답 (1) 4 (2) 3

2 ▸ 25739-0002

다음 좌표평면 위의 두 점 사이의 거리를 구하시오.

(1) $A(3, -2)$, $B(2, 1)$

(2) $O(0, 0)$, $A(4, -3)$

(1) $\overline{AB}=\sqrt{(2-3)^2+\{1-(-2)\}^2}=\sqrt{10}$

(2) $\overline{OA}=\sqrt{4^2+(-3)^2}=5$

답 (1) $\sqrt{10}$ (2) 5

2. 수직선 위의 선분의 내분점

3 ▸ 25739-0003

그림과 같이 수직선 위에 있는 두 점 $A(0)$, $B(6)$에 대하여 다음 점의 좌표를 구하시오.

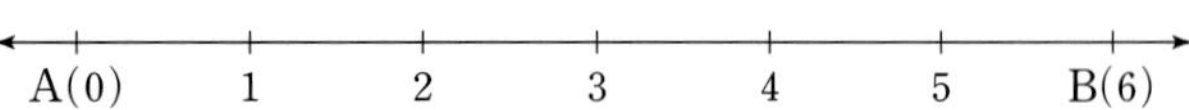

(1) 선분 AB를 $1:2$로 내분하는 점

(2) 선분 AB의 중점

(1) $|2-0|:|6-2|=1:2$이므로 2

(2) $|3-0|:|6-3|=1:1$이므로 3

답 (1) 2 (2) 3

다른 풀이

(1) $\frac{1\times6+2\times0}{1+2}=2$

(2) $\frac{0+6}{2}=3$

4 ▸ 25739-0004

수직선 위의 두 점 $A(-4)$, $B(6)$에 대하여 다음 점의 좌표를 구하시오.

(1) 선분 AB를 $3:2$로 내분하는 점

(2) 선분 AB의 중점

(1) $\frac{3\times6+2\times(-4)}{3+2}=2$

(2) $\frac{-4+6}{2}=1$

답 (1) 2 (2) 1

3. 좌표평면 위의 선분의 내분점

5 ▸ 25739-0005

두 점 $A(-5, 3)$, $B(3, 7)$에 대하여 다음 점의 좌표를 구하시오.

(1) 선분 AB를 $1:3$으로 내분하는 점

(2) 선분 AB의 중점

(1) $\frac{1\times3+3\times(-5)}{1+3}=-3$, $\frac{1\times7+3\times3}{1+3}=4$이므로
구하는 점의 좌표는 $(-3, 4)$이다.

(2) $\frac{-5+3}{2}=-1$, $\frac{3+7}{2}=5$이므로
구하는 점의 좌표는 $(-1, 5)$이다.

답 (1) $(-3, 4)$ (2) $(-1, 5)$

6 ▸ 25739-0006

다음 세 점 A, B, C를 꼭짓점으로 하는 삼각형 ABC의 무게중심 G의 좌표를 구하시오.

(1) $A(4, 1)$, $B(-2, 7)$, $C(7, 1)$

(2) $A(-1, -3)$, $B(5, 4)$, $C(8, -4)$

(1) $\frac{4+(-2)+7}{3}=3$, $\frac{1+7+1}{3}=3$이므로
무게중심 G의 좌표는 $(3, 3)$이다.

(2) $\frac{-1+5+8}{3}=4$, $\frac{-3+4+(-4)}{3}=-1$이므로
무게중심 G의 좌표는 $(4, -1)$이다.

답 (1) $(3, 3)$ (2) $(4, -1)$

대표유형 01 같은 거리에 있는 점

▸ 25739-0007

두 점 A(4, -2), B(1, 5)에서 같은 거리에 있는 x축 위의 점 P의 좌표를 구하시오.

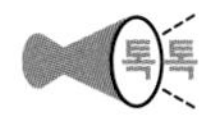

MD의 한마디!

점 P가 x축 위의 점이므로
① 점 P의 좌표를 $(a, 0)$으로 놓고
② 두 점 사이의 거리를 구하는 식에 대입하여 a에 대한 방정식을 만듭니다.

MD's Solution

점 P가 x축 위의 점이므로 점 P의 좌표를 $(a, 0)$이라 하자.
↳ x축 위의 점이므로 y좌표가 0이야.

점 P는 두 점 A, B에서 같은 거리에 있으므로
$\overline{AP}=\overline{BP}$에서 $\overline{AP}^2=\overline{BP}^2$이므로
↳ 양변을 제곱하면 계산이 편리해져.

$(a-4)^2+2^2=(a-1)^2+(-5)^2$
↳ 두 점 사이의 거리를 구하는 식을 이용했어. 양변을 제곱하여 다항식으로 만들었어.

$a^2-8a+20=a^2-2a+26$

$6a=-6$

$a=-1$

따라서 점 P의 좌표는 $(-1, 0)$이다.

답 $(-1, 0)$

유제

01-1

▸ 25739-0008

두 점 A(-2, -3), B(7, 6)에서 같은 거리에 있는 직선 $y=2x+1$ 위의 점 P의 좌표를 구하시오.

점 P가 직선 $y=2x+1$ 위의 점이므로 점 P의 좌표를 $(a, 2a+1)$이라 하자.
점 P는 두 점 A, B에서 같은 거리에 있으므로
$\overline{AP}=\overline{BP}$에서 $\overline{AP}^2=\overline{BP}^2$이므로

$\{a-(-2)\}^2+\{2a+1-(-3)\}^2=(a-7)^2+(2a+1-6)^2$

$(a+2)^2+(2a+4)^2=(a-7)^2+(2a-5)^2$

$5a^2+20a+20=5a^2-34a+74$

$54a=54$

$a=1$

따라서 점 P의 좌표는 $(1, 3)$이다.

답 $(1, 3)$

01-2

▸ 25739-0009

세 점 A(2, 0), B(4, $4\sqrt{3}$), C(-3, a)에 대하여 삼각형 ABC가 정삼각형이 되도록 하는 실수 a의 값을 구하시오.

삼각형 ABC가 정삼각형이므로
$\overline{AB}=\overline{BC}=\overline{CA}$
$\overline{BC}=\overline{CA}$에서 $\overline{BC}^2=\overline{CA}^2$

$(-3-4)^2+(a-4\sqrt{3})^2=\{2-(-3)\}^2+(0-a)^2$

$a^2-8\sqrt{3}a+97=a^2+25$

$8\sqrt{3}a=72$

따라서 $a=\frac{72}{8\sqrt{3}}=3\sqrt{3}$

답 $3\sqrt{3}$

대표유형 02 선분의 내분점

▶ 25739-0010

좌표평면 위의 두 점 A$(1, -4)$, B$(-2, 3)$에 대하여 선분 AB를 $1 : k$로 내분하는 점이 y축 위에 있을 때, 자연수 k의 값을 구하시오.

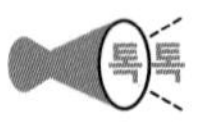

MD의 한마디!

자연수 k의 값을 구하기 위해
① 선분 AB를 $1 : k$로 내분하는 점의 좌표를 구하고
② 이 점이 y축 위에 있다는 조건을 이용하여 k의 값을 구합니다.

MD's Solution

선분 AB를 $1 : k$로 내분하는 점의 좌표는

$\frac{1\times(-2)+k\times1}{1+k}=\frac{-2+k}{1+k}$, $\frac{1\times3+k\times(-4)}{1+k}=\frac{3-4k}{1+k}$

→ 내분점을 구하는 식을 이용해.

이므로 $\left(\frac{-2+k}{1+k}, \frac{3-4k}{1+k}\right)$

이 점이 y축 위의 점이므로

$\frac{-2+k}{1+k}=0$ → y축 위의 점이므로 x좌표가 0이야.

$k=2$

답 2

유제

02-1

▶ 25739-0011

좌표평면 위의 두 점 A$(11, 9)$, B$(-7, 0)$에 대하여 선분 AB를 $m : n$으로 내분하는 점 P가 직선 $y=-2x+6$ 위에 있을 때, $m+n$의 값을 구하시오.

(단, m과 n은 서로소인 자연수이다.)

선분 AB를 $m : n$으로 내분하는 점의 좌표는

$\left(\frac{-7m+11n}{m+n}, \frac{9n}{m+n}\right)$

이 점이 직선 $y=-2x+6$ 위의 점이므로

$\frac{9n}{m+n}=-2\times\frac{-7m+11n}{m+n}+6$

$9n=14m-22n+6m+6n$

$20m=25n$

$4m=5n$

m과 n은 서로소인 자연수이므로

$m=5$, $n=4$

따라서 $m+n=5+4=9$

답 9

02-2

▶ 25739-0012

세 점 A$(2, 1)$, B$(5, 5)$, C$(-1, 13)$을 꼭짓점으로 하는 삼각형 ABC에서 $\angle$ABC를 이등분하는 직선이 변 AC와 만나는 점을 D라 할 때, 점 D의 x좌표와 y좌표의 합을 구하시오.

삼각형 ABC에서 각의 이등분선의 성질에 의하여

$\overline{AB} : \overline{BC}=\overline{AD} : \overline{CD}$

$\overline{AB}=\sqrt{(5-2)^2+(5-1)^2}=5$

$\overline{BC}=\sqrt{(-1-5)^2+(13-5)^2}=10$

이므로 $\overline{AD} : \overline{CD}=5 : 10=1 : 2$

즉, 점 D는 선분 AC를 $1 : 2$로 내분하는 점이므로

$\frac{1\times(-1)+2\times2}{1+2}=1$, $\frac{1\times13+2\times1}{1+2}=5$

에서 D$(1, 5)$

따라서 점 D의 x좌표와 y좌표의 합은

$1+5=6$

답 6

대표유형 03 선분의 내분점의 활용

▸ 25739-0013

좌표평면 위의 두 점 A$(-3, 5)$, B$(7, -1)$에 대하여 $2\overline{AC}=3\overline{BC}$를 만족시키는 선분 AB 위의 점 C의 좌표를 구하시오.

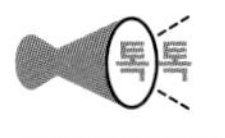

MD의 한마디!

점 C의 좌표를 구하기 위해
① $2\overline{AC}=3\overline{BC}$를 비례식으로 나타낸 후
② 내분점을 구하는 식을 이용하여 점 C의 좌표를 구합니다.

MD's Solution

$2\overline{AC}=3\overline{BC}$ 에서 $\overline{AC}:\overline{BC}=3:2$ 이므로 → 내분점을 이용하기 위해 비례식으로 나타냈어.

점 C는 선분 AB를 $3:2$로 내분하는 점이다.
↳ 점 C가 선분 AB 위의 점이므로 내분점이야.

선분 AB를 $3:2$로 내분하는 점의 좌표는

$\frac{3\times7+2\times(-3)}{3+2}=3$, $\frac{3\times(-1)+2\times5}{3+2}=\frac{7}{5}$

이므로 $\left(3, \frac{7}{5}\right)$이다.

답 $\left(3, \frac{7}{5}\right)$

유제

03-1

▸ 25739-0014

두 점 A$(5, -1)$, B$(-3, 6)$에 대하여 선분 AB 위의 점 C$(a, 1)$이 $m\overline{AC}=n\overline{BC}$를 만족시킬 때, 실수 a의 값을 구하시오. (단, m과 n은 서로소인 자연수이다.)

$m\overline{AC}=n\overline{BC}$에서 $\overline{AC}:\overline{BC}=n:m$이므로
점 C는 선분 AB를 $n:m$으로 내분하는 점이다.
선분 AB를 $n:m$으로 내분하는 점의 좌표는
$\left(\frac{-3n+5m}{n+m}, \frac{6n-m}{n+m}\right)$
점 C의 y좌표가 1이므로 $\frac{6n-m}{n+m}=1$
$6n-m=n+m$, $5n=2m$
m과 n은 서로소인 자연수이므로 $m=5$, $n=2$
점 C의 x좌표가 a이므로
$a=\frac{-3n+5m}{n+m}=\frac{19}{7}$

답 $\frac{19}{7}$

03-2

▸ 25739-0015

두 점 A$(3, -2)$, B(a, b)와 선분 AB의 연장선 위의 점 C$(9, 6)$에 대하여 $\overline{AB}=3\overline{BC}$이다. 두 실수 a, b에 대하여 $a+b$의 값을 구하시오. (단, $\overline{AC}>\overline{BC}$)

세 점 A, B, C는 한 직선 위의 점이고, $\overline{AC}>\overline{BC}$이므로
점 B는 선분 AC 위의 점이다.
$\overline{AB}=3\overline{BC}$에서 $\overline{AB}:\overline{BC}=3:1$이므로
점 B는 선분 AC를 $3:1$로 내분하는 점이다.
선분 AC를 $3:1$로 내분하는 점의 좌표는
$\frac{3\times9+1\times3}{3+1}=\frac{15}{2}$, $\frac{3\times6+1\times(-2)}{3+1}=4$
에서 $\left(\frac{15}{2}, 4\right)$
따라서 $a=\frac{15}{2}$, $b=4$이므로
$a+b=\frac{15}{2}+4=\frac{23}{2}$

답 $\frac{23}{2}$

대표유형 04 삼각형의 무게중심

▸ 25739-0016

삼각형 ABC에서 점 A의 좌표가 $(1, 9)$, 변 AC의 중점 M의 좌표가 $(2, 4)$, 삼각형 ABC의 무게중심 G의 좌표가 $(3, 5)$이다. 선분 AB의 길이를 구하시오.

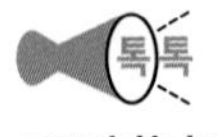

MD의 한마디!

두 점 B, C의 좌표를 구하기 위해
① 두 점 B, C의 좌표를 각각 $B(a, b)$, $C(c, d)$로 놓고,
② 선분 AC의 중점의 좌표를 구하는 식을 이용하여 점 C의 좌표를 먼저 구하고
③ 삼각형 ABC의 무게중심의 좌표를 구하는 식을 이용합니다.

MD's Solution

두 점 B, C의 좌표를 각각 $B(a, b)$, $C(c, d)$라 하면

변 AC의 중점 M의 좌표는 $\left(\frac{1+c}{2}, \frac{9+d}{2}\right)$이므로 → 선분의 중점의 좌표를 구하는 식을 이용해.

$\frac{1+c}{2}=2$에서 $c=3$, $\frac{9+d}{2}=4$에서 $d=-1$, 즉 $C(3, -1)$

삼각형 ABC의 무게중심 G의 좌표가 $(3, 5)$이므로

$\frac{1+a+3}{3}=3$에서 $a=5$ → 삼각형의 무게중심의 좌표를 구하는 식을 이용해.

$\frac{9+b+(-1)}{3}=5$에서 $b=7$

따라서 $B(5, 7)$이므로

$\overline{AB}=\sqrt{(5-1)^2+(7-9)^2}=\sqrt{4^2+(-2)^2}=2\sqrt{5}$

답 $2\sqrt{5}$

유제

04-1

▸ 25739-0017

삼각형 ABC의 세 변 AB, BC, CA를 $1:2$로 내분하는 점의 좌표가 각각 $P(0, 1)$, $Q(7, 2)$, $R(-1, 6)$일 때, 삼각형 ABC의 무게중심의 좌표를 구하시오.

$A(x_1, y_1)$, $B(x_2, y_2)$, $C(x_3, y_3)$이라 하면

$\frac{x_2+2x_1}{3}=0$, $\frac{y_2+2y_1}{3}=1$에서

$2x_1+x_2=0$, $2y_1+y_2=3$ …… ㉠

$\frac{x_3+2x_2}{3}=7$, $\frac{y_3+2y_2}{3}=2$에서

$2x_2+x_3=21$, $2y_2+y_3=6$ …… ㉡

$\frac{x_1+2x_3}{3}=-1$, $\frac{y_1+2y_3}{3}=6$에서

$2x_3+x_1=-3$, $2y_3+y_1=18$ …… ㉢

㉠, ㉡, ㉢에서 $x_1+x_2+x_3=6$, $y_1+y_2+y_3=9$

따라서 삼각형 ABC의 무게중심의 좌표는

$\frac{x_1+x_2+x_3}{3}=2$, $\frac{y_1+y_2+y_3}{3}=3$에서 $(2, 3)$이다.

답 $(2, 3)$

04-2

▸ 25739-0018

세 점 $A(-3, a)$, $B(b, -2)$, $C(4, 6)$에 대하여 삼각형 ABC는 $\overline{AC}=\overline{BC}$인 이등변삼각형이고, 무게중심의 x좌표와 y좌표가 같다. 두 실수 a, b에 대하여 a^2+b^2의 값을 구하시오.

삼각형 ABC의 무게중심의 x좌표와 y좌표가 같으므로

$\frac{-3+b+4}{3}=\frac{b+1}{3}$, $\frac{a+(-2)+6}{3}=\frac{a+4}{3}$에서

$\frac{b+1}{3}=\frac{a+4}{3}$, $a=b-3$ …… ㉠

$\overline{AC}=\overline{BC}$에서 $\overline{AC}^2=\overline{BC}^2$이므로

$\{4-(-3)\}^2+(6-a)^2=(4-b)^2+\{6-(-2)\}^2$

$49+(9-b)^2=(4-b)^2+64$

$b^2-18b+130=b^2-8b+80$

$10b=50$

$b=5$

$b=5$를 ㉠에 대입하여 풀면

$a=2$

따라서 $a^2+b^2=4+25=29$

답 29

실력 완성
단원 마무리

본문 13~14쪽

1
▸ 25739-0019

세 점 $A(1, -2)$, $B(3, -4)$, $C(4, 1)$을 꼭짓점으로 하는 삼각형 ABC는 어떤 삼각형인가?

① $\angle A=90°$인 직각삼각형
② $\angle B=90°$인 직각삼각형
③ $\angle C=90°$인 직각삼각형
④ $\overline{AC}=\overline{BC}$인 이등변삼각형
⑤ $\overline{AB}=\overline{AC}$인 이등변삼각형

답 ①

풀이 $\overline{AB}=\sqrt{(3-1)^2+\{-4-(-2)\}^2}=2\sqrt{2}$
$\overline{BC}=\sqrt{(4-3)^2+\{1-(-4)\}^2}=\sqrt{26}$
$\overline{AC}=\sqrt{(4-1)^2+\{1-(-2)\}^2}=3\sqrt{2}$
따라서 $\overline{BC}^2=\overline{AB}^2+\overline{AC}^2$이므로
삼각형 ABC는 $\angle A=90°$인 직각삼각형이다.

2
▸ 25739-0020

좌표평면 위의 두 점 $A(8, 2)$, $B(4, -3)$과 직선 $y=2x$ 위의 점 P에 대하여 $\overline{AP}^2+\overline{BP}^2$의 최솟값은?

① 63 ② 68 ③ 73
④ 78 ⑤ 83

답 ⑤

풀이 직선 $y=2x$ 위의 점 P의 좌표를 $(a, 2a)$라 하면
$\overline{AP}^2=(a-8)^2+(2a-2)^2$
$\overline{BP}^2=(a-4)^2+(2a+3)^2$
$\overline{AP}^2+\overline{BP}^2$
$=(a-8)^2+(2a-2)^2+(a-4)^2+(2a+3)^2$
$=10a^2-20a+93$
$=10(a-1)^2+83$
따라서 $\overline{AP}^2+\overline{BP}^2$은 $a=1$일 때 최솟값 83을 갖는다.

3
▸ 25739-0021

세 점 $A(6, 2)$, $B(1, -3)$, $C(4, -2)$를 꼭짓점으로 하는 삼각형 ABC의 외심의 좌표를 구하시오.

답 $(1, 2)$

풀이 삼각형 ABC의 외심을 $P(a, b)$라 하면
$\overline{AP}=\overline{BP}=\overline{CP}$
$\overline{AP}=\overline{BP}$에서 $\overline{AP}^2=\overline{BP}^2$이므로
$(a-6)^2+(b-2)^2=(a-1)^2+\{b-(-3)\}^2$
$a^2-12a+b^2-4b+40=a^2-2a+b^2+6b+10$
$-10a-10b=-30$
$a+b=3$ …… ㉠
$\overline{BP}=\overline{CP}$에서 $\overline{BP}^2=\overline{CP}^2$이므로
$(a-1)^2+\{b-(-3)\}^2=(a-4)^2+\{b-(-2)\}^2$
$a^2-2a+b^2+6b+10=a^2-8a+b^2+4b+20$
$6a+2b=10$
$3a+b=5$ …… ㉡
㉠, ㉡을 연립하여 풀면
$a=1$, $b=2$이므로 $P(1, 2)$이다.

4
▸ 25739-0022

좌표평면 위의 세 점 $A(3, -1)$, $B(8, -2)$, $C(7, 2)$에 대하여 사각형 ABCD가 선분 AC를 한 대각선으로 하는 평행사변형이다. 점 D의 x좌표와 y좌표의 합은?

① 1 ② 2 ③ 3
④ 4 ⑤ 5

답 ⑤

풀이 평행사변형의 두 대각선은 서로를 이등분하므로 두 대각선 AC, BD의 중점이 일치한다.
대각선 AC의 중점의 좌표는
$\frac{3+7}{2}=5$, $\frac{-1+2}{2}=\frac{1}{2}$에서 $\left(5, \frac{1}{2}\right)$ …… ㉠
점 D의 좌표를 (x, y)라 하면
대각선 BD의 중점의 좌표는
$\left(\frac{8+x}{2}, \frac{-2+y}{2}\right)$ …… ㉡
㉠, ㉡이 일치하므로
$5=\frac{8+x}{2}$에서 $x=2$
$\frac{1}{2}=\frac{-2+y}{2}$에서 $y=3$
따라서 점 D의 x좌표와 y좌표의 합은
$2+3=5$

5
| 2020학년도 11월 고1 학력평가 25번 | ▸ 25739-0023

좌표평면 위의 두 점 A, B에 대하여 선분 AB의 중점의 좌표가 $(1, 2)$이고, 선분 AB를 $3:1$로 내분하는 점의 좌표가 $(4, 3)$일 때, $\overline{AB}^2$의 값을 구하시오.

답 160

풀이 선분 AB의 중점을 P, 선분 AB를 $3:1$로 내분하는 점을 Q라 하면 점 Q는 선분 PB의 중점이므로
$\overline{AB}=2\overline{PB}=4\overline{PQ}$

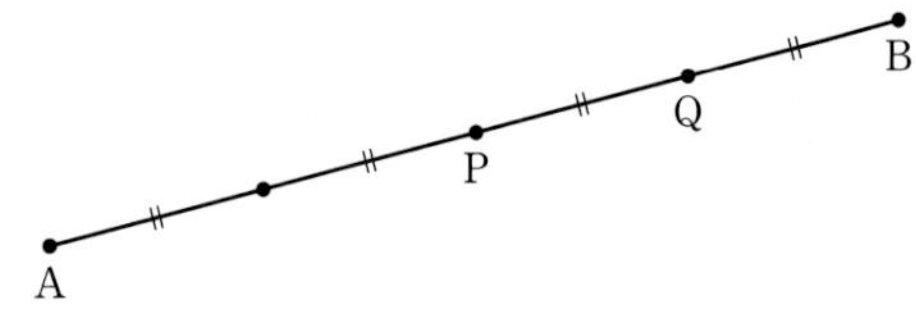

$\overline{PQ}=\sqrt{(4-1)^2+(3-2)^2}=\sqrt{10}$이므로 $\overline{AB}=4\sqrt{10}$

따라서 $\overline{AB}^2=160$

6

▸ 25739-0024

좌표평면 위의 세 점 A(8, 9), B(1, 0), C(7, 0)에 대하여 선분 AB를 $m:n$으로 내분하는 점을 P, 선분 AC를 $m:n$으로 내분하는 점을 Q라 할 때, 사각형 PQCB의 넓이가 15이다. 두 자연수 m, n에 대하여 $m+n$의 최솟값은?

① 3 ② 4 ③ 5
④ 6 ⑤ 7

답 ①

풀이 (삼각형 ABC의 넓이)$=\frac{1}{2}\times6\times9=27$

(삼각형 APQ의 넓이)

=(삼각형 ABC의 넓이)

−(사각형 PQCB의 넓이)

$=27-15=12$

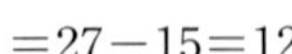

$\overline{AP}:\overline{AB}=m:(m+n)$에서 $\overline{AP}=\frac{m}{m+n}\times\overline{AB}$이므로

(삼각형 APC의 넓이)$=\frac{m}{m+n}\times$(삼각형 ABC의 넓이)

$\overline{AQ}:\overline{AC}=m:(m+n)$에서 $\overline{AQ}=\frac{m}{m+n}\times\overline{AC}$이므로

(삼각형 APQ의 넓이)$=\frac{m}{m+n}\times$(삼각형 APC의 넓이)

$=\left(\frac{m}{m+n}\right)^2\times$(삼각형 ABC의 넓이)

즉, $12=\left(\frac{m}{m+n}\right)^2\times27$에서

$\left(\frac{m}{m+n}\right)^2=\frac{12}{27}=\frac{4}{9}$, $\frac{m}{m+n}=\frac{2}{3}$, $m=2n$

$n=k$, $m=2k$ (k는 자연수)라 하면 $m+n=2k+k=3k$

k는 자연수이므로 $m+n$의 최솟값은 3이다.

7

▸ 25739-0025

좌표평면 위의 두 점 A(5, 4), B(−1, 2)와 한 점 C(0, a)에 대하여 삼각형 ABC의 무게중심이 ∠BAC의 이등분선 위에 있도록 하는 모든 실수 a의 값의 합을 구하시오. $\left(단, a\neq\frac{7}{3}\right)$

답 8

풀이 ∠BAC의 이등분선이 선분 BC와 만나는 점을 D라 하면 삼각형 ABC의 무게중심이 선분 AD 위에 있으므로

$\overline{BD}=\overline{CD}$

또, 각의 이등분선의 성질에 의하여

$\overline{AB}:\overline{AC}=\overline{BD}:\overline{CD}=1:1$이므로 $\overline{AB}=\overline{AC}$

$\sqrt{(-1-5)^2+(2-4)^2}=\sqrt{(0-5)^2+(a-4)^2}$이므로

$40=25+(a-4)^2$, $(a-4)^2=15$, $a=4\pm\sqrt{15}$

따라서 모든 실수 a의 값의 합은

$(4-\sqrt{15})+(4+\sqrt{15})=8$

8

▸ 25739-0026

그림과 같이 음수 k에 대하여 이차함수 $y=2x^2+k$의 그래프가 직선 $y=2$와 만나는 두 점 중 제1사분면 위의 점을 A, x축과 만나는 두 점 중 x좌표가 음수인 점을 B라 하고, 이차함수 $y=2x^2+k$의 그래프의 꼭짓점을 C라 하자. 삼각형 ABC의 무게중심이 x축 위에 있을 때, 선분 AC의 길이는?

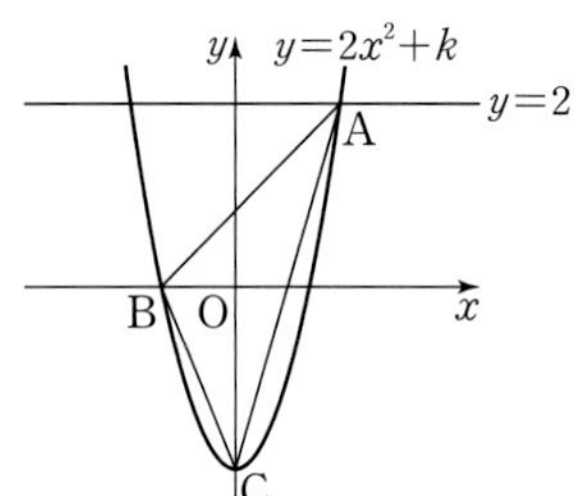

① 4 ② $\sqrt{17}$ ③ $3\sqrt{2}$
④ $\sqrt{19}$ ⑤ $2\sqrt{5}$

답 ③

풀이 점 A의 x좌표를 a ($a>0$)라 하면 A(a, 2)

$y=2x^2+k$에 $y=0$을 대입하면

$0=2x^2+k$, $x^2=-\frac{k}{2}$, $x=\pm\sqrt{-\frac{k}{2}}$

점 B의 x좌표가 음수이므로 $B\left(-\sqrt{-\frac{k}{2}}, 0\right)$

$y=2x^2+k$에 $x=0$을 대입하면 $y=k$이므로 C(0, k)

삼각형 ABC의 무게중심의 좌표가

$\left(\frac{a+\left(-\sqrt{-\frac{k}{2}}\right)+0}{3}, \frac{2+0+k}{3}\right)$이므로

$2+k=0$, $k=-2$

점 A(a, 2)가 이차함수 $y=2x^2+k$의 그래프 위의 점이므로

$2=2\times a^2+(-2)$, $a^2=2$

$a>0$이므로 $a=\sqrt{2}$

따라서 선분 AC의 길이는

$\sqrt{(0-\sqrt{2})^2+(-2-2)^2}=3\sqrt{2}$

9

▸ 25739-0027

그림과 같이 세 점 A(1, 3), B(a, b), C(c, 0)에 대하여 선분 AC를 2 : 1로 내분하는 점을 P, 선분 AB와 y축이 만나는 점을 Q, 삼각형 ABC의 무게중심을 G, 직선 QG와 선분 BC가 만나는 점을 R이라 하자. 두 직선 AB와 PG가 만나는 점이 x축 위에 있고, $\overline{QG}=\overline{RG}=\sqrt{2}$일 때, abc의 값을 구하시오. (단, $a<0$, $b<0$, $c>0$)

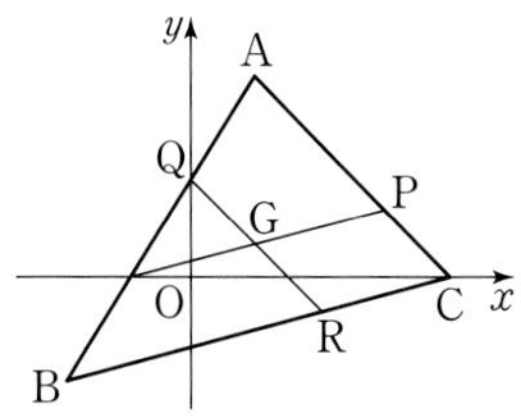

답 12

풀이 선분 BC의 중점을 M이라 하면 점 G가 삼각형 ABC의 무게중심이므로

$\overline{AG}:\overline{GM}=2:1$ …… ㉠

점 P는 선분 AC를 2 : 1로 내분하는 점이므로

$\overline{AP}:\overline{PC}=2:1$ …… ㉡

㉠, ㉡에서 두 직선 PG, CM은 서로 평행이다.

두 직선 AB, PG가 만나는 x축 위의 점을 S라 하면

$\overline{PS}\,/\!/\,\overline{CB}$이므로

㉡에서 $\overline{AS}:\overline{SB}=2:1$, 즉 점 S는 선분 AB를 2 : 1로 내분하는 점이다.

선분 AB를 2 : 1로 내분하는 점 S의 좌표는

$\left(\frac{2a+1}{3}, \frac{2b+3}{3}\right)$

점 S가 x축 위의 점이므로 $\frac{2b+3}{3}=0$에서 $b=-\frac{3}{2}$

한편, 삼각형 QBR에서 $\overline{QG}=\overline{RG}$, $\overline{SG}\,/\!/\,\overline{BR}$이므로

$\overline{QS}=\overline{SB}$

즉, 점 Q는 선분 AB를 1 : 2로 내분하는 점이다.

선분 AB를 1 : 2로 내분하는 점 Q의 좌표는

$\left(\frac{a+2}{3}, \frac{b+6}{3}\right)$

점 Q가 y축 위의 점이므로 $\frac{a+2}{3}=0$에서 $a=-2$

즉, $Q\left(0, \frac{3}{2}\right)$

무게중심 G의 좌표는 $\left(\frac{1+a+c}{3}, \frac{3+b}{3}\right)$

즉, $G\left(\frac{c-1}{3}, \frac{1}{2}\right)$

$\overline{QG}=\sqrt{2}$에서 $\overline{QG}^2=2$이므로

$\left(\frac{c-1}{3}\right)^2+\left(\frac{1}{2}-\frac{3}{2}\right)^2=2$

$(c-1)^2=9$

$c>0$이므로 $c=4$

따라서 $abc=(-2)\times\left(-\frac{3}{2}\right)\times4=12$

서술형

10

▸ 25739-0028

좌표평면 위의 두 점 A(4, −3), B(10, 0)에 대하여 선분 AB를 삼등분한 점 중에서 점 A에 가까운 점을 P라 하면 선분 PB 위의 점 Q는 $\overline{AP}=2\overline{BQ}$를 만족시킨다. 점 Q의 좌표를 구하시오.

답 $\left(9, -\frac{1}{2}\right)$

풀이 점 P는 선분 AB를 1 : 2로 내분하는 점이므로 점 P의 좌표는

$\frac{1\times10+2\times4}{1+2}=6$, $\frac{1\times0+2\times(-3)}{1+2}=-2$에서

$(6, -2)$ …… ❶

$2\overline{AP}=\overline{PB}$이므로 $\overline{PB}=4\overline{BQ}$에서 선분 PB 위의 점 Q는 선분 PB를 3 : 1로 내분하는 점이다. …… ❷

따라서 선분 PB를 3 : 1로 내분하는 점 Q의 좌표는

$\frac{3\times10+1\times6}{3+1}=9$, $\frac{3\times0+1\times(-2)}{3+1}=-\frac{1}{2}$

에서 $\left(9, -\frac{1}{2}\right)$ …… ❸

채점 기준	배점
❶ 점 P의 좌표 구하기	40 %
❷ 점 Q가 선분 PB를 3 : 1로 내분하는 점인 것 알기	20 %
❸ 점 Q의 좌표 구하기	40 %

11

| 2021학년도 11월 고1 학력평가 25번 |

▸ 25739-0029

세 양수 a, b, c에 대하여 좌표평면 위에 서로 다른 네 점 O(0, 0), A(a, 7), B(b, c), C(5, 5)가 있다. 사각형 OABC가 선분 OB를 대각선으로 하는 마름모일 때, $a+b+c$의 값을 구하시오. (단, 네 점 O, A, B, C 중 어느 세 점도 한 직선 위에 있지 않다.)

답 19

풀이 마름모 OABC에서 $\overline{OA}=\overline{OC}$이므로 $\sqrt{a^2+7^2}=\sqrt{5^2+5^2}$

$a^2=1$에서 $a=1$ $(a>0)$ …… ❶

마름모의 두 대각선은 서로 다른 것을 이등분하므로 선분 AC의 중점은 선분 OB의 중점과 같다.

$\frac{1+5}{2}=\frac{0+b}{2}$, $\frac{7+5}{2}=\frac{0+c}{2}$에서

$b=6$, $c=12$ …… ❷

따라서 $a+b+c=1+6+12=19$ …… ❸

채점 기준	배점
❶ 마름모의 성질을 이용하여 a의 값 구하기	40 %
❷ 마름모의 대각선의 성질을 이용하여 b, c의 값 각각 구하기	50 %
❸ $a+b+c$의 값 구하기	10 %

직선의 방정식

개념 CHECK

본문 15~17쪽

1. 직선의 방정식

1 ▸ 25739-0030

다음 직선의 방정식을 구하시오.

(1) 점 $(2,\ 1)$을 지나고 기울기가 -2인 직선

(2) 점 $(-3,\ 5)$를 지나고 기울기가 $\frac{1}{3}$인 직선

(1) $y-1=-2(x-2)$, 즉 $y=-2x+5$

(2) $y-5=\frac{1}{3}\{x-(-3)\}$, 즉 $y=\frac{1}{3}x+6$

답 (1) $y=-2x+5$ (2) $y=\frac{1}{3}x+6$

2 ▸ 25739-0031

다음 두 점을 지나는 직선의 방정식을 구하시오.

(1) $(1,\ 3)$, $(3,\ 7)$ (2) $(-1,\ 5)$, $(-1,\ 4)$

(1) $y-3=\frac{7-3}{3-1}(x-1)$, 즉 $y=2x+1$

(2) $x=-1$

답 (1) $y=2x+1$ (2) $x=-1$

3 ▸ 25739-0032

다음 직선의 방정식을 구하시오.

(1) x절편이 2, y절편이 -1인 직선

(2) x절편이 3이고 점 $(0,\ 5)$를 지나는 직선

(1) $\frac{x}{2}+\frac{y}{-1}=1$, 즉 $\frac{x}{2}-y=1$

(2) x절편이 3이고 y절편이 5이므로

$\frac{x}{3}+\frac{y}{5}=1$

답 (1) $\frac{x}{2}-y=1$ (2) $\frac{x}{3}+\frac{y}{5}=1$

2. 두 직선의 평행과 수직

4 ▸ 25739-0033

다음 두 직선이 서로 평행하도록 하는 상수 k의 값을 구하시오.

(1) $y=5x-1$, $y=kx+4$

(2) $kx+2y+1=0$, $2x+y+2=0$

(1) $k=5$

(2) $\frac{k}{2}=\frac{2}{1}\neq\frac{1}{2}$에서 $k=4$

답 (1) 5 (2) 4

5 ▸ 25739-0034

다음 두 직선이 서로 수직이 되도록 하는 상수 k의 값을 구하시오.

(1) $y=-2x+3$, $y=kx-5$

(2) $x+2y+5=0$, $kx+3y-1=0$

(1) $(-2)\times k=-1$에서 $k=\frac{1}{2}$

(2) $1\times k+2\times 3=0$에서 $k=-6$

답 (1) $\frac{1}{2}$ (2) -6

3. 점과 직선 사이의 거리

6 ▸ 25739-0035

다음 점과 직선 사이의 거리를 구하시오.

(1) 점 $(3,\ 2)$, 직선 $2x-y+4=0$

(2) 점 $(0,\ 0)$, 직선 $x+y+3=0$

(1) $\frac{|2\times 3-1\times 2+4|}{\sqrt{2^2+(-1)^2}}=\frac{8}{\sqrt{5}}=\frac{8\sqrt{5}}{5}$

(2) $\frac{|3|}{\sqrt{1^2+1^2}}=\frac{3}{\sqrt{2}}=\frac{3\sqrt{2}}{2}$

답 (1) $\frac{8\sqrt{5}}{5}$ (2) $\frac{3\sqrt{2}}{2}$

7 ▸ 25739-0036

평행한 두 직선 $3x-y+1=0$, $3x-y-4=0$ 사이의 거리를 구하시오.

두 직선 사이의 거리는 직선 $3x-y+1=0$ 위의 한 점 $(0,\ 1)$과 직선 $3x-y-4=0$ 사이의 거리와 같으므로

$\frac{|3\times 0-1\times 1-4|}{\sqrt{3^2+(-1)^2}}=\frac{5}{\sqrt{10}}=\frac{\sqrt{10}}{2}$

답 $\frac{\sqrt{10}}{2}$

대표유형 01 직선의 방정식

▸ 25739-0037

세 점 $A(3,\ -4)$, $B(-2,\ 11)$, $C(-4,\ 5)$에 대하여 삼각형 ABC의 무게중심과 점 A를 지나는 직선의 y절편을 구하시오.

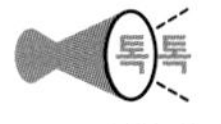

MD의 한마디!

직선의 y절편을 구하기 위해
① 삼각형 ABC의 무게중심의 좌표를 먼저 구한 후
② 두 점을 지나는 직선의 방정식을 구하고 $x=0$을 대입합니다.

MD's Solution

삼각형 ABC의 무게중심의 좌표는

$\frac{3+(-2)+(-4)}{3}=-1$, $\frac{-4+11+5}{3}=4$에서

↳ 삼각형의 세 꼭짓점의 좌표를 모두 알고 있으면 무게중심의 좌표를 구할 수 있어.

$(-1,\ 4)$이다.

점 $(-1,\ 4)$와 점 $A(3,\ -4)$를 지나는 직선의 방정식은

$y-4=\frac{-4-4}{3-(-1)}\{x-(-1)\}$

↳ 두 점을 지나는 직선의 방정식을 구하는 방법을 이용해.

$y=-2x+2$

따라서 구하는 직선의 y절편은 2이다.

↳ 직선의 방정식 $y=ax+b$에서 y절편은 b야.

답 2

유제

01-1

▸ 25739-0038

두 점 $(-1,\ 2)$, $(5,\ -4)$를 이은 선분의 중점을 지나고 기울기가 3인 직선이 점 $(a,\ 2)$를 지날 때, 실수 a의 값을 구하시오.

두 점 $(-1,\ 2)$, $(5,\ -4)$를 이은 선분의 중점의 좌표는

$\left(\frac{-1+5}{2},\ \frac{2+(-4)}{2}\right)$, 즉 $(2,\ -1)$

점 $(2,\ -1)$을 지나고 기울기가 3인 직선의 방정식은

$y-(-1)=3(x-2)$, 즉 $y=3x-7$

이 직선이 점 $(a,\ 2)$를 지나므로

$2=3a-7$

따라서 $a=3$

답 3

01-2

▸ 25739-0039

세 점 $A(2,\ 1)$, $B(k,\ 3)$, $C(14,\ k+4)$가 한 직선 위에 있을 때, 양수 k의 값을 구하시오.

두 점 A, C의 x좌표가 서로 다르므로 직선 AC는 y축과 평행하지 않다.

세 점 A, B, C가 한 직선 위에 있으므로

(직선 AB의 기울기)=(직선 AC의 기울기)

$\frac{3-1}{k-2}=\frac{(k+4)-1}{14-2}$

$\frac{2}{k-2}=\frac{k+3}{12}$

$24=(k+3)(k-2)$

$k^2+k-30=0$

$(k+6)(k-5)=0$

$k=-6$ 또는 $k=5$

$k>0$이므로 $k=5$

답 5

대표유형 02 도형의 넓이를 이등분하는 직선

▸ 25739-0040

세 점 $A(-1,\ 12)$, $B(2,\ -1)$, $C(4,\ 9)$를 꼭짓점으로 하는 삼각형 ABC의 넓이를 이등분하고 점 A를 지나는 직선의 x절편을 구하시오.

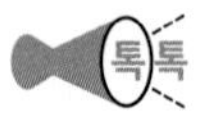

MD의 한마디!

삼각형 ABC의 넓이를 이등분하고 점 A를 지나는 직선은 선분 BC의 중점을 지난다는 것을 이용하여
① 선분 BC의 중점의 좌표를 구하고
② 점 A와 선분 BC의 중점을 지나는 직선의 방정식을 구합니다.

MD's Solution

삼각형 ABC의 넓이를 이등분하고 점A를 지나는 직선은 선분 BC의 중점을 지난다.
↳ 점 A를 지나는 직선이 선분 BC를 이등분하면 삼각형의 넓이를 이등분하게 돼.

선분 BC의 중점의 좌표는 $\left(\frac{2+4}{2},\ \frac{-1+9}{2}\right)$, 즉 $(3,4)$ → 선분 BC의 중점을 먼저 구해보자.

두 점 $A(-1,12)$와 $(3,4)$를 지나는 직선의 방정식은

$y-12=\frac{4-12}{3-(-1)}\{x-(-1)\}$ → 두 점을 지나는 직선의 방정식을 구하는 방법을 이용해.

즉, $y=-2x+10$

이 직선의 방정식에 $y=0$을 대입하면 $0=-2x+10$에서 $x=5$
↳ x절편을 구하기 위해서는 $y=0$을 대입해야 해.

따라서 구하는 직선의 x절편은 5이다.

답 5

유제

02-1 ▸ 25739-0041

직선 $y=ax+2-a$가 세 점 $A(-1,\ 0)$, $B(1,\ 2)$, $C(5,\ -4)$를 꼭짓점으로 하는 삼각형의 넓이를 이등분할 때, 상수 a의 값을 구하시오.

$y=a(x-1)+2$에서 점 $B(1,\ 2)$는 직선 $y=ax+2-a$ 위의 점이다.
삼각형 ABC의 넓이를 이등분하고 점 B를 지나는 직선은 선분 AC의 중점을 지난다.
선분 AC의 중점의 좌표는 $\left(\frac{-1+5}{2},\ \frac{-4}{2}\right)$, 즉 $(2,\ -2)$
직선 $y=ax+2-a$가 선분 AC의 중점 $(2,\ -2)$를 지나므로
$-2=a\times 2+2-a$
따라서 $a=-4$

답 -4

02-2 ▸ 25739-0042

그림과 같은 직사각형 ABCD의 넓이를 이등분하고 원점을 지나는 직선의 기울기를 구하시오.

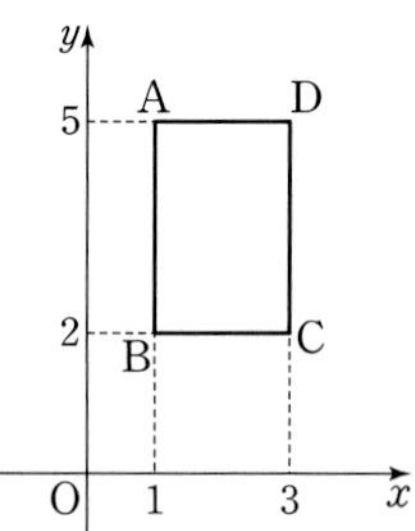

직사각형의 넓이를 이등분하는 직선은 항상 직사각형의 두 대각선의 교점을 지난다.
그림에서 직사각형의 두 대각선의 교점의 좌표는 $\left(2,\ \frac{7}{2}\right)$이므로
구하는 직선은 원점과 점 $\left(2,\ \frac{7}{2}\right)$을 지난다.
따라서 구하는 직선의 기울기는

$\frac{\frac{7}{2}-0}{2-0}=\frac{7}{4}$

답 $\frac{7}{4}$

대표유형 03 두 직선의 위치 관계

▸ 25739-0043

두 점 $(-1, 2)$, $(5, 4)$를 지나는 직선에 수직이고 점 $(1, 0)$을 지나는 직선의 방정식을 구하시오.

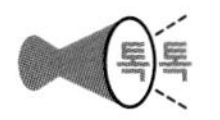

MD의 한마디!

두 점 $(-1, 2)$, $(5, 4)$를 지나는 직선에 수직이고 점 $(1, 0)$을 지나는 직선의 방정식을 구하기 위해
① 두 점 $(-1, 2)$, $(5, 4)$를 지나는 직선의 기울기를 구하고
② 두 직선의 기울기의 곱이 -1이면 두 직선이 수직임을 이용합니다.

MD's Solution

두 점 $(-1,2)$, $(5,4)$를 지나는 직선의 기울기는 $\frac{4-2}{5-(-1)}=\frac{1}{3}$ 이므로
이 직선에 수직인 직선의 기울기는 -3 → 두 직선의 기울기의 곱이 -1이면 두 직선이 수직이야.
따라서 기울기가 -3이고 점 $(1,0)$을 지나는 직선의 방정식은
$y-0=-3(x-1)$ → 한 점과 기울기가 주어진 직선의 방정식을 이용해.
$y=-3x+3$

답 $y=-3x+3$

유제

03-1 ▸ 25739-0044

두 직선 $x+y-a-1=0$, $x-2y+2a-1=0$의 교점을 지나고 직선 $2x+y+1=0$과 평행한 직선이 점 $(3, 4)$를 지날 때, 상수 a의 값을 구하시오.

$x+y-a-1=0$ …… ㉠
$x-2y+2a-1=0$ …… ㉡
㉠−㉡을 하면 $3y-3a=0$
$y=a$
$y=a$를 ㉠에 대입하면 $x-1=0$
$x=1$
즉, 두 직선이 만나는 점의 좌표는 $(1, a)$이다.
직선 $2x+y+1=0$의 기울기는 $y=-2x-1$에서 -2이므로
점 $(1, a)$를 지나고 기울기가 -2인 직선의 방정식은
$y-a=-2(x-1)$, $y=-2x+2+a$
이 직선이 점 $(3, 4)$를 지나므로
$4=-2\times3+2+a$
$a=8$

답 8

03-2 ▸ 25739-0045

두 실수 a, b에 대하여 직선 $ax+y-2=0$이 직선 $bx-2y+3=0$에 수직이고, 직선 $(b+5)x-y+6=0$에 평행할 때, a^2+b^2의 값을 구하시오.

직선 $ax+y-2=0$과 직선 $bx-2y+3=0$이 서로 수직이므로
$a\times b+1\times(-2)=0$
$ab=2$ …… ㉠
직선 $ax+y-2=0$과 직선 $(b+5)x-y+6=0$이 서로 평행하므로
$\frac{b+5}{a}=\frac{-1}{1}\neq\frac{6}{-2}$, $-a=b+5$
$a+b=-5$ …… ㉡
㉠, ㉡에서
$a^2+b^2=(a+b)^2-2ab=(-5)^2-2\times2=21$

답 21

대표유형 04 선분의 수직이등분선의 방정식

▸ 25739-0046

두 점 A(1, 5), B(a, 3)에 대하여 선분 AB의 수직이등분선이 점 (3, -4)를 지날 때, 실수 a의 값을 구하시오. (단, $a>1$)

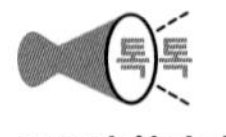

MD의 한마디!

선분 AB의 수직이등분선의 방정식은
① 두 점 A(1, 5), B(a, 3)을 지나는 직선과 수직이라는 조건과
② 선분 AB의 중점을 지난다는 조건을 이용하여 구합니다.

MD's Solution

두 점 A(1, 5), B(a, 3)을 지나는 직선의 기울기는 $\frac{3-5}{a-1}=-\frac{2}{a-1}$ 이므로

선분 AB의 수직이등분선의 기울기는 $\frac{a-1}{2}$ 이다. → 수직인 두 직선의 기울기의 곱은 -1이야.

선분 AB의 중점의 좌표는 $\left(\frac{1+a}{2}, \frac{5+3}{2}\right)$, 즉 $\left(\frac{1+a}{2}, 4\right)$ → 중점의 좌표를 구하는 공식을 이용해.

기울기가 $\frac{a-1}{2}$ 이고 점 $\left(\frac{1+a}{2}, 4\right)$를 지나는 직선의 방정식은 → 선분의 수직이등분선은 선분과 수직이고 선분의 중점을 지나는 직선이야.

$y-4=\frac{a-1}{2}\left(x-\frac{1+a}{2}\right)$, $y=\frac{a-1}{2}x-\frac{a^2-1}{4}+4$

이 직선이 점(3, -4)를 지나므로

$-4=\frac{a-1}{2}\times3-\frac{a^2-1}{4}+4$, $a^2-6a-27=0$, $(a+3)(a-9)=0$

$a>1$이므로 $a=9$

답 9

유제

04-1

▸ 25739-0047

두 점 A(1, a), B(b, -3)에 대하여 선분 AB의 수직이등분선의 방정식이 $x+2y-4=0$일 때, $a+b$의 값을 구하시오.

선분 AB의 중점의 좌표는 $\left(\frac{1+b}{2}, \frac{a-3}{2}\right)$

선분 AB의 중점은 직선 $x+2y-4=0$ 위에 있으므로

$\frac{1+b}{2}+2\times\frac{a-3}{2}-4=0$, $b=-2a+13$ …… ㉠

선분 AB의 수직이등분선 $x+2y-4=0$의 기울기는

$y=-\frac{1}{2}x+2$에서 $-\frac{1}{2}$이므로 직선 AB의 기울기는 2이다.

즉, $\frac{-3-a}{b-1}=2$에서 $b=-\frac{1}{2}a-\frac{1}{2}$ …… ㉡

㉠, ㉡에서 $-2a+13=-\frac{1}{2}a-\frac{1}{2}$, $a=9$

$a=9$를 ㉠에 대입하면 $b=-2\times9+13=-5$

따라서 $a+b=9+(-5)=4$

답 4

04-2

▸ 25739-0048

세 점 A(2, 3), B(k, $k-3$), C(1, 0)에 대하여 선분 AB의 수직이등분선과 선분 AC의 수직이등분선이 만나는 점의 좌표가 (3, 1)일 때, 선분 BC의 수직이등분선은 $ax+y+b=0$이다. 두 상수 a, b에 대하여 a^2+b^2의 값을 구하시오.
(단, B는 제1사분면 위의 점이다.)

P(3, 1)이라 하면 선분 AB의 수직이등분선과 선분 AC의 수직이등분선의 교점은 삼각형 ABC의 외심이므로

$\overline{PA}=\overline{PB}=\overline{PC}$에서 $\overline{PA}^2=\overline{PB}^2$

$(2-3)^2+(3-1)^2=(k-3)^2+\{(k-3)-1\}^2$

$2(k-2)(k-5)=0$, $k=2$ 또는 $k=5$

점 B가 제1사분면 위의 점이므로 $k=5$

두 점 B(5, 2), C(1, 0)을 지나는 직선의 기울기는 $\frac{0-2}{1-5}=\frac{1}{2}$이므로 선분 BC의 수직이등분선의 기울기는 -2이다.

선분 BC의 중점의 좌표는 (3, 1)이므로 선분 BC의 수직이등분선은 $y-1=-2(x-3)$, 즉 $2x+y-7=0$

따라서 $a=2$, $b=-7$이므로 $a^2+b^2=2^2+(-7)^2=53$

답 53

대표유형 **05** **점과 직선 사이의 거리** ▸ 25739-0049

점 $(a,\ 1)$에서 두 직선 $x+2y+4=0$, $2x-y-8=0$에 이르는 거리가 서로 같도록 하는 모든 실수 a의 값의 합을 구하시오.

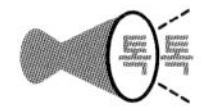

MD의 한마디!

모든 실수 a의 값의 합을 구하기 위해
① 점 $(a,\ 1)$과 두 직선 $x+2y+4=0$, $2x-y-8=0$ 사이의 거리를 각각 구하고
② ①에서 구한 두 값이 같음을 이용하여 실수 a의 값을 구합니다.

MD's Solution

점 $(a, 1)$과 직선 $x+2y+4=0$ 사이의 거리와
점 $(a, 1)$과 직선 $2x-y-8=0$ 사이의 거리가 서로 같으므로
↳ 점과 직선 사이의 거리를 구하는 공식을 이용해.
공식을 이용할 때 직선의 방정식을 $y=mx+n$ 꼴보다 $ax+by+c=0$ 꼴로 나타내는 것이 계산이 편리해.

$$\frac{|1\times a+2\times 1+4|}{\sqrt{1^2+2^2}}=\frac{|2\times a-1\times 1-8|}{\sqrt{2^2+(-1)^2}}$$

$|a+6|=|2a-9|$이므로

$a+6=2a-9$ 또는 $a+6=-2a+9$ → 양변에 절댓값 기호가 있는 경우는 양변의 절댓값 기호 안의 값의 부호가 같은 경우와 다른 경우로 나눌 수 있어.

즉, $a=15$ 또는 $a=1$

따라서 모든 실수 a의 값의 합은

$15+1=16$

답 16

유제

05-1 ▸ 25739-0050

점 $(1,\ 2)$와 직선 $3x-4y+k=0$ 사이의 거리가 2가 되도록 하는 모든 실수 k의 값의 합을 구하시오.

점 $(1,\ 2)$와 직선 $3x-4y+k=0$ 사이의 거리가 2이므로

$$\frac{|3\times 1-4\times 2+k|}{\sqrt{3^2+(-4)^2}}=2$$

$|k-5|=10$

$k-5=10$ 또는 $k-5=-10$

$k=15$ 또는 $k=-5$

따라서 주어진 조건을 만족시키는 모든 실수 k의 값의 합은

$15+(-5)=10$

답 10

05-2 ▸ 25739-0051

직선 l : $4x-3y-1=0$에 평행하고 직선 l과의 거리가 2인 직선의 방정식을 모두 구하시오.

직선 l : $4x-3y-1=0$에 평행한 직선의 방정식을 $4x-3y+k=0\ (k\neq -1)$이라 하면

직선 l : $4x-3y-1=0$ 위의 한 점 $(1,\ 1)$과 직선 $4x-3y+k=0$ 사이의 거리가 2이므로

$$\frac{|4\times 1-3\times 1+k|}{\sqrt{4^2+(-3)^2}}=2$$

$|k+1|=10$

$k+1=10$ 또는 $k+1=-10$

즉, $k=9$ 또는 $k=-11$

따라서 구하는 모든 직선의 방정식은

$4x-3y+9=0$ 또는 $4x-3y-11=0$

답 $4x-3y+9=0$ 또는 $4x-3y-11=0$

본문 23~24쪽

1

▸ 25739-0052

세 상수 a, b, c에 대하여 $ab<0$, $bc<0$일 때, 직선 $ax+by+c=0$이 지나는 사분면을 모두 고른 것은?

① 제1사분면, 제2사분면
② 제3사분면, 제4사분면
③ 제1사분면, 제2사분면, 제3사분면
④ 제1사분면, 제3사분면, 제4사분면
⑤ 제2사분면, 제3사분면, 제4사분면

답 ③

풀이 $ab<0$에서 $ab\neq0$이고 $a\neq0$, $b\neq0$이다.

$ax+by+c=0$에서 $y=-\frac{a}{b}x-\frac{c}{b}$이므로

(기울기)$=-\frac{a}{b}$, (y절편)$=-\frac{c}{b}$

$ab<0$에서 $-\frac{a}{b}>0$, $bc<0$에서 $-\frac{c}{b}>0$

기울기와 y절편이 모두 양수이므로 이 직선은 오른쪽 그림과 같이 제1사분면, 제2사분면, 제3사분면을 지난다.

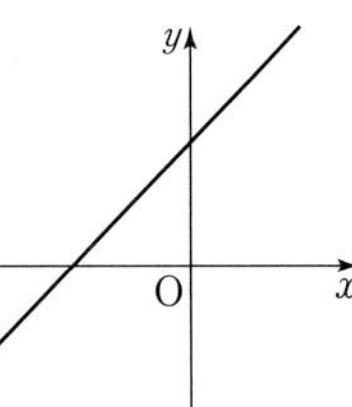

2

▸ 25739-0053

두 직선 $m(x+2)-y-1=0$, $2x+y-6=0$이 제1사분면에서 만나도록 하는 모든 실수 m의 값의 범위가 $a<m<b$일 때, $10ab$의 값을 구하시오.

답 7

풀이 직선 $m(x+2)-y-1=0$을 l, 직선 $2x+y-6=0$을 l'이라 하자.

직선 l은 m의 값에 관계없이 점 $(-2, -1)$을 지나고 기울기가 m인 직선이다.

직선 l'의 x절편이 3, y절편이 6이므로 이 직선은 두 점 $(3, 0)$, $(0, 6)$을 지나는 직선이다.

(i) 직선 l이 점 $(3, 0)$을 지날 때 기울기 m은

$m(3+2)-0-1=0$에서 $m=\frac{1}{5}$

(ii) 직선 l이 점 $(0, 6)$을 지날 때 기울기 m은

$m(0+2)-6-1=0$에서 $m=\frac{7}{2}$

(i), (ii)에서 두 직선이 제1사분면에서 만나기 위해서는 직선 l이 직선 l'과 두 점 $(3, 0)$, $(0, 6)$ 사이에서 만나야 하므로

$\frac{1}{5}<m<\frac{7}{2}$

따라서 $a=\frac{1}{5}$, $b=\frac{7}{2}$이므로 $10ab=10\times\frac{1}{5}\times\frac{7}{2}=7$

3

▸ 25739-0054

그림과 같이 점 $(-3, 0)$을 지나는 직선 l과 두 점 $A(8, 9)$, $B(2, -3)$이 있다. 직선 l 위의 두 점 $C(1, m)$, $D(13, n)$에 대하여 삼각형 ACB와 삼각형 ABD의 무게중심이 모두 직선 l 위에 있을 때, $m+n$의 값은?

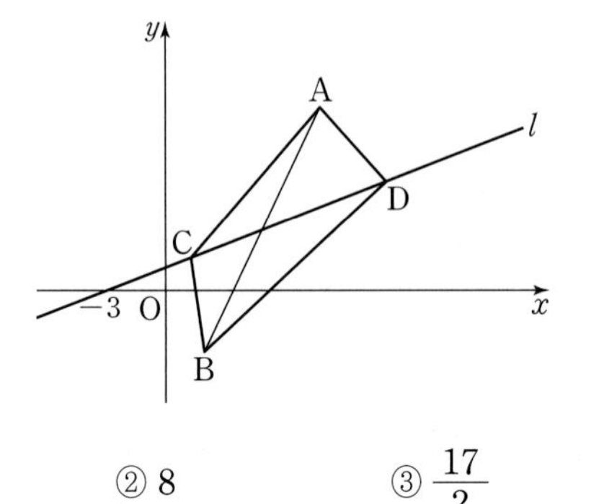

① $\frac{15}{2}$ ② 8 ③ $\frac{17}{2}$
④ 9 ⑤ $\frac{19}{2}$

답 ①

풀이 직선 AB와 직선 l의 교점을 P라 하면 두 점 C, D를 지나는 직선 l 위에 삼각형 ACB와 삼각형 ABD의 무게중심이 있으므로 점 P는 선분 AB의 중점이다.

즉, 점 P의 좌표는 $\left(\frac{8+2}{2}, \frac{9+(-3)}{2}\right)$에서 $(5, 3)$

직선 l은 두 점 $(-3, 0)$, $P(5, 3)$을 지나므로

$y-0=\frac{3-0}{5-(-3)}\{x-(-3)\}$

$y=\frac{3}{8}x+\frac{9}{8}$

두 점 $C(1, m)$, $D(13, n)$이 직선 $y=\frac{3}{8}x+\frac{9}{8}$ 위의 점이므로

$m=\frac{3}{8}\times1+\frac{9}{8}=\frac{3}{2}$

$n=\frac{3}{8}\times13+\frac{9}{8}=6$

따라서 $m+n=\frac{3}{2}+6=\frac{15}{2}$

4

▸ 25739-0055

두 점 $A(0, 3)$, $B(6, 0)$과 $\overline{AC}=\overline{BC}$인 점 $C(a, b)$가 있다. 선분 AB를 $1:3$으로 내분하는 점 P에 대하여 세 점 C, P, O가 한 직선 위에 있을 때, $a+b$의 값은? (단, O는 원점이다.)

① 21 ② $\frac{87}{4}$ ③ $\frac{45}{2}$
④ $\frac{93}{4}$ ⑤ 24

답 ③

풀이 $\overline{AC}=\overline{BC}$인 점 C$(a, b)$는 선분 AB의 수직이등분선 위의 점이다.

직선 AB의 기울기가 $\frac{0-3}{6-0}=-\frac{1}{2}$이므로 직선 AB와 수직인 직선의 기울기는 2이고, 선분 AB의 중점의 좌표가 $\left(3, \frac{3}{2}\right)$이므로 선분 AB의 수직이등분선의 방정식은

$y-\frac{3}{2}=2(x-3)$

$y=2x-\frac{9}{2}$ ...... ㉠

선분 AB를 1 : 3으로 내분하는 점의 좌표는

$\left(\frac{1\times6+3\times0}{1+3}, \frac{1\times0+3\times3}{1+3}\right)$에서 P$\left(\frac{3}{2}, \frac{9}{4}\right)$

이므로 직선 OP의 방정식은

$y=\frac{3}{2}x$ ...... ㉡

점 C는 선분 AB의 수직이등분선과 직선 OP의 교점이므로 ㉠, ㉡을 연립하여 풀면

$2x-\frac{9}{2}=\frac{3}{2}x$, $x=9$

따라서 점 C의 좌표는 $\left(9, \frac{27}{2}\right)$이므로

$a+b=9+\frac{27}{2}=\frac{45}{2}$

5 | 2023학년도 3월 고2 학력평가 26번 |

▸ 25739-0056

좌표평면 위의 네 점

A$(0, 1)$, B$(0, 4)$, C$(\sqrt{2}, p)$, D$(3\sqrt{2}, q)$

가 다음 조건을 만족시킬 때, $p+q$의 값을 구하시오.

> (가) 직선 CD의 기울기는 음수이다.
> (나) $\overline{AB}=\overline{CD}$이고 $\overline{AD}\,/\!/\,\overline{BC}$이다.

답 9

풀이 직선 CD의 기울기는 음수이므로

$\frac{q-p}{3\sqrt{2}-\sqrt{2}}<0$에서 $q-p<0$

$\overline{AB}=\overline{CD}$에서

$3=\sqrt{(3\sqrt{2}-\sqrt{2})^2+(q-p)^2}$

$3^2=(2\sqrt{2})^2+(q-p)^2$, $1=(q-p)^2$

$q-p<0$에서 $q-p=-1$

즉, $q=p-1$

두 점 A, D의 x좌표가 서로 다르므로 직선 AD는 y축과 평행하지 않다.

$\overline{AD}\,/\!/\,\overline{BC}$에서 직선 AD의 기울기와 직선 BC의 기울기가 서로 같으므로

$\frac{q-1}{3\sqrt{2}-0}=\frac{p-4}{\sqrt{2}-0}$

$q-1=3p-12$ ...... ㉠

$q=p-1$을 ㉠에 대입하면

$p-2=3p-12$

$2p=10$, $p=5$

$q=5-1=4$

따라서 $p+q=9$

6

▸ 25739-0057

그림과 같이 제1사분면 위의 점 A$(1, a)$와 제2사분면 위의 점 B$(b, 4)$에 대하여 $\angle$OAB$=90^\circ$인 직각삼각형 OAB가 있다. 선분 AO의 중점을 M, 선분 AB와 y축이 만나는 점을 P, 선분 AO의 수직이등분선과 선분 BO가 만나는 점을 Q라 하자. 삼각형 OPA의 넓이와 삼각형 OQM의 넓이가 같을 때, ab의 값은?

(단, O는 원점이다.)

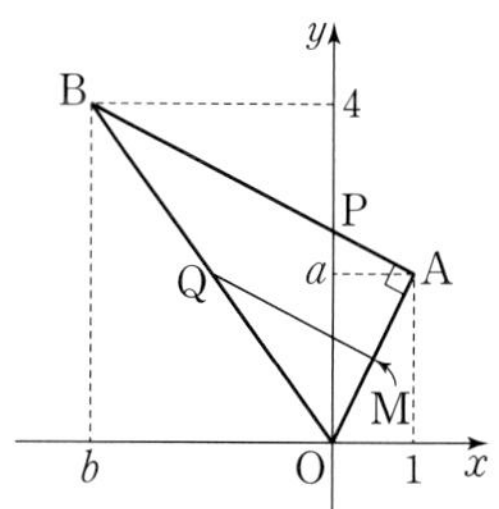

① -12 ② -10 ③ -8
④ -6 ⑤ -4

답 ④

풀이 $\angle$OAB$=90^\circ$이고 선분 OA의 수직이등분선이 MQ이므로

$\angle$OMQ$=90^\circ$, $\overline{OM}=\frac{1}{2}\overline{OA}$, $\overline{MQ}=\frac{1}{2}\overline{AB}$

$\triangle OPA=\frac{1}{2}\times\overline{OA}\times\overline{AP}$

$\triangle OQM=\frac{1}{2}\times\overline{OM}\times\overline{MQ}=\frac{1}{8}\times\overline{OA}\times\overline{AB}$

$\triangle OPA=\triangle OQM$이므로

$\frac{1}{2}\times\overline{OA}\times\overline{AP}=\frac{1}{8}\times\overline{OA}\times\overline{AB}$

$\overline{AB}=4\overline{AP}$에서 점 P는 선분 AB를 1 : 3으로 내분하는 점이다.

선분 AB를 1 : 3으로 내분하는 점 P의 좌표는

$\left(\frac{1\times b+3\times1}{1+3}, \frac{1\times4+3\times a}{1+3}\right)$, 즉 $\left(\frac{b+3}{4}, \frac{4+3a}{4}\right)$

이 점이 y축 위의 점이므로

$\frac{b+3}{4}=0$에서 $b=-3$

$\angle$OAB$=90^\circ$에서 두 직선 OA, AB는 서로 수직이므로

$\frac{a-0}{1-0}\times\frac{4-a}{b-1}=-1$에서 $a\times\frac{a-4}{4}=-1$

$a^2-4a+4=0$, $(a-2)^2=0$

$a=2$

따라서 $ab=2\times(-3)=-6$

7 | 2023학년도 9월 고1 학력평가 14번 | ▸ 25739-0058

그림과 같이 좌표평면 위에 점 A$(a, 6)$ $(a>0)$과 두 점 $(6, 0)$, $(0, 3)$을 지나는 직선 l이 있다. 직선 l 위의 서로 다른 두 점 B, C와 제1사분면 위의 점 D를 사각형 ABCD가 정사각형이 되도록 잡는다. 정사각형 ABCD의 넓이가 $\frac{81}{5}$일 때, a의 값은?

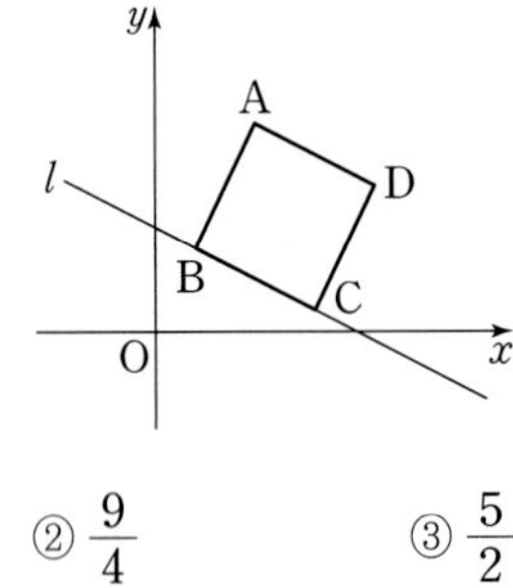

① 2 ② $\frac{9}{4}$ ③ $\frac{5}{2}$

④ $\frac{11}{4}$ ⑤ 3

답 ⑤

풀이 두 점 $(6, 0)$, $(0, 3)$을 지나는 직선 l의 방정식은

$x+2y-6=0$

정사각형 ABCD의 넓이가 $\frac{81}{5}$이므로

정사각형 ABCD의 한 변의 길이는 $\frac{9\sqrt{5}}{5}$

점 A$(a, 6)$과 직선 l 사이의 거리는 정사각형 ABCD의 한 변의 길이와 같으므로

$\frac{|1\times a+2\times 6-6|}{\sqrt{1^2+2^2}}=\frac{9\sqrt{5}}{5}$

$|a+6|=9$이므로 $a=-15$ 또는 $a=3$

따라서 $a>0$이므로 $a=3$

8 ▸ 25739-0059

점 A$(4, 2)$를 지나는 직선 l 위에 있는 제1사분면 위의 점 P에서 x축에 내린 수선의 발을 Q라 하고 점 Q에서 직선 l에 내린 수선의 발을 R이라 하자. 직선 QR과 원점 O 사이의 거리가 선분 RO의 길이와 같고 $\overline{QR}=3$일 때, 점 Q의 x좌표를 구하시오.

답 $3\sqrt{5}$

풀이

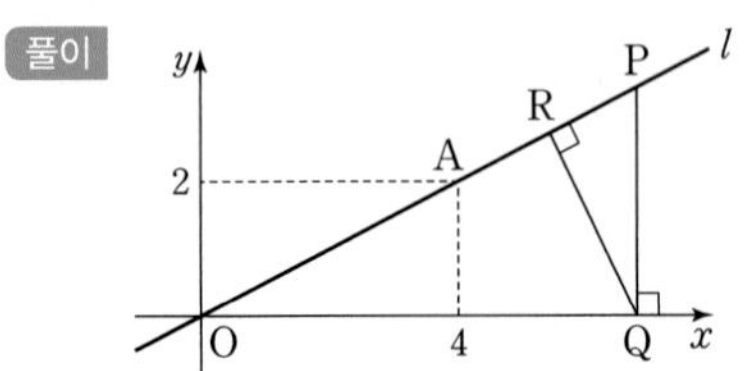

직선 QR과 원점 O 사이의 거리가 선분 RO의 길이와 같으므로

$\overline{QR}\perp\overline{RO}$ …… ㉠

점 Q에서 직선 l에 내린 수선의 발이 R이므로

$\overline{QR}\perp l$ …… ㉡

㉠, ㉡에서 두 직선 RO와 l은 서로 일치하므로 직선 l은 원점 O를 지난다.

직선 l은 원점 O$(0, 0)$과 점 A$(4, 2)$를 지나므로 직선 l의 방정식은

$x-2y=0$

제1사분면 위의 점 P에서 x축에 내린 수선의 발이 Q이므로 점 Q의 좌표를 $(a, 0)$ $(a>0)$이라 하면

직선 l과 점 Q 사이의 거리가 3이므로

$\frac{|1\times a-0|}{\sqrt{1^2+(-2)^2}}=3$

$|a|=3\sqrt{5}$

따라서 점 Q의 x좌표는 $3\sqrt{5}$이다.

9 ▸ 25739-0060

그림과 같이 세 직선

l : $3x-4y+25=0$

m : $y+2=0$

n : $4x+3y-10=0$

으로 둘러싸인 삼각형 ABC의 내심의 좌표가 (a, b)일 때, $a+b$의 값을 구하시오.

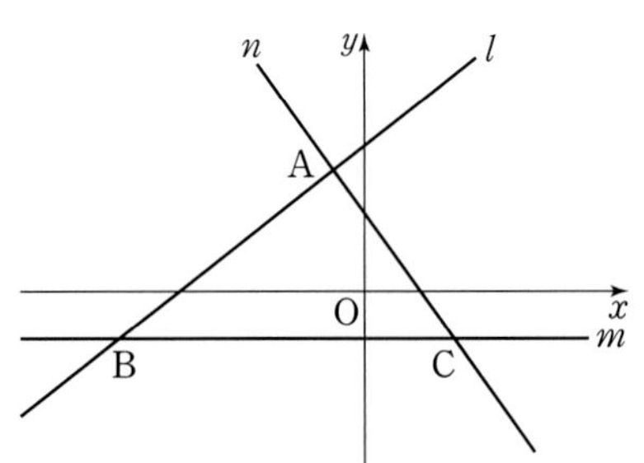

답 -1

풀이 삼각형의 내심은 삼각형의 세 내각의 이등분선의 교점이다.

(i) ∠ABC를 이등분하는 직선

∠ABC를 이등분하는 직선 위의 점을 P(x, y)라 하면 점 P에서 두 직선 l, m에 이르는 거리가 같으므로

$\frac{|3x-4y+25|}{\sqrt{3^2+(-4)^2}}=|y-(-2)|$

$3x-4y+25=5(y+2)$ 또는 $3x-4y+25=-5(y+2)$

$y=\frac{1}{3}x+\frac{5}{3}$ 또는 $y=-3x-35$

∠ABC를 이등분하는 직선의 기울기는 양수이므로 ∠ABC를 이등분하는 직선의 방정식은

$y=\frac{1}{3}x+\frac{5}{3}$

(ii) ∠BCA를 이등분하는 직선

∠BCA를 이등분하는 직선 위의 점을 $P'(x, y)$라 하면 점 P'에서 두 직선 m, n에 이르는 거리가 같으므로

$|y-(-2)|=\frac{|4x+3y-10|}{\sqrt{4^2+3^2}}$

$4x+3y-10=5(y+2)$ 또는 $4x+3y-10=-5(y+2)$

$y=2x-10$ 또는 $y=-\frac{1}{2}x$

∠BCA를 이등분하는 직선의 기울기는 음수이므로 ∠BCA를 이등분하는 직선의 방정식은

$y=-\frac{1}{2}x$

(i), (ii)에서 두 직선 $y=\frac{1}{3}x+\frac{5}{3}$, $y=-\frac{1}{2}x$가 만나는 점을 구하면 $\frac{1}{3}x+\frac{5}{3}=-\frac{1}{2}x$에서 $x=-2$, $y=1$이므로 두 직선이 만나는 점의 좌표는 $(-2, 1)$

따라서 $a=-2$, $b=1$이므로

$a+b=-2+1=-1$

서술형

10

▸ 25739-0061

세 직선 $x-y-1=0$, $x+2y-7=0$, $mx-y+3m=0$이 좌표평면을 여섯 부분으로 나누도록 하는 실수 m의 값을 모두 구하시오.

답 $-\frac{1}{2}$, $\frac{1}{3}$, 1

풀이 세 직선이 좌표평면을 여섯 부분으로 나누는 경우는 다음과 같다.

(i) 세 직선 중 두 직선이 서로 평행한 경우

두 직선 $x-y-1=0$, $x+2y-7=0$은 평행하지 않으므로 두 직선 $x-y-1=0$, $mx-y+3m=0$이 평행하거나 두 직선 $x+2y-7=0$, $mx-y+3m=0$이 평행해야 한다.

즉, $\frac{m}{1}=\frac{-1}{-1}\neq\frac{3m}{-1}$ 또는 $\frac{m}{1}=\frac{-1}{2}\neq\frac{3m}{-7}$

따라서 $m=1$ 또는 $m=-\frac{1}{2}$ …… ❶

(ii) 세 직선이 한 점에서 만나는 경우

$x-y-1=0$, $x+2y-7=0$을 연립하여 풀면

$x=3$, $y=2$

즉, 두 직선 $x-y-1=0$, $x+2y-7=0$이 만나는 점의 좌표는 $(3, 2)$이다.

직선 $mx-y+3m=0$이 점 $(3, 2)$를 지나므로

$3m-2+3m=0$

따라서 $m=\frac{1}{3}$ …… ❷

(i), (ii)에서 실수 m의 값은 $-\frac{1}{2}$ 또는 $\frac{1}{3}$ 또는 1이다. …… ❸

채점 기준	배점
❶ 세 직선 중 두 직선이 서로 평행할 때의 m의 값 구하기	40 %
❷ 세 직선이 한 점에서 만날 때의 m의 값 구하기	40 %
❸ 실수 m의 값 모두 구하기	20 %

11

▸ 25739-0062

직선 l: $2x-y-3=0$과 평행한 직선 m이 함수 $y=x^2$의 그래프와 한 점 P에서만 만난다. 직선 l 위의 점 Q에 대하여 선분 PQ의 길이의 최솟값을 구하시오.

답 $\frac{2\sqrt{5}}{5}$

풀이 $2x-y-3=0$에서 $y=2x-3$이므로 직선 l의 기울기는 2이고, 직선 m의 기울기도 2이다.

점 P의 좌표를 (t, t^2)이라 하면 직선 m의 방정식은

$y-t^2=2(x-t)$, 즉 $y=2x+t^2-2t$ …… ❶

직선 m과 함수 $y=x^2$의 그래프는 한 점에서 만나므로 방정식 $x^2=2x+t^2-2t$의 서로 다른 실근의 개수는 1이다.

즉, 이차방정식 $x^2-2x-t^2+2t=0$의 판별식을 D라 하면

$\frac{D}{4}=(-1)^2-(-t^2+2t)=0$

$t^2-2t+1=0$

$(t-1)^2=0$

$t=1$

즉, 점 P의 좌표는 $(1, 1)$이다. …… ❷

점 $P(1, 1)$과 직선 l: $2x-y-3=0$ 사이의 거리는

$\frac{|2\times1-1\times1-3|}{\sqrt{2^2+(-1)^2}}=\frac{2\sqrt{5}}{5}$

따라서 선분 PQ의 길이의 최솟값은 $\frac{2\sqrt{5}}{5}$이다. …… ❸

채점 기준	배점
❶ 직선 m의 방정식 구하기	20 %
❷ 점 P의 좌표 찾기	40 %
❸ 선분 PQ의 길이의 최솟값 구하기	40 %

03 원의 방정식

개념 CHECK

본문 25~28쪽

1. 원의 방정식

1 ▸ 25739-0063

다음 원의 방정식을 구하시오.

(1) 중심이 점 $(1, 2)$이고 반지름의 길이가 3인 원

(2) 중심이 원점이고 반지름의 길이가 $\sqrt{5}$인 원

(1) $(x-1)^2+(y-2)^2=3^2$이므로
$(x-1)^2+(y-2)^2=9$

(2) $x^2+y^2=(\sqrt{5})^2$이므로
$x^2+y^2=5$

답 (1) $(x-1)^2+(y-2)^2=9$ (2) $x^2+y^2=5$

2 ▸ 25739-0064

다음 방정식이 나타내는 원의 중심의 좌표와 반지름의 길이를 각각 구하시오.

(1) $(x-4)^2+y^2=1$　　(2) $x^2+y^2+6x-4y-3=0$

(1) $(x-4)^2+y^2=1$의 중심의 좌표는 $(4, 0)$이고 반지름의 길이는 1이다.

(2) $x^2+y^2+6x-4y-3=0$의 식을 변형하면
$(x^2+6x+9)+(y^2-4y+4)=9+4+3$
$(x+3)^2+(y-2)^2=4^2$이므로
중심의 좌표는 $(-3, 2)$이고
반지름의 길이는 4이다.

답 (1) 중심의 좌표: $(4, 0)$, 반지름의 길이: 1
(2) 중심의 좌표: $(-3, 2)$, 반지름의 길이: 4

2. 좌표축에 접하는 원의 방정식

3 ▸ 25739-0065

다음 원의 방정식을 구하시오.

(1) 중심이 점 $(4, 3)$이고 x축에 접하는 원

(2) 중심이 점 $(-3, 2)$이고 y축에 접하는 원

(1) 중심이 점 $(4, 3)$이고 반지름의 길이가 r인 원의 방정식은
$(x-4)^2+(y-3)^2=r^2$
점 $(4, 3)$에서 x축까지의 거리는 3이므로 반지름의 길이는 3이다.
따라서 구하는 원의 방정식은
$(x-4)^2+(y-3)^2=9$

(2) 중심이 점 $(-3, 2)$이고 반지름의 길이가 r인 원의 방정식은
$(x+3)^2+(y-2)^2=r^2$
점 $(-3, 2)$에서 y축까지의 거리는 3이므로 반지름의 길이는 3이다.
따라서 구하는 원의 방정식은
$(x+3)^2+(y-2)^2=9$

답 (1) $(x-4)^2+(y-3)^2=9$ (2) $(x+3)^2+(y-2)^2=9$

4 ▸ 25739-0066

다음 원의 방정식을 구하시오.

(1) 중심이 점 $(-2, 2)$이고 x축과 y축에 동시에 접하는 원

(2) 반지름의 길이가 1이고 x축과 y축에 모두 접하는 원
(단, 원의 중심은 제3사분면 위에 있다.)

(1) 중심이 점 $(-2, 2)$이고 x축과 y축에 동시에 접하는 원의 반지름의 길이는 $|-2|=|2|$이다.
따라서 구하는 원의 방정식은
$(x+2)^2+(y-2)^2=4$

(2) 반지름의 길이가 1이고 x축과 y축에 모두 접하는 원의 중심이 제3사분면 위에 있으므로 원의 중심이 $(-1, -1)$이다.
따라서 구하는 원의 방정식은
$(x+1)^2+(y+1)^2=1$

답 (1) $(x+2)^2+(y-2)^2=4$ (2) $(x+1)^2+(y+1)^2=1$

3. 원과 직선의 위치 관계

5

▸ 25739-0067

이차방정식의 판별식을 이용하여 다음 원과 직선의 위치 관계를 구하시오.

(1) $(x+1)^2+y^2=6$, $y=2x-3$

(2) $x^2+(y-1)^2=2$, $y=-x+3$

(1) $y=2x-3$을 $(x+1)^2+y^2=6$에 대입하면

$(x+1)^2+(2x-3)^2=6$

$5x^2-10x+4=0$

이 이차방정식의 판별식을 D라 하면

$\frac{D}{4}=(-5)^2-5\times4=5>0$이므로

원 $(x+1)^2+y^2=6$과 직선 $y=2x-3$은 서로 다른 두 점에서 만난다.

(2) $y=-x+3$을 $x^2+(y-1)^2=2$에 대입하면

$x^2+(-x+2)^2=2$

$2x^2-4x+2=0$

이 이차방정식의 판별식을 D라 하면

$\frac{D}{4}=(-2)^2-2\times2=0$이므로

원 $x^2+(y-1)^2=2$와 직선 $y=-x+3$은 한 점에서 만난다.(접한다.)

답 (1) 서로 다른 두 점에서 만난다. (2) 한 점에서 만난다.(접한다.)

6

▸ 25739-0068

점과 직선 사이의 거리를 이용하여 다음 원과 직선의 위치 관계를 구하시오.

(1) $(x+1)^2+y^2=9$, $y=x-5$

(2) $(x-4)^2+(y-2)^2=5$, $y=2x-1$

(1) 원 $(x+1)^2+y^2=9$의 중심은 점 $(-1, 0)$, 반지름의 길이는 3이고 원의 중심 $(-1, 0)$과 직선 $x-y-5=0$ 사이의 거리는

$\frac{|1\times(-1)-1\times0-5|}{\sqrt{1^2+(-1)^2}}=\frac{6}{\sqrt{2}}=3\sqrt{2}>3$

따라서 원 $(x+1)^2+y^2=9$와 직선 $y=x-5$는 만나지 않는다.

(2) 원 $(x-4)^2+(y-2)^2=5$의 중심은 점 $(4, 2)$, 반지름의 길이는 $\sqrt{5}$이고 원의 중심 $(4, 2)$와 직선 $2x-y-1=0$ 사이의 거리는

$\frac{|2\times4+(-1)\times2-1|}{\sqrt{2^2+(-1)^2}}=\frac{5}{\sqrt{5}}=\sqrt{5}$

따라서 원 $(x-4)^2+(y-2)^2=5$와 직선 $y=2x-1$은 한 점에서 만난다.(접한다.)

답 (1) 만나지 않는다. (2) 한 점에서 만난다.(접한다.)

4. 원의 접선의 방정식

7

▸ 25739-0069

다음 직선의 방정식을 구하시오.

(1) 원 $x^2+y^2=4$에 접하고 기울기가 5인 직선

(2) 원 $x^2+y^2=9$에 접하고 기울기가 -1인 직선

(1) 원 $x^2+y^2=4$의 반지름의 길이가 2이므로 이 원에 접하고 기울기가 5인 직선의 방정식은

$y=5x\pm2\sqrt{5^2+1}=5x\pm2\sqrt{26}$

즉, $y=5x+2\sqrt{26}$ 또는 $y=5x-2\sqrt{26}$

(2) 원 $x^2+y^2=9$의 반지름의 길이가 3이므로 이 원에 접하고 기울기가 -1인 직선의 방정식은

$y=-x\pm3\sqrt{(-1)^2+1}=-x\pm3\sqrt{2}$

즉, $y=-x+3\sqrt{2}$ 또는 $y=-x-3\sqrt{2}$

답 (1) $y=5x+2\sqrt{26}$ 또는 $y=5x-2\sqrt{26}$
(2) $y=-x+3\sqrt{2}$ 또는 $y=-x-3\sqrt{2}$

8

▸ 25739-0070

다음 직선의 방정식을 구하시오.

(1) 원 $x^2+y^2=5$ 위의 점 $(1, 2)$에서의 접선

(2) 원 $x^2+y^2=25$ 위의 점 $(3, -4)$에서의 접선

(1) 원 $x^2+y^2=5$ 위의 점 $(1, 2)$에서의 접선의 방정식은

$x+2y=5$, 즉 $y=-\frac{1}{2}x+\frac{5}{2}$

(2) 원 $x^2+y^2=25$ 위의 점 $(3, -4)$에서의 접선의 방정식은

$3x-4y=25$, 즉 $y=\frac{3}{4}x-\frac{25}{4}$

답 (1) $y=-\frac{1}{2}x+\frac{5}{2}$ (2) $y=\frac{3}{4}x-\frac{25}{4}$

대표유형 01 원의 방정식

▸ 25739-0071

두 점 $A(1, -2)$, $B(5, 2)$를 지름의 양 끝점으로 하는 원이 점 $(4, k)$를 지날 때 양수 k의 값을 구하시오.

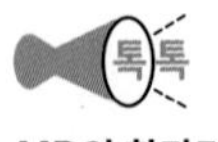

MD의 한마디!

선분 AB의 중점이 원이 중심이고 지름이 선분 AB의 길이이므로
① 선분 AB의 중점의 좌표와 반지름의 길이 $\frac{1}{2}\overline{AB}$를 구하고
② 원의 방정식을 구한 뒤 $(4, k)$를 대입하여 k의 값을 구합니다.

MD's Solution

선분 AB의 중점을 C라 하면 점 C의 좌표는 $\left(\frac{1+5}{2}, \frac{-2+2}{2}\right)$, 즉 $(3, 0)$
이므로 구하는 원의 중심의 좌표는 $(3, 0)$
↳ 원의 지름의 양 끝점의 중점이 원의 중심이야.

$\overline{AB}=\sqrt{(5-1)^2+\{2-(-2)\}^2}=4\sqrt{2}$

원의 반지름의 길이는 $\frac{1}{2}\overline{AB}=2\sqrt{2}$ → 선분 AB가 지름이므로 반지름의 길이는 $\frac{1}{2}\overline{AB}$야.

중심이 $C(3, 0)$이고 반지름의 길이가 $2\sqrt{2}$인 원의 방정식은
↳ 중심의 좌표와 반지름의 길이를 알면 원의 방정식을 구할 수 있어.

$(x-3)^2+y^2=8$

점 $(4, k)$가 이 원 위의 점이므로

$(4-3)^2+k^2=8$

$k^2=7$

$k>0$이므로 $k=\sqrt{7}$

답 $\sqrt{7}$

유제

01-1

▸ 25739-0072

중심이 x축 위에 있고 두 점 $A(1, 2)$, $B(-4, -3)$을 지나는 원의 반지름의 길이를 구하시오.

원의 중심이 x축 위에 있으므로 중심의 좌표를 $(a, 0)$이라 하고 반지름의 길이를 r이라 하면 원의 방정식은

$(x-a)^2+y^2=r^2$

점 $A(1, 2)$가 원 위의 점이므로

$(1-a)^2+4=r^2$ …… ㉠

점 $B(-4, -3)$이 원 위의 점이므로

$(-4-a)^2+9=r^2$ …… ㉡

㉡을 ㉠에 대입하면

$(1-a)^2+4=(-4-a)^2+9$

$10a=-20$

$a=-2$

$a=-2$를 ㉠에 대입하면 $9+4=13=r^2$

따라서 $r=\sqrt{13}$

답 $\sqrt{13}$

01-2

▸ 25739-0073

중심이 직선 $y=2x$ 위에 있고 반지름의 길이가 4인 원이 원점을 지날 때, 원의 중심의 좌표는 (a, b)이다. ab의 값을 구하시오.

구하는 원의 중심이 직선 $y=2x$ 위에 있으므로
원의 중심의 좌표는 $(a, 2a)$, 즉 $b=2a$이다.
원의 방정식은 $(x-a)^2+(y-2a)^2=4^2$이고
이 원이 원점을 지나므로

$a^2+4a^2=5a^2=16$에서

$a^2=\frac{16}{5}$

따라서 $ab=2a^2=\frac{32}{5}$

답 $\frac{32}{5}$

대표유형 02 좌표축에 접하는 원의 방정식

▸ 25739-0074

원 $x^2+y^2+6x-4y+k=0$이 x축에 접할 때, 상수 k의 값을 구하시오.

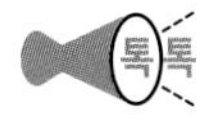

MD의 한마디!

상수 k의 값을 구하기 위해
① 주어진 원의 방정식을 변형하여 원의 중심과 반지름의 길이를 구한 후,
② x축에 접한다는 조건[(중심의 y좌표의 절댓값)=(반지름의 길이)]를 이용합니다.

MD's Solution

원 $x^2+y^2+6x-4y+k=0$의 식을 변형하면
$(x+3)^2+(y-2)^2=13-k$ 이므로 → 원의 중심의 좌표와 반지름의 길이를 알기 위해 원의 방정식을 변형해야 해.
이 원의 중심의 좌표는 $(-3, 2)$이고 반지름의 길이는 $\sqrt{13-k}$ 이다.
이 원이 x축에 접하므로 중심의 y좌표의 절댓값과 반지름의 길이가 같다.
↳ x축에 접하면 y좌표, y축에 접하면 x좌표와 관련 있음을 기억해두자.
따라서 $|2|=\sqrt{13-k}$, $4=13-k$에서 → 양변을 제곱하면 계산이 간단해져.
$k=9$

답 9

유제

02-1

▸ 25739-0075

제1사분면 위의 두 점 $(2, a)$, $(8, 4)$를 지름의 양 끝점으로 하고 y축에 접하는 원의 반지름의 길이를 r이라 할 때, $a+r$의 값을 구하시오.

두 점 $(2, a)$, $(8, 4)$를 이은 선분의 중점의 좌표는
$\left(\frac{2+8}{2}, \frac{a+4}{2}\right)$, 즉 $\left(5, \frac{a+4}{2}\right)$
이 원이 y축에 접하므로 반지름의 길이 $r=5$이고
원의 방정식은
$(x-5)^2+\left(y-\frac{a+4}{2}\right)^2=25$
점 $(2, a)$가 이 원 위의 점이므로
$9+\left(a-\frac{a+4}{2}\right)^2=25$, $\left(\frac{a}{2}-2\right)^2=16$
$\frac{a}{2}-2=4$ 또는 $\frac{a}{2}-2=-4$
$a=12$ 또는 $a=-4$
점 $(2, a)$는 제1사분면 위의 점이므로 $a>0$에서 $a=12$
따라서 $a+r=12+5=17$

답 17

02-2

▸ 25739-0076

중심이 직선 $y=2x-4$ 위에 있고 x축과 y축에 동시에 접하는 두 원의 중심 사이의 거리는?

① $\frac{4\sqrt{5}}{3}$ ② $\frac{5\sqrt{5}}{3}$ ③ $2\sqrt{5}$
④ $\frac{7\sqrt{5}}{3}$ ⑤ $\frac{8\sqrt{5}}{3}$

원의 중심이 직선 $y=2x-4$ 위에 있으므로 원의 중심의 좌표를 $(a, 2a-4)$라 하자.
이 원이 x축과 y축에 동시에 접하므로
$|a|=|2a-4|$에서
$a=2a-4$ 또는 $a=-2a+4$
$a=4$ 또는 $a=\frac{4}{3}$
따라서 두 원의 중심은 각각 점 $(4, 4)$, 점 $\left(\frac{4}{3}, -\frac{4}{3}\right)$이므로 두 원의 중심 사이의 거리는
$\sqrt{\left(4-\frac{4}{3}\right)^2+\left\{4-\left(-\frac{4}{3}\right)\right\}^2}=\frac{8\sqrt{5}}{3}$

답 ⑤

대표유형 03 원과 직선의 위치 관계 (판별식)

▸ 25739-0077

원 $x^2+y^2=9$와 직선 $2x-y+a=0$이 서로 다른 두 점에서 만나도록 하는 정수 a의 개수를 구하시오.

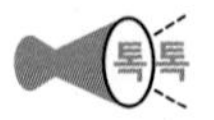

MD의 한마디!

판별식을 이용하기 위해
① 직선의 방정식에서 y를 x에 대한 식으로 정리하여 원의 방정식에 대입한 후
② 판별식을 이용하여 a에 대한 이차부등식을 구합니다.

MD's Solution

$y=2x+a$를 $x^2+y^2=9$에 대입하면 → x를 y에 대한 식으로 정리해서 y에 대한 이차방정식으로 풀어도 답은 같아.

$x^2+(2x+a)^2=9$

$5x^2+4ax+a^2-9=0$

이 이차방정식의 판별식을 D라 하면

$\frac{D}{4}=(2a)^2-5\times(a^2-9)=-a^2+45>0$ → 이차방정식이 서로 다른 두 실근을 갖는다는 것은 원과 직선이 서로 다른 두 점에서 만난다는 것을 의미해.

$a^2-45<0$

$-3\sqrt{5}<a<3\sqrt{5}$ → $6<3\sqrt{5}<7$에서 범위를 만족시키는 정수의 최댓값이 6이라는 것을 알 수 있어.

이 부등식을 만족시키는 정수 a는 $-6, -5, -4, \cdots, 5, 6$이므로 그 개수는 13이다.

답 13

유제

03-1 ▸ 25739-0078

원 $x^2+y^2=4$와 직선 $x+y+k=0$이 만나지 않도록 하는 모든 실수 k의 값의 범위를 구하시오.

$y=-x-k$를 $x^2+y^2=4$에 대입하면

$x^2+(-x-k)^2=4$

$2x^2+2kx+k^2-4=0$

이 이차방정식의 판별식을 D라 하면

$\frac{D}{4}=k^2-2\times(k^2-4)<0$

$k^2-8>0$

$(k+2\sqrt{2})(k-2\sqrt{2})>0$

따라서 실수 k의 값의 범위는

$k<-2\sqrt{2}$ 또는 $k>2\sqrt{2}$

답 $k<-2\sqrt{2}$ 또는 $k>2\sqrt{2}$

03-2 ▸ 25739-0079

중심이 원점이고 둘레의 길이가 $k\pi$인 원과 직선 $y=kx+\sqrt{5}$가 한 점에서만 만나도록 하는 양수 k의 값을 구하시오.

둘레의 길이가 $k\pi$인 원의 반지름의 길이는 $\frac{k}{2}$이고 중심이 원점이므로 원의 방정식은

$x^2+y^2=\frac{k^2}{4}$

이 원과 직선 $y=kx+\sqrt{5}$가 한 점에서만 만나므로

$x^2+(kx+\sqrt{5})^2=\frac{k^2}{4}$

$(k^2+1)x^2+2\sqrt{5}kx+5-\frac{k^2}{4}=0$

이 이차방정식의 판별식을 D라 하면

$\frac{D}{4}=(\sqrt{5}k)^2-(k^2+1)\left(5-\frac{k^2}{4}\right)=0$에서

$k^4+k^2-20=0$, $(k^2+5)(k^2-4)=0$

$k>0$이므로 $k^2=4$에서

$k=2$

답 2

대표유형 04 원과 직선의 위치 관계 (원의 중심과 직선 사이의 거리)

▸ 25739-0080

원 $(x+2)^2+(y-4)^2=13$과 직선 $3x+4y+k=0$이 서로 다른 두 점 A, B에서 만나고 $\overline{AB}=4$일 때, 양수 k의 값을 구하시오.

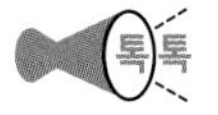

MD의 한마디!

주어진 조건을 만족시키는 양수 k의 값을 구하기 위해

① 점과 직선 사이의 거리 공식을 이용하여 $\overline{AB}$를 k에 대한 식으로 나타낸 후

② $\overline{AB}=4$에서 k에 대한 이차방정식을 풉니다.

MD's Solution

원 $(x+2)^2+(y-4)^2=13$의 반지름의 길이는 $\sqrt{13}$이고

이 원의 중심 $(-2, 4)$와 직선 $3x+4y+k=0$ 사이의 거리는

$\dfrac{|3\times(-2)+4\times4+k|}{\sqrt{3^2+4^2}}=\dfrac{|k+10|}{5}$ → 원과 직선이 두 점에서 만나므로 '(원의 중심과 직선 사이의 거리)<(반지름의 길이)'야.

선분 AB의 중점을 M이라 하면 $\overline{AB}=2\overline{AM}$이고

$\overline{AM}^2=(\sqrt{13})^2-\left(\dfrac{|k+10|}{5}\right)^2$에서 $\overline{AB}=2\times\sqrt{13-\left(\dfrac{|k+10|}{5}\right)^2}$

↳ 피타고라스 정리를 변형한 식이야.

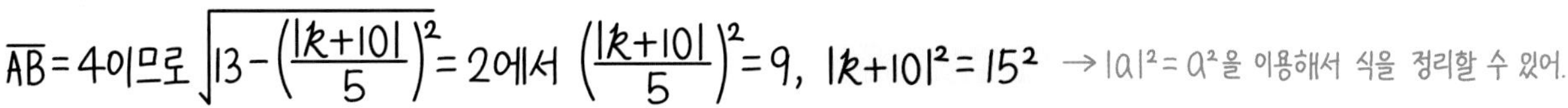

$\overline{AB}=4$이므로 $\sqrt{13-\left(\dfrac{|k+10|}{5}\right)^2}=2$에서 $\left(\dfrac{|k+10|}{5}\right)^2=9$, $|k+10|^2=15^2$ → $|a|^2=a^2$을 이용해서 식을 정리할 수 있어.

$k+10=15$ 또는 $k+10=-15$

$k=5$ 또는 $k=-25$

$k>0$이므로 $k=5$

답 5

$(x+2)^2+(y-4)^2=13$

(-2, 4)

A, M, B

$3x+4y+k=0$

유제

04-1

▸ 25739-0081

점 $(2, 1)$을 지나고 기울기가 m인 직선이 원

$$(x-1)^2+(y-3)^2=4$$

와 만나도록 하는 모든 실수 m의 값의 범위를 구하시오.

점 $(2, 1)$을 지나고 기울기가 m인 직선의 방정식은

$y=m(x-2)+1$, $mx-y-2m+1=0$

이 직선이 원 $(x-1)^2+(y-3)^2=4$와 만나기 위해서는 원의 중심 $(1, 3)$과 직선 $mx-y-2m+1=0$ 사이의 거리는 반지름의 길이 2보다 작거나 같아야 한다.

$$\frac{|m\times1+(-1)\times3-2m+1|}{\sqrt{m^2+(-1)^2}}\le2$$

양변에 $\sqrt{m^2+1}$을 곱한 후 양변을 제곱하면

$(-m-2)^2\le4(m^2+1)$, $3m^2-4m\ge0$, $m(3m-4)\ge0$

따라서 $m\le0$ 또는 $m\ge\frac{4}{3}$이다.

답 $m\le0$ 또는 $m\ge\frac{4}{3}$

04-2

▸ 25739-0082

두 양수 a, b에 대하여 원 $x^2+y^2+4x-2ay+b=0$ 위의 점 P$(1, 1)$을 지나는 직선 l과 이 원의 중심 사이의 거리가 5이다. 원 위의 한 점 Q에 대하여 점 Q와 직선 l 사이의 거리의 최댓값이 10일 때, $a+b$의 값을 구하시오.

점 P$(1, 1)$이 원 $x^2+y^2+4x-2ay+b=0$ 위의 점이므로

$1^2+1^2+4-2a+b=0$, $b=2a-6$

$x^2+y^2+4x-2ay+2a-6=0$에서

$(x+2)^2+(y-a)^2=a^2-2a+10$

원의 중심을 C라 하고 점 C에서 직선 l에 내린 수선의 발을 H라 하면 $\overline{CH}=5$

원 위의 점 Q와 직선 l 사이의 거리가 최대가 되는 경우는 점 Q에서 직선 l에 내린 수선의 발이 H와 일치하고 $\overline{QH}\ge\overline{CH}$인 경우이다.

이때 $\overline{QC}=\overline{QH}-\overline{CH}=10-5$에서 원의 반지름의 길이가 5이므로

$a^2-2a+10=5^2$, 즉 $a^2-2a-15=0$, $(a+3)(a-5)=0$

$a>0$이므로 $a=5$, $b=2\times5-6=4$

따라서 $a+b=5+4=9$

답 9

대표유형 05 기울기 또는 접점이 주어진 원의 접선의 방정식

▸ 25739-0083

원 $x^2+y^2=4$에 접하고 직선 $x+3y+1=0$과 수직인 두 직선이 y축과 만나는 점을 각각 A, B라 할 때, 선분 AB의 길이를 구하시오.

MD의 한마디!

선분 AB의 길이를 구하기 위해
① 접선의 방정식의 공식 $y=mx\pm r\sqrt{m^2+1}$을 이용하여 두 접선의 방정식을 구한 후
② 두 접선의 y절편을 구합니다.

MD's Solution

$x+3y+1=0$에서 $y=-\frac{1}{3}x-\frac{1}{3}$ 이므로

직선 $x+3y+1=0$의 기울기는 $-\frac{1}{3}$이고 이 직선과 수직인 직선의 기울기는 3이다.

↳ 수직인 두 직선의 기울기의 곱은 -1이야.

원 $x^2+y^2=4$의 반지름의 길이가 2이므로 이 원에 접하고 기울기가 3인 직선의 방정식은

↳ 기울기가 주어진 접선의 방정식 공식을 이용하면 돼.

$y=3x\pm2\sqrt{3^2+1}=3x\pm2\sqrt{10}$

즉, $y=3x+2\sqrt{10}$ 또는 $y=3x-2\sqrt{10}$ → 원에 대하여 기울기가 같은 접선은 항상 2개야.

직선 $y=3x+2\sqrt{10}$이 y축과 만나는 점의 좌표는 $(0, 2\sqrt{10})$

직선 $y=3x-2\sqrt{10}$이 y축과 만나는 점의 좌표는 $(0, -2\sqrt{10})$

따라서 $A(0, 2\sqrt{10})$, $B(0, -2\sqrt{10})$ 또는 $A(0, -2\sqrt{10})$, $B(0, 2\sqrt{10})$이므로

↳ 점 A와 B는 두 가지 경우가 있지만 두 경우 모두 선분 AB의 길이는 같아.

선분 AB의 길이는 $|2\sqrt{10}-(-2\sqrt{10})|=4\sqrt{10}$

답 $4\sqrt{10}$

유제

05-1

▸ 25739-0084

원 $x^2+y^2=12$ 위에 있는 제1사분면 위의 점 $P(x_1, y_1)$에서의 접선의 y절편이 4일 때, x_1y_1의 값을 구하시오.

원 $x^2+y^2=12$ 위의 점 $P(x_1, y_1)$에서의 접선의 방정식은

$x_1x+y_1y=12$

즉, $y=-\frac{x_1}{y_1}x+\frac{12}{y_1}$

이 접선의 y절편이 4이므로 $\frac{12}{y_1}=4$, $y_1=3$

점 $P(x_1, y_1)$이 원 $x^2+y^2=12$ 위의 점이므로

${x_1}^2+{y_1}^2=12$ …… ㉠

$y_1=3$을 ㉠에 대입하면

${x_1}^2+9=12$, ${x_1}^2=3$

점 $P(x_1, y_1)$이 제1사분면 위의 점이므로 $x_1>0$에서 $x_1=\sqrt{3}$

따라서 $x_1y_1=\sqrt{3}\times3=3\sqrt{3}$

답 $3\sqrt{3}$

05-2

▸ 25739-0085

원 $x^2+(y-1)^2=20$ 위의 점 $(4, 3)$에서의 접선의 방정식이 $y=mx+n$일 때, $m+n$의 값을 구하시오.

(단, m, n은 상수이다.)

점 $(4, 3)$을 지나고 기울기 m인 직선의 방정식은

$y=m(x-4)+3$, 즉 $mx-y-4m+3=0$ …… ㉠

원 $x^2+(y-1)^2=20$의 중심의 좌표가 $(0, 1)$, 반지름의 길이가 $\sqrt{20}$이고, 이 원과 직선 $mx-y-4m+3=0$이 점 $(4, 3)$에서 접하므로

$\frac{|-1-4m+3|}{\sqrt{m^2+(-1)^2}}=\sqrt{20}$에서

$|-2m+1|=\sqrt{5(m^2+1)}$, $4m^2-4m+1=5m^2+5$

$m^2+4m+4=0$, $(m+2)^2=0$

$m=-2$

$m=-2$를 ㉠에 대입하면 $-2x-y+11=0$

$y=-2x+11$에서 $n=11$이므로

$m+n=-2+11=9$

답 9

대표유형 06 원 밖의 한 점에서의 접선의 방정식

▸ 25739-0086

점 $(2,\ 1)$에서 원 $x^2+y^2=4$에 그은 접선의 방정식을 모두 구하시오.

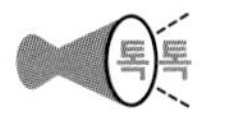

MD의 한마디!

원 밖의 한 점 $(2,\ 1)$에서 원에 그은 접선의 접점을 $\mathrm{P}(x_1,\ y_1)$이라 할 때
① 접선의 방정식 $x_1x+y_1y=4$에 점 $(2,\ 1)$을 대입하고
② 점 $(x_1,\ y_1)$을 원의 방정식에 대입한 후
③ ①, ②에서 구한 두 식을 연립하여 접선의 방정식을 구합니다.

MD's Solution

점$(2, 1)$에서 원 $x^2+y^2=4$에 그은 접선의 접점을 $P(x_1, y_1)$이라 하면
→ 접선의 방정식의 공식을 이용하기 위해 접점의 좌표를 (x_1, y_1)이라 하자.

접선의 방정식은 $x_1x+y_1y=4$ …… ㉠

접선 ㉠이 점$(2,1)$을 지나므로

$2x_1+y_1=4$ …… ㉡

한편 접점 P는 원 $x^2+y^2=4$ 위에 있으므로

$x_1^2+y_1^2=4$ …… ㉢ → 점 $P(x_1, y_1)$은 접선 위의 점이면서 동시에 원 위의 점이라는 것을 명심해.

㉡, ㉢을 연립하여 풀면

$x_1^2+(4-2x_1)^2=4$

$5x_1^2-16x_1+12=0$

$(5x_1-6)(x_1-2)=0$

$x_1=\frac{6}{5}$ 또는 $x_1=2$ 이므로

$\begin{cases} x_1=\frac{6}{5} \\ y_1=\frac{8}{5} \end{cases}$ 또는 $\begin{cases} x_1=2 \\ y_1=0 \end{cases}$ → 이차방정식을 풀어서 구한 x_1의 값을 ㉡에 대입하여 접점의 좌표를 구해.

이를 ㉠에 대입하면

$\frac{6}{5}x+\frac{8}{5}y=4$ 또는 $x=2$ → 접점이 주어졌을 때의 공식에 접점의 좌표를 대입하여 접선의 방정식을 구해.

따라서 구하는 접선의 방정식은 $3x+4y-10=0$ 또는 $x=2$

답 $3x+4y-10=0$ 또는 $x=2$

유제

06-1

▸ 25739-0087

점 P$(-1, 3)$을 지나는 직선 l과 원점 O 사이의 거리가 $2\sqrt{2}$이다. 직선 l 위의 점 Q에 대하여 $\angle OQP=90^\circ$인 모든 점 Q의 x좌표의 합을 구하시오.

직선 l 위의 두 점 P, Q에 대하여 $\angle OQP=90^\circ$이므로 직선 l과 원점 사이의 거리는 선분 OQ의 길이와 같다.

$\overline{OQ}=2\sqrt{2}$이므로 중심이 원점이고 점 Q를 지나는 원의 방정식은

$x^2+y^2=8$

점 Q의 좌표를 (x_1, y_1)이라 하면 직선 l은 원 위의 점 Q에서의 접선이므로 직선 l의 방정식은

$x_1x+y_1y=8$

점 P$(-1, 3)$이 직선 l 위의 점이므로

$-x_1+3y_1=8$, 즙 $y_1=\frac{1}{3}x_1+\frac{8}{3}$ …… ㉠

또 점 Q(x_1, y_1)이 원 $x^2+y^2=8$ 위의 점이므로

$x_1^2+y_1^2=8$ …… ㉡

㉠을 ㉡에 대입하면

$x_1^2+\left(\frac{1}{3}x_1+\frac{8}{3}\right)^2=8$

$x_1^2+\frac{1}{9}x_1^2+\frac{16}{9}x_1+\frac{64}{9}=8$

$\frac{10}{9}x_1^2+\frac{16}{9}x_1+\frac{64}{9}=8$

$10x_1^2+16x_1+64=72$

$5x_1^2+8x_1-4=0$

$(5x_1-2)(x_1+2)=0$

$x_1=\frac{2}{5}$ 또는 $x_1=-2$

따라서 모든 점 Q의 x좌표의 합은

$\frac{2}{5}+(-2)=-\frac{8}{5}$

답 $-\frac{8}{5}$

06-2

▸ 25739-0088

점 $(0, 5)$를 지나고 기울기가 m인 직선이 원 $(x+1)^2+y^2=4$에 접하도록 하는 모든 실수 m의 값의 곱을 구하시오.

점 $(0, 5)$를 지나고 기울기가 m인 직선의 방정식은

$y=mx+5$, 즉 $mx-y+5=0$

원 $(x+1)^2+y^2=4$의 중심의 좌표가 $(-1, 0)$, 반지름의 길이가 2이고, 이 원과 직선 $mx-y+5=0$이 접하므로

$\frac{|-m+5|}{\sqrt{m^2+(-1)^2}}=2$에서

$|-m+5|=2\sqrt{m^2+(-1)^2}$

$m^2-10m+25=4m^2+4$

$3m^2+10m-21=0$

이차방정식의 근과 계수의 관계에 의하여

모든 실수 m의 값의 곱은

$-\frac{21}{3}=-7$

답 -7

실력 완성
단원 마무리

본문 35~36쪽

1
▸ 25739-0089

반지름의 길이가 $\sqrt{3}$인 원 C 위에 두 점 $(-2, 0)$, $(1, 0)$이 있다. 원 C의 중심이 제2사분면 위에 있을 때, 중심의 y좌표는?

① $\frac{\sqrt{3}}{4}$ ② $\frac{\sqrt{3}}{2}$ ③ $\frac{3\sqrt{3}}{4}$
④ $\sqrt{3}$ ⑤ $\frac{5\sqrt{3}}{4}$

답 ②

풀이 원 C의 중심의 좌표를 (a, b) $(a<0, b>0)$라 하면 반지름의 길이가 $\sqrt{3}$인 원 C의 방정식은
$(x-a)^2+(y-b)^2=3$
점 $(-2, 0)$이 이 원 위의 점이므로
$(-2-a)^2+(-b)^2=3$ ······ ㉠
점 $(1, 0)$이 이 원 위의 점이므로
$(1-a)^2+(-b)^2=3$ ······ ㉡
㉠, ㉡을 연립하여 풀면
$(-2-a)^2+(-b)^2=(1-a)^2+(-b)^2$
$a^2+4a+4=a^2-2a+1$
$6a=-3$
$a=-\frac{1}{2}$
$a=-\frac{1}{2}$을 ㉠에 대입하면
$\frac{9}{4}+b^2=3$, $b^2=\frac{3}{4}$
$b>0$이므로 $b=\frac{\sqrt{3}}{2}$

2
▸ 25739-0090

x축과 y축에 동시에 접하고 반지름의 길이가 각각 3, 6인 두 원 C_1, C_2가 있다. 원 C_1의 중심이 제1사분면에 있고, 원 C_2의 중심이 제2사분면에 있을 때, 두 원 C_1, C_2의 중심 사이의 거리를 구하시오.

답 $3\sqrt{10}$

풀이 원 C_1의 중심의 좌표는 $(3, 3)$, 원 C_2의 중심의 좌표는 $(-6, 6)$이므로 두 원 C_1, C_2의 중심 사이의 거리는
$\sqrt{(-6-3)^2+(6-3)^2}=\sqrt{90}=3\sqrt{10}$

3
▸ 25739-0091

좌표평면 위에 두 점 $A(6, 8)$, $B(a, b)$가 있다. $\overline{AB}=k$(k는 양의 상수)를 만족시키는 모든 점 B에 대하여 a^2+b^2의 최댓값이 169일 때, a^2+b^2의 최솟값은?

① 46 ② 47 ③ 48
④ 49 ⑤ 50

답 ④

풀이 $\overline{AB}=k$(k는 양의 상수)이므로 점 B는 중심이 $A(6, 8)$이고 반지름의 길이가 k인 원 위의 점이다.
원점 O에 대하여 $\overline{OA}=\sqrt{6^2+8^2}=10$이므로
$10-k\le\overline{OB}\le 10+k$에서
$\overline{OB}$의 최댓값은 $10+k$이고 최솟값은 $10-k$이다.
$\overline{OB}^2=a^2+b^2$이므로
a^2+b^2의 최댓값은 $(10+k)^2$
$(10+k)^2=169$
$10+k=-13$ 또는 $10+k=13$
$k>0$이므로 $k=3$
따라서 a^2+b^2, 즉 $\overline{OB}^2$이 최소인 경우는 $\overline{OB}$가 최소인 경우이므로 a^2+b^2의 최솟값은
$(10-k)^2=(10-3)^2=49$

4
▸ 25739-0092

원 $x^2+y^2-4x+6y+12=0$ 위의 점 P와 직선 $3x+4y+12=0$ 위의 점 Q에 대하여 선분 PQ의 길이의 최솟값은?

① $\frac{1}{5}$ ② $\frac{3}{10}$ ③ $\frac{2}{5}$
④ $\frac{1}{2}$ ⑤ $\frac{3}{5}$

답 ①

풀이 $x^2+y^2-4x+6y+12=0$에서
$(x-2)^2+(y+3)^2=1$
원 $(x-2)^2+(y+3)^2=1$의 중심을 C라 하면 $C(2, -3)$이고 반지름의 길이는 1이다.
원의 중심 C와 직선 $3x+4y+12=0$ 위의 점 Q 사이의 거리의 최솟값은 점 C와 직선 $3x+4y+12=0$ 사이의 거리이다.
즉, $\frac{|3\times2+4\times(-3)+12|}{\sqrt{3^2+4^2}}=\frac{6}{5}$
따라서 선분 PQ의 길이의 최솟값은 점 C와 직선 $3x+4y+12=0$ 사이의 거리에서 원의 반지름의 길이를 뺀 값이므로
$\frac{6}{5}-1=\frac{1}{5}$

5

▶ 25739-0093

원 $C: x^2+y^2+2ax-4y-6=0$에 대하여 원 C와 직선 $3x-4y+1=0$이 만나는 두 점 사이의 거리와 원 C와 직선 $y=-3$이 만나는 두 점 사이의 거리가 같을 때, 양수 a의 값을 구하시오.

답 6

풀이 $x^2+y^2+2ax-4y-6=0$에서

$(x+a)^2+(y-2)^2=a^2+10$

원 C는 중심이 $(-a, 2)$이고 반지름의 길이가 $\sqrt{a^2+10}$인 원이다.

원 C와 직선 $3x-4y+1=0$이 만나는 두 점 사이의 거리와 원 C와 직선 $y=3$이 만나는 두 점 사이의 거리가 같으므로 원 C와 직선 $3x-4y+1=0$ 사이의 거리와 원 C와 직선 $y=3$ 사이의 거리가 같다.

원 C의 중심 $(-a, 2)$와 직선 $3x-4y+1=0$ 사이의 거리는

$\frac{|-3a-8+1|}{\sqrt{3^2+(-4)^2}}=\frac{|3a+7|}{5}$

원 C의 중심 $(-a, 2)$와 직선 $y=-3$ 사이의 거리는

$|-3-2|=5$이므로

$\frac{|3a+7|}{5}=5$에서

$|3a+7|=25$

$3a+7=25$ 또는 $3a+7=-25$

$a=6$ 또는 $a=-\frac{32}{3}$

$a>0$이므로 $a=6$

6

| 2022학년도 9월 고1 학력평가 28번 | ▶ 25739-0094

그림과 같이 x축과 직선 $l: y=mx\ (m>0)$에 동시에 접하는 반지름의 길이가 2인 원이 있다. x축과 원이 만나는 점을 P, 직선 l과 원이 만나는 점을 Q, 두 점 P, Q를 지나는 직선이 y축과 만나는 점을 R이라 하자. 삼각형 ROP의 넓이가 16일 때, $60m$의 값을 구하시오.

(단, 원의 중심은 제1사분면 위에 있고, O는 원점이다.)

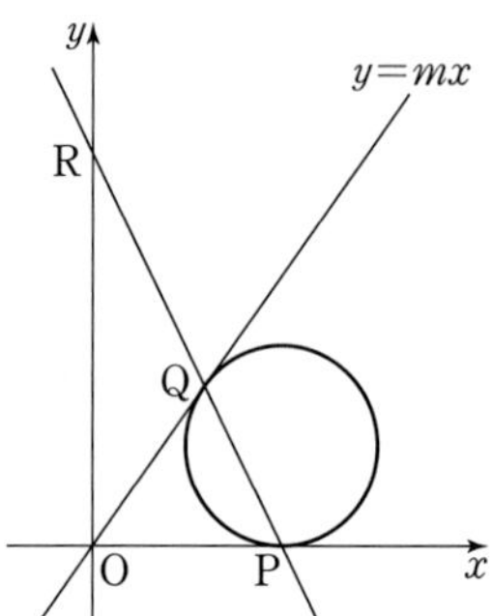

답 80

풀이

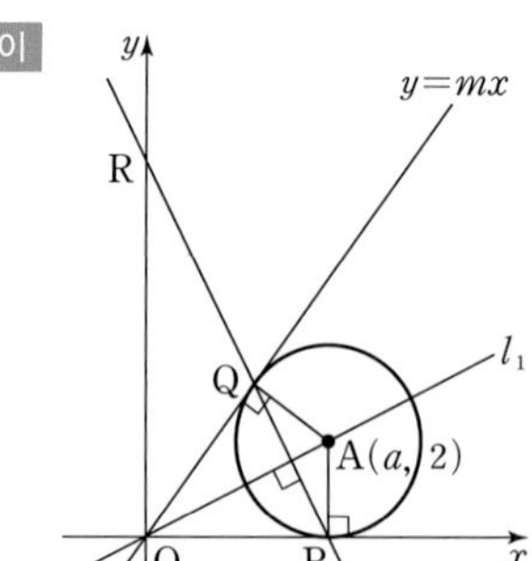

원의 중심을 A라 하자.

점 P의 좌표를 $(a, 0)$이라 하면 점 A의 좌표는 $(a, 2)$

원점 O와 점 A를 지나는 직선을 l_1이라 하면

직선 l_1의 방정식은 $y=\frac{2}{a}x$

직선 PQ는 점 P를 지나고 직선 l_1과 수직이므로

직선 PQ의 방정식은 $y=-\frac{a}{2}(x-a)$

직선 PQ가 y축과 만나는 점 R의 좌표는

$\left(0, \frac{a^2}{2}\right)$

삼각형 ROP의 넓이가 16이므로

$\frac{1}{2}\times a\times\frac{a^2}{2}=\frac{a^3}{4}=16,\ a=4$

점 A$(4, 2)$와 직선 $mx-y=0$ 사이의 거리는 원의 반지름의 길이 2와 같으므로

$\frac{|4m-2|}{\sqrt{m^2+(-1)^2}}=2$에서

$|2m-1|=\sqrt{m^2+1}$

양변을 제곱하면

$4m^2-4m+1=m^2+1$

$3m^2-4m=0$

$m=0$ 또는 $m=\frac{4}{3}$

$m>0$이므로 $m=\frac{4}{3}$

따라서 $60m=60\times\frac{4}{3}=80$

7

▶ 25739-0095

점 A$(3, 3)$에서 원 $x^2+y^2+4y-5=0$에 그은 접선의 접점을 P라 하자. 원의 중심을 C라 할 때, 삼각형 APC의 넓이를 구하시오.

답 $\frac{15}{2}$

풀이 $x^2+y^2+4y-5=0$에서 $x^2+(y+2)^2=3^2$이므로

원 $x^2+y^2+4y-5=0$은 중심이 C$(0, -2)$이고 반지름의 길이가 3인 원이다.

즉, $\overline{CP}=3$

$\overline{AC}=\sqrt{(0-3)^2+(-2-3)^2}=\sqrt{34}$
원 $x^2+y^2+4y-5=0$ 위의 점 P가 접점이므로 $\angle APC=90°$
따라서 삼각형 APC의 넓이는
$\frac{1}{2}\times\overline{AP}\times\overline{CP}$
$=\frac{1}{2}\times\sqrt{\overline{AC}^2-\overline{CP}^2}\times\overline{CP}$
$=\frac{1}{2}\times\sqrt{34-9}\times3$
$=\frac{15}{2}$

8 | 2020학년도 11월 고1 학력평가 20번 | ▸ 25739-0096

그림과 같이 좌표평면에서 원 $C: x^2+y^2=4$와 점 $A(-2, 0)$이 있다. 원 C 위의 제1사분면 위의 점 P에서의 접선이 x축과 만나는 점을 B, 점 P에서 x축에 내린 수선의 발을 H라 하자. $2\overline{AH}=\overline{HB}$일 때, 삼각형 PAB의 넓이는?

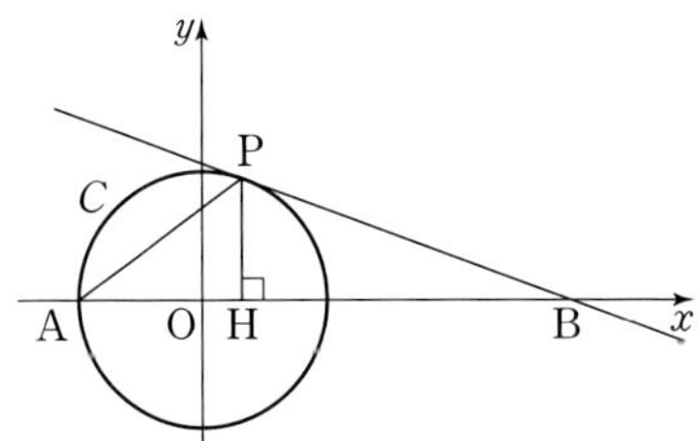

① $\frac{10\sqrt{2}}{3}$　② $4\sqrt{2}$　③ $\frac{14\sqrt{2}}{3}$
④ $\frac{16\sqrt{2}}{3}$　⑤ $6\sqrt{2}$

답 ④

풀이 점 P의 좌표를 (x_1, y_1) $(x_1>0, y_1>0)$이라 하면
원 C 위의 점 P에서의 접선의 방정식은
$x_1x+y_1y=4$이므로 점 B의 좌표는 $\left(\frac{4}{x_1}, 0\right)$
점 H의 x좌표는 x_1이고 $2\overline{AH}=\overline{HB}$에서
$2(x_1+2)=\frac{4}{x_1}-x_1$
$3x_1^2+4x_1-4=0$
$(x_1+2)(3x_1-2)=0$
$x_1>0$이므로 $x_1=\frac{2}{3}$에서 $B(6, 0)$
점 P는 원 C 위의 점이므로
$x_1^2+y_1^2=4$에서 $P\left(\frac{2}{3}, \frac{4\sqrt{2}}{3}\right)$
따라서 삼각형 PAB의 넓이는
$\frac{1}{2}\times8\times\frac{4\sqrt{2}}{3}=\frac{16\sqrt{2}}{3}$

9 ▸ 25739-0097

직선 $3x+4y+20=0$ 위의 점 P에서 원 $x^2+y^2=4$에 그은 두 접선의 접점을 각각 A, B라 하자. 사각형 OAPB의 넓이의 최솟값은? (단, O는 원점이다.)

① $4\sqrt{2}$　② $2\sqrt{10}$　③ $4\sqrt{3}$
④ $2\sqrt{14}$　⑤ 8

답 ③

풀이 두 선분 OA와 AP는 서로 수직이고 두 삼각형 OAP와 OBP는 서로 합동이므로 $\overline{OP}=l$이라 하면
사각형 OAPB의 넓이는
(삼각형 OAP의 넓이)+(삼각형 OBP의 넓이)
=2(삼각형 OAP의 넓이)
$=2\times\frac{1}{2}\times\overline{OA}\times\overline{AP}$
$=2\times\frac{1}{2}\times2\times\sqrt{l^2-4}$
$=2\sqrt{l^2-4}$
이므로 사각형 OAPB의 넓이는 l의 값이 최소일 때, 최솟값을 갖는다.
l의 최솟값은 원점 O(0, 0)과 직선 $3x+4y+20=0$ 사이의 거리이므로
$\frac{|20|}{\sqrt{3^2+4^2}}=4$
따라서 사각형 OAPB의 넓이의 최솟값은
$2\times\sqrt{4^2-4}=4\sqrt{3}$

서술형

10

▸ 25739-0098

좌표평면 위의 세 점 P(6, 0), Q(−6, 0), R(a, b)에 대하여 삼각형 PQR이 정삼각형일 때, 세 점 P, Q, R을 지나는 원의 중심의 좌표를 (m, n), 반지름의 길이를 r이라 하자. $m^2+n^2+r^2$의 값을 구하시오. (단, $b>0$)

답 60

풀이 선분 PQ의 수직이등분선은 y축($x=0$)이고 점 R은 y축 위에 있으므로 $a=0$

$\overline{PR}=\overline{PQ}$이므로

$\sqrt{(a-6)^2+b^2}=\sqrt{b^2+36}=12$, $b^2=108$

$b>0$이므로 $b=6\sqrt{3}$

따라서 점 R의 좌표는 $(0, 6\sqrt{3})$이다. …… ❶

구하는 원의 중심을 C라 하면 점 C는 삼각형 PQR의 무게중심과 같으므로 원의 중심의 좌표는 $C(0, 2\sqrt{3})$이고 …… ❷

반지름의 길이는 선분 CR의 길이와 같으므로 $4\sqrt{3}$이다.

따라서 $m=0$, $n=2\sqrt{3}$, $r=4\sqrt{3}$이므로

$m^2+n^2+r^2=0+12+48=60$ …… ❸

채점 기준	배점
❶ 점 R의 좌표 구하기	40 %
❷ 원의 중심의 좌표 구하기	30 %
❸ $m^2+n^2+r^2$의 값 구하기	30 %

11

▸ 25739-0099

중심이 원점인 원 C 밖의 점 (8, 4)에서 원 C에 그은 두 접선 중 한 접선의 기울기가 1이다. 나머지 한 접선의 접점의 좌표를 구하시오.

답 $\left(-\frac{2}{5}, \frac{14}{5}\right)$

풀이 점 (8, 4)를 지나고 기울기가 1인 직선의 방정식은

$y=1\times(x-8)+4$, 즉 $x-y-4=0$

직선 $x-y-4=0$와 원점 사이의 거리는

$\frac{|-4|}{\sqrt{1^2+(-1)^2}}=2\sqrt{2}$

원 C와 직선 $x-y-4=0$이 접하므로 원 C의 반지름의 길이는 $2\sqrt{2}$이다. …… ❶

원 C의 방정식은 $x^2+y^2=8$이므로

원 C : $x^2+y^2=8$과 점 (8, 4)를 지나고 기울기가 1이 아닌 직선과 접하는 접점의 좌표를 (x_1, y_1)이라 하면

$x_1x+y_1y=8$

이 접선이 점 (8, 4)를 지나므로

$8x_1+4y_1=8$, 즉 $y_1=-2x_1+2$ …… ❷

점 (x_1, y_1)이 원 C : $x^2+y^2=8$ 위의 점이므로

$x_1^{\,2}+y_1^{\,2}=8$ …… ㉠

$y_1=-2x_1+2$를 ㉠에 대입하면

$x_1^{\,2}+(-2x_1+2)^2=8$

$5x_1^{\,2}-8x_1-4=0$

$(5x_1+2)(x_1-2)=0$

$x_1=2$ 또는 $x_1=-\frac{2}{5}$

$x_1=2$인 경우 $y_1=-2\times2+2=-2$이므로 $(2, -2)$

$x_1=-\frac{2}{5}$인 경우 $y_1=-2\times\left(-\frac{2}{5}\right)+2=\frac{14}{5}$이므로 $\left(-\frac{2}{5}, \frac{14}{5}\right)$

두 점 $(2, -2)$, $(8, 4)$를 지나는 직선의 기울기가

$\frac{4-(-2)}{8-2}=1$이므로 나머지 한 접선의 접점의 좌표는

$\left(-\frac{2}{5}, \frac{14}{5}\right)$이다. …… ❸

채점 기준	배점
❶ 점과 직선 사이의 거리 공식을 이용하여 원 C의 반지름의 길이 구하기	30 %
❷ 점 (8, 4)를 지나고 원 C에 접하는 접선의 방정식 구하기	20 %
❸ 나머지 한 접점의 좌표 구하기	50 %

도형의 이동

개념 CHECK 본문 37~39쪽

1. 평행이동

1 ▸ 25739-0100

다음 점의 좌표를 구하시오.

(1) 점 $(2,\ 5)$를 x축의 방향으로 1만큼, y축의 방향으로 3만큼 평행이동한 점

(2) 점 $(7,\ -1)$을 x축의 방향으로 -5만큼, y축의 방향으로 -4만큼 평행이동한 점

(1) $(2+1,\ 5+3)$이므로 $(3,\ 8)$이다.

(2) $(7-5,\ -1-4)$이므로 $(2,\ -5)$이다.

답 (1) $(3,\ 8)$ (2) $(2,\ -5)$

2 ▸ 25739-0101

다음 도형의 방정식을 구하시오.

(1) 직선 $2x-y+1=0$을 x축의 방향으로 3만큼, y축의 방향으로 -4만큼 평행이동한 직선

(2) 원 $(x+1)^2+(y-3)^2=4$를 x축의 방향으로 -1만큼, y축의 방향으로 2만큼 평행이동한 원

(1) x 대신 $x-3$을, y 대신 $y+4$를 대입한 것이므로
$2(x-3)-(y+4)+1=0$, 즉 $2x-y-9=0$

(2) x 대신 $x+1$을, y 대신 $y-2$를 대입한 것이므로
$(x+1+1)^2+(y-2-3)^2=4$, 즉 $(x+2)^2+(y-5)^2=4$

답 (1) $2x-y-9=0$ (2) $(x+2)^2+(y-5)^2=4$

2. 점의 대칭이동

3 ▸ 25739-0102

다음 점의 좌표를 구하시오.

(1) 점 $(1,\ 3)$을 x축에 대하여 대칭이동한 점

(2) 점 $(-2,\ 1)$을 y축에 대하여 대칭이동한 점

(3) 점 $(4,\ -1)$을 원점에 대하여 대칭이동한 점

(4) 점 $(-3,\ -1)$을 직선 $y=x$에 대하여 대칭이동한 점

(1) y좌표의 부호를 바꾸면 되므로 $(1,\ -3)$

(2) x좌표의 부호를 바꾸면 되므로 $(2,\ 1)$

(3) x좌표의 부호와 y좌표의 부호를 모두 바꾸면 되므로 $(-4,\ 1)$

(4) x좌표와 y좌표를 서로 바꾸면 되므로 $(-1,\ -3)$

답 (1) $(1,\ -3)$ (2) $(2,\ 1)$ (3) $(-4,\ 1)$ (4) $(-1,\ -3)$

3. 도형의 대칭이동

4 ▸ 25739-0103

직선 $x-3y+2=0$을 다음에 대하여 대칭이동한 직선의 방정식을 구하시오.

(1) x축 (2) y축

(3) 원점 (4) 직선 $y=x$

(1) y 대신 $-y$를 대입한 것이므로
$x+3y+2=0$

(2) x 대신 $-x$를 대입한 것이므로
$-x-3y+2=0$, 즉 $x+3y-2=0$

(3) x 대신 $-x$를, y 대신 $-y$를 대입한 것이므로
$-x+3y+2=0$, 즉 $x-3y-2=0$

(4) x 대신 y, y 대신 x를 대입한 것이므로
$y-3x+2=0$, 즉 $3x-y-2=0$

답 (1) $x+3y+2=0$ (2) $x+3y-2=0$
(3) $x-3y-2=0$ (4) $3x-y-2=0$

5 ▸ 25739-0104

원 $(x+2)^2+(y-3)^2=9$를 다음에 대하여 대칭이동한 원의 방정식을 구하시오.

(1) x축 (2) y축

(3) 원점 (4) 직선 $y=x$

(1) y 대신 $-y$를 대입한 것이므로
$(x+2)^2+(-y-3)^2=9$,
즉 $(x+2)^2+(y+3)^2=9$

(2) x 대신 $-x$를 대입한 것이므로
$(-x+2)^2+(y-3)^2=9$,
즉 $(x-2)^2+(y-3)^2=9$

(3) x 대신 $-x$를, y 대신 $-y$를 대입한 것이므로
$(-x+2)^2+(-y-3)^2=9$,
즉 $(x-2)^2+(y+3)^2=9$

(4) x 대신 y, y 대신 x를 대입한 것이므로
$(y+2)^2+(x-3)^2=9$, 즉 $(x-3)^2+(y+2)^2=9$

답 (1) $(x+2)^2+(y+3)^2=9$ (2) $(x-2)^2+(y-3)^2=9$
(3) $(x-2)^2+(y+3)^2=9$ (4) $(x-3)^2+(y+2)^2=9$

대표유형 01 점의 평행이동

▸ 25739-0105

점 P(2, -4)를 x축의 방향으로 a만큼 평행이동한 점을 Q, y축의 방향으로 3만큼 평행이동한 점을 R이라 할 때, 직선 QR은 원점을 지난다. 상수 a의 값을 구하시오.

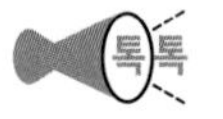

MD의 한마디!

두 점 Q, R을 지나는 직선의 방정식을 구하기 위해
① 점의 평행이동을 이용하여 두 점 Q, R의 좌표를 구하고
② 두 점 Q, R을 지나는 직선이 원점을 지나는 것을 이용해 상수 a의 값을 구합니다.

MD's Solution

점 P(2, -4)를 x축의 방향으로 a만큼 평행이동한 점의 좌표는 Q($2+a$, -4), y축의 방향으로 3만큼 평행이동한 점의 좌표는 (2, $-4+3$), 즉 R(2, -1)이다. → 점의 평행이동을 이용하여 두 점 Q, R의 좌표를 구해.

$a=0$이면 주어진 조건을 만족시키지 않으므로 $a\neq0$이다.

직선 QR의 방정식은 $y=\dfrac{-4-(-1)}{2+a-2}(x-2)-1$

즉, $y=-\dfrac{3}{a}x+\dfrac{6}{a}-1$ → 두 점 Q, R을 지나는 직선의 방정식을 구하면 기울기와 y절편이 모두 a에 대한 식으로 나타나.

직선 QR이 원점을 지나므로 $\dfrac{6}{a}-1=0$ → 직선의 방정식에 $x=0$, $y=0$을 대입하면 a의 값을 구할 수 있어.

따라서 $a=6$

답 6

유제

01-1

▸ 25739-0106

점 (3, a)를 x축의 방향으로 b만큼, y축의 방향으로 -2만큼 평행이동한 점의 좌표가 $(2b^2, 4a+1)$일 때, $a+b$의 최댓값을 구하시오.

점 (3, a)를 x축의 방향으로 b만큼, y축의 방향으로 -2만큼 평행이동한 점의 좌표는 $(3+b, a-2)$이다.

$3+b=2b^2$에서 $2b^2-b-3=0$, $(b+1)(2b-3)=0$

$b=-1$ 또는 $b=\dfrac{3}{2}$

$a-2=4a+1$에서 $3a=-3$, $a=-1$

따라서 $a+b=-1+(-1)=-2$ 또는 $a+b=-1+\dfrac{3}{2}=\dfrac{1}{2}$이므로 $a+b$의 최댓값은 $\dfrac{1}{2}$이다.

답 $\dfrac{1}{2}$

01-2

▸ 25739-0107

점 (3, 2)를 x축의 방향으로 a만큼, y축의 방향으로 $-a$만큼 평행이동한 점이 곡선 $y=x^2-2x$ 위에 있도록 하는 모든 실수 a의 값의 합을 구하시오.

점 (3, 2)를 x축의 방향으로 a만큼, y축의 방향으로 $-a$만큼 평행이동한 점의 좌표는 $(3+a, 2-a)$이다.

이 점이 곡선 $y=x^2-2x$ 위에 있으므로

$2-a=(3+a)^2-2(3+a)$

$a^2+5a+1=0$

이차방정식의 근과 계수의 관계에 의하여 모든 실수 a의 값의 합은 -5이다.

답 -5

대표유형 02 도형의 평행이동

▸ 25739-0108

두 점 A$(-2, 3)$, B$(1, -3)$에 대하여 선분 AB의 수직이등분선을 x축의 방향으로 -1만큼, y축의 방향으로 4만큼 평행이동한 직선의 방정식이 $ax-4y+b=0$이다. 두 상수 a, b에 대하여 $a+b$의 값을 구하시오.

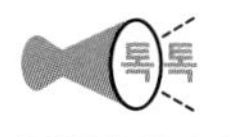

MD의 한마디!

수직이등분선의 성질을 이용하여
① 직선 AB의 기울기와 직선 AB가 지나는 한 점(선분 AB의 중점)을 구하여 수직이등분선의 방정식을 구한 후
② 주어진 직선을 평행이동한 직선의 방정식과 비교하여 두 상수 a, b를 각각 구합니다.

MD's Solution

두 점 A$(-2, 3)$, B$(1, -3)$을 지나는 직선의 기울기는 $\frac{-3-3}{1-(-2)}=-2$

선분 AB의 중점의 좌표는 $\left(\frac{-2+1}{2}, \frac{3+(-3)}{2}\right)$, 즉 $\left(-\frac{1}{2}, 0\right)$

선분 AB의 수직이등분선은 기울기가 $\frac{1}{2}$이고 점 $\left(-\frac{1}{2}, 0\right)$을 지나므로

└→ 선분 AB와 수직이고, 선분 AB의 중점을 지나는 직선이야.

$y=\frac{1}{2}\left(x+\frac{1}{2}\right)$, $2x-4y+1=0$

직선 $2x-4y+1=0$을 x축의 방향으로 -1만큼, y축의 방향으로 4만큼 평행이동한 직선의 방정식은

└→ x 대신 $x+1$, y 대신 $y-4$를 대입하여 구할 수 있어.

$2(x+1)-4(y-4)+1=0$, $2x-4y+19=0$

따라서 $a=2$, $b=19$이므로

$a+b=2+19=21$

답 21

유제

02-1

▸ 25739-0109

직선 $y=ax+b$를 x축의 방향으로 3만큼, y축의 방향으로 -2만큼 평행이동한 직선의 방정식이 $3x+y+4=0$일 때, 두 상수 a, b의 값을 각각 구하시오.

직선 $y=ax+b$를 x축의 방향으로 3만큼, y축의 방향으로 -2만큼 평행이동한 직선의 방정식은

$y+2=a(x-3)+b$이므로

$ax-y-3a+b-2=0$

따라서 $\frac{a}{3}=\frac{-1}{1}=\frac{-3a+b-2}{4}$에서

$a=-3$, $b=-11$

답 $a=-3$, $b=-11$

02-2

▸ 25739-0110

원 $x^2+y^2+8x-2y-8=0$을 x축의 방향으로 a만큼, y축의 방향으로 b만큼 평행이동한 원이 x축과 y축에 모두 접할 때, $a\times b$의 값을 구하시오. (단, $a>0$, $b>0$)

$x^2+y^2+8x-2y-8=0$에서

$(x+4)^2+(y-1)^2=25$

원 $(x+4)^2+(y-1)^2=25$를 x축의 방향으로 a만큼, y축의 방향으로 b만큼 평행이동한 원의 방정식은

$(x-a+4)^2+(y-b-1)^2=25$

이고 원의 중심의 좌표는 $(a-4, b+1)$, 반지름의 길이는 5이다.

이 원이 x축과 y축에 모두 접하므로

$|a-4|=5$, $|b+1|=5$

$a-4=5$ 또는 $a-4=-5$이고 $a>0$이므로 $a=9$

$b+1=5$ 또는 $b+1=-5$이고 $b>0$이므로 $b=4$

따라서 $a\times b=9\times 4=36$

답 36

대표유형 03 점의 대칭이동

▸ 25739-0111

점 $\mathrm{P}(a,\ a+3)$을 직선 $y=x$에 대하여 대칭이동한 점을 Q라 하고 점 Q를 x축에 대하여 대칭이동한 점을 R이라 하자. $\angle\mathrm{RPQ}=\angle\mathrm{RQP}$가 되도록 하는 실수 a의 값을 구하시오.

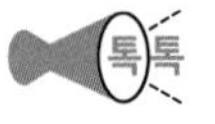

MD의 한마디!

$\angle\mathrm{RPQ}=\angle\mathrm{RQP}$인 실수 a의 값을 구하기 위해
① $\overline{\mathrm{PR}}$, $\overline{\mathrm{QR}}$의 길이를 각각 구하고
② $\overline{\mathrm{PR}}=\overline{\mathrm{QR}}$을 이용하여 실수 a의 값을 구합니다.

MD's Solution

삼각형 PQR에서 $\angle\mathrm{RPQ}=\angle\mathrm{RQP}$이므로 $\overline{\mathrm{PR}}=\overline{\mathrm{QR}}$이다.
↳ 두 내각의 크기가 같으므로 이등변삼각형이야.

점 $\mathrm{P}(a,\ a+3)$을 직선 $y=x$에 대하여 대칭이동한 점의 좌표는 $\mathrm{Q}(a+3,\ a)$이고

점 $\mathrm{Q}(a+3,\ a)$를 x축에 대하여 대칭이동한 점의 좌표는 $\mathrm{R}(a+3,\ -a)$이다. → 점의 대칭이동을 이용하여 두 점 Q, R의 좌표를 구해보자.

$\overline{\mathrm{PR}}=\sqrt{\{(a+3)-a\}^2+\{-a-(a+3)\}^2}=\sqrt{4a^2+12a+18}$

$\overline{\mathrm{QR}}=\sqrt{\{(a+3)-(a+3)\}^2+(-a-a)^2}=2|a|$

$\overline{\mathrm{PR}}=\overline{\mathrm{QR}}$이므로

$\sqrt{4a^2+12a+18}=2|a|$에서 → 양변을 제곱하면 각 변이 a에 대한 이차식이 되어 간단해져.

$4a^2+12a+18=4a^2,\ 12a+18=0$

따라서 $a=-\dfrac{3}{2}$

답 $-\dfrac{3}{2}$

유제

03-1 ▸ 25739-0112

점 $\mathrm{P}(4,\ 2)$를 x축에 대하여 대칭이동한 점을 Q라 하고, 점 Q를 원점에 대하여 대칭이동한 점을 R이라 할 때, 삼각형 PQR의 무게중심의 좌표를 구하시오.

점 $\mathrm{P}(4,\ 2)$를 x축에 대하여 대칭이동한 점의 좌표는 $\mathrm{Q}(4,\ -2)$이고 점 Q를 원점에 대하여 대칭이동한 점의 좌표는 $\mathrm{R}(-4,\ 2)$이므로 삼각형 PQR의 무게중심의 좌표는

$\left(\dfrac{4+4+(-4)}{3},\ \dfrac{2+(-2)+2}{3}\right)$

즉, $\left(\dfrac{4}{3},\ \dfrac{2}{3}\right)$이다.

답 $\left(\dfrac{4}{3},\ \dfrac{2}{3}\right)$

03-2 ▸ 25739-0113

점 $\mathrm{P}(a,\ b)$를 y축에 대하여 대칭이동한 점을 Q, 직선 $y=x$에 대하여 대칭이동한 점을 R이라 하자. 점 Q를 x축의 방향으로 3만큼, y축의 방향으로 -5만큼 평행이동한 점이 R일 때, $a\times b$의 값을 구하시오.

점 $\mathrm{P}(a,\ b)$를 y축에 대하여 대칭이동한 점의 좌표는 $\mathrm{Q}(-a,\ b)$이고, 점 $\mathrm{P}(a,\ b)$를 직선 $y=x$에 대하여 대칭이동한 점의 좌표는 $\mathrm{R}(b,\ a)$이다.

점 $\mathrm{Q}(-a,\ b)$를 x축의 방향으로 3만큼, y축의 방향으로 -5만큼 평행이동한 점의 좌표는 $(-a+3,\ b-5)$이고 이 점이 R과 일치하므로

$b=-a+3$ ······ ㉠

$a=b-5$ ······ ㉡

㉡을 ㉠에 대입하면

$b=-(b-5)+3,\ b=4$

$b=4$를 ㉡에 대입하면 $a=4-5=-1$

따라서 $a\times b=-1\times4=-4$

답 -4

대표유형 04 도형의 대칭이동

▸ 25739-0114

원 $x^2+y^2+6x-2y=0$을 직선 $y=x$에 대하여 대칭이동한 후 원점에 대하여 대칭이동한 원이 직선 $x-2y+k=0$에 의하여 넓이가 이등분될 때, 상수 k의 값을 구하시오.

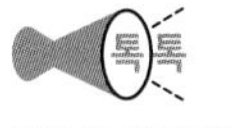

MD의 한마디!

원의 넓이를 이등분하는 직선의 방정식을 구하기 위해
① 대칭이동한 원의 중심을 구하고
② 직선의 방정식에 원의 중심의 좌표를 대입합니다.

MD's Solution

$x^2+y^2+6x-2y=0$에서
$(x+3)^2+(y-1)^2=10$
이 원을 직선 $y=x$에 대하여 대칭이동한 원의 방정식은
$(x-1)^2+(y+3)^2=10$
이고 다시 원점에 대하여 대칭이동하면 → 원을 대칭이동할 때에는 원의 중심만 대칭이동하면 대칭이동한 원의 방정식을 쉽게 구할 수 있어.
$(x+1)^2+(y-3)^2=10$
이 원이 직선 $x-2y+k=0$에 의하여 넓이가 이등분되므로 직선 $x-2y+k=0$이 원의 중심 $(-1, 3)$을 지난다.
└→ 원의 중심을 지나는 직선이 원과 만나는 두 점을 이은 선분은 지름이 되므로 원의 넓이가 이등분되겠지.
따라서 $-1-2\times3+k=0$이므로
$k=7$

답 7

유제

04-1

▸ 25739-0115

직선 $x+ay+2=0$을 x축에 대하여 대칭이동한 직선과 직선 $x+ay+2=0$이 서로 수직일 때 양수 a의 값을 구하시오.

직선 $x+ay+2=0$을 x축에 대하여 대칭이동한 직선의 방정식은 $x+ay+2=0$에서 y 대신 $-y$를 대입한 것이므로 $x-ay+2=0$
두 직선 $x-ay+2=0$, $x+ay+2=0$은 서로 수직이므로
$1\times1+(-a)\times a=0$, $a^2=1$
$a>0$이므로 $a=1$

답 1

04-2

▸ 25739-0116

포물선 $y=x^2-4x+3$을 x축에 대하여 대칭이동한 후 원점에 대하여 대칭이동한 포물선이 직선 $y=2x+6$과 만나는 두 점 사이의 거리를 구하시오.

방정식 $f(x, y)=0$이 나타내는 도형을 x축에 대하여 대칭이동한 도형의 방정식은 $f(x, -y)=0$ …… ㉠
방정식 $f(x, -y)=0$이 나타내는 도형을 원점에 대하여 대칭이동한 도형의 방정식은 $f(-x, y)=0$ …… ㉡
㉠, ㉡에서 포물선 $y=x^2-4x+3$을 x축에 대하여 대칭이동한 후 원점에 대하여 대칭이동한 포물선은 포물선 $y=x^2-4x+3$을 y축에 대하여 대칭이동한 포물선과 같다.
포물선 $y=x^2-4x+3$을 y축에 대하여 대칭이동한 도형의 방정식은 $y=(-x)^2-4\times(-x)+3$, $y=x^2+4x+3$
이 포물선이 직선 $y=2x+6$과 만나는 두 점의 x좌표를 구하면
$x^2+4x+3=2x+6$에서 $x^2+2x-3=0$, $(x+3)(x-1)=0$
$x=-3$ 또는 $x=1$
이 값을 $y=2x+6$에 대입하여 두 점의 좌표를 구하면
$(-3, 0)$, $(1, 8)$이므로 구하는 두 점 사이의 거리는
$\sqrt{\{1-(-3)\}^2+(8-0)^2}=4\sqrt{5}$

답 $4\sqrt{5}$

대표유형 05 도형의 평행이동과 대칭이동

▸ 25739-0117

원 $(x-a)^2+(y+2)^2=9$를 x축의 방향으로 4만큼, y축의 방향으로 -2만큼 평행이동한 후 직선 $y=x$에 대하여 대칭이동한 원이 x축에 접할 때, 실수 a의 값을 모두 구하시오.

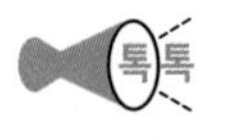

MD의 한마디!

실수 a의 값을 구하기 위해
① 원을 평행이동한 후 대칭이동한 원의 방정식을 구하고
② 이 원이 x축에 접하기 위한 조건을 이용하여 a의 값을 구합니다.

MD's Solution

원 $(x-a)^2+(y+2)^2=9$를 x축의 방향으로 4만큼, y축의 방향으로 -2만큼 평행이동한 원의 방정식은
↳ x 대신 $x-4$, y 대신 $y+2$를 대입하면 구할 수 있어.

$(x-a-4)^2+(y+4)^2=9$

이 원을 직선 $y=x$에 대하여 대칭이동한 원의 방정식은
↳ x 대신 y, y 대신 x를 대입하면 구할 수 있어.
평행이동과 대칭이동을 모두 하는 경우 순서가 바뀌지 않도록 주의해야 돼.

$(x+4)^2+(y-a-4)^2=9$

이 원의 반지름의 길이는 3이고 x축에 접하므로 → x축에 접하는 경우 '(반지름의 길이)=(중심의 y좌표의 절댓값)'이야.

$|a+4|=3$에서 $a+4=3$ 또는 $a+4=-3$

따라서 $a=-1$ 또는 $a=-7$

답 -1 또는 -7

유제

05-1

▸ 25739-0118

직선 $2x+5y-1=0$을 x축의 방향으로 4만큼, y축의 방향으로 -1만큼 평행이동한 후 직선 $y=x$에 대하여 대칭이동한 직선이 점 $(2, a)$를 지날 때, 실수 a의 값을 구하시오.

직선 $2x+5y-1=0$을 x축의 방향으로 4만큼, y축의 방향으로 -1만큼 평행이동한 직선의 방정식은

$2(x-4)+5(y+1)-1=0$에서

$2x+5y-4=0$

이 직선을 직선 $y=x$에 대하여 대칭이동한 직선의 방정식은

$5x+2y-4=0$

이 직선이 점 $(2, a)$를 지나므로

$5\times2+2\times a-4=0$, $2a=-6$

$a=-3$

답 -3

05-2

▸ 25739-0119

원 C : $(x-1)^2+(y-3)^2=4$를 x축의 방향으로 a만큼 평행이동한 후 원점에 대하여 대칭이동한 원의 중심을 A라 할 때, 원 C 위의 점 P에 대하여 선분 PA의 길이의 최댓값이 8이다. 상수 a의 값을 구하시오.

원 C : $(x-1)^2+(y-3)^2=4$를 x축의 방향으로 a만큼 평행이동한 원의 방정식은 $(x-a-1)^2+(y-3)^2=4$이고 이 원을 원점에 대하여 대칭이동한 원의 방정식은

$(-x-a-1)^2+(-y-3)^2=4$에서

$(x+a+1)^2+(y+3)^2=4$

점 $A(-a-1, -3)$과 원 C의 중심 $(1, 3)$ 사이의 거리는

$\sqrt{\{1-(-a-1)\}^2+\{3-(-3)\}^2}=\sqrt{a^2+4a+40}$

이고 원 C의 반지름의 길이가 2이므로

선분 PA의 길이의 최댓값은

$\sqrt{a^2+4a+40}+2=8$, $a^2+4a+40=36$

$a^2+4a+4=0$, $(a+2)^2=0$

따라서 $a=-2$

답 -2

실력 완성

단원 마무리

본문 45~46쪽

1

▸ 25739-0120

좌표평면 위의 점 P$(1, a)$를 x축의 방향으로 4만큼, y축의 방향으로 b만큼 평행이동한 점을 Q라 하자. 두 점 P, Q가 모두 직선 $x+4y-2=0$ 위에 있을 때, $a-b$의 값은?

① $\frac{1}{4}$　② $\frac{1}{2}$　③ $\frac{3}{4}$
④ 1　⑤ $\frac{5}{4}$

답 ⑤

풀이 점 P$(1, a)$를 x축의 방향으로 4만큼, y축의 방향으로 b만큼 평행이동한 점의 좌표는
Q$(1+4, a+b)$, 즉 Q$(5, a+b)$
두 점 P$(1, a)$, Q$(5, a+b)$가 모두 직선 $x+4y-2=0$ 위에 있으므로
$1+4a-2=0$에서 $a=\frac{1}{4}$
$5+4(a+b)-2=0$에서 $4b+4=0$
$b=-1$
따라서 $a-b=\frac{1}{4}-(-1)=\frac{5}{4}$

2

▸ 25739-0121

점 (a, b)를 x축의 방향으로 3만큼, y축의 방향으로 -2만큼 평행이동하였더니 포물선 $y=x^2-8x+28$의 꼭짓점과 일치하였다. $a+b$의 값은?

① 12　② 13　③ 14
④ 15　⑤ 16

답 ④

풀이 점 (a, b)를 x축의 방향으로 3만큼, y축의 방향으로 -2만큼 평행이동한 점의 좌표는 $(a+3, b-2)$이다.
포물선 $y=x^2-8x+28=(x-4)^2+12$의 꼭짓점의 좌표는 $(4, 12)$이므로
$a+3=4$, $b-2=12$에서
$a=1$, $b=14$
따라서 $a+b=15$

3

▸ 25739-0122

포물선 $y=x^2+1$을 x축의 방향으로 a만큼, y축의 방향으로 $3a$만큼 평행이동한 곡선이 직선 $y=2x-4$와 접할 때, 실수 a의 값은?

① -4　② -2　③ 0
④ 2　⑤ 4

답 ①

풀이 포물선 $y=x^2+1$을 x축의 방향으로 a만큼, y축의 방향으로 $3a$만큼 평행이동한 곡선을 나타내는 방정식은
$y-3a=(x-a)^2+1$, $y=(x-a)^2+3a+1$
이 곡선과 직선 $y=2x-4$가 접하므로
$(x-a)^2+3a+1=2x-4$,
즉 $x^2-2(a+1)x+a^2+3a+5=0$에서
이차방정식 $x^2-2(a+1)x+a^2+3a+5=0$의 판별식을 D라 하면
$\frac{D}{4}=(a+1)^2-(a^2+3a+5)=0$
$-a-4=0$
따라서 $a=-4$

4

▸ 25739-0123

점 $(3, -1)$을 지나는 직선 l을 x축의 방향으로 -3만큼, y축의 방향으로 2만큼 평행이동한 직선이 직선 l과 일치할 때, 직선 l의 x절편은?

① $-\frac{3}{2}$　② $-\frac{3}{4}$　③ 0
④ $\frac{3}{4}$　⑤ $\frac{3}{2}$

답 ⑤

풀이 직선 l이 y축과 평행한 경우는 주어진 조건을 만족시키지 않는다.
직선 l의 기울기를 m이라 하면 직선 l의 방정식은
$y=m(x-3)-1$, $y=mx-3m-1$　…… ㉠
직선 l을 x축의 방향으로 -3만큼, y축의 방향으로 2만큼 평행이동한 직선의 방정식은
$y-2=m(x+3)-3m-1$에서
$y=mx+1$　…… ㉡
㉠, ㉡에서 $-3m-1=1$이므로
$m=-\frac{2}{3}$
따라서 직선 l의 방정식은 $y=-\frac{2}{3}x+1$이므로
직선 l의 x절편은 $\frac{3}{2}$이다.

5 | 2022학년도 3월 고2 학력평가 27번 | ▸ 25739-0124

두 양수 a, b에 대하여 원 $C : (x-1)^2+y^2=r^2$을 x축의 방향으로 a만큼, y축의 방향으로 b만큼 평행이동한 원을 C'이라 할 때, 두 원 C, C'이 다음 조건을 만족시킨다.

(가) 원 C'은 원 C의 중심을 지난다.
(나) 직선 $4x-3y+21=0$은 두 원 C, C'에 모두 접한다.

$a+b+r$의 값을 구하시오. (단, r은 양수이다.)

답 12

풀이

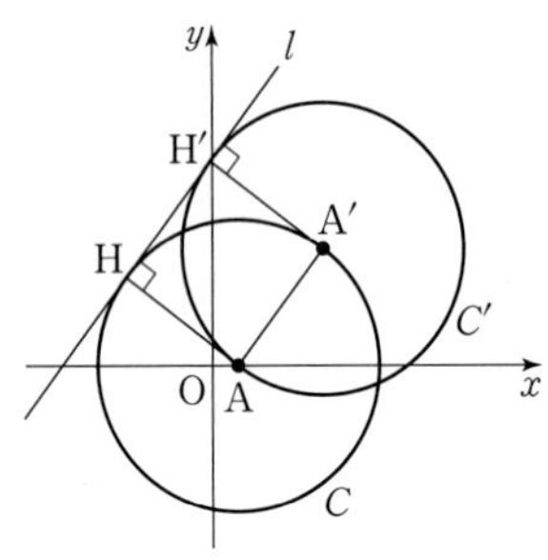

두 원 C, C'의 중심을 각각 A, A′이라 하자.
원 C의 중심은 A(1, 0)이므로 조건 (나)에서

$r=\frac{|4\times1-3\times0+21|}{\sqrt{4^2+(-3)^2}}=5$

원 C'의 방정식은 $(x-a-1)^2+(y-b)^2=25$이고 조건 (가)에서 점 A(1, 0)을 지나므로

$(1-a-1)^2+(0-b)^2=25$

$a^2+b^2=25$ …… ㉠

직선 $4x-3y+21=0$을 l이라 하고 두 점 A, A′에서 직선 l에 내린 수선의 발을 각각 H, H′이라 하면 $\overline{AH}=\overline{A'H'}$이고 $\overline{A'H'}\perp l$이므로 직선 AA′은 직선 l과 평행하다.

직선 l의 기울기는 $\frac{4}{3}$이므로

$\frac{b-0}{(1+a)-1}=\frac{4}{3}$, $b=\frac{4}{3}a$ …… ㉡

㉠, ㉡에서 $a^2+b^2=a^2+\left(\frac{4}{3}a\right)^2=\frac{25}{9}a^2=25$

$a>0$, $b>0$이므로 $a=3$, $b=4$

따라서 $a+b+r=3+4+5=12$

6 ▸ 25739-0125

방정식 $f(x, y)=0$이 나타내는 원 F를 직선 $y=x$에 대하여 대칭이동한 후 x축의 방향으로 a만큼, y축의 방향으로 b만큼 평행이동한 원 F'을 나타내는 방정식이 $f(y-4, x+1)=0$일 때, $a+b$의 값은?

① 1 ② 2 ③ 3
④ 4 ⑤ 5

답 ③

풀이 방정식 $f(x, y)=0$이 나타내는 원 F를 직선 $y=x$에 대하여 대칭이동한 원을 G라 할 때, 원 G를 나타내는 방정식은 $f(y, x)=0$이다.
방정식 $f(y, x)=0$이 나타내는 원 G를 x축의 방향으로 a만큼, y축의 방향으로 b만큼 평행이동한 원 F'을 나타내는 방정식은 $f(y-b, x-a)=0$이고 이 방정식은 $f(y-4, x+1)=0$과 같으므로

$a=-1$, $b=4$

따라서 $a+b=-1+4=3$

7 | 2022학년도 9월 고1 학력평가 13번 | ▸ 25739-0126

좌표평면 위의 점 A$(-3, 4)$를 직선 $y=x$에 대하여 대칭이동한 점을 B라 하고, 점 B를 x축의 방향으로 2만큼, y축의 방향으로 k만큼 평행이동한 점을 C라 하자. 세 점 A, B, C가 한 직선 위에 있을 때, 실수 k의 값은?

① -5 ② -4 ③ -3
④ -2 ⑤ -1

답 ④

풀이 점 A$(-3, 4)$를 직선 $y=x$에 대하여 대칭이동한 점 B의 좌표는 $(4, -3)$
점 B$(4, -3)$을 x축의 방향으로 2만큼, y축의 방향으로 k만큼 평행이동한 점 C의 좌표는 $(6, -3+k)$
두 점 A, B를 지나는 직선의 방정식은

$y-4=\frac{-3-4}{4-(-3)}\{x-(-3)\}$

$y=-x+1$

세 점 A, B, C가 한 직선 위에 있으므로

$-3+k=-6+1$

따라서 $k=-2$

8 ▸ 25739-0127

좌표평면 위에 두 점 A$(a, 3)$, B$(-1, 1)$이 있다. x축 위의 점 P에 대하여 $\overline{AP}+\overline{BP}$의 최솟값이 5가 되도록 하는 양수 a의 값을 구하시오.

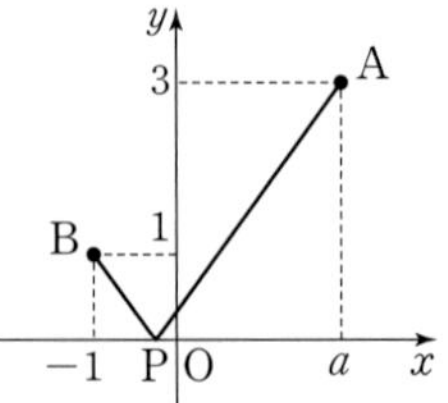

답 2

풀이

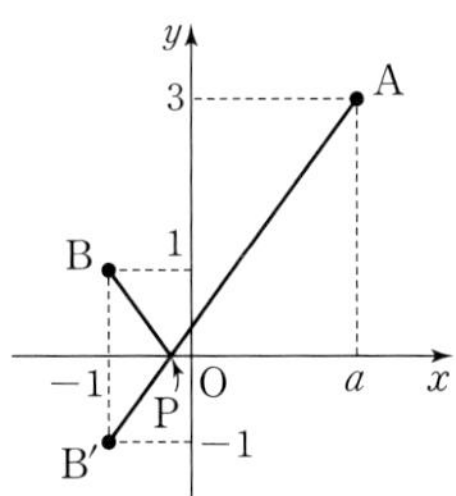

그림과 같이 점 B$(-1, 1)$을 x축에 대하여 대칭이동한 점을 B′이라 하면 B′의 좌표는 $(-1, -1)$이다.

$\overline{BP}=\overline{B'P}$이므로

$$\begin{aligned}\overline{AP}+\overline{PB}&=\overline{AP}+\overline{B'P}\\&\ge\overline{AB'}\\&=\sqrt{(-1-a)^2+(-1-3)^2}\\&=\sqrt{a^2+2a+17}\end{aligned}$$

$\overline{AP}+\overline{PB}$의 값은 점 P가 직선 AB′ 위에 있을 때 최소이고 최솟값은 $\sqrt{a^2+2a+17}$이다.

$\sqrt{a^2+2a+17}=5$에서

$a^2+2a+17=25$, $a^2+2a-8=0$

$(a+4)(a-2)=0$

$a=-4$ 또는 $a=2$

$a>0$이므로 $a=2$

9

▸ 25739-0128

직선 $ax-y+3=0$을 x축에 대하여 대칭이동한 직선을 l, y축에 대하여 대칭이동한 직선을 m이라 하자. 두 직선 l, m 사이의 거리가 4일 때, 양수 a의 값은?

① $\frac{\sqrt{5}}{4}$ ② $\frac{3\sqrt{5}}{8}$ ③ $\frac{\sqrt{5}}{2}$
④ $\frac{5\sqrt{5}}{8}$ ⑤ $\frac{3\sqrt{5}}{4}$

답 ③

풀이 직선 $ax-y+3=0$을 x축에 대하여 대칭이동한 직선의 방정식은 $l : ax+y+3=0$

직선 $ax-y+3=0$을 y축에 대하여 대칭이동한 직선의 방정식은 $m : -ax-y+3=0$

두 직선 $l : ax+y+3=0$과 $m : -ax-y+3=0$ 사이의 거리는 직선 l 위의 점 $(0, -3)$과 직선 m 사이의 거리와 같으므로

$$\frac{|-a\times0-(-3)+3|}{\sqrt{(-a)^2+(-1)^2}}=\frac{6}{\sqrt{a^2+1}}$$

$\frac{6}{\sqrt{a^2+1}}=4$, $a^2+1=\frac{9}{4}$

$a^2=\frac{5}{4}$

$a>0$이므로 $a=\frac{\sqrt{5}}{2}$

서술형

10

▸ 25739-0129

직선 $x-3y+3=0$을 직선 $y=x$에 대하여 대칭이동한 도형이 원 $(x-1)^2+(y-a)^2=9$에 접할 때, 양수 a의 값을 구하시오.

답 $3\sqrt{10}$

풀이 직선 $x-3y+3=0$을 직선 $y=x$에 대하여 대칭이동한 도형의 방정식은 $y-3x+3=0$에서 $3x-y-3=0$ …… ❶

원 $(x-1)^2+(y-a)^2=9$가 직선 $3x-y-3=0$과 접하므로 원의 중심 $(1, a)$와 직선 $3x-y-3=0$ 사이의 거리는 반지름의 길이 3과 같다.

$$\frac{|3\times1+(-1)\times a-3|}{\sqrt{3^2+(-1)^2}}=3$$ …… ❷

$|a|=3\sqrt{10}$

$a>0$이므로 $a=3\sqrt{10}$ …… ❸

채점 기준	배점
❶ 대칭이동한 직선의 방정식 구하기	40 %
❷ 원과 직선이 접하는 조건을 a에 대한 식으로 표현하기	40 %
❸ a의 값 구하기	20 %

11

▸ 25739-0130

원 $C : x^2+y^2+6x-2y+9=0$을 직선 $y=x$에 대하여 대칭이동한 원을 C_1이라 하고, 원 C를 x축의 방향으로 m만큼, y축의 방향으로 n만큼 평행이동한 원을 C_2라 하자. 원 C_1을 x축에 대하여 대칭이동하였더니 원 C_2와 일치하였다. 두 상수 m, n의 값을 각각 구하시오.

답 $m=4$, $n=2$

풀이 $C : x^2+y^2+6x-2y+9=0$에서

$(x+3)^2+(y-1)^2=1$이므로 원 C의 중심은 $(-3, 1)$이고 반지름의 길이는 1이다.

따라서 원 C를 직선 $y=x$에 대하여 대칭이동한 원 C_1의 방정식은

$(x-1)^2+(y+3)^2=1$

이므로 원 C_1의 중심은 $(1, -3)$이다. …… ❶

원 C를 x축의 방향으로 m만큼, y축의 방향으로 n만큼 평행이동한 원 C_2의 방정식은 $(x-m+3)^2+(y-n-1)^2=1$

이므로 원 C_2의 중심은 $(-3+m, 1+n)$이다. …… ❷

두 원 C_1, C_2가 x축에 대하여 대칭이므로 $-3+m=1$, $1+n=3$

따라서 $m=4$, $n=2$ …… ❸

채점 기준	배점
❶ 원 C_1의 방정식 또는 원 C_1의 중심 구하기	30 %
❷ 원 C_2의 방정식 또는 원 C_2의 중심 구하기	30 %
❸ m, n의 값 각각 구하기	40 %

Ⅱ 집합과 명제

05 집합

개념 CHECK 본문 48~54쪽

1. 집합과 원소

1 ▸ 25739-0131

다음 중 집합이 아닌 것은?

① 10월에 태어난 사람의 모임
② 5의 배수의 모임
③ 자연수의 모임
④ 큰 수의 모임
⑤ 역대 동계올림픽 우승국의 모임

① '10월에 태어난'은 기준이 명확하므로 집합이다.
② '5의 배수'는 기준이 명확하므로 집합이다.
③ '자연수'는 기준이 명확하므로 집합이다.
④ '큰 수'는 '큰'의 기준이 명확하지 않아 그 대상을 분명하게 정할 수 없으므로 집합이 아니다.
⑤ '동계올림픽 우승국'은 기준이 명확하므로 집합이다.

답 ④

2 ▸ 25739-0132

14의 약수의 집합을 A라 할 때, 다음 □ 안에 기호 $\in$, $\notin$ 중 알맞은 것을 써넣으시오.

(1) $2 \square A$　　(2) $4 \square A$
(3) $7 \square A$　　(4) $9 \square A$

14의 약수는 1, 2, 7, 14이므로
(1) $2 \in A$
(2) $4 \notin A$
(3) $7 \in A$
(4) $9 \notin A$

답 (1) $\in$　(2) $\notin$　(3) $\in$　(4) $\notin$

2. 집합의 표현과 분류

3 ▸ 25739-0133

다음에서 원소나열법으로 나타낸 집합은 조건제시법으로, 조건제시법으로 나타낸 집합은 원소나열법으로 나타내시오.

(1) $\{1, 2, 3, 4\}$　　(2) $\{x \mid x$는 8의 약수$\}$
(3) $\{2, 4, 6, 8, 10\}$　　(4) $\{x \mid x^2-x-6=0\}$

(1) 1, 2, 3, 4는 4 이하의 자연수라는 공통된 성질을 가지므로
$\{x \mid x$는 4 이하의 자연수$\}$
(2) 8의 약수는 1, 2, 4, 8이므로 $\{1, 2, 4, 8\}$
(3) 2, 4, 6, 8, 10은 10 이하의 짝수(혹은 2의 배수)라는 공통된 성질을 가지므로
$\{x \mid x$는 10 이하의 짝수$\}$
(4) $x^2-x-6=(x+2)(x-3)=0$에서
$x=-2$ 또는 $x=3$이므로 $\{-2, 3\}$

답 (1) $\{x \mid x$는 4 이하의 자연수$\}$　(2) $\{1, 2, 4, 8\}$
(3) $\{x \mid x$는 10 이하의 짝수$\}$　(4) $\{-2, 3\}$

4 ▸ 25739-0134

다음 집합 A에 대하여 $n(A)$의 값을 구하시오.

(1) $A=\{1, 2, 4\}$
(2) $A=\{x \mid x$는 15의 약수$\}$
(3) $A=\{x \mid x$는 $x^2+1=0$인 실수$\}$
(4) $A=\{x \mid x$는 $x^2-2x-15<0$인 정수$\}$

(1) 원소가 3개이므로 $n(A)=3$
(2) 15의 양의 약수는 1, 3, 5, 15로 모두 4개이다.
따라서 $n(A)=4$
[다른 풀이]
15를 소인수분해하면 $15=3^1 \times 5^1$이므로 약수의 개수는
$(1+1)(1+1)=2\times2=4$
(3) $x^2+1=0$을 만족하는 실수 x는 존재하지 않으므로 집합 A는 공집합이고, $n(A)=0$
(4) $x^2-2x-15=(x+3)(x-5)<0$에서 $-3<x<5$이므로 정수 x의 값은 $-2, -1, 0, 1, 2, 3, 4$이다.
따라서 $n(A)=7$

답 (1) 3　(2) 4　(3) 0　(4) 7

3. 부분집합

5 ▸ 25739-0135

집합 $A=\{x|x$는 20 이하의 짝수$\}$에 대하여 다음 중 옳지 않은 것은?

① $2\in A$ ② $\{10, 20\}\subset A$
③ $\{1, 2, 3, 6\}\not\subset A$ ④ $\{4, 8, 12, 16\}\not\subset A$
⑤ $\varnothing\subset A$

집합 A를 원소나열법으로 나타내면
$\{2, 4, 6, 8, 10, 12, 14, 16, 18, 20\}$
① 2는 집합 A의 원소이므로 $2\in A$
② 10, 20은 집합 A의 원소이므로 $\{10, 20\}\subset A$
③ 1, 3은 모두 집합 A의 원소가 아니므로 $\{1, 2, 3, 6\}\not\subset A$
④ 4, 8, 12, 16은 모두 집합 A의 원소이므로
$\{4, 8, 12, 16\}\subset A$
⑤ 공집합은 모든 집합의 부분집합이므로 $\varnothing\subset A$

답 ④

6 ▸ 25739-0136

집합 $A=\{x|x$는 $x^2-7x+10\leq 0$인 자연수$\}$의 부분집합의 개수와 진부분집합의 개수를 각각 구하시오.

$x^2-7x+10=(x-2)(x-5)\leq 0$에서
$2\leq x\leq 5$이므로 자연수 x는 2, 3, 4, 5이다.
집합 A의 원소의 개수는 4이므로
집합 A의 부분집합의 개수는 $2^4=16$
집합 A의 진부분집합의 개수는 $2^4-1=15$

답 부분집합의 개수: 16, 진부분집합의 개수: 15

4. 합집합과 교집합

7 ▸ 25739-0137

다음 두 집합 A, B에 대하여 $A\cup B$, $A\cap B$를 각각 구하시오.

(1) $A=\{1, 3, 5, 7\}$, $B=\{1, 3, 9\}$
(2) $A=\{x|x^2-x-2=0\}$, $B=\{x|x$는 6의 약수$\}$

(1) 두 집합 A, B 중 적어도 한 집합에 속한 원소는 1, 3, 5, 7, 9이므로
$A\cup B=\{1, 3, 5, 7, 9\}$
두 집합 A, B에 공통으로 속한 원소는 1, 3이므로
$A\cap B=\{1, 3\}$
(2) $x^2-x-2=(x+1)(x-2)=0$에서 $x=-1$ 또는 $x=2$이므로 $A=\{-1, 2\}$
6의 약수는 1, 2, 3, 6이므로 $B=\{1, 2, 3, 6\}$
두 집합 A, B 중 적어도 한 집합에 속한 원소는 -1, 1, 2, 3, 6이므로 $A\cup B=\{-1, 1, 2, 3, 6\}$
두 집합 A, B에 공통으로 속한 원소는 2이므로 $A\cap B=\{2\}$

답 (1) $A\cup B=\{1, 3, 5, 7, 9\}$, $A\cap B=\{1, 3\}$
(2) $A\cup B=\{-1, 1, 2, 3, 6\}$, $A\cap B=\{2\}$

8 ▸ 25739-0138

다음 보기 중 집합 $A=\{3, 5\}$와 서로소인 집합을 있는 대로 고르시오.

보기
ㄱ. $\{1, 6\}$ ㄴ. $\{1, 2, 5\}$
ㄷ. $\{x|x^2-3x=0\}$ ㄹ. $\{x|x$는 $x^2+1=0$인 실수$\}$

ㄱ. 집합 $\{1, 6\}$은 집합 $A=\{3, 5\}$와 공통인 원소가 없으므로 서로소이다.
ㄴ. $\{1, 2, 5\}\cap\{3, 5\}=\{5\}$이므로 서로소가 아니다.
ㄷ. $x^2-3x=x(x-3)=0$에서 $x=0$ 또는 $x=3$
$\{0, 3\}\cap\{3, 5\}=\{3\}$이므로 서로소가 아니다.
ㄹ. $x^2+1=0$을 만족시키는 실수 x는 없으므로
$\{x|x^2+1=0, x$는 실수$\}=\varnothing$이다.
$\varnothing\cap\{3, 5\}=\varnothing$이므로 서로소이다.
따라서 집합 A와 서로소인 집합은 ㄱ, ㄹ이다.

답 ㄱ, ㄹ

5. 여집합과 차집합

9 ▸ 25739-0139

전체집합 $U=\{x|x$는 10 이하의 자연수$\}$의 두 부분집합
$A=\{1, 3, 5, 7, 9\}$, $B=\{2, 3, 5, 7\}$
에 대하여 다음 집합을 구하시오.

(1) $A-B$ (2) A^C (3) $A\cap B^C$

주어진 상황을 벤 다이어그램으로 나타내면 다음과 같다.

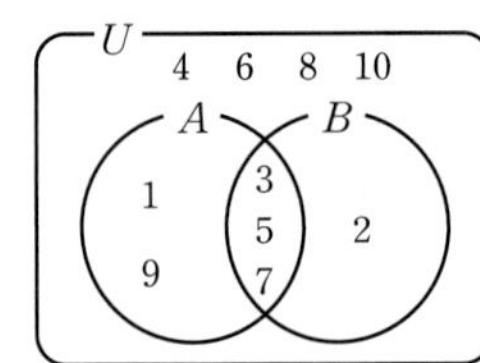

(1) $A-B=\{1, 9\}$
(2) $A^C=\{2, 4, 6, 8, 10\}$
(3) $A\cap B^C=A-B=\{1, 9\}$

답 (1) $\{1, 9\}$ (2) $\{2, 4, 6, 8, 10\}$ (3) $\{1, 9\}$

10

▸ 25739-0140

전체집합 U의 두 부분집합 A, B에 대하여 다음 보기 중 항상 옳은 것만을 있는 대로 고르시오.

보기

ㄱ. $B\cap A^C=B-A$　　ㄴ. $U-A^C=A$
ㄷ. $A\cap A^C=\varnothing$　　ㄹ. $A\cup(A\cap A^C)^C=A$

ㄱ. 차집합과 여집합의 성질에 의해 성립한다. (참)
ㄴ. $U-A^C=U\cap(A^C)^C=U\cap A=A$ (참)
ㄷ. $A\cap A^C=\varnothing$ (참)
ㄹ. ㄷ에 의해 $(A\cap A^C)^C=\varnothing^C=U$이므로
$A\cup(A\cap A^C)^C=A\cup U=U$
즉, $A\neq U$인 경우 성립하지 않는다. (거짓)
따라서 옳은 것은 ㄱ, ㄴ, ㄷ이다.

답 ㄱ, ㄴ, ㄷ

6. 집합의 연산법칙

11

▸ 25739-0141

전체집합 U의 두 부분집합 A, B에 대하여 다음 □ 안에 알맞은 것을 써넣으시오.

(1) $A\cup(A^C\cap B)=(A\square A^C)\square(A\square B)$
$=\square\cap(A\square B)=A\cup B$
(2) $A\cap(A\cap B^C)^C=A\cap(\square)$
$=(A\cap\square)\cup(A\cap\square)$
$=\square\cup(A\cap B)=A\cap B$

(1) 분배법칙에 의하여
$A\cup(A^C\cap B)=(A\cup A^C)\cap(A\cup B)$
$A\cup A^C=U$이므로 $U\cap(A\cup B)=A\cup B$
(2) 드모르간의 법칙에 의하여 $(A\cap B^C)^C=A^C\cup B$
분배법칙에 의하여 $A\cap(A^C\cup B)=(A\cap A^C)\cup(A\cap B)$
$A\cap A^C=\varnothing$이므로 $\varnothing\cup(A\cap B)=A\cap B$

답 (1) 왼쪽 위에서부터 순서대로 $\cup$, $\cap$, $\cup$, U, $\cup$
(2) 왼쪽 위에서부터 순서대로 $A^C\cup B$, A^C, B, $\varnothing$

12

▸ 25739-0142

전체집합 $U=\{1, 2, 3, 4, 6, 12\}$의 두 부분집합 A, B에 대하여 $A\cup B=\{3, 4, 6, 12\}$, $A\cap B=\{3, 6\}$일 때, 다음을 구하시오.

(1) $A^C\cap B^C$　　(2) $A^C\cup B^C$

(1) 드모르간의 법칙에 의하여 $A^C\cap B^C=(A\cup B)^C$이므로
$A^C\cap B^C=(A\cup B)^C=U-(A\cup B)=\{1, 2\}$
(2) 드모르간의 법칙에 의하여 $A^C\cup B^C=(A\cap B)^C$이므로
$A^C\cup B^C=(A\cap B)^C=U-(A\cap B)=\{1, 2, 4, 12\}$

답 (1) $\{1, 2\}$ (2) $\{1, 2, 4, 12\}$

7. 집합의 원소의 개수

13

▸ 25739-0143

두 집합 A, B에 대하여 $n(A)=8$, $n(B)=19$, $n(A\cap B)=5$일 때, $n(A\cup B)$의 값을 구하시오.

$n(A\cup B)=n(A)+n(B)-n(A\cap B)$
$=8+19-5=22$

답 22

14

▸ 25739-0144

전체집합 U의 두 부분집합 A, B에 대하여
$n(U)=20$, $n(A)=12$, $n(B)=10$, $n(A\cap B)=4$
일 때, 다음을 구하시오.

(1) $n(A^C)$　　(2) $n(B^C)$
(3) $n(A-B)$　　(4) $n(B-A)$
(5) $n((A\cap B)^C)$　　(6) $n((A\cup B)^C)$

(1) $n(A^C)=n(U)-n(A)=20-12=8$
(2) $n(B^C)=n(U)-n(B)=20-10=10$
(3) $n(A-B)=n(A)-n(A\cap B)=12-4=8$
(4) $n(B-A)=n(B)-n(A\cap B)=10-4=6$
(5) $n((A\cap B)^C)=n(U)-n(A\cap B)=20-4=16$
(6) $n((A\cup B)^C)=n(U)-n(A\cup B)$이고
$n(A\cup B)=n(A)+n(B)-n(A\cap B)=12+10-4=18$
이므로
$n((A\cup B)^C)=n(U)-n(A\cup B)=20-18=2$

답 (1) 8 (2) 10 (3) 8 (4) 6 (5) 16 (6) 2

대표유형 01 집합과 원소

▸ 25739-0145

다음 **보기** 중 집합인 것만을 있는 대로 고르시오.

보기

ㄱ. 10 이하의 자연수의 모임

ㄴ. 우리나라의 높은 산의 모임

ㄷ. $x^2-1=0$을 만족시키는 실수 x의 모임

ㄹ. 0에 가까운 정수

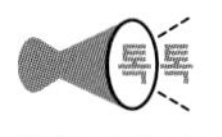

MD의 한마디!

집합은 그 대상을 분명하게 정할 수 있는 모임입니다.
① 각 모임의 대상을 분명하게 정할 수 있는지 판단합니다.
② 일반적으로 '잘', '큰' 등의 상대적인 표현, 즉 명확하지 않은 기준이 포함되는 경우는 집합이 아닙니다.

MD's Solution

ㄱ. 10 이하의 자연수는 1, 2, 3, …, 10으로 대상을 분명하게 정할 수 있으므로 집합이다.
↳ 자연수이므로 1 이상의 수야.

ㄴ. '우리나라의 높은 산'은 해발 1000m 이상의 산으로 생각할 수 있고, 해발 1500m 이상의 산으로 생각할 수도 있기 때문에 대상을 분명하게 정할 수 없으므로 집합이 아니다.
↳ 사람에 따라 높은 산의 기준이 다를 수 있어.

ㄷ. $x^2-1=0$에서 $(x+1)(x-1)=0$이므로 $x^2-1=0$을 만족시키는 실수 x는 -1과 1로 대상을 분명하게 정할 수 있으므로 집합이다.
↳ 인수분해를 이용해 x의 값을 구할 수 있어.

ㄹ. '0에 가까운 정수'를 한 자리의 정수로 생각할 수 있고 절댓값 5 이하의 정수로 생각할 수도 있기 때문에 대상을 분명하게 정할 수 없으므로 집합이 아니다.
↳ 사람에 따라 0에 가까운 수의 기준이 다를 수 있어.

따라서 집합인 것은 ㄱ, ㄷ이다.

답 ㄱ, ㄷ

유제

01-1

▸ 25739-0146

3으로 나누었을 때 나머지가 1이 되는 자연수의 집합을 A라 할 때, 다음 중 A의 원소가 아닌 것은?

① 4 ② 10 ③ 15
④ 19 ⑤ 25

$4=3\times1+1$이므로 $4\in A$
$10=3\times3+1$이므로 $10\in A$
$15=3\times5$이므로 $15\notin A$
$19=3\times6+1$이므로 $19\in A$
$25=3\times8+1$이므로 $25\in A$
따라서 집합 A의 원소가 아닌 것은 ③이다.

답 ③

01-2

▸ 25739-0147

30 이하의 자연수 중에서 6으로 나누었을 때 나머지가 4인 자연수들의 집합을 A라 할 때, 집합 A의 원소 중 가장 큰 수와 가장 작은 수의 합은?

① 32 ② 34 ③ 36
④ 38 ⑤ 40

30 이하의 자연수 중 6으로 나누었을 때 나머지가 4인 수를 작은 수부터 차례로 나열하면 4, 10, 16, 22, 28이므로 집합 A의 원소 중 가장 큰 수는 28, 가장 작은 수는 4이다.
따라서 집합 A의 원소 중 가장 큰 수와 가장 작은 수의 합은
$28+4=32$

답 ①

대표유형 02 집합의 표현

▸ 25739-0148

두 집합 $A=\{x|x$는 4 이하의 자연수$\}$, $B=\{x|x$는 $1\le x\le 6$인 정수$\}$에 대하여 집합 $C=\{a+b|a\in A,\ b\in B\}$일 때, 집합 C의 원소의 개수를 구하시오.

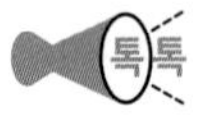

MD의 한마디!

두 집합으로 만들어지는 새로운 집합 C에 대하여
① 집합 C의 원소는 집합 A의 원소 중 하나와 집합 B의 원소 중 하나를 더한 값입니다.
② a, b라고 해서 반드시 다른 값이어야 하는 것이 아니고 같은 값일 수도 있음에 주의해야 합니다.

MD's Solution

두 집합 A, B를 각각 원소나열법으로 나타내면 A={1, 2, 3, 4}, B={1, 2, 3, 4, 5, 6}이고 집합 C는 두 집합에서 각각 하나의 원소를 택하여 더한 값을 원소로 갖는 집합이므로 표로 만들면 다음과 같다.

+	1	2	3	4	5	6
1	2	3	4	5	6	7
2	3	4	5	6	7	8
3	4	5	6	7	8	9
4	5	6	7	8	9	10

→ 집합 C의 원소를 찾는 과정에서 누락되면 안되니까 이렇게 표를 그리면 좋아.

따라서 집합 C를 원소나열법으로 나타내면 {2, 3, 4, 5, 6, 7, 8, 9, 10}이므로 원소의 개수는 9이다.

↳ 원소를 일일이 다 찾지 않고 1씩 커진다는 규칙을 알고 최솟값과 최댓값을 찾아서 풀 수도 있어. 단, 중복되는 수는 한 번만 쓴다는 것에 주의해야 해.

답 9

유제

02-1

▸ 25739-0149

두 집합

$A=\{-1,\ 0,\ 1\}$

$B=\{x|x$는 $-2<x\le 2$인 정수$\}$

일 때, 집합 $C=\{ab|a\in A,\ b\in B\}$를 원소나열법으로 나타내시오.

집합 B를 원소나열법으로 나타내면 $B=\{-1,\ 0,\ 1,\ 2\}$이므로 집합 C의 원소를 표로 만들면 다음과 같다.

×	−1	0	1	2
−1	1	0	−1	−2
0	0	0	0	0
1	−1	0	1	2

따라서 집합 C를 원소나열법으로 나타내면 $\{-2,\ -1,\ 0,\ 1,\ 2\}$이다.

답 $\{-2,\ -1,\ 0,\ 1,\ 2\}$

02-2

▸ 25739-0150

집합 $A=\{x|x$는 12의 약수$\}$에 대하여 집합 $B=\{y|y=(x-3)^2,\ x\in A\}$의 원소의 개수를 구하시오.

집합 A를 원소나열법으로 나타내면 $A=\{1,\ 2,\ 3,\ 4,\ 6,\ 12\}$이므로

집합 A의 원소 x에 대하여 $(x-3)^2$의 값을 표로 만들면 다음과 같다.

x	1	2	3	4	6	12
$(x-3)^2$	4	1	0	1	9	81

집합 B를 원소나열법으로 나타내면 $\{0,\ 1,\ 4,\ 9,\ 81\}$이므로 집합 B의 원소의 개수는 5

답 5

대표유형 03 기호 ∈, ⊂의 사용

▸ 25739-0151

집합 $A=\{\varnothing, 1, \{2\}\}$에 대하여 다음 중 옳지 않은 것은?

① $\varnothing\in A$ ② $1\in A$ ③ $\{2\}\subset A$ ④ $\{\{2\}\}\subset A$ ⑤ $\varnothing\subset A$

MD의 한마디!

원소와 집합, 집합과 집합 사이의 관계를 표현할 때
① (원소)∈(집합), (집합)⊂(집합)과 같이 ∈, ⊂의 양쪽에 쓰이는 요소를 정확하게 구별할 수 있어야 합니다.
② { } 기호가 포함된 원소의 경우에 대해서 기호 ∈, ⊂의 사용 여부를 정확히 이해해야 합니다.

MD's Solution

① ∅은 집합 A의 원소이므로 ∅∈A
↳ ∅은 공집합을 나타내는 기호이지만 집합 A의 원소이기도 해. 따라서 ∅∈A, ∅⊂A 모두 가능해.

② 1은 집합 A의 원소이므로 1∈A

③ {2}는 집합 A의 원소이지만 2는 집합 A의 원소가 아니므로 {2}⊄A
↳ {2}는 원소가 2인 집합을 나타내기도 하지만 집합 A의 원소이기도 해. 따라서 {2}∈A는 가능해.

④ {2}는 집합 A의 원소이므로 {2}를 원소로 갖는 집합 {{2}}는 집합 A의 부분집합이다.

⑤ 공집합은 모든 집합의 부분집합이므로 ∅⊂A
↳ ∅은 모든 집합의 부분집합이므로 항상 옳은 것이야.

답 ③

유제

03-1

▸ 25739-0152

집합 $A=\{a, b, \{a\}, \{b\}\}$에 대하여 다음 중 옳지 않은 것은?

① $a\in A$ ② $\{a\}\in A$ ③ $\{a\}\subset A$
④ $\{a, b\}\in A$ ⑤ $\{a, b\}\subset A$

①, ② a, $\{a\}$가 모두 집합 A의 원소이므로 $a\in A$, $\{a\}\in A$
③ a가 집합 A의 원소이므로 $\{a\}\subset A$
④ 집합 A에는 $\{a, b\}$와 같은 원소가 없으므로 $\{a, b\}\notin A$
⑤ a, b가 모두 집합 A의 원소이므로 $\{a, b\}\subset A$

답 ④

03-2

▸ 25739-0153

집합 $A=\{x|x$는 10 이하의 자연수 중 3의 배수$\}$에 대하여 다음 중 옳은 것을 모두 고르면?

① $3\notin A$ ② $\varnothing\subset A$ ③ $\{3, 6\}\not\subset A$
④ $\{4, 5\}\not\subset A$ ⑤ $\{6, 9\}\in A$

집합 A를 원소나열법으로 나타내면 $\{3, 6, 9\}$
① 3은 집합 A의 원소이므로 $3\in A$
② 공집합은 모든 집합의 부분집합이므로 $\varnothing\subset A$
③ 3, 6은 모두 집합 A의 원소이므로 3, 6을 원소로 갖는 집합 $\{3, 6\}$은 집합 A의 부분집합이다.
④ 4, 5는 모두 집합 A의 원소가 아니므로 4, 5를 원소로 갖는 집합 $\{4, 5\}$는 집합 A의 부분집합이 아니다.
⑤ 6, 9는 모두 집합 A의 원소이지만 $\{6, 9\}$는 집합 A의 원소가 아니므로 $\{6, 9\}\notin A$

답 ②, ④

대표유형 04 부분집합

▸ 25739-0154

두 집합 $A=\{-1, a+2\}$, $B=\{2, a+1, a-1\}$에 대하여 $A\subset B$를 만족시키는 실수 a의 값은?

① -2 ② -1 ③ 0 ④ 1 ⑤ 2

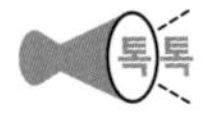

MD의 한마디!

두 집합 A, B에 대하여 $A\subset B$이므로
① 집합 A의 원소인 $a+2$는 반드시 집합 B의 원소이어야 합니다.
② $a+2$가 집합 B의 원소이어야 함을 통해 조건을 만족시키는 a의 값을 구합니다.

MD's Solution

$A\subset B$이므로 집합 A의 원소 $a+2$는 집합 B의 원소가 되어야 한다.
↳ 집합 A의 모든 원소가 집합 B의 원소가 되어야 해.
한편 모든 실수 a에 대하여 $a+2\neq a+1$이고 $a+2\neq a-1$이므로 $a+2=2$ → 집합 A의 원소는 모두 집합 B의 원소가 되어야 해.
따라서 $a=0$
또한 $a=0$이면 $A=\{-1, 2\}$, $B=\{-1, 1, 2\}$가 되어 $A\subset B$를 만족시킨다.
↳ 집합 A의 원소인 -1, 2가 모두 집합 B의 원소임을 반드시 확인해야 해.
따라서 $A\subset B$를 만족시키는 실수 a의 값은 0이다.

답 ③

유제

04-1

▸ 25739-0155

두 집합 $A=\{2, a\}$, $B=\{a^2, a+1\}$에 대하여 $A\subset B$이고 $B\subset A$일 때 실수 a의 값을 구하시오.

$A\subset B$, $B\subset A$이면 $A=B$이다.
모든 실수 x에 대하여 $a\neq a+1$이므로 $a=a^2$
$a^2-a=0$, $a(a-1)=0$
$a=0$ 또는 $a=1$
(i) $a=0$인 경우
$A=\{0, 2\}$, $B=\{0, 1\}$이므로 $A\neq B$
(ii) $a=1$인 경우
$A=\{1, 2\}$, $B=\{1, 2\}$
(i), (ii)에 의하여 $A=B$인 실수 a의 값은 1이다.

답 1

04-2

▸ 25739-0156

세 집합
$$A=\{3, 4\}, B=\{1, a, b\}, C=\{1, a-1, b+1, b+3\}$$
에 대하여 $A\subset B$이고 $B\subset C$일 때, $a-b$의 값을 구하시오.
(단, a, b는 상수이다.)

$A\subset B$에서 $a=3$, $b=4$ 또는 $a=4$, $b=3$이다.
(i) $a=3$, $b=4$인 경우 $a-1=2$, $b+1=5$, $b+3=7$이므로 집합 C는 $C=\{1, 2, 5, 7\}$이 되어 $B\subset C$를 만족시키지 않는다.
(ii) $a=4$, $b=3$인 경우 $a-1=3$, $b+1=4$, $b+3=6$이므로 집합 C는 $C=\{1, 3, 4, 6\}$이 되어 $B\subset C$를 만족시킨다.
(i), (ii)에 의하여 $a=4$, $b=3$이므로 $a-b=1$

답 1

대표유형 05 부분집합의 개수

▸ 25739-0157

집합 $A=\{x|x$는 24의 약수$\}$에 대하여 다음을 구하시오.

(1) 집합 A의 부분집합 중에서 2, 3, 4를 반드시 원소로 갖는 부분집합의 개수

(2) 집합 A의 부분집합 중에서 1, 2를 원소로 갖고 6, 8, 12를 원소로 갖지 않는 부분집합의 개수

MD의 한마디!

원소의 개수가 n $(n\geq 2)$인 집합에 대하여

① 이 집합의 부분집합 중에서 특정한 원소 k개를 반드시 원소로 갖는 부분집합의 개수는 2^{n-k} (단, $1\leq k\leq n$)

② 이 집합의 부분집합 중에서 특정한 원소 l개를 반드시 원소로 갖지 않는 부분집합의 개수는 2^{n-l} (단, $1\leq l\leq n$)

MD's Solution

집합 A를 원소나열법으로 나타내면 $\{1, 2, 3, 4, 6, 8, 12, 24\}$

(1) 집합 A에서 2, 3, 4를 제외한 집합 $\{1, 6, 8, 12, 24\}$의 부분집합의 개수는 $2^5=32$

집합 $\{1, 6, 8, 12, 24\}$의 부분집합에서 2, 3, 4를 모두 포함시키면 구하는 부분집합이 된다.

↳ 예를 들어 집합 $\{1, 6\}$에서 2, 3, 4를 모두 포함시킨 집합 $\{1, 2, 3, 4, 6\}$은 구하는 부분집합이야.

따라서 집합 A의 부분집합 중에서 2, 3, 4를 반드시 원소로 갖는 부분집합의 개수는 $2^5=32$

↳ 집합 A의 원소의 개수가 ⑧이고 △3개의 원소를 반드시 포함해야 하므로 2^{8-3}으로 구할 수 있어.

(2) 집합 A에서 1, 2, 6, 8, 12를 제외한 집합 $\{3, 4, 24\}$의 부분집합의 개수는 $2^3=8$

집합 $\{3, 4, 24\}$의 부분집합에서 1, 2를 모두 포함시키면 구하는 부분집합이 된다.

↳ 예를 들어 집합 $\{3, 24\}$에서 1, 2를 모두 포함시킨 집합 $\{1, 2, 3, 24\}$는 구하는 부분집합이야.

따라서 집합 A의 부분집합 중에서 1, 2를 원소로 갖고 6, 8, 12를 원소로 갖지 않는 부분집합의 개수는 $2^3=8$

↳ 집합 A의 원소의 개수가 ⑧이고 △2개의 원소를 포함, □3개의 원소를 제외해야 하므로 2^{8-2-3}으로 구할 수 있어.

답 (1) 32 (2) 8

유제

05-1

▸ 25739-0158

집합 $A=\{1, 3, 5, 7, 9\}$에 대하여 집합 A의 부분집합 중에서 적어도 한 개의 3의 배수를 원소로 갖는 부분집합의 개수를 구하시오.

집합 A의 부분집합 중에서 적어도 한 개의 3의 배수를 원소로 갖는 부분집합의 개수는

(집합 A의 모든 부분집합의 개수)

$-$(집합 A의 부분집합 중에서 3의 배수를 원소로 갖지 않는 집합의 개수)

이다.

집합 A의 모든 부분집합의 개수는 $2^5=32$

집합 A의 부분집합 중에서 3의 배수인 3, 9를 모두 포함하지 않은 부분집합의 개수는 $2^{5-2}=2^3=8$

따라서 집합 A의 부분집합 중에서 적어도 한 개의 3의 배수를 원소로 갖는 부분집합의 개수는

$32-8=24$

답 24

05-2

▸ 25739-0159

두 집합 $A=\{1, 2, 4\}$, $B=\{1, 2, 4, 8, 16, 32\}$에 대하여 $A\subset X\subset B$를 만족시키는 집합 X의 개수를 구하시오.

$A\subset X\subset B$에서 집합 X는 집합 B의 부분집합 중에서 집합 A의 원소인 1, 2, 4를 반드시 원소로 갖는 집합이다.

따라서 구하는 부분집합의 개수는

$2^{6-3}=2^3=8$

답 8

대표유형 06 합집합과 교집합

▸ 25739-0160

두 집합 $A=\{1, 2, a\}$, $B=\{2, 3, 4, b\}$에 대하여 $A\cap B=\{1, 2, 4\}$일 때, 집합 $A\cup B$의 모든 원소의 합은?
(단, a, b는 상수이다.)

① 8　② 10　③ 12　④ 14　⑤ 16

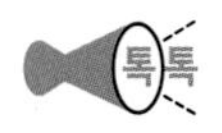

MD의 한마디!

두 집합 A, B가 원소나열법으로 주어졌을 때
① 집합 $A\cap B$의 원소는 두 집합 A, B의 공통인 원소입니다.
② 집합 $A\cup B$의 원소는 두 집합 A, B 중 적어도 한 집합의 원소입니다.

MD's Solution

두 집합 $A=\{1, 2, a\}$, $B=\{2, 3, 4, b\}$에 대하여 $A\cap B=\{1, 2, 4\}$이므로 1, 2, 4는 모두 두 집합 A, B의 원소이다.
↳ 교집합은 두 집합의 공통인 원소들로 이루어진 집합이므로 교집합의 원소는 두 집합에 모두 속해.

따라서 $a=4$, $b=1$
↳ 교집합의 원소가 1, 2, 4임을 이용하면 집합 A가 4가 없기 때문에 a=4가 되어야 해. 같은 원리로 b=1인 것이고.

즉, $A=\{1, 2, 4\}$, $B=\{1, 2, 3, 4\}$이므로 $A\cup B=\{1, 2, 3, 4\}$
↳ 합집합은 두 집합의 공통인 원소는 물론이고, 둘 중 한 집합에만 속하는 원소인 것도 포함해야해.

따라서 구하는 모든 원소의 합은 $1+2+3+4=10$

답 ②

유제

06-1

▸ 25739-0161

두 집합
$A=\{2, a, b\}$, $B=\{x\,|\,x$는 10 이하의 짝수$\}$
가 있다. $A\cup B=\{2, 4, 6, 8, 10\}$을 만족시키는 두 실수 a, b에 대하여 $a+b$의 최댓값을 구하시오.

집합 B를 원소나열법으로 나타내면 $\{2, 4, 6, 8, 10\}$
$B=A\cup B$이므로 $A\subset B$이다.
$a\in B$, $b\in B$, $a\neq b$이므로
$a+b$의 값이 최대인 경우는
$a=8$, $b=10$ 또는 $a=10$, $b=8$인 경우이다.
따라서 $a+b$의 최댓값은 18

답 18

06-2

▸ 25739-0162

10 이하의 두 자연수 a, b와 두 집합
$A=\{1, 3, 6, 10\}$, $B=\{2, a, b, 8\}$
에 대하여 $A\cap B=\varnothing$이 되도록 a, b를 정할 때, $a+b$의 최댓값은?

① 8　② 10　③ 12
④ 14　⑤ 16

$A\cap B=\varnothing$이므로 집합 A의 원소는 단 하나도 집합 B의 원소가 될 수 없다.
즉, 1, 3, 6, 10은 a, b가 될 수 없다. 또한 집합 B의 원소의 개수가 4이므로 집합 B의 원소인 2, 8 또한 a, b의 값이 될 수 없다.
따라서 a, b의 값으로 가능한 것은 4, 5, 7, 9이므로 $a+b$의 최댓값은
$7+9=16$

답 ⑤

대표유형 07 여집합과 차집합

▸ 25739-0163

전체집합 $U=\{x|x$는 6 이하의 자연수$\}$의 두 부분집합 $A=\{1, 2, a\}$, $B=\{a-1, b\}$에 대하여 $A-B=\{1\}$일 때, B^C의 모든 원소의 합을 구하시오.

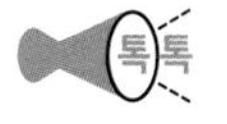

MD의 한마디!

두 집합 A, B의 차집합 또는 여집합을 구할 때
① 집합 A에 대한 집합 B의 차집합 $A-B$의 원소는 집합 A의 원소 중에서 집합 B의 원소를 제외하여 구합니다.
② 집합 A의 여집합 A^C의 원소는 전체집합의 원소에서 집합 A의 원소를 제외하여 구합니다.

MD's Solution

전체집합 U를 원소나열법으로 나타내면 $\{1, 2, 3, 4, 5, 6\}$
$A=\{1, 2, a\}$, $A-B=\{1\}$이므로 $2\in B$, $a\in B$이다.
↳ 집합 A−B는 집합 A의 원소 중에서 집합 B의 원소를 제외한 집합이므로 2, a는 집합 B의 원소야.
즉, $\{2, a\}\subset B$
집합 B의 원소의 개수가 2이므로
↳ 원소나열법에서 같은 원소를 두 번 표기하지 않으므로 $a-1\neq b$이고 $n(B)=2$야.
$\{2, a\}=B$, 즉 $\{2, a\}=\{a-1, b\}$에서
$2=a-1$, $a=b$ 또는 $2=b$, $a=a-1$
모든 실수 x에 대하여 $a\neq a-1$이므로
↳ 양변에 $-a$를 더하면 $0=-1$이 되어 조건을 만족시키는 실수 a의 값이 없는 것을 알 수 있어.
$2=a-1$, $a=b$
즉, $a=b=3$이고 $B=\{2, 3\}$
따라서 $B^c=\{1, 4, 5, 6\}$이므로
↳ 집합 B^c은 전체집합 U의 원소 중에서 집합 B의 원소가 아닌 것들로만 이루어져 있어.
B^c의 모든 원소의 합은 $1+4+5+6=16$

답 16

유제

07-1

▸ 25739-0164

전체집합 $U=\{x|x$는 10 이하의 자연수$\}$의 두 부분집합 A, B가 $A=\{2x|x$는 자연수$\}$, $B=\{1, 2, 3, 6, 9\}$일 때, 집합 $A\cap B^C$의 원소의 개수는?

① 1 ② 2 ③ 3
④ 4 ⑤ 5

전체집합 U와 집합 A를 각각 원소나열법으로 나타내면
$U=\{1, 2, 3, \cdots, 9, 10\}$, $A=\{2, 4, 6, 8, 10\}$
이므로
$A\cap B^C=A-B=\{4, 8, 10\}$
따라서 $A\cap B^C$의 원소의 개수는 3이다.

답 ③

07-2

▸ 25739-0165

두 집합 $A=\{3, 12, 15, a\}$, B에 대하여 $A-B=\{3, 6\}$일 때, 집합 $A\cap B$의 모든 원소의 합을 구하시오.

$(A-B)\subset A$이므로 $\{3, 6\}\subset A$
즉, $\{3, 6\}\subset\{3, 12, 15, a\}$
$6\in\{3, 12, 15, a\}$이므로 $a=6$
$A\cap B=A-(A-B)$
$=\{3, 6, 12, 15\}-\{3, 6\}$
$=\{12, 15\}$
따라서 $A\cap B$의 모든 원소의 합은
$12+15=27$

답 27

대표유형 08 집합의 연산법칙

▸ 25739-0166

전체집합 U의 두 부분집합 A, B에 대하여 집합

$$\{A\cup(A^C\cap B)\}\cap B$$

와 항상 같은 집합은?

① $\varnothing$　② A　③ B　④ $A\cap B$　⑤ $A\cup B$

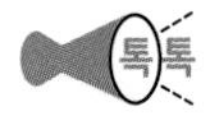

MD의 한마디!

집합에 대한 연산문제를 해결할 때에는
① 집합의 연산법칙과 드모르간의 법칙을 이용합니다.
② 합집합, 교집합, 여집합, 차집합의 성질을 이용합니다.
③ 벤 다이어그램을 이용하여 연산을 할 수 있습니다.

MD's Solution

$A\cup(A^c\cap B)=(A\cup A^c)\cap(A\cup B)$ → 분배법칙을 이용하여 식을 정리할 수 있어.
↳ 집합 $A^c\cap B$를 $B-A$로 나타낸 후 식을 정리할 수도 있어.
$=U\cap(A\cup B)$ → $(A\cup B)\subset U$인 포함관계를 이용하여 식을 정리할 수 있어.
$=A\cup B$

이므로

$\{A\cup(A^c\cap B)\}\cap B=(A\cup B)\cap B=B$ → $B\subset(A\cup B)$인 포함관계를 이용하여 식을 정리할 수 있어.

[다른 풀이] → 벤 다이어그램을 이용하면 집합의 연산법칙을 사용하지 않고 간단히 할 수 있어.

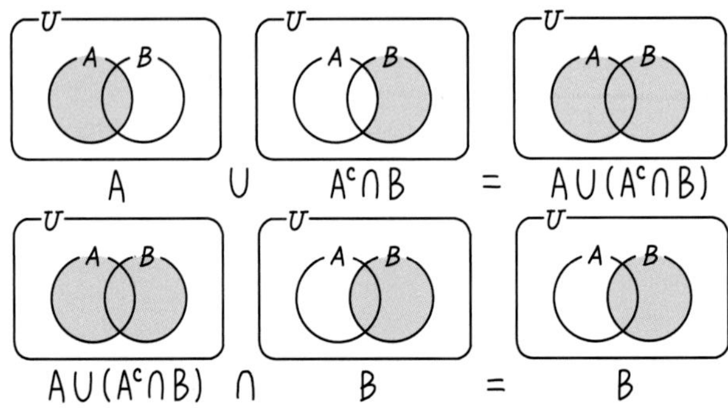

답 ③

유제

08-1

▸ 25739-0167

전체집합 U의 두 부분집합 A, B에 대하여 집합

$\{(A-B)\cup(A\cap B)\}\cup B$

와 항상 같은 집합은?

① $\varnothing$ ② A ③ B
④ $A\cap B$ ⑤ $A\cup B$

여집합과 차집합의 성질에 의하여 $A-B=A\cap B^C$이므로

$\{(A-B)\cup(A\cap B)\}\cup B=\{(A\cap B^C)\cup(A\cap B)\}\cup B$

중괄호로 묶인 부분을 먼저 간단히 하면 분배법칙에 의하여

$(A\cap B^C)\cup(A\cap B)=A\cap(B^C\cup B)$
$=A\cap U=A$

이므로

$\{(A-B)\cup(A\cap B)\}\cup B=A\cup B$

답 ⑤

[다른 풀이]

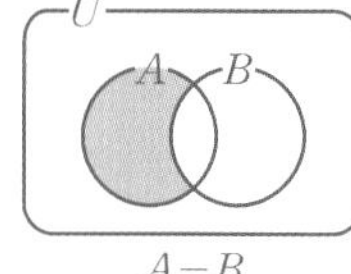
$A-B$ $\cup$
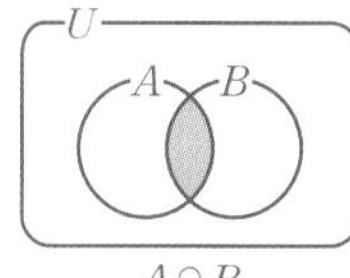
$A\cap B$ $=$
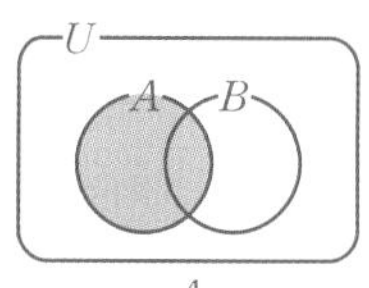
A

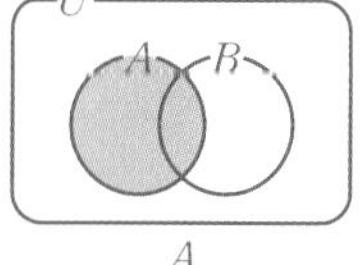
A $\cup$
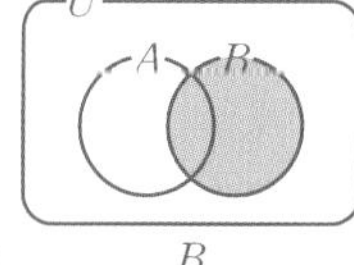
B $=$
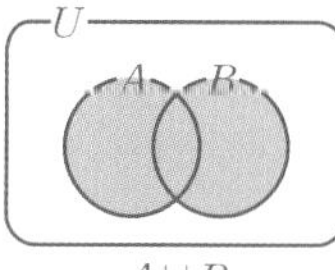
$A\cup B$

08-2

▸ 25739-0168

전체집합 U의 두 부분집합 A, B에 대하여 다음 **보기** 중 $A\cap B$와 항상 같은 집합을 있는 대로 고르시오.

보기

ㄱ. $A-(A-B)$ ㄴ. $A\cap(A^C\cup B)$
ㄷ. $B\cup(A\cap B^C)$ ㄹ. $B\cap(A\cup B^C)$

ㄱ. $A-(A-B)=A\cap(A\cap B^C)^C$
$=A\cap(A^C\cup B)$
$=(A\cap A^C)\cup(A\cap B)$
$=\varnothing\cup(A\cap B)$
$=A\cap B$

ㄴ. $A\cap(A^C\cup B)=(A\cap A^C)\cup(A\cap B)$
$=\varnothing\cup(A\cap B)$
$=A\cap B$

ㄷ. $B\cup(A\cap B^C)=(B\cup A)\cap(B\cup B^C)$
$=(B\cup A)\cap U$
$=B\cup A$
$=A\cup B$

ㄹ. $B\cap(A\cup B^C)=(B\cap A)\cup(B\cap B^C)$
$=(B\cap A)\cup\varnothing$
$=B\cap A$
$=A\cap B$

따라서 집합 $A\cap B$와 항상 같은 집합은 ㄱ, ㄴ, ㄹ이다.

답 ㄱ, ㄴ, ㄹ

[다른 풀이]

ㄱ.
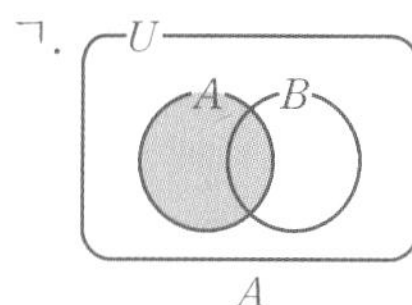
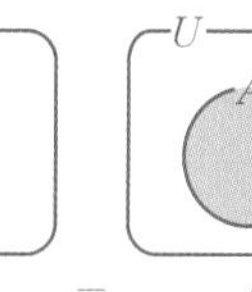
A $-$
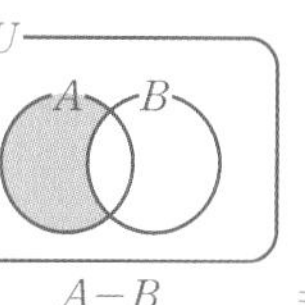
$A-B$ $=$
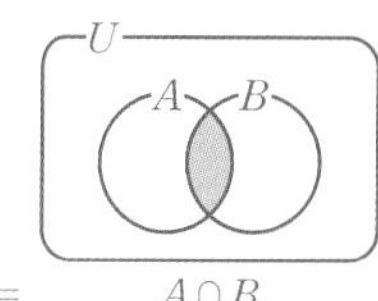
$A\cap B$

ㄴ.
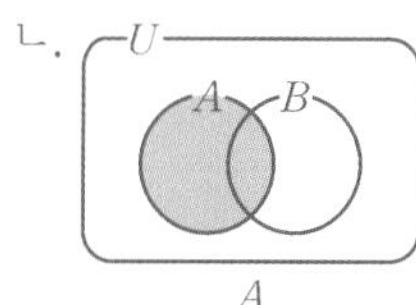
A $\cap$
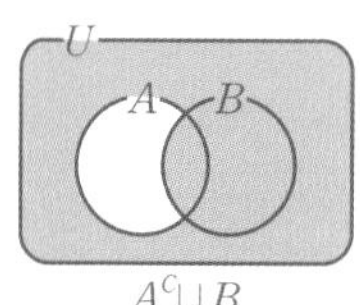
$A^C\cup B$ $=$
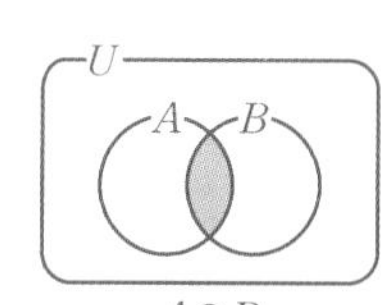
$A\cap B$

ㄷ.
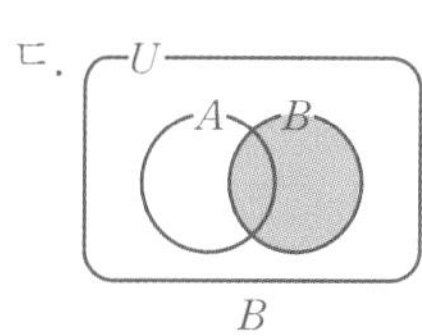
B $\cup$
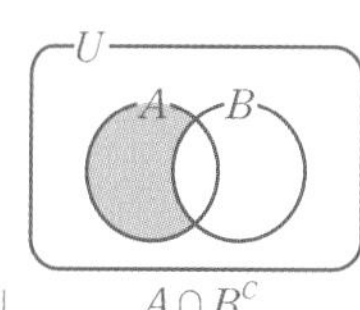
$A\cap B^C$ $=$
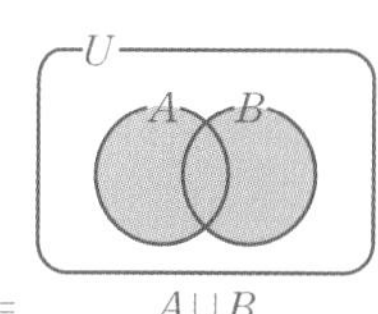
$A\cup B$

ㄹ.
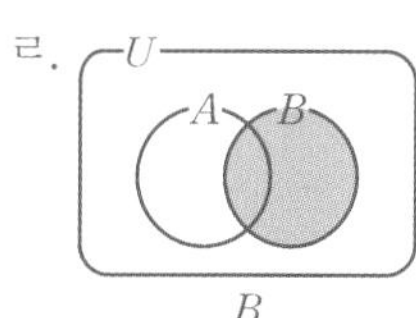
B $\cap$
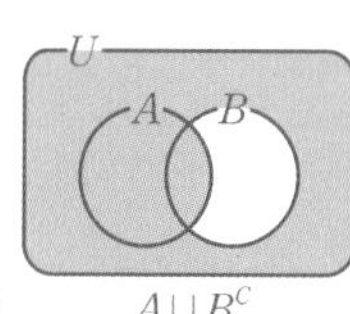
$A\cup B^C$ $=$
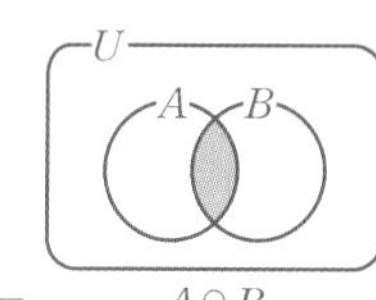
$A\cap B$

대표유형 09 집합의 연산과 포함관계

▸ 25739-0169

전체집합 U의 두 부분집합 A, B에 대하여 $A\subset B$일 때, 다음 중 항상 옳은 것을 모두 고르면?

① $A=\varnothing$ ② $B=U$ ③ $B\subset A^C$ ④ $A\cap B=A$ ⑤ $A-B=\varnothing$

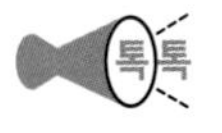

MD의 한마디!

집합의 포함관계를 알아보기 위해서
① 집합의 연산법칙과 집합의 성질을 이용하여 주어진 연산을 간단히 합니다.
② 전체집합(U), 공집합($\varnothing$)을 이용한 포함관계를 통해 두 집합 사이의 포함관계를 파악합니다.

MD's Solution

① $U=\{1, 2, 3\}$, $A=\{1\}$, $B=\{1, 2\}$라 하면 $A\subset B$이지만 $A\neq\varnothing$이다.
② $U=\{1, 2, 3\}$, $A=\{1\}$, $B=\{1, 2\}$라 하면 $A\subset B$이지만 $B\neq U$이다.
③ $U=\{1, 2, 3\}$, $A=\{1\}$, $B=\{1, 2\}$라 하면 $A\subset B$이지만 $A^c=\{2, 3\}$이므로 $B\not\subset A^c$이다.
↳ ①, ②, ③이 성립하지 않는 다른 예시도 찾을 수 있어.
④ $A\subset B$이므로 집합 A의 모든 원소는 집합 B의 원소이다.
따라서 $A\cap B=A$
↳ 반대로 $A\cap B=A$일 때에도 $A\subset B$가 성립해.
⑤ $A=\varnothing$인 경우 $A-B=\varnothing$
$A\neq\varnothing$인 경우 $A\subset B$이므로 집합 A의 모든 원소는 집합 B에 속하고, 집합 B^c에 속하지 않는다.
그러므로 $A\cap B^c=\varnothing$
$A-B=A\cap B^c$이므로 $A-B=\varnothing$이다. → 반대로 $A-B=\varnothing$일 때에도 $A\subset B$가 성립해.

답 ④, ⑤

유제

09-1

▸ 25739-0170

전체집합 U의 두 부분집합 A, B가 있다. $A\cap B=\varnothing$을 만족시키는 모든 집합 A, B에 대하여 다음 **보기** 중 항상 옳은 것만을 있는 대로 고르시오.

보기

ㄱ. $A\subset B^C$ ㄴ. $A^C\cap B=B$
ㄷ. $A-B=B$ ㄹ. $A^C\cup B^C=U$

ㄱ. $A\cap B=\varnothing$에서 집합 A의 모든 원소는 집합 B의 원소가 아니므로 집합 B^C의 원소이다. 따라서 $A\subset B^C$이다.
ㄴ. $A\cap B=\varnothing$에서 집합 B의 모든 원소는 집합 A의 원소가 아니므로 집합 A^C의 원소이다. 따라서 $B\subset A^C$이므로 $A^C\cap B=B$이다.
ㄷ. $U=\{1, 2, 3\}$, $A=\{1\}$, $B=\{2\}$라 하면 $A-B=\{1\}$이므로 $A\cap B=\varnothing$이지만 $A-B\neq B$
ㄹ. $A\cap B=\varnothing$에서 $(A\cap B)^C=\varnothing^C$이므로 $A^C\cup B^C=U$이다.
따라서 항상 옳은 것은 ㄱ, ㄴ, ㄹ이다.

답 ㄱ, ㄴ, ㄹ

09-2

▸ 25739-0171

전체집합 U의 두 부분집합 A, B에 대하여

$$A\subset\{(A\cup B^C)-(A\cap B)\}$$

일 때, 다음 중 항상 옳은 것은?

① $A\subset B$ ② $B\subset A$ ③ $A\neq\varnothing$
④ $A\cup B=U$ ⑤ $A\cap B=\varnothing$

$(A\cup B^C)-(A\cap B)=(A\cup B^C)\cap(A\cap B)^C$
$=(A\cup B^C)\cap(A^C\cup B^C)$
$=(A\cap A^C)\cup B^C$
$=\varnothing\cup B^C=B^C$

이므로 $A\subset B^C$
따라서 항상 옳은 것은 ⑤ $A\cap B=\varnothing$이다.

답 ⑤

대표유형 **10**

유한집합의 원소의 개수

▸ 25739-0172

전체집합 U의 두 부분집합 A, B에 대하여

$$n(U)=30,\ n(A)=16,\ n(A\cap B)=9,\ n(A^C\cap B^C)=8$$

일 때, $n(B)$의 값을 구하시오.

MD의 한마디!

유한집합의 원소의 개수를 구하는 문제에서
① $n(A\cup B)=n(A)+n(B)-n(A\cap B)$를 이용합니다.
② 여집합의 정의에 의하여 $n(A^C)=n(U)-n(A)$입니다.

MD's Solution

드모르간의 법칙에 의하여 $A^c\cap B^c=(A\cup B)^c$ 이다.
↳ 드모르간의 법칙을 이용하여 $(A\cup B)^c$를 $A^c\cap B^c$로 바꿀 수 있고, 역으로 변형할 줄도 알아야 해.

$n(A^c\cap B^c)=n((A\cup B)^c)=n(U)-n(A\cup B)=8$이므로 $n(A\cup B)=30-8=22$

$n(A\cup B)=n(A)+n(B)-n(A\cap B)$에 의하여
↳ 합집합의 원소의 개수를 구하는 식은 정말 많이 쓰여. 꼭 기억하자!!

$22=16+n(B)-9$

따라서 $n(B)=15$

답 15

유제

10-1

▸ 25739-0173

전체집합 U의 두 부분집합 A, B에 대하여

$$n(U)=30,\ n(A)=12,\ n(B^C)=15,\ n(A^C\cup B^C)=22$$

일 때, $n(A\cup B)$의 값은?

① 16　② 17　③ 18　④ 19　⑤ 20

$n(B)=n(U)-n(B^C)=30-15=15$

$n(A^C\cup B^C)=n((A\cap B)^C)=n(U)-n(A\cap B)$이므로

$22=30-n(A\cap B)$에서 $n(A\cap B)=8$

따라서

$n(A\cup B)=n(A)+n(B)-n(A\cap B)$

$=12+15-8=19$

답 ④

10-2

▸ 25739-0174

전체집합 U의 두 부분집합 A, B에 대하여 $n(U)=50$, $n(B)=28$, $n(A\cap B^C)=19$일 때, $n(A^C\cap B^C)$의 값은?

① 1　② 2　③ 3　④ 4　⑤ 5

$A\cup B=(A-B)\cup B$이고 $(A-B)\cap B=\varnothing$이므로

$n(A\cup B)=n(A-B)+n(B)=n(A\cap B^C)+n(B)$

$=19+28=47$

따라서

$n(A^C\cap B^C)=n((A\cup B)^C)=n(U)-n(A\cup B)$

$=50-47=3$

답 ③

실력 완성

단원 마무리

본문 65~68쪽

1

▸ 25739-0175

다음 조건제시법으로 나타낸 집합 중 원소의 개수가 가장 큰 것은?

① $\{x|x$는 32의 약수$\}$
② $\{x|x$는 20보다 작은 4의 배수$\}$
③ $\{x|x$는 5보다 크지 않은 자연수$\}$
④ $\{x|x$는 $(x-3)(x-20)<0$인 소수$\}$
⑤ $\{x|x$는 20 이하의 자연수 중 6과 서로소인 수$\}$

답 ⑤

풀이 ① 32의 약수는 1, 2, 4, 8, 16, 32이므로 원소의 개수는 6
② 20보다 작은 4의 배수는 4, 8, 12, 16이므로 원소의 개수는 4
③ 5보다 크지 않은 자연수는 1, 2, 3, 4, 5이므로 원소의 개수는 5
④ $(x-3)(x-20)<0$이므로 $3<x<20$
따라서 $(x-3)(x-20)<0$인 소수는 5, 7, 11, 13, 17, 19이므로 원소의 개수는 6
⑤ 20 이하의 자연수 중 6과 서로소인 수는 1, 5, 7, 11, 13, 17, 19이므로 원소의 개수는 7

2

▸ 25739-0176

집합 $A=\{1, 3, 5\}$에 대하여 집합

$B=\{ab|a\in A, b\in A\}$

일 때, 다음 중 옳은 것을 모두 고르면?

① $2\in B$ ② $\varnothing\in B$ ③ $\{5\}\subset B$
④ $\{1, 5, 6\}\subset B$ ⑤ $A\subset B$

답 ③, ⑤

풀이 집합 B를 원소나열법으로 나타내면 $\{1, 3, 5, 9, 15, 25\}$
① 2는 집합 B의 원소가 아니므로 $2\notin B$
② $\varnothing$은 집합 B의 원소가 아니므로 $\varnothing\notin B$
③ 5는 집합 B의 원소이므로 5를 원소로 갖는 집합 $\{5\}$는 집합 B의 부분집합이다. 따라서 $\{5\}\subset B$
④ 6은 집합 B의 원소가 아니므로 $\{1, 5, 6\}\not\subset B$
⑤ 집합 A의 모든 원소는 집합 B의 원소이므로 $A\subset B$

3

▸ 25739-0177

다음 조건을 만족시키는 자연수 전체의 집합의 부분집합 A의 개수는?

(가) $2\in A$
(나) $a\in A$이면 $7-a\in A$

① 1 ② 2 ③ 3
④ 4 ⑤ 5

답 ④

풀이 먼저 $2\in A$이므로 $7-2=5\in A$이다. 즉, 집합 A는 2와 5를 반드시 원소로 갖는다.
또한, 원소가 모두 자연수이므로 $7-a>0$에서
a가 될 수 있는 수는 1, 2, 3, 4, 5, 6이다.
$1\in A$이면 $6\in A$이고, $3\in A$이면 $4\in A$이므로 집합 A에는 1, 6과 3, 4가 쌍으로 포함된다.
그러므로 집합 A는 원소의 개수에 따라 다음과 같이 나눌 수 있다.
(i) $n(A)=2$인 경우
$A=\{2, 5\}$
(ii) $n(A)=4$인 경우
$A=\{1, 2, 5, 6\}$, $A=\{2, 3, 4, 5\}$
(iii) $n(A)=6$인 경우
$A=\{1, 2, 3, 4, 5, 6\}$
따라서 (i), (ii), (iii)에 의하여 집합 A의 개수는 4이다.

4

▸ 25739-0178

두 집합

$A=\{x|a<x\le a+3\}$
$B=\{x|-1\le x<6\}$

에 대하여 $A\subset B$를 만족시키는 모든 정수 a의 개수는?

① 1 ② 2 ③ 3
④ 4 ⑤ 5

답 ④

풀이 두 집합 A, B에 속하는 x의 값을 수직선으로 나타내면 다음과 같다.

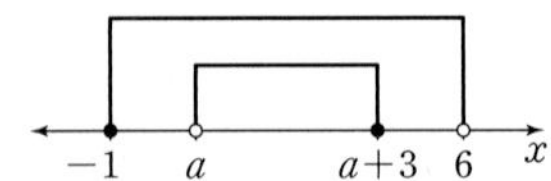

$A\subset B$이기 위해서는 $a\ge -1$이고 $a+3<6$이어야 한다.
$a+3<6$에서 $a<3$이므로 $A\subset B$를 만족시키는 a의 값의 범위는 $-1\le a<3$이다.
따라서 구하는 모든 정수 a는 -1, 0, 1, 2로 4개이다.

5

▸ 25739-0179

두 집합

$A=\{2, 3, a\}$, $B=\{3, 4, a^2\}$

이 있다. $X\subset A$, $X\subset B$를 만족시키는 모든 집합 X에 대하여 $n(X)$의 최댓값이 2일 때, 모든 자연수 a의 값의 합은?

① 5 ② 6 ③ 7
④ 8 ⑤ 9

답 ①

풀이 $X\subset A$, $X\subset B$이므로 $X\subset(A\cap B)$이다.
$n(X)\leq n(A\cap B)$이고 $n(X)$의 최댓값이 2이므로
$n(A\cap B)=2$
(i) $2\in(A\cap B)$인 경우
$a^2=2$가 되어 a가 자연수인 조건을 만족시키지 않는다.
(ii) $a\in(A\cap B)$인 경우
$a=4$ 또는 $a=a^2$
$a=a^2$에서 $a(a-1)=0$이고 a가 자연수이므로 $a=1$
(i), (ii)에 의하여 모든 자연수 a의 값의 합은
$4+1=5$

6

▸ 25739-0180

두 집합

$A=\{1, 3, 5, 7, 9\}$, $B=\{2, 3, 4, 7, 9\}$

에 대하여 $(A\cap B)\subset X\subset(A\cup B)$를 만족시키는 집합 X의 개수는?

① 2 ② 4 ③ 8
④ 16 ⑤ 32

답 ④

풀이 $A\cap B=\{3, 7, 9\}$이고 $A\cup B=\{1, 2, 3, 4, 5, 7, 9\}$이므로 구하는 집합 X는 $A\cup B$의 부분집합 중 $A\cap B$의 원소인 3, 7, 9를 반드시 원소로 갖는 집합의 개수와 같다.
따라서 구하는 집합 X의 개수는
$2^{7-3}=2^4=16$

7 | 2022학년도 3월 고2 학력평가 13번 |

▸ 25739-0181

전체집합 $U=\{x\,|\,x$는 50 이하의 자연수$\}$의 두 부분집합

$A=\{x\,|\,x$는 6의 배수$\}$, $B=\{x\,|\,x$는 4의 배수$\}$

가 있다. $A\cup X=A$이고 $B\cap X=\varnothing$인 집합 X의 개수는?

① 8 ② 16 ③ 32
④ 64 ⑤ 128

답 ②

풀이 $A\cup X=A$에서 $X\subset A$이고 $B\cap X=\varnothing$이므로
집합 X는 집합 $A-B$의 부분집합이다.
집합 $A-B$는 50 이하의 6의 배수이지만 4의 배수가 아닌 수의 집합이므로 $A-B=\{6, 18, 30, 42\}$
따라서 집합 X의 개수는 집합 $A-B$의 부분집합의 개수인
$2^4=16$

8

▸ 25739-0182

두 집합

$A=\{x\,|\,x^2+ax-4=0\}$, $B=\{x\,|\,x^2-5x+b=0\}$

에 대하여 $A\cap B=\{4\}$일 때 집합 $A\cup B$의 모든 원소의 곱은? (단, a, b는 상수이다.)

① -8 ② -7 ③ -6
④ -5 ⑤ -4

답 ⑤

풀이 $4\in A$이므로 $4^2+4a-4=0$, $4a=-12$
$a=-3$
$x^2-3x-4=0$에서 $(x+1)(x-4)=0$
$x=-1$ 또는 $x=4$이므로
$A=\{-1, 4\}$ ⋯⋯ ㉠
$4\in B$이므로 $4^2-20+b=0$
$b=4$
$x^2-5x+4=0$에서 $(x-1)(x-4)=0$
$x=1$ 또는 $x=4$이므로
$B=\{1, 4\}$ ⋯⋯ ㉡
㉠, ㉡에서 $A\cup B=\{-1, 1, 4\}$
따라서 집합 $A\cup B$의 모든 원소의 곱은
$-1\times1\times4=-4$

9

▸ 25739-0183

다음 조건을 만족시키는 집합 X의 개수를 구하시오.

(가) $X\subset\{x\,|\,x$는 18의 약수$\}$
(나) $n(X)\geq2$
(다) 집합 X의 모든 원소의 합은 짝수이다.

답 28

풀이 $\{x\,|\,x$는 18의 약수$\}$를 원소나열법으로 나타내면
$\{1, 2, 3, 6, 9, 18\}$이고 조건 (가), (나)에 의해서 집합 X는 1, 2, 3, 6, 9, 18 중 2개 이상을 원소로 갖는 부분집합이다.
조건 (다)에 의해서 집합 X에는 홀수인 원소가 없거나 2개 포함되어

있어야 한다.

(i) 집합 X에 홀수인 원소가 없는 경우

짝수만을 원소로 갖는 집합이고 원소의 개수가 2 이상이어야 하므로 집합 $\{2, 6, 18\}$의 부분집합 중에서 원소의 개수가 2 이상인 집합이다.

따라서 $2^3=8$개에서 공집합과 원소의 개수가 1개인 집합을 뺀 것이므로 $8-1-3=4$

(ii) 집합 X에 홀수인 원소가 2개인 경우

집합 X에 2개의 홀수가 포함되면 조건 (나)를 만족하게 되고 2개의 홀수를 1, 3이라 하면 구하는 집합은 $\{1, 2, 3, 6, 9, 18\}$의 부분집합 중 1, 3을 포함하고 9를 포함하지 않는 부분집합이다.

따라서 그 개수는 $2^{6-2-1}=2^3=8$

한편, 포함된 홀수가 1, 9인 경우와 3, 9인 경우도 같은 방법으로 계산하면 홀수인 원소가 2개인 집합 X의 개수는

$8\times3=24$

(i), (ii)에 의하여 구하는 집합 X의 개수는

$4+24=28$

10

▸ 25739-0184

다항식 $f(x)=(x^2-5x+6)(x^2-8x+7)$에 대하여 두 집합 A, B를

$$A=\{x|f(x)=0\},\ B=\{y|y\text{는 21의 약수}\}$$

라 할 때, $n(A-B)$의 값은?

① 1 ② 2 ③ 3 ④ 4 ⑤ 5

답 ①

풀이 $f(x)=0$이면 $x^2-5x-6=0$ 또는 $x^2-8x+7=0$

이를 만족시키는 x의 값을 각각 구하면

$x^2-5x+6=(x-2)(x-3)=0$에서 $x=2$ 또는 $x=3$

$x^2-8x+7=(x-1)(x-7)=0$에서 $x=1$ 또는 $x=7$

따라서 집합 A를 원소나열법으로 나타내면 $A=\{1, 2, 3, 7\}$이고 집합 B를 원소나열법으로 나타내면 $B=\{1, 3, 7, 21\}$이므로

$A-B=\{2\}$에서 $n(A-B)=1$

11

| 2024학년도 3월 고2 학력평가 11번 | ▸ 25739-0185

전체집합 $U=\{1, 2, 4, 8, 16, 32\}$의 두 부분집합 A, B가 다음 조건을 만족시킨다.

(가) $A\cap B=\{2, 8\}$

(나) $A^C\cup B=\{1, 2, 8, 16\}$

집합 A의 모든 원소의 합은?

① 21 ② 31 ③ 36 ④ 41 ⑤ 46

답 ⑤

풀이 조건 (나)에서 $A^C\cup B=\{1, 2, 8, 16\}$이고

드모르간의 법칙에 의하여 $A\cap B^C=(A^C\cup B)^C$이므로

$A\cap B^C=(A^C\cup B)^C=\{4, 32\}$이다.

$A=(A\cap B)\cup(A\cap B^C)$

$=\{2, 8\}\cup\{4, 32\}$

$=\{2, 4, 8, 32\}$

따라서 집합 A의 모든 원소의 합은

$2+4+8+32=46$

12

▸ 25739-0186

전체집합 U의 세 부분집합 A, B, C에 대하여 $A\subset B\subset C$일 때 다음 **보기** 중 항상 옳은 것만을 있는 대로 고른 것은?

보기

ㄱ. $B-C=\varnothing$

ㄴ. $(A\cap C)\subset B$

ㄷ. $(C-B)\subset(C-A)$

① ㄱ ② ㄴ ③ ㄱ, ㄴ ④ ㄴ, ㄷ ⑤ ㄱ, ㄴ, ㄷ

답 ⑤

풀이 $A\subset B\subset C$를 만족시키는 세 집합 A, B, C를 벤 다이어그램으로 나타내면 그림과 같다.

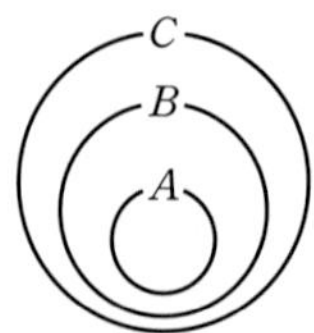

ㄱ. $B\subset C$이므로 $B-C=\varnothing$ (참)

ㄴ. $A\subset C$에서 $A\cap C=A$이고, $A\subset B$이므로 $(A\cap C)\subset B$ (참)

ㄷ. $C-B=C\cap B^C$, $C-A=C\cap A^C$이고 $B^C\subset A^C$이므로 $(C\cap B^C)\subset(C\cap A^C)$, 즉 $(C-B)\subset(C-A)$ (참)

따라서 옳은 것은 ㄱ, ㄴ, ㄷ이다.

13 | 2020학년도 3월 고2 학력평가 9번 | ▸ 25739-0187

집합 $A=\{1, 2, 3, 4\}$에 대하여 집합 B가

$B-A=\{5, 6\}$

을 만족시킨다. 집합 B의 모든 원소의 합이 12일 때, 집합 $A-B$의 모든 원소의 합은?

① 5 ② 6 ③ 7
④ 8 ⑤ 9

답 ⑤

풀이 $B-A=\{5, 6\}$에서 집합 $B-A$의 모든 원소의 합은 11
$B=(B-A)\cup(A\cap B)$, $(B-A)\cap(A\cap B)=\varnothing$
이고
$A=\{1, 2, 3, 4\}$
이므로 집합 B의 모든 원소의 합이 12이려면
$A\cap B=\{1\}$
따라서
$A-B=A-(A\cap B)=\{2, 3, 4\}$
이므로 집합 $A-B$의 모든 원소의 합은
$2+3+4=9$

14 ▸ 25739-0188

전체집합 $U=\{x|x$는 20의 약수$\}$의 두 부분집합 A, B에 대하여 다음 조건을 만족시키는 모든 집합 B의 개수는?

(가) $A-B=A$
(나) $A^C\subset B$
(다) $n(A)=4$

① 15 ② 18 ③ 21
④ 24 ⑤ 27

답 ①

풀이 전체집합 U를 원소나열법으로 나타내면
$\{1, 2, 4, 5, 10, 20\}$
이므로 $n(U)=6$
조건 (가)에서 $A-B=A\cap B^C$이고
$A\cap B^C=A$이므로 $(A\cap B^C)^C=A^C$, $A^C\cup B=A^C$
즉, $B\subset A^C$ ······ ㉠
조건 (나)에서 $A^C\subset B$이고 ㉠에서 $B\subset A^C$이므로
$A^C=B$, 즉 $A=B^C$이다.
조건 (다)에서 $n(A)=4$이므로
$n(B)=n(A^C)=n(U)-n(A)=6-4=2$
따라서 모든 집합 B의 개수는 서로 다른 6개 중에서 2개를 선택하는 경우의 수와 같으므로
${}_6C_2=\frac{6\times5}{2}=15$

15 ▸ 25739-0189

전체집합 $U=\{x|x$는 25 이하의 자연수$\}$의 두 부분집합

$A=\{x|x$는 20의 약수$\}$,
$B=\{x|x$는 24의 약수$\}$

에 대하여 다음 **보기**의 설명 중 옳은 것만을 있는 대로 고른 것은?

보기
ㄱ. $n(A^C\cap B)=5$
ㄴ. $\{x|x$는 5 이하의 짝수$\}\subset(A\cap B)$
ㄷ. $\{2^x|x$는 4의 약수$\}\subset(A\cup B)$

① ㄱ ② ㄱ, ㄴ ③ ㄱ, ㄷ
④ ㄴ, ㄷ ⑤ ㄱ, ㄴ, ㄷ

답 ②

풀이 두 집합 A, B를 원소나열법으로 나타내면
$A=\{1, 2, 4, 5, 10, 20\}$, $B=\{1, 2, 3, 4, 6, 8, 12, 24\}$
ㄱ. $A^C\cap B=B-A=\{3, 6, 8, 12, 24\}$이므로
$n(A^C\cap B)=5$ (참)
ㄴ. $\{x|x$는 5 이하의 짝수$\}=\{2, 4\}$이고
$A\cap B=\{1, 2, 4\}$이므로
$\{x|x$는 5 이하의 짝수$\}\subset A\cap B$ (참)
ㄷ. 4의 약수는 1, 2, 4이므로 $\{2^x|x$는 4의 약수$\}$를 원소나열법으로 나타내면 $\{2^1, 2^2, 2^4\}=\{2, 4, 16\}$
$A\cup B=\{1, 2, 3, 4, 5, 6, 8, 10, 12, 20, 24\}$이고,
$16\notin A\cup B$이므로
$\{2^x|x$는 4의 약수$\}\not\subset A\cup B$ (거짓)
따라서 옳은 것은 ㄱ, ㄴ이다.

16 ▸ 25739-0190

두 실수 a, b에 대하여 집합

$A=\{a, a^2\}$, $B=\{b, 2b-1\}$

이다. $n(A)=n(A\cap B)$일 때, $a+b$의 값은?

① $-\frac{5}{4}$ ② -1 ③ $-\frac{3}{4}$
④ $-\frac{1}{2}$ ⑤ $-\frac{1}{4}$

답 ⑤

풀이 집합 $A\cap B$는 집합 A의 부분집합이므로
$(A\cap B)\subset A$이고 조건에서 $n(A)=n(A\cap B)$이므로
$A\cap B=A=\{a, a^2\}$ …… ㉠
집합 $A\cap B$는 집합 B의 부분집합으로
$(A\cap B)\subset B$이고 $n(B)=n(A\cap B)=2$이므로
$A\cap B=B=\{b, 2b-1\}$ …… ㉡
㉠, ㉡에서
$\{a, a^2\}=\{b, 2b-1\}$
$a=b$ 또는 $a=2b-1$
(i) $a=b$인 경우
$a^2=2b-1$
이 식에 $a=b$를 대입하면
$b^2-2b+1=0$, $(b-1)^2=0$
$b=1$
$a^2=a=1$이므로 $n(A)=1$이 되어 조건을 만족시키지 않는다.
(ii) $a=2b-1$인 경우
$a^2=b$
이 식에 $a=2b-1$을 대입하면
$(2b-1)^2=b$, $4b^2-5b+1=0$
$(4b-1)(b-1)=0$
$b=\frac{1}{4}$ 또는 $b=1$
$b=\frac{1}{4}$이면 $a=2\times\frac{1}{4}-1=-\frac{1}{2}$
$b=1$이면 $a=2\times1-1=1$
이때 $a=a^2=1$이므로 $n(A)=1$이 되어 조건을 만족시키지 않는다.
(i), (ii)에 의하여 $a=-\frac{1}{2}$, $b=\frac{1}{4}$
따라서 $a+b=-\frac{1}{2}+\frac{1}{4}=-\frac{1}{4}$

17 | 2022학년도 11월 고1 학력평가 28번 | ▸ 25739-0191

전체집합 $U=\{1, 2, 4, 8, 16, 32\}$의 두 부분집합 A, B가 다음 조건을 만족시킨다.

(가) 집합 $A\cup B^C$의 모든 원소의 합은 집합 $B-A$의 모든 원소의 합의 6배이다.
(나) $n(A\cup B)=5$

집합 A의 모든 원소의 합의 최솟값을 구하시오.
(단, $2\le n(B-A)\le 4$)

답 22

풀이 집합 $B-A$의 모든 원소의 합을 k라 하자.
$A\cup B^C=(A^C\cap B)^C=(B-A)^C$이고
조건 (가)에서 집합 $A\cup B^C$의 모든 원소의 합은 $6k$이므로 전체집합 U의 모든 원소의 합은 $7k$이다.
$7k=1+2+4+8+16+32=63$, $k=9$
집합 $B-A$의 모든 원소의 합이 9이므로
$B-A=\{1, 8\}$
$A\cap(B-A)=\varnothing$이므로
$A\subset(B-A)^C=\{2, 4, 16, 32\}$
$A\cup B=A\cup(B-A)$
$n(A\cup B)=n(A)+n(B-A)$
이고 조건 (나)에서 $n(A\cup B)=5$이므로 $n(A)=3$
따라서 집합 A의 모든 원소의 합의 최솟값은
$A=\{2, 4, 16\}$일 때 $2+4+16=22$

18 ▸ 25739-0192

어느 학급 학생 30명의 학생들을 대상으로 A, B 두 문제를 풀게 하였더니 A 문제를 푼 학생은 18명이고 B 문제를 푼 학생은 21명이었다. 이 학급의 모든 학생이 A, B 문제 중 적어도 한 문제를 풀었다고 할 때, A, B 두 문제를 모두 푼 학생 수를 구하시오.

답 9

풀이 이 학급에서 A, B 문제를 푼 학생들의 집합을 각각 A, B라 하면 $n(A)=18$, $n(B)=21$이고 이 학급의 모든 학생이 적어도 한 문제를 풀었으므로 $n(A\cup B)=30$
이 학급에서 두 문제를 모두 푼 학생들의 집합은 $A\cap B$이므로
$n(A\cap B)=n(A)+n(B)-n(A\cup B)=18+21-30=9$

서술형

19

▸ 25739-0193

전체집합 $U=\{x|x$는 10 이하의 자연수$\}$의 두 부분집합

$A=\{x|x$는 10 이하의 소수$\}$,

$B=\{x|x$는 10의 약수$\}$

에 대하여 다음 조건을 만족시키는 전체집합 U의 부분집합 X의 개수를 구하시오.

(가) $(A\cap B)\subset X$

(나) $\{(A-B)\cup(B-A)\}\cap X=\varnothing$

답 16

풀이 두 집합 A, B를 각각 원소나열법으로 나타내면

$A=\{2, 3, 5, 7\}$, $B=\{1, 2, 5, 10\}$ ...... ❶

$A\cap B=\{2, 5\}$이므로 조건 (가)에 의하여 2, 5는 집합 X의 원소이어야 한다.

또한, $A-B=\{3, 7\}$, $B-A=\{1, 10\}$이고

$(A-B)\cup(B-A)=\{1, 3, 7, 10\}$

이므로 조건 (나)에 의하여 1, 3, 7, 10은 집합 X의 원소가 아니다. ...... ❷

따라서 집합 X는 전체집합 U의 부분집합 중에서 2, 5를 반드시 원소로 갖고 1, 3, 7, 10을 원소로 갖지 않는 집합이므로 그 개수는

$2^{10-2-4}=2^4=16$ ...... ❸

채점 기준	배점
❶ 두 집합 A, B를 원소나열법으로 나타내기	20 %
❷ 두 조건 (가), (나) 해석하기	50 %
❸ 조건을 만족시키는 부분집합 X의 개수 구하기	30 %

20

▸ 25739-0194

어느 학급 학생 25명을 대상으로 축구 동아리와 배구 동아리에 대하여 신청을 받았다. 이 학급에서 축구 동아리를 신청한 학생 수는 17명이고, 배구 동아리를 신청한 학생 수는 12명일 때, 축구 동아리와 배구 동아리를 모두 신청한 학생 수의 최댓값을 M, 최솟값을 m이라 하자. $M+m$의 값을 구하시오.

답 16

풀이 이 학급에서 축구 동아리를 신청한 학생들의 집합을 A, 배구 동아리를 신청한 학생들의 집합을 B라 하면

$n(A)=17$, $n(B)=12$

이 학급에서 축구 동아리와 배구 동아리를 모두 신청한 학생들의 집합은 $A\cap B$이므로

$n(A\cup B)=n(A)+n(B)-n(A\cap B)$

$=17+12-n(A\cap B)$ ...... ❶

이 학급의 학생 수가 25명이므로 $n(A\cup B)\le 25$에서

$29-n(A\cap B)\le 25$

$n(A\cap B)\ge 4$ ...... ㉠

$n(A\cap B)\le n(A)=17$, $n(A\cap B)\le n(B)=12$이므로

$n(A\cap B)\le 12$ ...... ㉡

㉠, ㉡에서 $4\le n(A\cap B)\le 12$ ...... ❷

따라서 $M=12$, $m=4$이므로

$M+m=12+4=16$ ...... ❸

채점 기준	배점
❶ $n(A\cup B)$와 $n(A\cap B)$의 관계식 구하기	30 %
❷ 학급의 학생 수와 $n(A)$, $n(B)$를 이용하여 $n(A\cap B)$의 범위 구하기	50 %
❸ $n(A\cap B)$의 범위를 이용하여 $M+m$의 값 구하기	20 %

명제

개념 CHECK

본문 69~74쪽

1. 명제와 그 부정

1 ▸ 25739-0195

다음 보기 중에서 명제인 것만을 있는 대로 고르시오.

보기
ㄱ. $\sqrt{2}$는 무리수이다.
ㄴ. 10은 5보다 작다.
ㄷ. 축구 선수는 달리기가 빠르다.
ㄹ. 공집합은 모든 집합의 부분집합이다.

ㄱ. $\sqrt{2}$는 무리수이므로 참인 명제이다.
ㄴ. 10은 5보다 큰 수이므로 거짓인 명제이다.
ㄷ. '빠르다'는 것은 사람마다 기준이 다를 수 있으므로 명제가 아니다.
ㄹ. 공집합은 모든 집합의 부분집합이므로 참인 명제이다.

답 ㄱ, ㄴ, ㄹ

2 ▸ 25739-0196

다음 명제의 부정을 말하시오.

(1) 3은 소수이다. (2) 6은 12의 약수가 아니다.
(3) $2+3=5$ (4) $3\times4<2\times5$

(1) 3은 소수가 아니다.
(2) 6은 12의 약수이다.
(3) $2+3\neq5$(또는 $2+3$은 5가 아니다.)
(4) $3\times4\geq2\times5$(또는 3×4는 2×5보다 크거나 같다(작지 않다).)

답 풀이 참조

2. 조건과 진리집합

3 ▸ 25739-0197

전체집합 U가 실수 전체의 집합일 때, 다음 조건의 부정을 말하시오.

(1) $x+3=5$ (2) x는 자연수이다.
(3) x는 홀수이고 5의 배수이다. (4) $1\leq x\leq10$

(1) $x+3\neq5$
(2) x는 자연수가 아니다.
(3) x는 홀수가 아니거나 5의 배수가 아니다.
(4) $x<1$ 또는 $x>10$

답 풀이 참조

4 ▸ 25739-0198

전체집합이 $\{x|x$는 10 이하의 자연수$\}$일 때, 두 조건
p: $x^2-9x+14\geq0$, q: x는 소수
에 대하여 조건 $\sim p$와 조건 q의 진리집합을 각각 구하시오.

조건 p의 부정 $\sim p$는 $x^2-9x+14<0$이고
$x^2-9x+14=(x-2)(x-7)$에서 $(x-2)(x-7)<0$이므로
$\sim p$: $2<x<7$이다.
전체집합이 10 이하의 자연수의 집합이므로 $2<x<7$을 만족시키는 자연수는 3, 4, 5, 6이다.
따라서 조건 $\sim p$의 진리집합은 $\{3, 4, 5, 6\}$
한편, 10 이하의 자연수 중 소수인 것은 2, 3, 5, 7이므로
조건 q의 진리집합은 $\{2, 3, 5, 7\}$

답 $\{3, 4, 5, 6\}$, $\{2, 3, 5, 7\}$

3. '모든'이나 '어떤'을 포함하는 명제

5 ▸ 25739-0199

다음 명제의 참, 거짓을 판별하시오.

(1) 모든 자연수 x에 대하여 $|x|\geq 1$이다.
(2) 어떤 실수 x에 대하여 $x^2<0$이다.

(1) 전체집합 U가 자연수 전체의 집합일 때, 조건 p: $|x|\geq 1$의 진리집합을 P라 하자.
모든 자연수 x에 대하여 $x\geq 1$이므로 $|x|\geq 1$, 즉 $P=U$
따라서 주어진 명제는 참이다.
(2) 전체집합 U가 실수 전체의 집합일 때, 조건 q: $x^2<0$의 진리집합을 Q라 하자.
모든 실수 x에 대하여 $x^2\geq 0$이므로 $x^2<0$을 만족시키는 실수 x는 존재하지 않는다. 즉, $Q=\varnothing$
따라서 주어진 명제는 거짓이다.

답 (1) 참 (2) 거짓

6 ▸ 25739-0200

다음 명제의 부정을 말하고, 그것의 참, 거짓을 판별하시오.

(1) 어떤 무리수 x에 대하여 x^2은 유리수이다.
(2) 모든 실수 x에 대하여 $|x|>0$이다.

(1) 주어진 명제의 부정은 '모든 무리수 x에 대하여 x^2은 유리수가 아니다.'
[반례] $\sqrt{2}$는 무리수이지만 $(\sqrt{2})^2=2$가 되어 유리수이다.
따라서 명제 '모든 무리수 x에 대하여 x^2은 유리수가 아니다.'는 거짓인 명제이다.
(2) 주어진 명제의 부정은 '어떤 실수 x에 대하여 $|x|\leq 0$이다.'
$x=0$일 때, $|x|=0$이므로 명제 '어떤 실수 x에 대하여 $|x|\leq 0$이다.'는 참인 명제이다.

답 (1) 모든 무리수 x에 대하여 x^2은 유리수가 아니다. (거짓)
(2) 어떤 실수 x에 대하여 $|x|\leq 0$이다. (참)

4. 명제 $p \longrightarrow q$

7 ▸ 25739-0201

다음 명제의 가정과 결론을 말하시오.

(1) $x=1$이면 $x+2=3$이다.
(2) n이 3의 배수이면 $2n$은 6의 배수이다.
(3) a, b가 모두 짝수이면 $a+b$는 짝수이다.

명제 $p \longrightarrow q$에서 p가 가정, q가 결론이다.
(1) 가정: $x=1$이다.
결론: $x+2=3$이다.
(2) 가정: n이 3의 배수이다.
결론: $2n$은 6의 배수이다.
(3) 가정: a, b가 모두 짝수이다.
결론: $a+b$는 짝수이다.

답 풀이 참조

8 ▸ 25739-0202

다음 명제의 참, 거짓을 판별하시오.

(1) $x=1$이면 $x^2=1$이다.
(2) n이 짝수이면 $3n$은 홀수이다. (단, n은 자연수이다.)
(3) a, b가 모두 홀수이면 ab는 홀수이다.
(단, a, b는 자연수이다.)

주어진 명제를 '$p \longrightarrow q$'의 형태로 보고 두 조건 p, q의 진리집합을 각각 P, Q라 하면
(1) $P=\{1\}$, $Q=\{-1, 1\}$이고 $P\subset Q$이다. (참)
(2) $P=\{2, 4, 6, \cdots\}$, $Q=\{3, 6, 9, \cdots\}$로 $P\not\subset Q$이다. (거짓)
[반례] $n=2$일 때, $3n=6$으로 짝수이다.
(3) a, b가 모두 홀수라 하자.
자연수 m, n에 대하여 $a=2m-1$, $b=2n-1$이라 하면
$ab=(2m-1)(2n-1)=2(2mn-m-n+1)-1$
한편 $2mn-m-n+1=m(n-1)+n(m-1)+1\geq 1$이므로 $2mn-m-n+1$은 자연수이다.
따라서 ab는 홀수이다. (참)

답 (1) 참 (2) 거짓 (3) 참

5. 명제의 역과 대우, 충분조건과 필요조건

9

▸ 25739-0203

명제 '$xy=0$이면 $x=0$ 또는 $y=0$이다.'의 역과 대우를 말하고, 참, 거짓을 판별하시오. (단, x, y는 실수이다.)

주어진 명제를 $p \longrightarrow q$의 형태로 보면
p : $xy=0$, q : $x=0$ 또는 $y=0$이고
$p \longrightarrow q$의 역은 $q \longrightarrow p$이므로 주어진 명제의 역은
'$x=0$ 또는 $y=0$이면 $xy=0$이다.'이다.
또한 $p \longrightarrow q$의 대우는 $\sim q \longrightarrow \sim p$이므로 주어진 명제의 대우는
'$x\neq0$ 그리고 $y\neq0$이면 $xy\neq0$이다.'이다.
$xy=0$이면 두 수 x, y 중 적어도 하나가 0인 것이므로 두 조건 p, q의 진리집합을 각각 P, Q라 하면
$P=\{(x, y)\,|\,x=0$ 또는 $y=0\}$
$Q=\{(x, y)\,|\,x=0$ 또는 $y=0\}$
이 되어 $P=Q$이다.
즉, $Q\subset P$이므로 역은 참이다.
한편, $P\subset Q$에서 $Q^C\subset P^C$이므로 대우도 참이다.

답 풀이 참조

10

▸ 25739-0204

두 조건 p, q가 다음과 같을 때, p는 q이기 위한 어떤 조건인지 말하시오.

(1) p: x는 6의 양의 약수, q: x는 12의 양의 약수
(2) p: $x^2\geq0$, q: $x\geq0$
(3) p: $x^2=2x$, q: $x=0$ 또는 $x=2$

두 조건 p, q의 진리집합을 각각 P, Q라 하면
(1) $P=\{1, 2, 3, 6\}$, $Q=\{1, 2, 3, 4, 6, 12\}$에서 $P\subset Q$이고 $Q\not\subset P$이므로 $p \Longrightarrow q$이다.
따라서 p는 q이기 위한 충분조건이지만 필요조건은 아니다.
(2) $P=\{x\,|\,x$는 실수$\}$, $Q=\{x\,|\,x$는 음이 아닌 실수$\}$에서 $Q\subset P$이고 $P\not\subset Q$이므로 $q \Longrightarrow p$이다.
따라서 p는 q이기 위한 필요조건이지만 충분조건은 아니다.
(3) $x^2=2x$에서 $x=0$ 또는 $x=2$이므로 $P=\{0, 2\}$이고 $Q=\{0, 2\}$이다.
$P=Q$에서 $p \Longleftrightarrow q$이므로 p는 q이기 위한 필요충분조건이다.

답 (1) 충분조건 (2) 필요조건 (3) 필요충분조건

6. 명제의 증명과 절대부등식

11

▸ 25739-0205

다음 중 절대부등식인 것을 모두 고르시오. (단, x는 실수이다.)

(1) $2x-1<2x$
(2) $|x+2|>1$
(3) $x^2+x+1>0$
(4) $x^2-x-2>0$

모든 실수 x에 대해 성립하는 부등식을 선택한다.
(1) $2x$를 이항하면 $-1<0$이므로 모든 실수 x에 대하여 항상 성립한다.
(2) $x=-1$일 때, $|-1+2|=1$이므로 $|x+2|>1$은 절대부등식이 아니다.
(3) $x^2+x+1=\left(x+\frac{1}{2}\right)^2+\frac{3}{4}$이고 $\left(x+\frac{1}{2}\right)^2\geq0$이므로
$x^2+x+1\geq\frac{3}{4}$이 되어 $x^2+x+1>0$은 모든 실수 x에 대하여 성립한다.
(4) $x=1$일 때, $1^2-1-2=-2<0$이므로 $x^2-x-2>0$은 절대부등식이 아니다.

답 (1), (3)

12

▸ 25739-0206

$ab=9$인 두 양의 실수 a, b에 대하여 $a+b$의 최솟값을 구하시오.

a, b가 모두 양수이므로 산술평균과 기하평균의 관계에 의해서
$a+b\geq2\sqrt{ab}=2\sqrt{9}=6$이므로 $a+b$의 최솟값은 6이고 등호는 $a=b=3$일 때 성립한다.

답 6

대표유형 01 명제와 조건

▸ 25739-0207

다음 **보기** 중 명제만을 고르고 참, 거짓을 판별하시오.

보기

ㄱ. 5는 3보다 작은 수이다.
ㄴ. 1200은 큰 3의 배수이다.
ㄷ. $x^2-x-2=0$
ㄹ. $3\in\{x|x$는 3의 배수$\}$

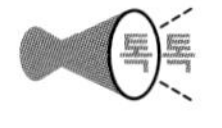

MD의 한마디!

명제인지 아닌지를 판별할 때에는 다음의 두 가지 사항에 유의합니다.
① 명제는 참, 거짓을 분명하게 판별할 수 있는 식이나 문장입니다.
② 기준이 명확하지 않아 사람에 따라 다르게 판단할 수 있는 식이나 문장은 명제가 아닙니다.

MD's Solution

ㄱ. 5는 3보다 작은 수이다. (명제)
↱ 구체적으로 어떤 수보다 작다라고 했기 때문에 참, 거짓을 판별할 수 있어.
5는 3보다 2만큼 큰 수이므로 거짓인 명제이다.

ㄴ. 1200은 큰 3의 배수이다. (명제가 아님)
↱ 아무런 기준없이 크다라고만 하면 사람에 따라 크다는 기준이 다를 수 있으므로 명제가 아니야. 3000보다 작은 3의 배수라고 할 수도 있고 30보다 큰 3의 배수라고도 할 수 있어.

ㄷ. $x^2-x-2=0$ (명제가 아님)
$x=-1$ 또는 $x=2$이면 참이고 x의 값이 -1 또는 2가 아니면 거짓이므로
x의 값에 따라 참인지 거짓인지 다르게 판별되므로 명제가 아니다.
↳ x의 값에 따라 참, 거짓이 판별되므로 명제가 아니라 조건인 것이지.

ㄹ. $3\in\{x|x$는 3의 배수$\}$ (명제)
↳ 수학적 기호를 사용하여 나타낸 식도 참, 거짓을 판별할 수 있으면 명제가 돼
$3=3\times1$이므로 3의 배수이다. 따라서 3은 집합 $\{x|x$는 3의 배수$\}$의 원소이므로 참인 명제이다.

답 명제: ㄱ(거짓), ㄹ(참)

유제

01-1

▸ 25739-0208

다음 중 명제가 아닌 것은?

① $2+5=7$
② 직사각형은 평행사변형이다.
③ $\sqrt{2}$는 유리수이다.
④ $5+3>4+3$
⑤ 2^{64}은 아주 큰 수이다.

①은 참인 명제이다.
직사각형은 마주 보는 두 변의 길이가 같고 서로 평행하므로 평행사변형이다. 따라서 ②는 참인 명제이다.
$\sqrt{2}$는 무리수이므로 ③은 거짓인 명제이다.
$5+3=8$, $4+3=7$이고 $8>7$이므로 ④는 참인 명제이다.
'아주 큰'은 사람에 따라 기준이 다를 수 있으므로 ⑤는 명제가 아니다.

답 ⑤

01-2

▸ 25739-0209

다음 중 그 부정이 참인 명제인 것만을 **보기**에서 있는 대로 고르시오.

보기

ㄱ. $5-3=1$
ㄴ. 2는 가장 작은 자연수이다.
ㄷ. $\varnothing\subset\{1, 2\}$
ㄹ. $\sqrt{5}\geq\sqrt{2}$

ㄱ. 명제 '$5-3=1$'의 부정은 '$5-3\neq1$'이고 $5-3=2\neq1$이므로 명제 '$5-3=1$'의 부정은 참이다.
ㄴ. 명제 '2는 가장 작은 자연수이다.'의 부정은 '2는 가장 작은 자연수가 아니다.'이고 가장 작은 자연수는 1이므로 명제 '2는 가장 작은 자연수이다.'의 부정은 참이다.
ㄷ. 명제 '$\varnothing\subset\{1, 2\}$'의 부정은 '$\varnothing\not\subset\{1, 2\}$'이고 공집합은 모든 집합의 부분집합이므로 명제 '$\varnothing\subset\{1, 2\}$'의 부정은 거짓이다.
ㄹ. 명제 '$\sqrt{5}\geq\sqrt{2}$'의 부정은 '$\sqrt{5}<\sqrt{2}$'이고 $\sqrt{5}$는 $\sqrt{2}$보다 큰 수이므로 명제 '$\sqrt{5}\geq\sqrt{2}$'의 부정은 거짓이다.
따라서 부정이 참인 명제는 ㄱ, ㄴ이다.

답 ㄱ, ㄴ

대표유형 02 진리집합

▸ 25739-0210

전체집합 $U=\{x|x$는 $|x|\le3$인 정수$\}$에 대하여 두 조건 p, q가

p: $x^2+4x-5\le0$, q: $|x|\le1$

일 때, 조건 'p이고 $\sim q$'의 진리집합의 원소의 개수를 구하시오.

MD의 한마디!

① 전체집합이 실수 전체의 집합이 아님에 유의해야 합니다.

② 주어진 부등식을 만족시키는 x의 값 중에서 전체집합에 속하는 값만이 진리집합의 원소가 됩니다.

MD's Solution

$|x|\le3$에서 $-3\le x\le3$이고 x는 정수이므로 $U=\{-3,-2,-1,0,1,2,3\}$이다.

조건 p를 만족시키는 x의 값의 범위를 구하면 $x^2+4x-5=(x+5)(x-1)\le0$에서 $-5\le x\le1$이다.

따라서 조건 p의 진리집합을 P라 하면 $P=\{-3,-2,-1,0,1\}$

↳ -5, -4는 전체집합의 원소가 아니기 때문에 진리집합의 원소가 될 수 없어.

한편, 조건 q를 만족시키는 x의 값의 범위를 구하면 $|x|\le1$에서 $-1\le x\le1$이므로 조건 q의 진리집합을 Q라 하면

$Q=\{-1,0,1\}$이고 $Q^c=\{-3,-2,2,3\}$

↳ 조건을 만족시키는 정수 x의 값들이 모두 전체집합의 원소이기 때문에 부등식을 만족시키는 모든 정수 x가 진리집합의 원소야.

조건 'p이고 $\sim q$'의 진리집합은 $P\cap Q^c$이고 $P\cap Q^c=\{-3,-2\}$이므로 원소의 개수는 2이다.

↳ 조건에서 '이고'는 교집합에 해당되고, 조건의 부정의 진리집합은 여집합이 된다는 점을 잊지말자!

답 2

[다른 풀이]

조건 'p이고 $\sim q$'의 진리집합은 $P\cap Q^c$이고

$P\cap Q^c=P-Q$이므로 구하는 진리집합은 $\{-3,-2,-1,0,1\}-\{-1,0,1\}=\{-3,-2\}$

↳ 구하는 집합을 직접 찾아도 되지만 집합의 연산의 성질을 적절히 이용하면 굳이 Q^c을 따로 구하지 않아도 돼.

유제

02-1

▸ 25739-0211

전체집합 $U=\{x|x$는 12의 양의 약수$\}$에 대하여 조건 p가

p: $x^2-6x<0$

일 때, 조건 p의 진리집합의 모든 원소의 합은?

① 4 ② 10 ③ 16 ④ 22 ⑤ 28

부등식 $x^2-6x<0$을 풀면

$x^2-6x=x(x-6)<0$에서 $0<x<6$이고 x는 12의 양의 약수이므로 조건 p의 진리집합은 $\{1, 2, 3, 4\}$이다.

따라서 모든 원소의 합은 $1+2+3+4=10$

답 ②

02-2

▸ 25739-0212

전체집합 $U=\{x|x$는 30 이하의 자연수$\}$에 대하여 두 조건 p, q가

p: x는 4의 배수, q: x는 24의 양의 약수

일 때, 조건 'p이고 q'의 진리집합의 모든 원소의 합을 구하시오.

30 이하의 자연수 중 4의 배수는

4, 8, 12, 16, 20, 24, 28이므로 조건 p의 진리집합을 P라 하면

$P=\{4, 8, 12, 16, 20, 24, 28\}$

24의 양의 약수는 1, 2, 3, 4, 6, 8, 12, 24이므로 조건 q의 진리집합을 Q라 하면

$Q=\{1, 2, 3, 4, 6, 8, 12, 24\}$

조건 'p이고 q'의 진리집합을 구하면

$P\cap Q=\{4, 8, 12, 24\}$이므로 모든 원소의 합은

$4+8+12+24=48$

답 48

대표유형 03 '모든'이나 '어떤'을 포함하는 명제

▸ 25739-0213

전체집합 $U=\{0, 1, 2, 3, 4\}$에 대하여 $x\in U$일 때, 다음 **보기** 중에서 참인 명제만을 있는 대로 고르시오.

보기

ㄱ. 모든 x에 대하여 $2x+1\geq 1$이다.
ㄴ. 어떤 x에 대하여 $x^2>3x+4$이다.
ㄷ. 모든 x에 대하여 $x^2\leq 16$이다.
ㄹ. 어떤 x에 대하여 $x^2-x-2=0$

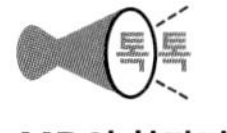

MD의 한마디!

'모든'이나 '어떤'이라는 말이 포함된 명제는 조건을 만족시키는 진리집합을 찾을 때 전체집합이 무엇인가에 주의해야 합니다.
① '모든'을 포함하는 명제는 전체집합의 모든 원소에 대하여 성립할 때에만 참입니다.
② '어떤'을 포함하는 명제는 전체집합의 원소 중 적어도 하나에 대하여 성립하면 참입니다.

MD's Solution

전체집합 $U=\{0,1,2,3,4\}$에 대하여

ㄱ. 조건 p : $2x+1\geq 1$의 진리집합을 P라 하면 $P=\{0,1,2,3,4\}$이고 $P=U$이므로 참
(→ 진리집합 P가 전체집합 U와 같으므로 '모든 x에 대하여 p이다.'라는 명제는 참이야.)

ㄴ. 부등식 $x^2>3x+4$를 풀면 $x^2-3x-4>0$에서 $x<-1$ 또는 $x>4$이므로
조건 p : $x^2>3x+4$의 진리집합을 P라 하면 $P=\varnothing$이므로 주어진 명제는 거짓이다.
(→ 진리집합이 공집합이므로 '어떤'의 명제는 거짓이야.)

ㄷ. 부등식 $x^2\leq 16$을 풀면 $-4\leq x\leq 4$이므로 조건 p : $x^2\leq 16$의 진리집합을 P라 하면
$P=\{0,1,2,3,4\}$이고 $P=U$이므로 참

ㄹ. 방정식 $x^2-x-2=0$을 풀면 $x=-1$ 또는 $x=2$이므로 조건 p : $x^2-x-2=0$의 진리집합을 P라 하면
$P=\{2\}\neq\varnothing$이므로 참
(→ 진리집합이 공집합이 아니면, 즉 조건을 만족시키는 원소가 단 하나라도 있으면 '어떤 x에 대하여 p이다.'라는 명제는 참이야.)

따라서 참인 명제는 ㄱ, ㄷ, ㄹ이다.

답 ㄱ, ㄷ, ㄹ

유제

03-1

▸ 25739-0214

전체집합 $U=\{x|x$는 10 이하의 자연수$\}$에 대하여 $x\in U$일 때, 다음 중 거짓인 명제는?

① 어떤 x에 대하여 $x+2=9$이다.
② 모든 x에 대하여 $|x|=x$이다.
③ 어떤 x에 대하여 $x^2=25$이다.
④ 모든 x에 대하여 $x^2>6x-9$이다.
⑤ 어떤 x에 대하여 x^2은 홀수이다.

① $x=7$일 때, $x+2=9$, 즉 어떤 x에 대하여 $x+2=9$ (참)
② x가 10 이하의 자연수이므로 $x>0$이고 $|x|=x$
즉, 모든 x에 대하여 $|x|=x$이다. (참)
③ $x=5$일 때, $x^2=25$, 즉 어떤 x에 대하여 $x^2=25$이다. (참)
④ $x=3$일 때, $x^2=9$, $6x-9=9$이므로 $x^2=6x-9$이다.
즉, 명제 '모든 x에 대하여 $x^2>6x-9$이다.'는 거짓이다.
⑤ $x=3$일 때, $x^2=9$
즉, 어떤 x에 대하여 x^2은 홀수이다. (참)

답 ④

03-2

▸ 25739-0215

명제

'모든 실수 x에 대하여 $x^2-2kx+9>0$이다.'

가 참이 되도록 하는 자연수 k의 최댓값은?

① 1 ② 2 ③ 3
④ 4 ⑤ 5

'모든 실수 x에 대하여 $x^2-2kx+9>0$이다.'가 참이 되려면 이차함수 $y=x^2-2kx+9$의 최솟값이 0보다 커야 한다.
$x^2-2kx+9=(x-k)^2+9-k^2$에서 $9-k^2>0$이고
$-3<k<3$이다.
따라서 자연수 k의 최댓값은 2이다.

답 ②

[다른 풀이]
'모든 실수 x에 대하여 $x^2-2kx+9>0$이다.'가 참이 되려면 이차방정식 $x^2-2kx+9=0$의 실근이 존재하지 않아야 한다.
즉, 이차방정식 $x^2-2kx+9=0$의 판별식을 D라 하면
$\frac{D}{4}=k^2-9<0$에서 $-3<k<3$이다.

대표유형 04 명제 $p \longrightarrow q$의 참, 거짓과 진리집합의 포함관계

▸ 25739-0216

전체집합 U에 대하여 두 조건 p, q의 진리집합을 각각 P, Q라 하자. 명제 $p \longrightarrow \sim q$가 참일 때, 다음 중 항상 성립하는 것은?

① $P \subset Q$ ② $Q \subset P$ ③ $Q^C \subset P$ ④ $P \subset Q^C$ ⑤ $P \cup Q = U$

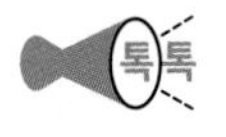

MD의 한마디!

전체집합 U에 대하여 두 조건 p, q의 진리집합을 각각 P, Q라 할 때
① 명제 $p \longrightarrow q$가 참이면 $P \subset Q$입니다.
② 진리집합 사이의 포함관계를 벤다이어그램으로 파악하면 문제를 좀 더 쉽게 해결할 수 있습니다.

MD's Solution

전체집합 U에서의 두 조건 p, q의 진리집합이 각각 P, Q이므로 조건 ~q의 진리집합은 Q^c이다.
조건 q를 만족시키는 않는 것들의 모임이므로 진리집합으로 나타내면 Q^c이 되는 거야.

또한, 명제 $p \rightarrow \sim q$가 참이므로 조건 p를 만족시키는 것은 모두 조건 ~q를 만족시킨다.
즉, 집합 P의 원소는 모두 집합 Q^c의 원소이다.
↳ $x \in P$인 모든 x에 대하여 $x \in Q^c$, 즉 $x \notin Q$

따라서 두 집합 P, Q 사이의 포함관계를 벤 다이어그램으로 나타내면 오른쪽과 같고 $P \subset Q^c$이므로 항상 성립하는 것은 ④ $P \subset Q^c$이다.
↳ 두 진리집합 P, Q의 교집합이 공집합이므로 결국 P는 Q^c의 부분집합이 되는 거야.

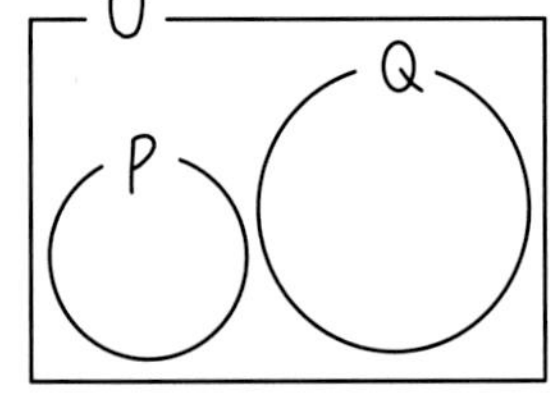

답 ④

유제

04-1

▸ 25739-0217

전체집합 U에 대하여 두 조건 p, q의 진리집합을 각각 P, Q라 하자. 명제 $p \longrightarrow q$가 참일 때, 다음 중 항상 옳은 것은?

① $P \cup Q = U$ ② $P^C \cap Q = P^C$
③ $P^C \cup Q^C = \varnothing$ ④ $P \cap Q = Q$
⑤ $P \cap Q^C = \varnothing$

명제 $p \longrightarrow q$가 참이므로 $P \subset Q$이다.
즉, 두 집합 P, Q 사이의 포함관계를 벤다이어그램으로 나타내면 다음과 같다.

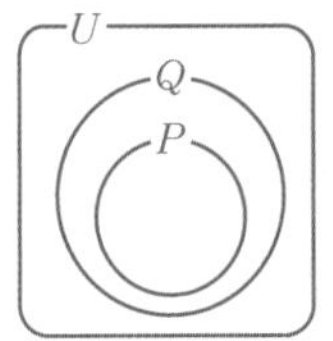

① $P \cup Q = Q \neq U$
② $P^C \cap Q = Q - P \neq P^C$
③ $P^C \cup Q^C = (P \cap Q)^C = P^C \neq \varnothing$
④ $P \cap Q = P \neq \varnothing$
따라서 항상 옳은 것은 ⑤ $P \cap Q^C = \varnothing$

답 ⑤

04-2

▸ 25739-0218

전체집합 U에 대하여 두 조건 p, q의 진리집합을 각각 P, Q라 하자. 두 집합 P, Q 사이의 포함관계가 오른쪽 벤다이어그램과 같을 때, 다음 **보기** 중 항상 참인 명제를 있는 대로 고르시오.

(단, P와 Q는 공집합이 아니다.)

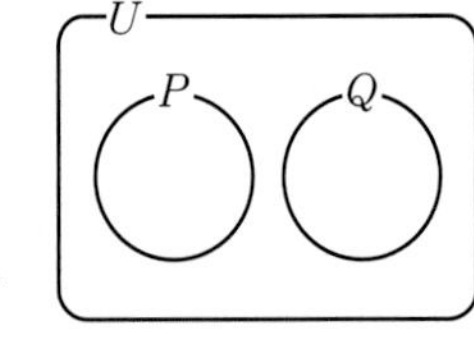

보기

ㄱ. $p \longrightarrow \sim q$
ㄴ. $q \longrightarrow \sim p$
ㄷ. $\sim p \longrightarrow \sim q$

ㄱ. $P \subset Q^C$이므로 $p \longrightarrow \sim q$ (참)
ㄴ. $Q \subset P^C$이므로 $q \longrightarrow \sim p$ (참)
ㄷ. $Q \neq \varnothing$에서 $P^C \not\subset Q^C$이므로 $\sim p \longrightarrow \sim q$ (거짓)
따라서 항상 참인 명제는 ㄱ, ㄴ이다.

답 ㄱ, ㄴ

대표유형 05 명제 $p \longrightarrow q$의 참, 거짓

▸ 25739-0219

두 조건 p: $|x-1| \leq a$, q: $x^2+3x-18 \leq 0$에 대하여 명제 $p \longrightarrow q$가 참이 되도록 하는 양수 a의 최댓값을 구하시오.

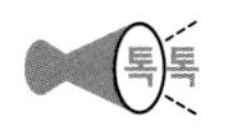
톡톡
MD의 한마디!

① 명제 $p \longrightarrow q$가 참임을 보이기 위해서는 두 조건 p, q의 진리집합을 각각 P, Q라 할 때 $P \subset Q$임을 이용합니다.
② 두 조건 p, q의 진리집합 P, Q에 대하여 $P \not\subset Q$이면 명제 $p \longrightarrow q$는 거짓입니다.

MD's Solution

조건 p : $|x-1| \leq a$의 진리집합을 P라 하면
$|x-1| \leq a$에서 a가 양수이므로 $-a \leq x-1 \leq a$이고 → 절댓값이 등장하면 무작정 제곱을 하는 것보다는 부등식을 이용하는 게 쉬워.
각 변에 1을 더하면 $1-a \leq x \leq 1+a$이므로 $P=\{x \mid 1-a \leq x \leq 1+a\}$
한편 조건 q : $x^2+3x-18 \leq 0$의 진리집합을 Q라 하면
$x^2+3x-18 \leq 0$에서 $(x+6)(x-3) \leq 0$, $-6 \leq x \leq 3$이므로
$Q=\{x \mid -6 \leq x \leq 3\}$
명제 $p \rightarrow q$가 참이 되려면 $P \subset Q$이어야 하므로 오른쪽 그림에서

→식으로 나타낸 두 조건 p, q로 이루어진 명제 p→q의 경우 진리집합을 활용하면 참, 거짓을 판별하는 데 도움이 돼.

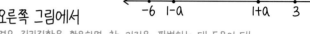

$1-a \geq -6$, $1+a \leq 3$을 동시에 만족시켜야 한다.
→ 둘 중 하나만 만족시키게 되면 $P \subset Q$가 성립하지 않아.
$1-a \geq -6$에서 $a \leq 7$이고 $1+a \leq 3$에서 $a \leq 2$
따라서 명제 $p \rightarrow q$가 참이 되기 위한 양수 a의 값의 범위는 $0 < a \leq 2$이므로 최댓값은 2이다.
→ 2보다 작거나 같은 수는 모두 7보다 작거나 같기 때문이야.

답 2

유제

05-1

▸ 25739-0220

두 조건

p: $2x-6=0$, q: $x^2+kx-21=0$

에 대하여 명제 $p \longrightarrow q$가 참이 되도록 하는 상수 k의 값은?

① 1 ② 2 ③ 3 ④ 4 ⑤ 5

조건 p : $2x-6=0$의 진리집합을 P라 하면
$x=3$이므로 $P=\{3\}$
또, 조건 q : $x^2+kx-21=0$의 진리집합을 Q라 하면 명제 $p \longrightarrow q$가 참이 되기 위해서는 $P \subset Q$이어야 한다.
따라서 $3 \in Q$
조건 q에 $x=3$을 대입하면
$3^2+3k-21=0$, $3k=12$
따라서 $k=4$

답 ④

05-2

▸ 25739-0221

두 조건

p: $x^2-7x+10=0$, q: $3x^2-7ax+2a^2>0$

에 대하여 명제 $p \longrightarrow \sim q$가 참이 되도록 하는 양의 실수 a의 최댓값과 최솟값의 곱을 구하시오.

조건 p : $x^2-7x+10=0$의 진리집합을 P라 하면
$x^2-7x+10=0$, $(x-2)(x-5)=0$, $x=2$ 또는 $x=5$
따라서 $P=\{2, 5\}$
조건 q : $3x^2-7ax+2a^2>0$의 진리집합을 Q라 하면
$3x^2-7ax+2a^2>0$, $(3x-a)(x-2a)>0$
a가 양수이므로 $Q=\left\{x \,\middle|\, x<\frac{a}{3} \text{ 또는 } x>2a\right\}$
명제 $p \longrightarrow \sim q$가 참이 되려면 $P \subset Q^C$이어야 한다.
$Q^C=\left\{x \,\middle|\, \frac{a}{3} \leq x \leq 2a\right\}$이므로 $\frac{a}{3} \leq 2$, $2a \geq 5$에서 $\frac{5}{2} \leq a \leq 6$
따라서 양의 실수 a의 최댓값은 6이고, 최솟값은 $\frac{5}{2}$이므로
양의 실수 a의 최댓값과 최솟값의 곱은 $6 \times \frac{5}{2}=15$

답 15

대표유형 06 명제 $p \longrightarrow q$의 역

▸ 25739-0222

다음 **보기**에서 그 역이 참인 명제만을 있는 대로 고르시오. (단, x, y, z는 실수이다.)

보기

ㄱ. $x^2=y^2$이면 $x=y$이다.
ㄴ. $x=y$이면 $xz=yz$이다.
ㄷ. $x>1$이고 $y>1$이면 $xy+1>x+y$이다.

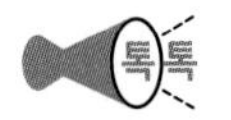

MD의 한마디!

① 명제 'p이면 q이다.'의 역은 $q \longrightarrow p$입니다.
② 네 실수 a, b, c, d에 대하여 $a \geq b$이고 $c \geq d$이면 $a+c \geq b+d$가 성립합니다.

MD's Solution

→ 명제 '$p \to q$'의 역은 가정 p와 결론 q를 서로 바꾸어 쓴 명제야.

명제 ㄱ의 역은 '$x=y$이면 $x^2=y^2$이다.'이다.
$x=y$이면 양변을 제곱해도 등식은 성립하므로 명제 ㄱ의 역은 참이다.
명제 ㄴ의 역은 '$xz=yz$이면 $x=y$이다.'이다.
$z=0$인 경우는 $x \neq y$이라고 하더라도 $xz=yz=0$이 성립하므로 명제 ㄴ의 역은 거짓이다.
→ 명제가 거짓임을 알게 해 주는 예를 반례라고 해. 반례가 하나라도 있으면 그 명제는 거짓인 명제가 된다는 점을 기억하자.
명제 ㄷ의 역은 '$xy+1>x+y$이면 $x>1$이고 $y>1$이다.'이다.
$xy+1>x+y$, $xy-x-y+1>0$, $(x-1)(y-1)>0$이므로

$\begin{cases} x>1 \\ y>1 \end{cases}$ 또는 $\begin{cases} x<1 \\ y<1 \end{cases}$

→ $x=-1$, $y=-2$인 경우 $xy+1=(-1)\times(-2)+1=3$이고 $x+y=-3$이므로 조건 '$xy+1>x+y$'는 성립하지만 조건 '$x>1$이고 $y>1$'은 성립하지 않는다는 것을 알 수 있어. 이러한 예를 반례라고 해.

즉, $x<1$이고 $y<1$인 경우 조건 '$xy+1>x+y$'는 성립하지만 조건 '$x>1$이고 $y>1$'은 성립하지 않는다.
따라서 명제 ㄷ의 역은 거짓이다.

답 ㄱ

유제

06-1

▸ 25739-0223

두 조건 p, q에 대하여 명제 $\sim p \longrightarrow q$의 역이 참일 때, 다음 중 항상 참인 명제는?

① $p \longrightarrow q$
② $p \longrightarrow \sim q$
③ $q \longrightarrow p$
④ $\sim q \longrightarrow p$
⑤ $\sim p \longrightarrow \sim q$

명제 $\sim p \longrightarrow q$의 역이 참이므로 명제 $q \longrightarrow \sim p$가 참이다.
따라서 명제 $q \longrightarrow \sim p$의 대우인 $p \longrightarrow \sim q$도 항상 참이다.

답 ②

06-2

▸ 25739-0224

두 조건 p, q의 진리집합이 각각

$$P=\{2,\ 3,\ a\},\ Q=\left\{-2b+8,\ \frac{b}{3}+2,\ 5\right\}$$

이다. 명제 $p \longrightarrow q$의 역이 참일 때, $a+b$의 값을 구하시오.

명제 $p \longrightarrow q$의 역이 참이므로 $Q \subset P$이고
$5 \in Q$에서 $5 \in P$이어야 하므로 $a=5$
(i) $-2b+8=2$인 경우
$-2b+8=2$에서 $b=3$이고 이는 $\frac{b}{3}+2=3$을 만족시킨다.
(ii) $-2b+8=3$이고 $\frac{b}{3}+2=2$인 경우
$-2b+8=3$에서 $b=\frac{5}{2}$이고 이는 $\frac{b}{3}+2=\frac{17}{6} \neq 2$가 되어 조건을 만족시키지 않는다.
(i), (ii)에 의하여 $b=3$
따라서 $a+b=5+3=8$

답 8

대표유형 07 충분조건과 필요조건

▸ 25739-0225

세 조건 p, q, r의 진리집합이 각각 $P=\{a^2-4a+5,\ 7\}$, $Q=\{5,\ b+2\}$, $R=\{2b-a,\ b,\ 3b-2a\}$이다. p는 q이기 위한 필요충분조건이고 q는 r이기 위한 충분조건일 때, $a+b$의 값을 구하시오. (단, a, b는 상수이다.)

MD의 한마디!

세 조건 p, q, r의 진리집합을 각각 P, Q, R이라 할 때
① p가 q이기 위한 필요충분조건이면 $P\subset Q$이고 $Q\subset P$이므로 $P=Q$입니다.
② q가 r이기 위한 충분조건이면 $Q\subset R$입니다.

MD's Solution

p는 q이기 위한 필요충분조건이므로 $P=Q$에서 (→ 충분조건이면서 동시에 필요조건도 되는 관계야.)

$a^2-4a+5=5$, $a(a-4)=0$, $a=0$ 또는 $a=4$이고 $7=b+2$, $b=5$

(→ 5가 집합 Q의 원소이고, $P=Q$이므로 5가 집합 P의 원소가 되어야 해.)
(→ 7이 집합 P의 원소이고, $P=Q$이므로 7이 집합 Q의 원소가 되어야 해.)

q는 r이기 위한 충분조건이므로 $Q\subset R$이어야 한다.

(i) $a=0$, $b=5$인 경우

$2b-a=10$, $b=5$, $3b-2a=15$가 되어 집합 $R=\{5, 10, 15\}$이므로 $Q\subset R$을 만족시키지 못한다.

(→ 집합 Q의 원소 중 7이 집합 R의 원소가 아니기 때문에 $Q\subset R$이 성립하지 않아.)

(ii) $a=4$, $b=5$인 경우

$2b-a=6$, $b=5$, $3b-2a=7$이 되어 집합 $R=\{5, 6, 7\}$이므로 $Q\subset R$을 만족시킨다.

(i), (ii)에 의하여 $a=4$, $b=5$이므로 $a+b=9$

답 9

유제

07-1

▸ 25739-0226

두 조건

p: $2x-3=3x-7$, q: $x^2-ax+12=0$

에 대하여 p가 q이기 위한 충분조건일 때, 상수 a의 값은?

① 5　② 6　③ 7　④ 8　⑤ 9

조건 p에서
$2x-3x=-7+3$, $x=4$
p가 q이기 위한 충분조건이므로
$4^2-a\times4+12=0$, $4a=28$, $a=7$

답 ③

07-2

▸ 25739-0227

다음 중 p는 q이기 위한 필요조건이지만 충분조건이 아닌 것은?

① p: $x=0$이고 $y=0$　　q: $xy=0$
② p: $x+y>0$　　q: $x^2+y^2>0$
③ p: x는 8의 양의 약수　　q: x는 4의 양의 약수
④ p: $x>y$　　q: $x+1>y+1$
⑤ p: $|x|=2$　　q: $x^2=4$

① 명제 $p \longrightarrow q$는 참이고 명제 $q \longrightarrow p$는 거짓이다.
[$q \longrightarrow p$의 반례] $x=-1$, $y=0$
따라서 p는 q이기 위한 충분조건이지만 필요조건은 아니다.
② 명제 $p \longrightarrow q$는 참이고 명제 $q \longrightarrow p$는 거짓이다.
[$q \longrightarrow p$의 반례] $x=1$, $y=-1$
따라서 p는 q이기 위한 충분조건이지만 필요조건은 아니다.
③ 8의 양의 약수는 1, 2, 4, 8이고 4의 양의 약수는 1, 2, 4이므로 명제 $p \longrightarrow q$는 거짓이고 명제 $q \longrightarrow p$는 참이다.
따라서 p는 q이기 위한 필요조건이지만 충분조건은 아니다.
④ 명제 '$x>y$이면 $x+1>y+1$이다.'와 '$x+1>y+1$이면 $x>y$이다.'는 모두 참이므로 p는 q이기 위한 필요충분조건이다.
⑤ $|x|=2$에서 $x=\pm2$이므로 p는 q이기 위한 필요충분조건이다.

답 ③

대표유형 08 여러 가지 증명

▸ 25739-0228

명제 '자연수 n에 대하여 n^2이 짝수이면 n도 짝수이다.'를 대우를 이용하여 증명하시오.

MD의 한마디!

① 주어진 명제의 대우는 '자연수 n에 대하여 n이 홀수이면 n^2도 홀수이다.'입니다.
② n이 홀수이므로 자연수 k에 대하여 $n=2k-1$로 둡니다.
③ n^2을 자연수 m에 대하여 $2m-1$의 형태로 나타낼 수 있으면 n^2이 홀수입니다.

MD's Solution

(자연수에서 짝수가 아니면 홀수이니까 짝수를 부정하면 홀수가 되는 거야.)

주어진 명제의 대우는 '자연수 n에 대하여 n이 홀수이면 n^2도 홀수이다.'이다.

(일반적으로 홀수를 나타내는 표현이야.)

n이 홀수이므로 자연수 k에 대하여 $n=2k-1$로 나타낼 수 있다.

$n^2=(2k-1)^2=4k^2-4k+1=2(2k^2-2k+1)-1$이다.

k가 자연수이므로 $2k^2-2k+1$은 자연수이다.

(n^2이 자연수 m에 대하여 $2m-1$의 형태이므로 홀수가 되는 거야.)

즉, n^2은 홀수이다.

따라서 주어진 명제의 대우가 참이므로 주어진 명제도 참이다.

답 풀이 참조

유제

08-1

▸ 25739-0229

다음은 명제 '두 자연수 a, b에 대하여 ab가 짝수이면 a, b 중 적어도 하나는 짝수이다.'를 귀류법을 이용하여 증명하는 과정이다. (가), (나), (다)에 알맞은 것을 써넣으시오.

> a, b 둘 다 [(가)]라고 가정하면 자연수 m, n에 대하여
> $a=2m-1$, $b=2n-1$로 놓을 수 있다.
> 이때
> $ab=(2m-1)(2n-1)=4mn-2m-2n+1$
> $=$[(나)]-1
> 이고 $2mn-m-n+1=m(n-1)+n(m-1)+1$이므로
> $2mn-m-n+1$은 자연수이다.
> 즉, ab는 [(다)]가 되어 가정에 모순이다.
> 따라서 ab가 짝수이면 a, b 중 적어도 하나는 짝수이다.

귀류법을 이용하므로 a, b를 [홀수]라고 가정한다.

이때 $ab=(2m-1)(2n-1)=4mn-2m-2n+1$

$=$[$2(2mn-m-n+1)$]-1

이고 $2mn-m-n+1=m(n-1)+n(m-1)+1\geq1$이므로

$2mn-m-n+1$은 자연수이다.

즉, $ab=2\times$(자연수)-1의 꼴이므로 [홀수]가 되어 가정에 모순이다.

답 (가): 홀수, (나): $2(2mn-m-n+1)$, (다): 홀수

08-2

▸ 25739-0230

다음은 네 실수 a, b, x, y에 대하여 부등식

$$(a^2+b^2)(x^2+y^2)\geq(ax+by)^2$$

이 성립함을 증명하는 과정이다.

> $(a^2+b^2)(x^2+y^2)-(ax+by)^2$
> $=(a^2x^2+a^2y^2+b^2x^2+b^2y^2)-(a^2x^2+2abxy+b^2y^2)$
> $=$[(가)]
> a, b, x, y는 실수이므로 [(가)]≥0이다.
> 즉, $(a^2+b^2)(x^2+y^2)\geq(ax+by)^2$이다.
> (단, 등호는 [(나)]일 때, 성립한다.)

위의 과정에서 (가), (나)에 알맞은 것을 써넣으시오.

$(a^2+b^2)(x^2+y^2)-(ax+by)^2$

$=(a^2x^2+a^2y^2+b^2x^2+b^2y^2)-(a^2x^2+2abxy+b^2y^2)$

$=a^2y^2-2abxy+b^2x^2$

$=$[$(ay-bx)^2$] (또는 [$(bx-ay)^2$])

a, b, x, y는 실수이고 $ay-bx$도 실수이므로 [$(ay-bx)^2$]≥0이다.

즉, $(a^2+b^2)(x^2+y^2)\geq(ax+by)^2$이다.

(단, 등호는 $ay-bx=0$, 즉 [$ay=bx$]일 때, 성립한다.)

답 (가): $(ay-bx)^2$ (또는 $(bx-ay)^2$)
(나): $ay=bx$ (또는 $ay-bx=0$)

대표유형 09 산술평균과 기하평균의 관계

▸ 25739-0231

$3a+b=6$을 만족시키는 두 양수 a, b에 대하여 ab의 최댓값이 M이고, 그 때의 a, b의 값을 각각 m, n이라 할 때, $m+n+M$의 값을 구하시오.

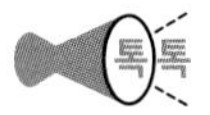

MD의 한마디!

산술평균과 기하평균의 관계를 이용하여 최솟값이나 최댓값을 구하는 경우에는 다음에 주의합니다.
① 두 수가 모두 양수이어야 합니다.
② 두 수의 합이나 곱이 일정할 때 사용합니다.
③ 등호가 성립할 조건을 항상 확인하도록 합니다.

MD's Solution

a, b가 양수이므로 산술평균과 기하평균의 관계에 의하여
↳ 산술평균과 기하평균의 관계를 이용하기 위해서는 반드시 확인해야 하는 조건이야.

$3a+b \ge 2\sqrt{3ab}$가 성립한다.

즉, $2\sqrt{3ab} \le 6$, $\sqrt{3ab} \le 3$

양변을 제곱하여 정리하면 $ab \le 3$이므로 $M=3$

여기서 등호는 $3a=b=3$일 때 성립하므로 $a=1$, $b=3$이고
↳ $3a+b=6$에서 $3a=b$이면 $3a=b=3$이어야 해.

$m=1$, $n=3$

따라서 $m+n+M=1+3+3=7$

답 7

유제

09-1

▸ 25739-0232

가로의 길이가 a, 세로의 길이가 b인 직사각형의 넓이가 36일 때, $a+b$의 최솟값을 구하시오.

직사각형의 넓이는 가로의 길이와 세로의 길이의 곱이므로
$ab=36$
직사각형의 한 변의 길이는 양수이므로
$a>0$, $b>0$
산술평균과 기하평균의 관계에 의하여
$a+b \ge 2\sqrt{ab}$
한편 $2\sqrt{ab}=2\sqrt{36}=2\times 6=12$이므로
$a+b \ge 12$에서 $a+b$의 최솟값은 12이다.
(단, 등호는 $a=b$일 때 성립한다.)

답 12

09-2

▸ 25739-0233

두 양수 a, b에 대하여 $(a+b)\left(\frac{1}{a}+\frac{4}{b}\right)$의 최솟값을 구하시오.

주어진 식을 전개하면
$(a+b)\left(\frac{1}{a}+\frac{4}{b}\right)=1+\frac{4a}{b}+\frac{b}{a}+4=5+\frac{4a}{b}+\frac{b}{a}$이고
이때 a, b가 양수이므로
$\frac{4a}{b}>0$, $\frac{b}{a}>0$이고 $\frac{4a}{b}\times\frac{b}{a}=4$로 일정하므로
산술평균과 기하평균의 관계를 이용하면
$\frac{4a}{b}+\frac{b}{a} \ge 2\sqrt{\frac{4a}{b}\times\frac{b}{a}}=4$
따라서 $(a+b)\left(\frac{1}{a}+\frac{4}{b}\right)=5+\left(\frac{4a}{b}+\frac{b}{a}\right) \ge 5+4=9$이므로
최솟값은 9 $\left(\text{단, 등호는 } \frac{4a}{b}=\frac{b}{a}\text{, 즉 } b=2a\text{일 때 성립한다.}\right)$

답 9

실력 완성 단원 마무리

본문 84~86쪽

1
▸ 25739-0234

다음 중 임의의 세 실수 x, y, z에 대하여

$(x-y)^2+(y-z)^2+(z-x)^2\neq0$

의 부정은?

① 어떤 세 실수 x, y, z에 대하여 x, y, z 중 두 수만 같다.
② 어떤 세 실수 x, y, z에 대하여 x, y, z는 모두 0이다.
③ 어떤 세 실수 x, y, z에 대하여 x, y, z 중 적어도 두 수는 같다.
④ 어떤 세 실수 x, y, z에 대하여 x, y, z는 모두 같다.
⑤ 어떤 세 실수 x, y, z에 대하여 $x=y$ 또는 $y=z$ 또는 $z=x$

답 ④

풀이 $(x-y)^2+(y-z)^2+(z-x)^2\neq0$이 성립하려면
$x-y\neq0$이거나 $y-z\neq0$이거나 $z-x\neq0$이어야 한다.
따라서 주어진 명제의 부정은 '어떤 세 실수 x, y, z에 대하여 $x-y=0$이고 $y-z=0$이고 $z-x=0$'이다.
즉, '어떤 세 실수 x, y, z에 대하여 $x=y=z$이다.'이다.
따라서 주어진 명제의 부정은 ④이다.

2
▸ 25739-0235

실수 x에 대하여 두 조건 p, q가

p: $1\le x<7$, q: $x\le4$ 또는 $x>9$

일 때, 조건 '$\sim p$ 또는 q'의 부정은?

① $4<x<7$　② $4\le x<7$
③ $4<x\le7$　④ $4\le x\le7$
⑤ $x<4$ 또는 $x>7$

답 ①

풀이 조건 '$\sim p$ 또는 q'의 부정은 'p 그리고 $\sim q$'이다.
두 조건 p, q의 진리집합을 각각 P, Q라 하면
조건 'p 그리고 $\sim q$'의 진리집합은 $P\cap Q^C$이다.
$P=\{x|1\le x<7\}$, $Q=\{x|x\le4$ 또는 $x>9\}$,
$Q^C=\{x|4<x\le9\}$이므로 다음 그림에서
$P\cap Q^C=\{x|4<x<7\}$

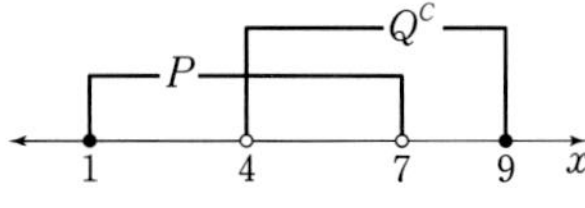

따라서 조건 '$\sim p$ 또는 q'의 부정은 $4<x<7$이다.

3
▸ 25739-0236

정수 x에 대하여 조건 p가

p: $x^2-5x+4\le0$

일 때, 조건 p의 진리집합의 모든 원소의 합은?

① 9　② 10　③ 11
④ 12　⑤ 13

답 ②

풀이 $x^2-5x+4\le0$, $(x-1)(x-4)\le0$
$1\le x\le4$
x는 정수이므로 조건 p의 진리집합을 P라 하면
$P=\{1, 2, 3, 4\}$이다.
따라서 진리집합 P의 모든 원소의 합은
$1+2+3+4=10$

4
▸ 25739-0237

전체집합 U에 대하여 두 조건 p, q의 진리집합을 각각 P, Q라 할 때, **보기**에서 옳은 것만을 있는 대로 고른 것은?

보기

ㄱ. $P=U$이면 '모든 x에 대하여 p이다.'는 참이다.
ㄴ. $P=\varnothing$이면 '어떤 x에 대하여 p이다.'는 참이다.
ㄷ. $Q\neq U$이면 '모든 x에 대하여 q가 아니다.'는 거짓이다. (단, $Q\neq\varnothing$)
ㄹ. $Q\neq\varnothing$이면 '어떤 x에 대하여 q가 아니다.'는 거짓이다. (단, $Q\neq U$)

① ㄱ, ㄴ　② ㄱ, ㄷ　③ ㄱ, ㄴ, ㄹ
④ ㄱ, ㄷ, ㄹ　⑤ ㄴ, ㄷ, ㄹ

답 ②

풀이 ㄱ. $P=U$이면 '모든 x에 대하여 p이다.'는 참이다. (참)
ㄴ. $P=\varnothing$이면 조건 p를 만족시키는 x가 존재하지 않으므로 '어떤 x에 대하여 p이다.'는 거짓이다. (거짓)
ㄷ. $Q\neq U$이면 조건 q를 만족시키는 x도 존재하고, 조건 q를 만족시키지 않는 x도 존재하므로 '모든 x에 대하여 q가 아니다.'는 거짓이다. (참)
ㄹ. $Q\neq\varnothing$이면 진리집합 Q의 원소 중 조건 q를 만족시키는 x도 존재하고, 조건 q를 만족시키지 않는 x도 존재하므로 '어떤 x에 대하여 q가 아니다.'는 참이다. (거짓)
따라서 옳은 것은 ㄱ, ㄷ이다.

5

▸ 25739-0238

전체집합 $U=\{x|x$는 10 미만의 자연수$\}$의 두 부분집합 A, B에 대하여 두 명제

'집합 A의 모든 원소 a에 대하여 $a+4\in U$이다.',

'집합 B의 어떤 원소 b에 대하여 $b^2-4b<0$이다.'

가 있다. 두 명제가 모두 참이 되도록 하는 두 집합 A, B의 개수를 각각 m, n이라 할 때, $m+n$의 값을 구하시오. (단, $A\neq\varnothing$)

답 479

풀이 조건 $a+4\in U$의 진리집합을 P라 하면

$a+4<10$에서 $a<6$이고 $1\leq a\leq 9$이므로

$P=\{1, 2, 3, 4, 5\}$

명제 '집합 A의 모든 원소 a에 대하여 $a+4\in U$이다.'가 참이 되기 위해서는 $A\subset P$이어야 한다.

즉, 집합 A는 집합 P의 공집합이 아닌 부분집합이므로 집합 A의 개수는 $m=2^5-1=31$

조건 $b^2-4b<0$의 진리집합을 Q라 하면 $b(b-4)<0$에서

$0<b<4$이므로 $Q=\{1, 2, 3\}$

명제 '집합 B의 어떤 원소 b에 대하여 $b^2-4b<0$이다.'가 참이 되기 위해서는 $B\cap Q\neq\varnothing$이어야 한다.

즉, 집합 B는 U의 부분집합 중에서 1, 2, 3을 모두 원소로 갖지 않는 집합을 제외한 것이므로 집합 B의 개수는

$n=2^9-2^{9-3}=512-64=448$

따라서 $m+n=31+448=479$

6

| 2023학년도 3월 고2 학력평가 18번 |

▸ 25739-0239

실수 x에 대한 두 조건

p: $|x-k|\leq 2$, q: $x^2-4x-5\leq 0$

이 있다. 명제 $p\longrightarrow q$와 명제 $p\longrightarrow\sim q$가 모두 거짓이 되도록 하는 모든 정수 k의 값의 합은?

① 14 ② 16 ③ 18
④ 20 ⑤ 22

답 ②

풀이 두 조건 p, q의 진리집합을 각각 P, Q라 하자.

조건 p에서

$|x-k|\leq 2$, $k-2\leq x\leq k+2$

이므로

$P=\{x|k-2\leq x\leq k+2\}$

조건 q에서

$x^2-4x-5\leq 0$, $(x+1)(x-5)\leq 0$

$-1\leq x\leq 5$

이므로

$Q=\{x|-1\leq x\leq 5\}$

이고 이때

$Q^C=\{x|x<-1$ 또는 $x>5\}$

이다.

명제 $p\longrightarrow q$와 명제 $p\longrightarrow\sim q$가 모두 거짓이므로

$P\not\subset Q$이고 $P\not\subset Q^C$

즉, $P\cap Q^C\neq\varnothing$이고 $P\cap Q\neq\varnothing$ …… ㉠

이어야 한다.

$k-2\geq -1$이고 $k+2\leq 5$, 즉 $1\leq k\leq 3$이면 $P\subset Q$가 되어 조건을 만족시키지 않으므로 다음과 같이 k의 값의 범위를 나누어 생각하자.

(i) $k<1$인 경우

㉠에서 $P\cap Q\neq\varnothing$이므로 [그림 1]과 같이

$-1\leq k+2$, 즉 $k\geq -3$ …… ㉡

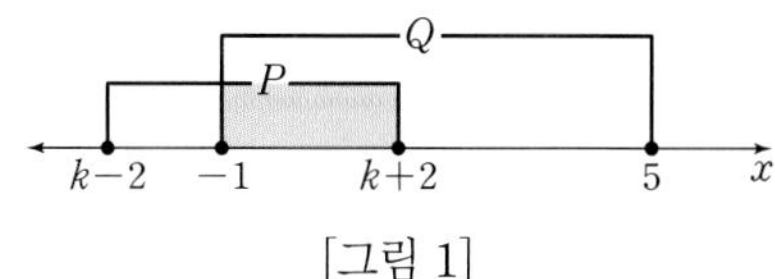

[그림 1]

$P\cap Q^C\neq\varnothing$이므로 [그림 2]와 같이

$k-2<-1$, 즉 $k<1$ …… ㉢

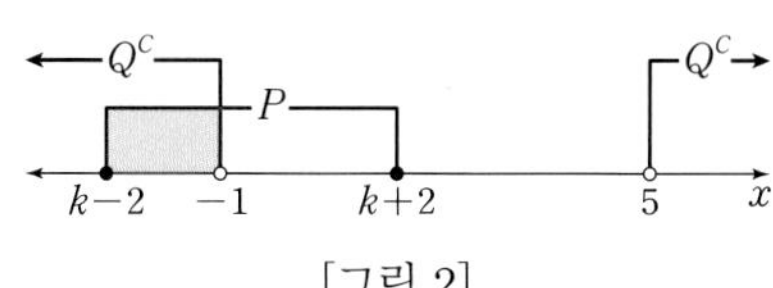

[그림 2]

㉡, ㉢에서 $-3\leq k<1$이고 이 부등식을 만족시키는 정수 k의 값은 -3, -2, -1, 0이다.

(ii) $k>3$인 경우

㉠에서 $P\cap Q\neq\varnothing$이므로 [그림 3]과 같이

$k-2\leq 5$, 즉 $k\leq 7$ …… ㉣

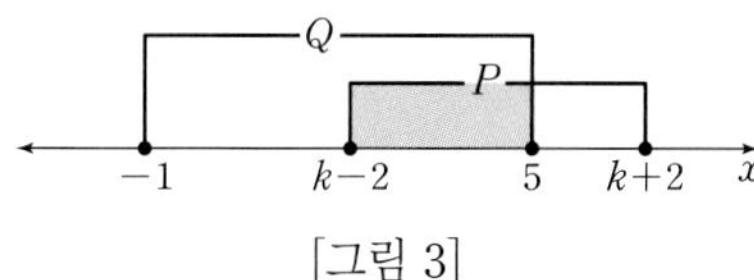

[그림 3]

$P\cap Q^C\neq\varnothing$이므로 [그림 4]와 같이

$5<k+2$, 즉 $k>3$ …… ㉤

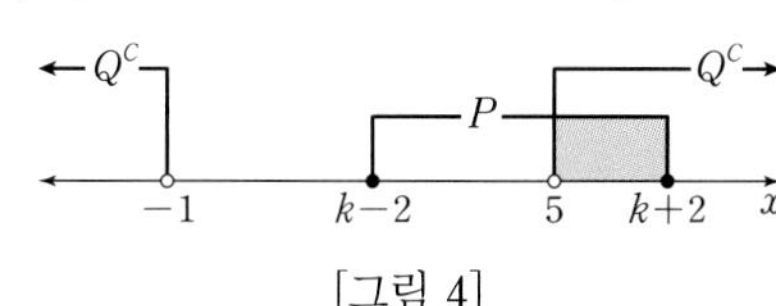

[그림 4]

㉣, ㉤에서 $3<k\leq 7$이고 이 부등식을 만족시키는 정수 k의 값은 4, 5, 6, 7이다.

(i), (ii)에 의하여 주어진 조건을 만족시키는 정수 k의 값은

-3, -2, -1, 0, 4, 5, 6, 7이다.

따라서 구하는 모든 정수 k의 값의 합은

$-3-2-1+0+4+5+6+7=16$

7

▸ 25739-0240

전체집합 U에 대하여 세 조건 p, q, r의 진리집합을 각각 P, Q, R이라 하자. 세 집합 P, Q, R 사이의 포함관계가 오른쪽 벤다이어그램과 같을 때, **보기**에서 항상 참인 명제만을 있는 대로 고른 것은?

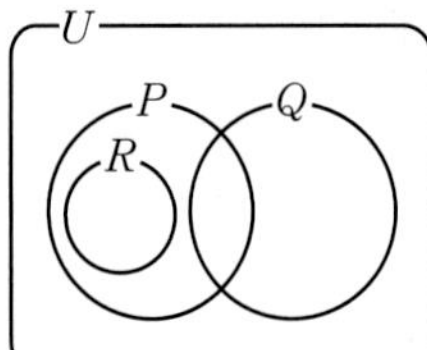

보기

ㄱ. $\sim p \longrightarrow \sim r$
ㄴ. $p \longrightarrow \sim q$
ㄷ. $r \longrightarrow \sim q$

① ㄱ ② ㄷ ③ ㄱ, ㄴ
④ ㄱ, ㄷ ⑤ ㄴ, ㄷ

답 ④

풀이 ㄱ. $R \subset P$에서 $P^C \subset R^C$이므로 명제 $\sim p \longrightarrow \sim r$은 참이다.
ㄴ. $P \cap Q \neq \varnothing$인 경우 $P \not\subset Q^C$이므로 명제 $p \longrightarrow \sim q$는 항상 참이라고 할 수 없다.
ㄷ. $R \cap Q = \varnothing$에서 $R \subset Q^C$이므로 명제 $r \longrightarrow \sim q$는 참이다.
따라서 항상 참인 명제는 ㄱ, ㄷ이다.

8

▸ 25739-0241

두 실수 x, y에 대하여 다음 중 그 역과 대우가 모두 참인 명제는?

① $x=2$이고 $y=3$이면 $xy=6$이다.
② $xy>0$이면 $x>0$이고 $y>0$이다.
③ $x^2+y^2=0$이면 $|x|+|y|=0$이다.
④ 두 삼각형이 서로 합동이면 그 넓이가 서로 같다.
⑤ $x>y$이면 $x^2>y^2$이다.

답 ③

풀이 주어진 명제의 역과 대우를 각각 구하면
① 역: $xy=6$이면 $x=2$이고 $y=3$이다. (거짓)
대우: $xy \neq 6$이면 $x \neq 2$ 또는 $y \neq 3$이다. (참)
② 역: $x>0$이고 $y>0$이면 $xy>0$이다. (참)
대우: $x \leq 0$ 또는 $y \leq 0$이면 $xy \leq 0$이다. (거짓)
③ 역: $|x|+|y|=0$이면 $x^2+y^2=0$이다. (참)
대우: $|x|+|y| \neq 0$이면 $x^2+y^2 \neq 0$이다. (참)
④ 역: 두 삼각형의 넓이가 같으면 서로 합동이다. (거짓)
대우: 두 삼각형의 넓이가 같지 않으면 서로 합동이 아니다. (참)
⑤ 역: $x^2>y^2$이면 $x>y$이다. (거짓)
대우: $x^2 \leq y^2$이면 $x \leq y$이다. (거짓)

[참고]
대우의 참, 거짓을 주어진 명제의 참, 거짓으로 판단해도 된다.

9 | 2022학년도 3월 고2 학력평가 17번 |

▸ 25739-0242

실수 x에 대한 두 조건
p: $x^2+2ax+1 \geq 0$, q: $x^2+2bx+9 \leq 0$
이 있다. 다음 두 문장이 모두 참인 명제가 되도록 하는 정수 a, b의 모든 순서쌍 (a, b)의 개수는?

- 모든 실수 x에 대하여 p이다.
- p는 $\sim q$이기 위한 충분조건이다.

① 15 ② 18 ③ 21
④ 24 ⑤ 27

답 ①

풀이 실수 전체의 집합을 U라 하고, 두 조건 p, q의 진리집합을 각각 P, Q라 하자.
'모든 실수 x에 대하여 p이다.'가 참인 명제가 되려면 $P=U$이어야 한다.
따라서 모든 실수 x에 대하여 $x^2+2ax+1 \geq 0$이어야 하므로
이차방정식 $x^2+2ax+1=0$의 판별식을 D_1이라 하면
$\frac{D_1}{4}=a^2-1 \leq 0$에서
$(a+1)(a-1) \leq 0$, $-1 \leq a \leq 1$
그러므로 정수 a의 값은 -1, 0, 1이다.
또 'p는 $\sim q$이기 위한 충분조건이다.'가 참인 명제가 되려면
$P \subset Q^C$이어야 하고 $P=U$이므로
$Q^C=U$이다. 즉, $Q=\varnothing$이다.
따라서 모든 실수 x에 대하여 $x^2+2bx+9>0$이어야 하므로 이차방정식 $x^2+2bx+9=0$의 판별식을 D_2라 하면
$\frac{D_2}{4}=b^2-9<0$에서
$(b+3)(b-3)<0$, $-3<b<3$
그러므로 정수 b의 값은 -2, -1, 0, 1, 2이다.
따라서 정수 a, b의 모든 순서쌍 (a, b)의 개수는
$3 \times 5=15$

10

▸ 25739-0243

두 실수 x, y에 대하여 세 조건 p, q, r이

p: $x\geq 0$이고 $y\geq 0$

q: $|xy|=xy$

r: $x^2+y^2=0$

일 때, **보기**에서 옳은 것만을 있는 대로 고른 것은?

보기

ㄱ. p는 r이기 위한 필요조건이다.

ㄴ. r은 q이기 위한 충분조건이다.

ㄷ. q는 p이기 위한 필요충분조건이다.

① ㄱ ② ㄱ, ㄴ ③ ㄱ, ㄷ

④ ㄴ, ㄷ ⑤ ㄱ, ㄴ, ㄷ

답 ②

풀이 ㄱ. r: $x^2+y^2=0$이면 $x=y=0$이므로 $r\Longrightarrow p$

즉, p는 r이기 위한 필요조건이다.

한편 $x=1$, $y=2$이면 $1\geq 0$이고 $2\geq 0$이지만

$1^2+2^2=5\neq 0$이므로 $p \longrightarrow r$은 거짓이다.

즉, p는 r이기 위한 충분조건은 아니다. (참)

ㄴ. r: $x^2+y^2=0$이면 $x=y=0$이므로

$|xy|=xy=0$이 되어 $r\Longrightarrow q$

즉, r은 q이기 위한 충분조건이다.

한편 $x=1$, $y=2$이면 $|1\times 2|=1\times 2=2$이지만

$1^2+2^2=5\neq 0$이므로 $q \longrightarrow r$은 거짓이다.

즉, r은 q이기 위한 필요조건은 아니다. (참)

ㄷ. $x\geq 0$이고 $y\geq 0$이면 $|xy|=xy$이므로 $p\Longrightarrow q$

즉, q는 p이기 위한 필요조건이다.

한편 $x=-1$, $y=-2$이면 $|xy|=xy=2$이지만 $x<0$이고

$y<0$이므로 $q \longrightarrow p$는 거짓이다.

즉, q는 p이기 위한 충분조건은 아니다. (거짓)

따라서 옳은 것은 ㄱ, ㄴ이다.

11

▸ 25739-0244

다음은 명제 '$\sqrt{3}$은 무리수이다.'를 증명하는 과정이다.

> $\sqrt{3}$이 유리수라고 가정하면 서로소인 두 자연수 m, n에 대하여 $\sqrt{3}=\frac{n}{m}$으로 놓을 수 있다.
>
> 위 식을 정리하면 $n^2=$ (가)
>
> n^2이 3의 배수이므로 n도 3의 배수이다. …… ㉠
>
> $n=3k$ (k는 자연수)라 하면 $3k^2=$ (나)
>
> m^2이 3의 배수이므로 m도 3의 배수이다. …… ㉡
>
> ㉠, ㉡에 의하여 m, n이 모두 3의 배수이고, 이는 m, n이 서로소인 두 자연수라는 사실에 모순이다.
>
> 그러므로 $\sqrt{3}$은 무리수이다.

위의 과정에서 (가), (나)에 알맞은 식을 각각 $f(m)$, $g(m)$이라 할 때, $f(2)+g(4)$의 값은?

① 26 ② 28 ③ 30

④ 32 ⑤ 34

답 ②

풀이 $\sqrt{3}$이 유리수라고 가정하면 서로소인 두 자연수 m, n에 대하여 $\sqrt{3}=\frac{n}{m}$으로 놓을 수 있다.

$n=\sqrt{3}m$에서 양변을 제곱하면 $n^2=\boxed{3m^2}$

n^2이 3의 배수이므로 n도 3의 배수이다. …… ㉠

$n=3k$ (k는 자연수)라 하면

$n^2=3m^2$에서 $(3k)^2=3m^2$이므로 $3k^2=\boxed{m^2}$

m^2이 3의 배수이므로 m도 3의 배수이다. …… ㉡

㉠, ㉡에 의하여 m, n이 모두 3의 배수이고, 이는 m, n이 서로소인 두 자연수라는 사실에 모순이다.

그러므로 $\sqrt{3}$은 무리수이다.

$f(m)=3m^2$, $g(m)=m^2$이므로

$f(2)+g(4)=3\times 2^2+4^2=28$

12

▸ 25739-0245

실수 x에 대하여 $x^2+\frac{9}{4x^2+1}$는 $x^2=a$일 때, 최솟값 m을 갖는다. $a+m$의 값은?

① 1 ② 2 ③ 3

④ 4 ⑤ 5

답 ④

풀이 주어진 식은 다음과 같이 변형할 수 있다.

$$x^2+\frac{9}{4x^2+1}=x^2+\frac{\frac{9}{4}}{x^2+\frac{1}{4}}=x^2+\frac{1}{4}+\frac{\frac{9}{4}}{x^2+\frac{1}{4}}-\frac{1}{4}$$

$x^2+\frac{1}{4}>0$이므로 산술평균과 기하평균의 관계에 의하여

$$\left(x^2+\frac{1}{4}\right)+\frac{\frac{9}{4}}{x^2+\frac{1}{4}}\ge 2\sqrt{\left(x^2+\frac{1}{4}\right)\times\frac{\frac{9}{4}}{x^2+\frac{1}{4}}}=2\times\frac{3}{2}=3$$

따라서 주어진 식은 $x^2+\frac{\frac{9}{4}}{x^2+\frac{1}{4}}\ge 3-\frac{1}{4}=\frac{11}{4}$이므로

최솟값은 $\frac{11}{4}$이다. 즉, $m=\frac{11}{4}$

등호는 $x^2+\frac{1}{4}=\frac{\frac{9}{4}}{x^2+\frac{1}{4}}$일 때 성립한다.

$\left(x^2+\frac{1}{4}\right)^2=\frac{9}{4}$에서 $x^2+\frac{1}{4}=\frac{3}{2}$, $x^2=\frac{5}{4}$이므로 $\alpha=\frac{5}{4}$

따라서 $\alpha+m=\frac{5}{4}+\frac{11}{4}=4$

13 | 2022학년도 11월 고1 학력평가 25번 |

▸ 25739-0246

두 양의 실수 a, b에 대하여 두 일차함수

$$f(x)=\frac{a}{2}x-\frac{1}{2},\ g(x)=\frac{1}{b}x+1$$

이 있다. 직선 $y=f(x)$와 직선 $y=g(x)$가 서로 평행할 때, $(a+1)(b+2)$의 최솟값을 구하시오.

답 8

풀이 두 직선의 기울기가 각각 $\frac{a}{2}$, $\frac{1}{b}$이고

두 직선이 서로 평행하므로 $\frac{a}{2}=\frac{1}{b}$에서 $ab=2$

$(a+1)(b+2)=ab+2a+b+2=2a+b+4$

$a>0$, $b>0$이므로

산술평균과 기하평균의 관계에 의하여

$2a+b+4\ge 2\sqrt{2ab}+4=2\times2+4=8$

(단, 등호는 $2a=b$일 때 성립한다.)

따라서 $(a+1)(b+2)$의 최솟값은 8이다.

14

▸ 25739-0247

그림과 같이 $\overline{AB}=4$인 선분 AB를 지름으로 하는 반원이 있다. 호 AB 위의 점 C에 대하여 $\overline{AC}=a$, $\overline{BC}=b$일 때, 삼각형 ABC의 외부와 반원의 내부의 공통인 부분의 넓이의 최솟값은? (단, $a>0$, $b>0$)

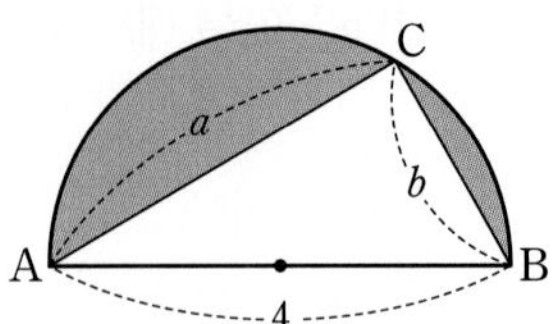

① $2\pi-4$ ② $2\pi-2$ ③ 2π ④ $2\pi+2$ ⑤ $2\pi+4$

답 ①

풀이 선분 AB가 지름이므로 각 ACB는 직각이다.

따라서 삼각형 ABC의 넓이는 $\frac{1}{2}ab$이고 반원의 넓이는

$\frac{1}{2}\times\pi\times2^2=2\pi$이므로

색칠한 부분의 넓이는 $2\pi-\frac{1}{2}ab$이고 색칠한 부분의 넓이가 최소가 되기 위해서는 삼각형의 넓이가 최대가 되어야 한다.

삼각형 ABC가 직각삼각형이므로 피타고라스 정리에 의하여

$a^2+b^2=16$이고

$a^2>0$, $b^2>0$이므로 산술평균과 기하평균의 관계에 의하여

$a^2+b^2\ge 2\sqrt{a^2b^2}=2ab$, $2ab\le16$, $ab\le8$

(단, 등호는 $a=b$일 때 성립한다.)

즉, 삼각형의 넓이의 최댓값은 $\frac{1}{2}ab=4$이므로 색칠한 부분의 넓이의 최솟값은 $2\pi-4$이다.

서술형

15

▸ 25739-0248

실수 x에 대하여 세 조건 p, q, r이

p: $-3\le x<2$ 또는 $x\ge5$

q: $x\ge a$

r: $x>b$

이다. 조건 p는 조건 q이기 위한 충분조건이고 조건 r이기 위한 필요조건일 때, 실수 a의 최댓값과 실수 b의 최솟값의 합을 구하시오.

답 2

풀이 세 조건 p, q, r의 진리집합을 각각 P, Q, R이라 하면

$P=\{x|-3\le x<2$ 또는 $x\ge5\}$, $Q=\{x|x\ge a\}$, $R=\{x|x>b\}$

이때 조건 p는 조건 q이기 위한 충분조건이므로 $P\subset Q$

또한, 조건 p는 조건 r이기 위한 필요조건이므로 $R\subset P$

따라서 세 집합 사이에는 $R\subset P\subset Q$인 관계가 성립한다. …… ❶

이를 수직선 위에 나타내면 다음과 같다.

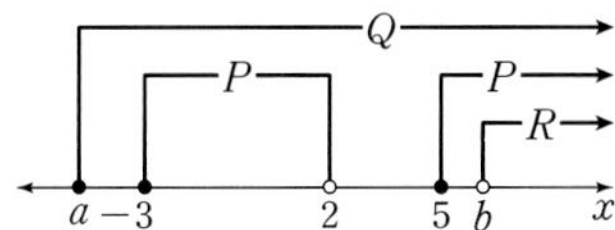

위 조건을 만족시키기 위한 a, b의 값의 범위를 구하면

$a\le-3$, $b\ge5$ …… ❷

따라서 a의 최댓값은 -3이고, b의 최솟값은 5이므로 그 합은

$(-3)+5=2$ …… ❸

채점 기준	배점
❶ 세 집합 P, Q, R 사이의 관계 나타내기	40 %
❷ a, b의 값의 범위 구하기	40 %
❸ a의 최댓값과 b의 최솟값의 합 구하기	20 %

16

▸ 25739-0249

양의 실수 a에 대하여 $f(x)=ax^2+2ax+b$라 하자. 점 $(1, 5)$를 지나고 기울기가 3인 직선이 함수 $y=f(x)$의 그래프와 접하도록 하는 실수 b의 최솟값을 구하시오.

답 2

풀이 점 $(1, 5)$를 지나고 기울기가 3인 직선의 방정식은

$y-5=3(x-1)$, $y=3x+2$ …… ❶

이차함수 $y=ax^2+2ax+b$의 그래프와 직선 $y=3x+2$가 한 점에서 만나려면

이차방정식 $ax^2+2ax+b=3x+2$가 중근을 가져야 한다.

이차방정식 $ax^2+(2a-3)x+b-2=0$의 판별식을 D라 하면

$D=(2a-3)^2-4a(b-2)=0$에서

$4a^2-4a+9-4ab=0$, $4ab=4a^2-4a+9$

a가 양의 실수이므로 양변을 $4a$로 나누면

$b=a-1+\dfrac{9}{4a}$ …… ❷

$a>0$, $\dfrac{9}{4a}>0$이므로 산술평균과 기하평균의 관계에 의하여

$b=a+\dfrac{9}{4a}-1\ge2\sqrt{a\times\dfrac{9}{4a}}-1$

$=2\times\dfrac{3}{2}-1=2$

따라서 실수 b의 최솟값은 2이다.

$\left(\text{단, 등호는 } a=\dfrac{9}{4a}\text{, 즉 } a=\dfrac{3}{2}\text{일 때 성립한다.}\right)$ …… ❸

채점 기준	배점
❶ 직선의 방정식 구하기	20 %
❷ b를 a에 대한 식으로 나타내기	40 %
❸ b의 최솟값 구하기	40 %

함수와 그래프

07 함수

개념 CHECK 본문 88~94쪽

1. 함수의 뜻

1 ▶ 25739-0250

다음 대응 중에서 집합 X에서 집합 Y로의 함수인 것을 찾고, 그 함수의 정의역, 공역, 치역을 각각 구하시오.

(1) 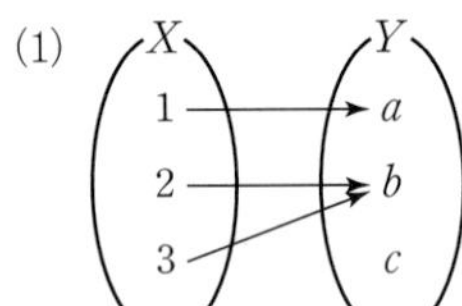
(2) 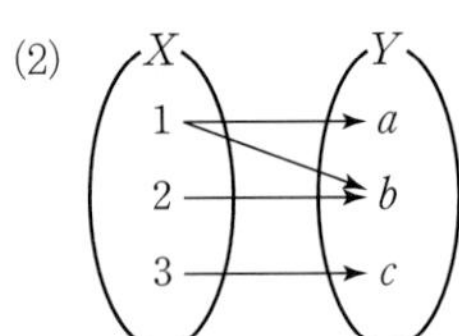
(3) 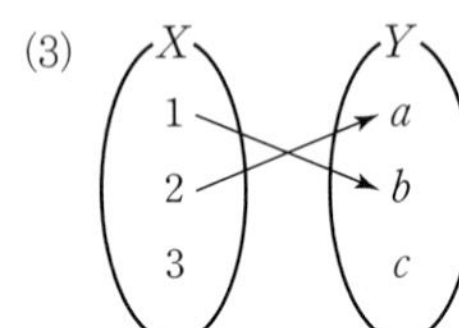
(4) 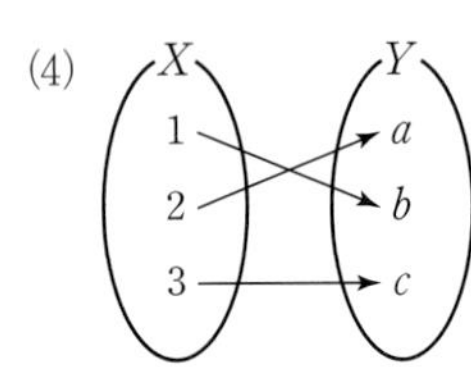

(1) 집합 X의 각 원소에 집합 Y의 원소가 오직 하나씩 대응되므로 집합 X에서 집합 Y로의 함수이다.
(정의역)$=\{1, 2, 3\}$, (공역)$=\{a, b, c\}$, (치역)$=\{a, b\}$

(2) 집합 X의 원소 1에 대응하는 집합 Y의 원소가 2개이므로 함수가 아니다.

(3) 집합 X의 원소 3에 대응하는 집합 Y의 원소가 없으므로 함수가 아니다.

(4) 집합 X의 각 원소에 집합 Y의 원소가 오직 하나씩 대응되므로 집합 X에서 집합 Y로의 함수이다.
(정의역)$=\{1, 2, 3\}$, (공역)$=\{a, b, c\}$, (치역)$=\{a, b, c\}$

답 함수인 것: (1), (4)
(1)의 (정의역)$=\{1, 2, 3\}$, (공역)$=\{a, b, c\}$, (치역)$=\{a, b\}$
(4)의 (정의역)$=\{1, 2, 3\}$, (공역)$=\{a, b, c\}$, (치역)$=\{a, b, c\}$

2 ▶ 25739-0251

두 집합 $X=\{1, 2, 3\}$, $Y=\{0, 1, 2\}$에 대하여 다음 중 X에서 Y로의 함수인 것을 모두 고르시오.

(1) $f(x)=x-1$
(2) $g(x)=|x-3|-1$
(3) $h(x)=(x$를 3으로 나눈 나머지$)$

(1) $f(1)=0$, $f(2)=1$, $f(3)=2$이므로 함수 $f(x)$는 X에서 Y로의 함수이다.

(2) $g(1)=1$, $g(2)=0$, $g(3)=-1$이고 -1은 집합 Y의 원소가 아니므로 X에서 Y로의 함수가 아니다.

(3) $h(1)=1$, $h(2)=2$, $h(3)=0$이므로 함수 $h(x)$는 X에서 Y로의 함수이다.

답 (1), (3)

2. 함수의 그래프

3 ▶ 25739-0252

두 집합 $X=\{-1, 0, 1\}$, $Y=\{-1, 0, 1, 2\}$에 대하여 X에서 Y로의 두 함수 f, g가 서로 같은 함수인지 확인하시오.

(1) $f(x)=|x|-1$, $g(x)=x^2-1$
(2) $f(x)=x+1$, $g(x)=|x|+1$

(1) $f(-1)=0$, $f(0)=-1$, $f(1)=0$이고 $g(-1)=0$, $g(0)=-1$, $g(1)=0$이므로 집합 X의 모든 원소에 대하여 $f(x)=g(x)$이다. 따라서 X에서 Y로의 두 함수 f, g는 서로 같은 함수이다.

(2) $f(-1)=0$, $g(-1)=2$에서 $f(-1)\neq g(-1)$이므로 X에서 Y로의 두 함수 f, g는 서로 같은 함수가 아니다.

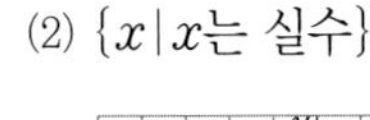
답 (1) 같은 함수 (2) 같지 않은 함수

4 ▶ 25739-0253

정의역이 다음과 같을 때, 함수 $f(x)=x+1$의 그래프를 좌표평면 위에 나타내시오.

(1) $\{-2, 0, 2\}$
(2) $\{x|x$는 실수$\}$

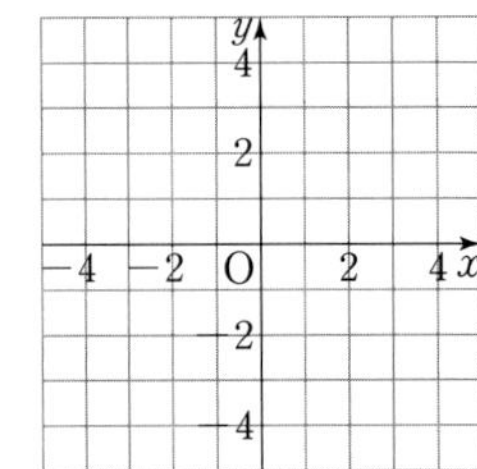
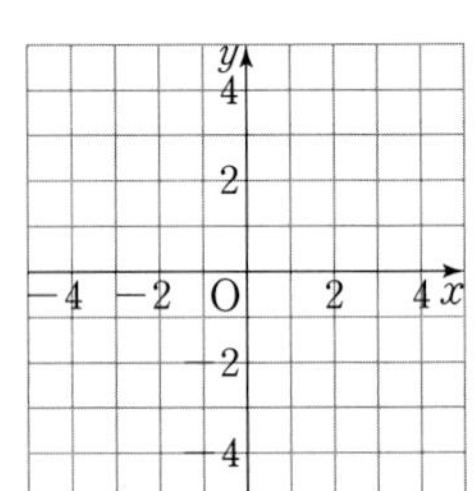

답 (1)

(2) 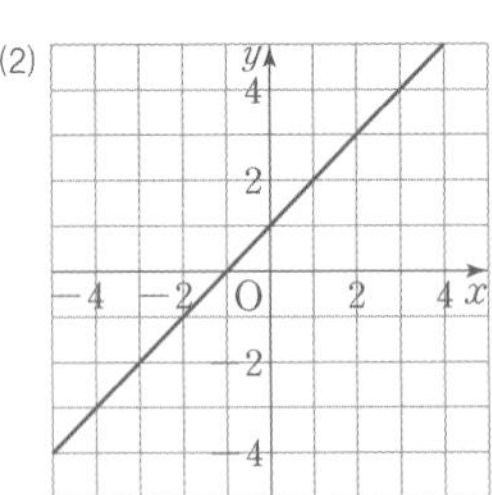

3. 일대일함수와 일대일대응

5

▸ 25739-0254

보기의 대응 중에서 일대일함수, 일대일대응을 각각 있는 대로 고르시오.

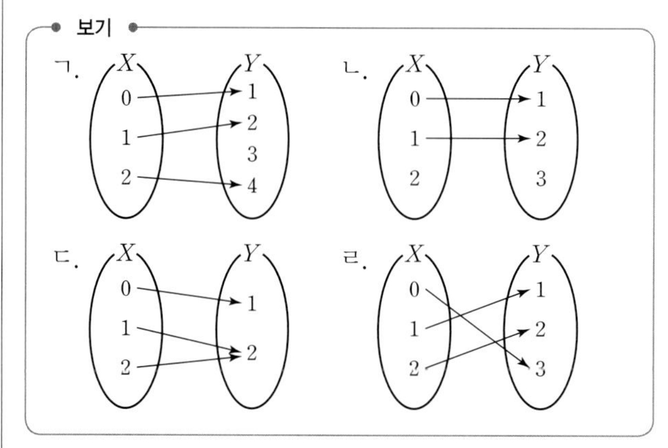

ㄱ. 정의역 X의 임의의 서로 다른 두 원소에 대응하는 공역 Y의 원소가 다르므로 일대일함수이다.
치역이 $\{1, 2, 4\}$, 공역이 $\{1, 2, 3, 4\}$로 치역과 공역이 같지 않으므로 일대일대응이 아니다.

ㄴ. X의 원소 2에 대응하는 Y의 원소가 없으므로 함수가 아니다.

ㄷ. X의 원소 1과 2에 대응하는 Y의 원소가 같으므로 일대일함수가 아니다.

ㄹ. 정의역 X의 임의의 서로 다른 두 원소에 대응하는 공역 Y의 원소가 서로 다르므로 일대일함수이다. 또한 치역과 공역이 같으므로 일대일대응이다.

답 일대일함수: ㄱ, ㄹ, 일대일대응: ㄹ

6

▸ 25739-0255

정의역과 공역이 모두 실수 전체의 집합인 보기의 함수의 그래프 중에서 일대일함수, 일대일대응을 각각 있는 대로 고르시오.

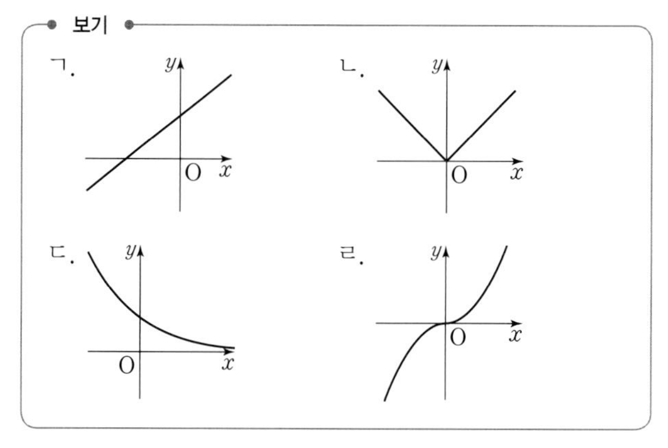

일대일함수의 그래프는 치역의 각 원소 k에 대하여 직선 $y=k$와 오직 한 점에서 만나므로 ㄱ, ㄷ, ㄹ이다. 일대일대응은 일대일함수이면서 치역과 공역이 같은 것이므로 일대일대응의 그래프는 ㄱ, ㄹ이다.

답 일대일함수: ㄱ, ㄷ, ㄹ, 일대일대응: ㄱ, ㄹ

4. 항등함수와 상수함수

7

▸ 25739-0256

다음 집합 X에서 X로의 함수 중에서 항등함수, 상수함수인 것을 각각 찾으시오.

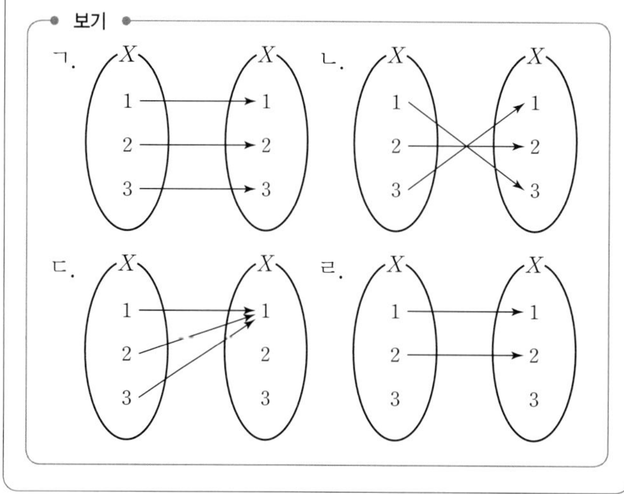

ㄱ. 정의역 X의 각 원소에 그 자신이 대응하므로 항등함수이다.
또한 치역의 원소의 개수가 1이 아니므로 상수함수는 아니다.

ㄴ. 정의역 X의 원소 1, 3이 그 자신에 대응하지 않으므로 항등함수가 아니다. 또한 치역의 원소의 개수가 1이 아니므로 상수함수도 아니다.

ㄷ. 정의역 X의 모든 원소 1, 2, 3에 공역 X의 원소 1만 대응하므로 상수함수이다. 또한 정의역 X의 원소 2, 3은 그 자신에 대응하지 않으므로 항등함수는 아니다.

ㄹ. X의 원소 중 3에 대응하는 X의 원소가 없으므로 함수가 아니다.

답 항등함수 : ㄱ, 상수함수 : ㄷ

8

▸ 25739-0257

집합 $X=\{-1, 1\}$을 정의역과 공역으로 하는 보기의 함수 중에서 항등함수, 상수함수인 것을 각각 있는 대로 고르시오.

보기

ㄱ. $f(x)=x^2$　　ㄴ. $g(x)=x^3$

ㄷ. $h(x)=\frac{|x|}{x}$　　ㄹ. $i(x)=2-x^2$

ㄱ. $f(-1)=f(1)=1$이므로 상수함수이다.
또한 $f(-1)\neq-1$이므로 항등함수는 아니다.

ㄴ. $g(-1)=-1$, $g(1)=1$이므로 항등함수이다.
또한 치역의 원소의 개수가 1이 아니므로 상수함수는 아니다.

ㄷ. $h(-1)=-1$, $h(1)=1$이므로 항등함수이다.
또한 치역의 원소의 개수가 1이 아니므로 상수함수는 아니다.

ㄹ. $i(-1)=2-(-1)^2=2-1=1$, $i(1)=2-1^2=1$이므로 상수함수이다. 또한 $i(-1)\neq-1$이므로 항등함수는 아니다.

답 항등함수 : ㄴ, ㄷ, 상수함수 : ㄱ, ㄹ

5. 합성함수

9

▸ 25739-0258

두 함수
$f: X \longrightarrow X$,
$g: X \longrightarrow X$
가 오른쪽 그림과 같을 때, 다음을 구하시오.

(1) $(g \circ f)(1)$ (2) $(f \circ g)(1)$
(3) $(f \circ f)(3)$ (4) $(g \circ g)(4)$

(1) $(g \circ f)(1)=g(f(1))=g(2)=1$
(2) $(f \circ g)(1)=f(g(1))=f(3)=4$
(3) $(f \circ f)(3)=f(f(3))=f(4)=1$
(4) $(g \circ g)(4)=g(g(4))=g(2)=1$

답 (1) 1 (2) 4 (3) 1 (4) 1

10

▸ 25739-0259

두 함수 $f(x)=x+2$, $g(x)=2x-1$에 대하여 다음을 구하시오.

(1) $(f \circ g)(0)$ (2) $(g \circ f)(0)$
(3) $(f \circ f)(1)$ (4) $(g \circ g)(2)$

(1) $g(0)=-1$이므로
$(f \circ g)(0)=f(g(0))=f(-1)=-1+2=1$
(2) $f(0)=2$이므로
$(g \circ f)(0)=g(f(0))=g(2)=2\times2-1=3$
(3) $f(1)=3$이므로
$(f \circ f)(1)=f(f(1))=f(3)=3+2=5$
(4) $g(2)=3$이므로
$(g \circ g)(2)=g(g(2))=g(3)=2\times3-1=5$

답 (1) 1 (2) 3 (3) 5 (4) 5

11

▸ 25739-0260

세 함수 $f(x)=x+1$, $g(x)=x^2+2$, $h(x)=-3x+1$에 대하여 다음을 구하시오.

(1) $(g \circ f)(x)$ (2) $(f \circ g)(x)$
(3) $((f \circ g) \circ h)(x)$ (4) $(f \circ (g \circ h))(x)$

(1) $(g \circ f)(x)=g(f(x))=(x+1)^2+2=x^2+2x+3$
(2) $(f \circ g)(x)=f(g(x))=(x^2+2)+1=x^2+3$
(3) $(f \circ g)(x)=x^2+3$이므로
$((f \circ g) \circ h)(x)=(f \circ g)(h(x))$
$=(f \circ g)(-3x+1)$
$=(-3x+1)^2+3$
$=9x^2-6x+4$
(4) $(g \circ h)(x)=g(h(x))=g(-3x+1)$
$=(-3x+1)^2+2$
$=9x^2-6x+3$
이므로
$(f \circ (g \circ h))(x)=f((g \circ h)(x))=f(9x^2-6x+3)$
$=9x^2-6x+4$

답 (1) x^2+2x+3 (2) x^2+3 (3) $9x^2-6x+4$ (4) $9x^2-6x+4$

6. 역함수

12
▸ 25739-0261

함수 $f: X \longrightarrow Y$가 오른쪽 그림과 같을 때, 다음을 구하시오.

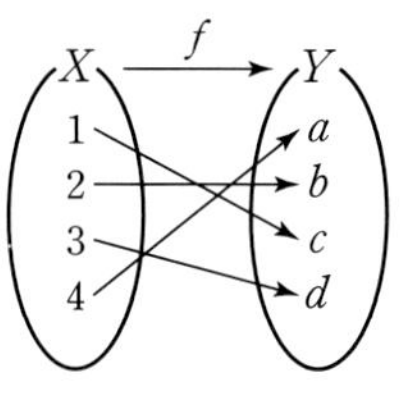

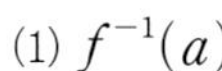

(1) $f^{-1}(a)$
(2) $f^{-1}(b)+f^{-1}(d)$

(1) $f(4)=a$이므로 $f^{-1}(a)=4$
(2) $f(2)=b$, $f(3)=d$이므로 $f^{-1}(b)+f^{-1}(d)=2+3=5$

답 (1) 4 (2) 5

13
▸ 25739-0262

함수 $f(x)=3x-2$에 대하여 다음 등식을 만족시키는 상수 a의 값을 구하시오.

(1) $f^{-1}(4)=a$　　　(2) $f^{-1}(a)=1$

(1) $f(a)=4$이므로 $3a-2=4$에서 $a=2$
(2) $f(1)=a$이므로 $3\times1-2=1$에서 $a=1$

답 (1) 2 (2) 1

14
▸ 25739-0263

다음은 함수 $y=2x+1$의 역함수를 구하는 과정이다. (가), (나)에 알맞은 것을 써넣으시오.

> 함수 $y=2x+1$은 일대일대응이므로 역함수가 존재한다.
> $y=2x+1$에서 x를 y에 대한 식으로 나타내면
> $x=$ (가)
> x와 y를 서로 바꾸면 $y=$ (나)

$y=2x+1$에서 x를 y에 대한 식으로 나타내면
$2x=y-1$에서 $x=\frac{1}{2}y-\frac{1}{2}$
x와 y를 서로 바꾸면 $y=\frac{1}{2}x-\frac{1}{2}$

답 (가) $\frac{1}{2}y-\frac{1}{2}$ (나) $\frac{1}{2}x-\frac{1}{2}$

7. 역함수의 성질

15
▸ 25739-0264

함수 $f(x)=x+3$에 대하여 $(f^{-1})^{-1}(0)+(f^{-1}\circ f)(1)$의 값을 구하시오.

$(f^{-1})^{-1}(x)=f(x)$, $(f^{-1}\circ f)(x)=x$이므로
$(f^{-1})^{-1}(0)+(f^{-1}\circ f)(1)=f(0)+1=(0+3)+1=4$

답 4

16
▸ 25739-0265

두 함수 f, g가 오른쪽 그림과 같을 때, 다음을 구하시오.

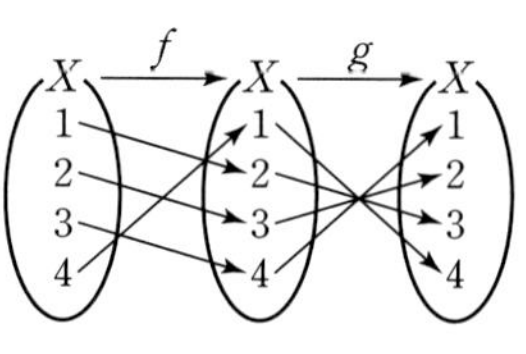

(1) $(f\circ g)^{-1}(1)$
(2) $(g\circ f)^{-1}(1)$

(1) $(f\circ g)^{-1}(1)=(g^{-1}\circ f^{-1})(1)=g^{-1}(f^{-1}(1))=g^{-1}(4)=1$
(2) $(g\circ f)^{-1}(1)=(f^{-1}\circ g^{-1})(1)=f^{-1}(g^{-1}(1))=f^{-1}(4)=3$

답 (1) 1 (2) 3

17
▸ 25739-0266

함수 $f(x)=\frac{1}{3}x-1$의 그래프와 그 역함수 $y=f^{-1}(x)$의 그래프를 오른쪽 좌표평면 위에 나타내시오.

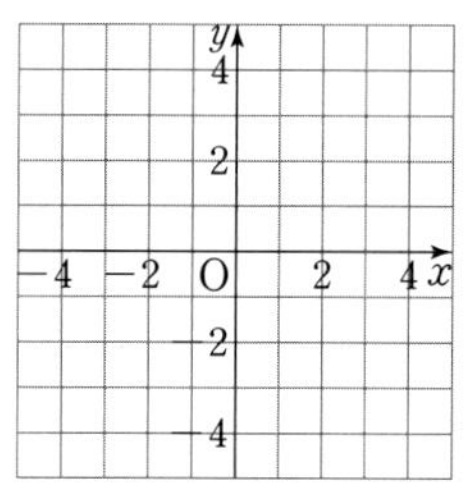

$y=\frac{1}{3}x-1$의 역함수를 구하면
$x=3y+3$에서 $y=3x+3$
즉 $f^{-1}(x)=3x+3$이고 두 함수 $y=f(x)$, $y=f^{-1}(x)$의 그래프를 그리면 오른쪽 그림과 같다.

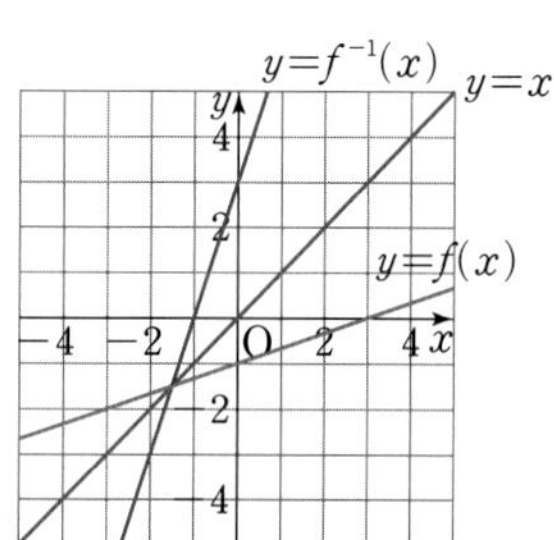

답 풀이 참조

대표유형 01 함수의 뜻과 함숫값

▸ 25739-0267

함수 $f(x)$에 대하여 $f\left(\frac{x+1}{2}\right)=3x+k$이고, $f(2k)-f(k)=24$일 때, $f(\sqrt{k})$의 값을 구하시오. (단, k는 상수이다.)

MD의 한마디!

① $\frac{x+1}{2}=t$라 놓은 후 $f(t)$를 구합니다.

② ①에서 구한 $f(t)$에 $t=2k$, $t=k$를 각각 대입하여 k의 값을 구한 후 $f(\sqrt{k})$의 값을 구합니다.

MD's Solution

$\frac{x+1}{2}=t$라 하면 $x=2t-1$이고

→ 괄호 안의 식을 한 문자로 두면 함수의 식을 다루기가 편해.

$f(t)=3(2t-1)+k=6t+k-3$이므로

$f(2k)-f(k)=(12k+k-3)-(6k+k-3)=6k$에서 $6k=24$, $k=4$

→ 처음에 주어진 함수의 식에서 x에 $2k$, k를 대입하지 않도록 주의해야 해.

따라서 $f(t)=6t+1$이므로

$f(\sqrt{k})=f(2)=6\times2+1=13$

→ $3x+k$에서 $x=2$를 대입하지 않도록 주의해야 해.

답 13

유제

01-1

▸ 25739-0268

집합 $X=\{0, 1, 2\}$에 대하여 **보기** 중 X에서 X로의 함수인 것만을 있는 대로 고르시오.

보기

ㄱ. $f(x)=\begin{cases}0 & (\sqrt{x}\text{가 무리수})\\1 & (\sqrt{x}\text{가 유리수})\end{cases}$

ㄴ. $g(x)=(x$를 2로 나눈 나머지$)$

ㄷ. $h(x)=\begin{cases}x^2+1 & (x<1)\\x^2-1 & (x\ge1)\end{cases}$

ㄱ. $\sqrt{0}$과 $\sqrt{1}$은 모두 유리수이므로 $f(0)=1$, $f(1)=1$
$\sqrt{2}$는 무리수이므로 $f(2)=0$
따라서 $f(x)$는 X에서 X로의 함수이다.

ㄴ. 0을 2로 나눈 나머지는 0이므로 $g(0)=0$
1을 2로 나눈 나머지는 1이므로 $g(1)=1$
2를 2로 나눈 나머지는 0이므로 $g(2)=0$
따라서 $g(x)$는 X에서 X로의 함수이다.

ㄷ. $2\ge1$이므로 $h(2)=2^2-1=3$이고 $3\notin X$
따라서 함수 $h(x)$는 $x=2$에서 정의되지 않으므로 X에서 X로의 함수가 아니다.

답 ㄱ, ㄴ

01-2

▸ 25739-0269

실수 전체의 집합에서 정의된 함수 $f(x)$가

$$f(x)=\begin{cases}x+2 & (x<0)\\x-2 & (x\ge0)\end{cases}$$

일 때, $f(a)=1$을 만족시키는 모든 상수 a의 값의 합은?

① 1 ② 2 ③ 3 ④ 4 ⑤ 5

(i) $a<0$일 때,
$f(a)=a+2$
$a+2=1$에서 $a=-1$이고 $-1<0$이므로 조건을 만족시킨다.

(ii) $a\ge0$일 때,
$f(a)=a-2$
$a-2=1$에서 $a=3$이고 $3\ge0$이므로 조건을 만족시킨다.

(i), (ii)에 의하여
구하는 모든 a의 값의 합은
$-1+3=2$

답 ②

대표유형 02 함수의 정의역, 공역, 치역

▸ 25739-0270

집합 $X=\{1, 2, 3, 4, 5, 6, 7, 8\}$에서 집합 $Y=\{0, 1, 2, 3, 4\}$로의 함수 f를

$f(x)=(x^2$을 5로 나눈 나머지$)$

라 하자. 함수 f의 치역의 원소의 개수를 m이라 할 때, $f(m)+f(n)=5$를 만족시키는 n의 최댓값을 구하시오.

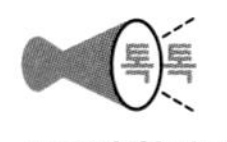

MD의 한마디!

① x의 값이 1, 2, …, 8일 때, x^2을 5로 나눈 나머지를 모두 구합니다.
② 치역을 구하고 ①에서 구한 함숫값을 이용하여 $f(m)$, $f(n)$의 값을 차례로 구합니다.
③ $f(n)=1$을 만족시키는 n의 값 중에서 가장 큰 값을 찾습니다.

MD's Solution

정의역의 원소 x에 대하여 x^2을 5로 나눈 나머지를 각각 구하면 다음과 같다.

x	1	2	3	4	5	6	7	8
x^2	1	4	9	16	25	36	49	64
x^2을 5로 나눈 나머지	1	4	4	1	0	1	4	4

즉 $f(1)=f(4)=f(6)=1$, $f(2)=f(3)=f(7)=f(8)=4$, $f(5)=0$에서

↳ x의 값에 x^2을 5로 나눈 나머지를 대응시켜서 x일 때의 함숫값 $f(x)$를 나열해 보자.

치역은 $\{0, 1, 4\}$이므로 $m=3$

↳ 집합을 원소나열법으로 나타낼 때에 같은 값은 한 번만 써야 된다는 점을 기억하자.

$f(3)+f(n)=5$에서 $f(3)=4$이므로 $f(n)=1$

↳ $4+f(n)=5$에서 $f(n)=1$이 되는 거야.

$f(n)=1$을 만족시키는 n의 값은 1, 4, 6이므로 n의 최댓값은 6이다.

답 6

유제

02-1 ▸ 25739-0271

함수 $y=x^2+1$의 정의역이 $\{1, 2, 3, 6\}$일 때, 다음 중 이 함수의 치역의 원소가 아닌 것은?

① 2 ② 5 ③ 10
④ 17 ⑤ 37

$x=1$일 때, $y=1^2+1=2$
$x=2$일 때, $y=2^2+1=5$
$x=3$일 때, $y=3^2+1=10$
$x=6$일 때, $y=6^2+1=37$
따라서 함수 $y=x^2+1$의 치역은 $\{2, 5, 10, 37\}$이므로 치역의 원소가 아닌 것은 ④ 17이다.

답 ④

02-2 ▸ 25739-0272

정의역이 $\{x|-2\le x\le 2\}$인 함수 $y=x^2-1$과 정의역이 $\{x|a\le x\le b\}$인 함수 $y=2x+3$의 치역이 서로 같을 때, 두 상수 a, b에 대하여 $a+b$의 값을 구하시오.

함수 $y=x^2-1$의 그래프가 그림과 같으므로
치역은 $\{y|-1\le y\le 3\}$이다.

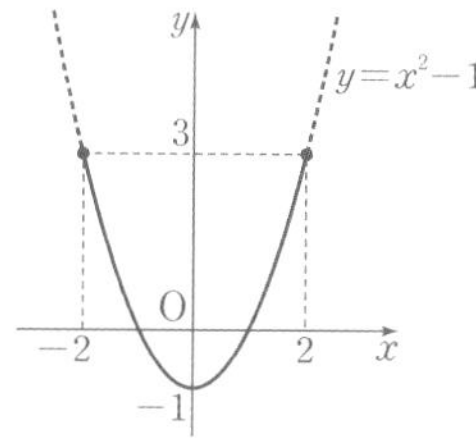

함수 $y=2x+3$의 치역은 $\{y|2a+3\le y\le 2b+3\}$이므로
$2a+3=-1$, $2b+3=3$
따라서 $a=-2$, $b=0$이므로 $a+b=-2$

답 −2

대표유형 03 일대일함수와 일대일대응

▸ 25739-0273

두 집합 $X=\{x|x\ge a\}$, $Y=\{y|y\ge -a+9\}$에 대하여 X에서 Y로의 함수 $f(x)=x^2-4x+5$가 일대일대응이 되도록 하는 실수 a의 값을 구하시오.

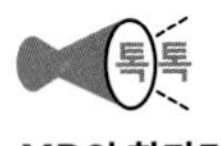

MD의 한마디!

① 주어진 함수 $f(x)$는 $x\le 2$일 때 또는 $x\ge 2$일 때 일대일함수가 됩니다.
② 함수 $f(x)$가 일대일대응이 되려면 치역과 공역이 같아야 하므로 함수 $y=f(x)$의 그래프가 점 $(a, -a+9)$를 지나야 합니다.

MD's Solution

$y=x^2-4x+5=(x-2)^2+1$이므로
함수 $y=(x-2)^2+1$은 2 이상인 두 실수 x_1, x_2에 대하여 $x_1\ne x_2$이면 $f(x_1)\ne f(x_2)$가 성립한다.
↳ 2이상인 두 실수 x_1, x_2에 대하여 $x_1<x_2$이면 $f(x_1)<f(x_2)$가 성립해.

$f(x)$는 일대일함수가 되려면 $a\ge 2$이어야 한다.
또한 함수 $f(x)$가 일대일대응이 되려면 치역과 공역이 같아야 하므로 → 공역의 모든 원소에 대응되어야 하므로 치역과 공역이 같아지는 거야.
함수 $y=f(x)$의 그래프가 그림과 같이
점 $(a, -a+9)$를 지나야 한다.
즉, $f(a)=a^2-4a+5=-a+9$에서
$a^2-3a-4=0$, $(a+1)(a-4)=0$
$a=-1$ 또는 $a=4$
이때 $a\ge 2$이므로 $a=4$

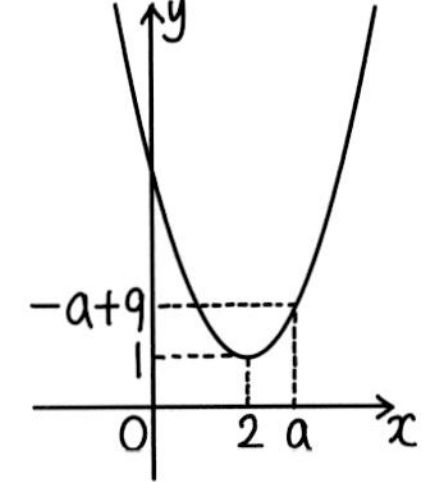

답 4

유제

03-1

▸ 25739-0274

두 집합 $X=\{x|x\le 1\}$, $Y=\{y|y\ge 2\}$에 대하여 X에서 Y로의 함수 $f(x)=x^2-4x+a$가 일대일대응일 때, 상수 a의 값을 구하시오.

$f(x)=x^2-4x+a=(x-2)^2+a-4$
함수 $f(x)$가 일대일대응이므로 그 그래프는 그림과 같다.

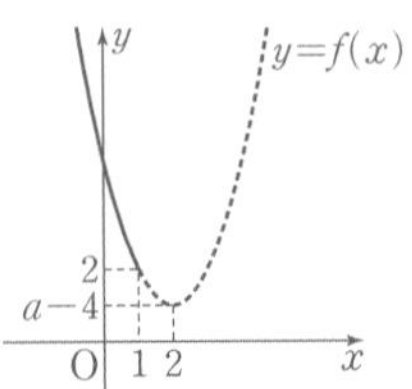

즉, $f(1)=2$이므로 $f(1)=1-4+a=2$
따라서 $a=5$

답 5

03-2

▸ 25739-0275

정의역과 공역이 모두 실수 전체의 집합인 함수

$$f(x)=\begin{cases} 4x+5 & (x<2) \\ ax+b & (x\ge 2) \end{cases}$$

가 일대일대응이 되도록 하는 두 정수 a, b에 대하여 $a+b$의 최댓값을 구하시오.

함수 f가 일대일대응이 되려면 직선 $y=ax+b$의 기울기가 양수이어야 하므로 $a>0$이다.
직선 $y=4x+5$가 점 $(2, 13)$을 지나므로 직선 $y=ax+b$도 점 $(2, 13)$을 지나야 한다.
즉, $a>0$, $2a+b=13$을 만족시키는 두 정수 a, b의 순서쌍 (a, b)는 $(1, 11)$, $(2, 9)$, $(3, 7)$, $(4, 5)$, $(5, 3)$, $\cdots$
$a+b=13-a$이므로 a가 최소일 때 $a+b$의 값이 최대이다.
따라서 $a+b$의 최댓값은 $a=1$, $b=11$일 때이므로
$1+11=12$

답 12

대표유형 04 항등함수와 상수함수

▸ 25739-0276

집합 $X=\{-3,\ -1,\ 2\}$에 대하여 함수 $f : X \longrightarrow X$가

$$f(x)=\begin{cases} ax^2+bx-3 & (x<0) \\ 2 & (x\geq 0) \end{cases}$$

이다. 함수 $f(x)$가 항등함수일 때, 두 상수 a, b에 대하여 $a+b$의 값을 구하시오.

MD의 한마디!

항등함수는 정의역의 각 원소에 그 자신이 대응하는 함수이므로
① $f(-3)=-3$, $f(-1)=-1$, $f(2)=2$임을 이용하여
② a, b에 대한 식을 세우고 연립하여 풉니다.

MD's Solution

함수 f가 항등함수이므로 $f(-3)=-3$, $f(-1)=-1$, $f(2)=2$ → $x\in X$인 모든 원소 x에 대하여 $f(x)=x$인 함수가 항등함수야.
$x<0$일 때, $f(x)=ax^2+bx-3$이므로
$f(-3)=-3$에서 $9a-3b-3=-3$
$3a-b=0$ ……㉠
$f(-1)=-1$에서 $a-b-3=-1$
$a-b=2$ ……㉡
㉠, ㉡을 연립하면 $a=-1$, $b=-3$
따라서 $a+b=(-1)+(-3)=-4$

답 -4

유제

04-1 ▸ 25739-0277

실수 전체의 집합에서 정의된 항등함수 $f(x)$와 상수함수 $g(x)=a$에 대하여 $f(6)+g(3)=a^2$을 만족시키는 양수 a의 값은?

① 1 ② 2 ③ 3
④ 4 ⑤ 5

함수 f가 항등함수이므로 $f(x)=x$
즉, $f(x)=x$, $g(x)=a$에서 $f(6)=6$, $g(3)=a$이므로
$6+a=a^2$에서
$a^2-a-6=0$
$(a+2)(a-3)=0$
$a>0$이므로 $a=3$

답 ③

04-2 ▸ 25739-0278

집합 X를 정의역으로 하는 함수 $f(x)=x^3-4x^2+4x$가 항등함수가 되도록 하는 공집합이 아닌 집합 X의 개수를 구하시오.

$f(x)$가 항등함수이므로
정의역의 원소 x에 대하여 $f(x)=x$
$x^3-4x^2+4x=x$에서 $x^3-4x^2+3x=0$
$x(x^2-4x+3)=0$, $x(x-1)(x-3)=0$
$x=0$ 또는 $x=1$ 또는 $x=3$
따라서 집합 X는 집합 $\{0,\ 1,\ 3\}$의 공집합이 아닌 부분집합이므로 구하는 집합 X의 개수는
$2^3-1=7$

답 7

대표유형 05 함수의 개수

▸ 25739-0279

두 집합 $X=\{1, 2, 3\}$, $Y=\{a, b, c, d\}$에 대하여 X에서 Y로의 함수의 개수를 p, 일대일함수의 개수를 q, 상수함수의 개수를 r이라 할 때, $p+q+r$의 값을 구하시오.

MD의 한마디!

함수 $f: X \longrightarrow Y$에서 두 집합 X, Y의 원소의 개수가 각각 m, n일 때,
함수의 개수 ⇨ n^m
일대일함수의 개수 ⇨ ${}_nP_m = n\times(n-1)\times(n-2)\times\cdots\times\{n-(m-1)\}$ (단, $m\le n$)
상수함수의 개수 ⇨ n
임을 이용하여 주어진 함수의 개수를 구합니다.

MD's Solution

(i) X에서 Y로의 함수를 f라 하면
$f(1)$, $f(2)$, $f(3)$의 값이 될 수 있는 것은 a, b, c, d 중 하나이므로 4개 → 정의역의 각 원소가 공역의 원소 중 하나에만 대응되면 되기 때문에 경우의 수가 4인 거야.
따라서 함수의 개수는 $4\times4\times4=64$, 즉 $p=64$

(ii) X에서 Y로의 일대일함수를 g라 하면
$g(1)$의 값이 될 수 있는 것은 a, b, c, d 중 하나이므로 4개
$g(2)$의 값이 될 수 있는 것은 $g(1)$을 제외한 3개 → $g(2)$는 $g(1)$과 달라야 해.
$g(3)$의 값이 될 수 있는 것은 $g(1)$, $g(2)$를 제외한 2개 → $g(3)$은 $g(1)$과도 다르고 $g(2)$와도 달라야 해.
따라서 일대일함수의 개수는 $4\times3\times2=24$, 즉 $q=24$ → ${}_4P_3$의 값과 같아.

(iii) X에서 Y로의 상수함수를 h라 하면
$h(1)=h(2)=h(3)=k$에서 k의 값이 될 수 있는 것은 a, b, c, d 중 하나이므로 4개 → 모두 같은 값에 대응되어야 해.
따라서 상수함수의 개수는 4이다. 즉 $r=4$
(i), (ii), (iii)에 의하여 $p+q+r=64+24+4=92$

답 92

유제

05-1

▸ 25739-0280

집합 $X=\{1, 2, 3, 4\}$에 대하여 X에서 X로의 함수 중 짝수가 짝수에 대응되는 함수의 개수는?

① 8 ② 16 ③ 32 ④ 64 ⑤ 128

$f(2)$의 값은 2, 4 중 하나이므로 2개
$f(4)$의 값도 2, 4 중 하나이므로 2개
한편 $f(1)$과 $f(3)$의 값은 1, 2, 3, 4 중 하나이므로 4개
따라서 함수의 개수는 $2\times2\times4\times4=64$

답 ④

05-2

▸ 25739-0281

두 집합
$X=\{x\,|\,x$는 자연수 n에 대하여 3^n의 일의 자리의 수$\}$,
$Y=\{x\,|\,x^2-5x+4\le0$인 자연수$\}$
에 대하여 일대일함수 $f: X \longrightarrow Y$의 개수를 구하시오.

$3^1=3$, $3^2=9$, $3^3=27$, $3^4=81$, $3^5=243$, $\cdots$에서
3^n의 일의 자리의 수는 3, 9, 7, 1이므로 $X=\{1, 3, 7, 9\}$
한편 $x^2-5x+4\le0$에서 $(x-1)(x-4)\le0$, $1\le x\le4$이므로
$Y=\{1, 2, 3, 4\}$
$f(1)$의 값은 1, 2, 3, 4 중 하나이므로 4개
$f(3)$의 값은 $f(1)$을 제외한 3개
$f(7)$의 값은 $f(1)$, $f(3)$을 제외한 2개
$f(9)$의 값은 $f(1)$, $f(3)$, $f(7)$을 제외한 1개
따라서 일대일함수 f의 개수는 $4\times3\times2\times1=24$

답 24

대표유형 06 합성함수

▸ 25739-0282

두 함수 $f(x)=\begin{cases} 2x+1 & (x<2) \\ -x+7 & (x\geq 2) \end{cases}$, $g(x)=3x-2$에 대하여 $(f\circ g)(1)+(g\circ f)(3)$의 값을 구하시오.

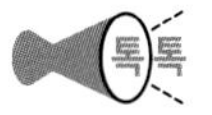

MD의 한마디!

① $(f\circ g)(1)$의 값을 구하기 위해 $g(1)$을 먼저 구한 후 $f(g(1))$의 값을 구합니다.
② $(g\circ f)(3)$의 값을 구하기 위해 $f(3)$을 먼저 구한 후 $g(f(3))$의 값을 구합니다.
이때 함수 $f(x)$에서 x의 값의 범위에 따라 적용해야 하는 식이 달라짐에 유의합니다.

MD's Solution

$g(1)=3\times1-2=1$이므로 $f(g(1))=f(1)$

$1<2$이므로 $f(1)=2\times1+1=3$

↳ 함수 $f(x)$로 주어진 두 개의 식 중에서 $x<2$에 해당하는 식에 적용해야 해.

$f(3)$에서 $3\geq2$이므로 $f(3)=-3+7=4$

↳ 함수 $f(x)$로 주어진 두 개의 식 중에서 $x\geq2$에 해당하는 식에 적용해야 해.

$g(f(3))=g(4)=3\times4-2=10$

따라서 $(f\circ g)(1)+(g\circ f)(3)=3+10=13$

↳ 합성함수 $(f\circ g)(x)$, $(g\circ f)(x)$를 구한 후에 값을 대입해도 되지만 함숫값을 구하는 문제에서는 함숫값을 차례로 구하는 것이 계산이 쉬울 때가 많아.

답 13

유제

06-1

▸ 25739-0283

두 함수 $f(x)=3x+1$, $g(x)=ax-2$에 대하여 $(f\circ g)(1)=10$일 때, $g(a+1)$의 값은? (단, a는 상수이다.)

① 24 ② 28 ③ 32 ④ 36 ⑤ 40

$(f\circ g)(1)=f(g(1))$이고

$g(1)=a-2$이므로

$(f\circ g)(1)=f(a-2)=3(a-2)+1=10$에서

$3a-6+1=10$, $3a=15$

$a=5$

즉, $g(x)=5x-2$

따라서 $g(a+1)=g(6)=5\times6-2=28$

답 ②

06-2

▸ 25739-0284

세 함수 f, g, h에 대하여 $(f\circ g)(x)=4x+1$, $h(x)=ax+3$, $(f\circ(g\circ h))(2)=-3$일 때, 상수 a의 값을 구하시오.

$$\begin{aligned}(f\circ(g\circ h))(2)&=((f\circ g)\circ h)(2)\\&=(f\circ g)(h(2))\\&=(f\circ g)(2a+3)\\&=4(2a+3)+1\\&=8a+13\end{aligned}$$

즉, $8a+13=-3$에서 $8a=-16$

따라서 $a=-2$

답 -2

대표유형 07 역함수

▸ 25739-0285

정의역이 $\{x|x\geq1\}$인 함수 $f(x)=a(x-1)^2+b$에 대하여 $f^{-1}(3)=2$, $f^{-1}(-3)=3$일 때, $f(5)$의 값을 구하시오. (단, a, b는 상수이다.)

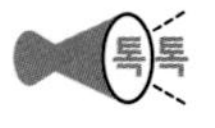

MD의 한마디!

① $f^{-1}(3)=2$, $f^{-1}(-3)=3$이므로 $f(2)=3$, $f(3)=-3$이 성립함을 이용하여
② a, b에 대한 방정식을 연립하여 풉니다.

MD's Solution

$a=0$이면 함수 $f(x)=b$로 상수함수가 되어 역함수가 존재하지 않는다. 즉, $a\neq0$
$f^{-1}(3)=2$에서 $f(2)=3$이므로 → 일대일대응인 함수 f가 x에 y를 대응시킬 때, 역함수 f^{-1}는 y에 x를 대응시키는 함수야.

$f(2)=a(2-1)^2+b=a+b=3$ …… ㉠
$f^{-1}(-3)=3$에서 $f(3)=-3$이므로
$f(3)=a(3-1)^2+b=4a+b=-3$ …… ㉡
㉠, ㉡을 연립하여 풀면 $a=-2$, $b=5$
따라서 $f(x)=-2(x-1)^2+5$이므로
$f(5)=-2(5-1)^2+5=-27$

답 -27

유제

07-1

▸ 25739-0286

함수 $f(x)=ax+b$에 대하여 $f^{-1}(5)=1$이고 $f^{-1}(a^2+1)=a$일 때, $f^{-1}(9)$의 값은? (단, a, b는 상수이다.)

① 1 ② 2 ③ 3
④ 4 ⑤ 5

$a=0$이면 함수 $f(x)=b$로 상수함수가 되어 역함수가 존재하지 않는다. 즉, $a\neq0$
$f^{-1}(5)=1$에서 $f(1)=5$이므로 $a+b=5$ …… ㉠
또, $f^{-1}(a^2+1)=a$에서 $f(a)=a^2+1$이므로
$a^2+b=a^2+1$에서 $b=1$
이를 ㉠에 대입하면 $a=4$
따라서 $f(x)=4x+1$
한편 $f^{-1}(9)=p$라 하면 $f(p)=9$이므로
$4p+1=9$에서 $p=2$

답 ②

07-2

▸ 25739-0287

실수 전체의 집합에서 정의된 함수 f가 $f(4x+1)=1-2x$를 만족시킬 때, $f^{-1}(4)$의 값을 구하시오.

$4x+1=t$로 놓으면 $x=\dfrac{t-1}{4}$
$f(t)=1-2\left(\dfrac{t-1}{4}\right)=\dfrac{3-t}{2}$이므로
$f(x)=\dfrac{3-x}{2}$
$f^{-1}(4)=k$라 하면 $f(k)=4$이므로 $\dfrac{3-k}{2}=4$
따라서 $k=-5$

답 -5

[다른 풀이]
$f^{-1}(1-2x)=4x+1$이고
$1-2x=4$에서 $x=-\dfrac{3}{2}$이므로
$f^{-1}(4)=4\times\left(-\dfrac{3}{2}\right)+1=-5$
따라서 $k=-5$

대표유형 08 역함수의 성질

▸ 25739-0288

두 함수 $f(x)=\frac{1}{2}x+a$, $g(x)=\begin{cases} 3x-4 & (x<1) \\ x^2-2x & (x\geq1) \end{cases}$에 대하여 $(g\circ(f\circ g)^{-1}\circ g)(-1)=2$일 때, 상수 a의 값을 구하시오.

MD의 한마디!

상수 a의 값을 구하기 위해
① 합성함수로 표현된 식을 간단히 한 후
② 주어진 함수에 대입합니다.

MD's Solution

$(g\circ(f\circ g)^{-1}\circ g)(-1)=(g\circ(g^{-1}\circ f^{-1})\circ g)(-1)$ → 역함수의 성질 때문이야.

$=((g\circ g^{-1})\circ f^{-1}\circ g)(-1)$ → 함수의 합성은 결합법칙이 성립해.

$=(f^{-1}\circ g)(-1)$ → $g\circ g^{-1}$는 항등함수이기 때문이야.

$=f^{-1}(g(-1))$

즉, $f^{-1}(g(-1))=2$

$g(-1)=3\times(-1)-4=-7$이므로 $f^{-1}(-7)=2$

$f(2)=-7$이므로 $f(2)=\frac{1}{2}\times2+a=-7$

따라서 $a=-8$

답 -8

유제

08-1

▸ 25739-0289

두 함수 $f(x)=5x-3$, $g(x)=2x+3$에 대하여 $((g^{-1}\circ f)^{-1}\circ f)(a)=1$을 만족시키는 상수 a의 값을 구하시오.

$((g^{-1}\circ f)^{-1}\circ f)(a)=((f^{-1}\circ g)\circ f)(a)$

$=(f^{-1}\circ g)(f(a))$

$=(f^{-1}\circ g)(5a-3)=1$ …… ㉠

$g(5a-3)=2(5a-3)+3=10a-3$이므로

㉠에서 $(f^{-1}\circ g)(5a-3)=f^{-1}(10a-3)=1$

따라서 $f(1)=10a-3$이므로

$10a-3=2$

따라서 $a=\frac{1}{2}$

답 $\frac{1}{2}$

08-2

▸ 25739-0290

두 함수 $f(x)=ax+b$, $g(x)=bx+a$에 대하여 $f(4)=-1$, $g^{-1}(5)=1$일 때, $(f^{-1}\circ g^{-1})(19)$의 값을 구하시오. (단, a, b는 상수이다.)

$a=0$이고 $b=0$이면 두 함수 $f(x)$, $g(x)$가 모두 상수함수가 되어 역함수가 존재하지 않는다.

즉, $a\neq0$이고 $b\neq0$이다.

$f(4)=-1$에서 $4a+b=-1$ …… ㉠

또 $g(1)=5$에서 $a+b=5$ …… ㉡

㉠, ㉡을 연립하면 $a=-2$, $b=7$

따라서 $f(x)=-2x+7$, $g(x)=7x-2$

한편 $(f^{-1}\circ g^{-1})(19)=(g\circ f)^{-1}(19)$에서

$(g\circ f)^{-1}(19)=k$라 하면

$(g\circ f)(k)=19$이므로

$(g\circ f)(x)=g(f(x))=7(-2x+7)-2=-14x+47$

에서 $-14k+47=19$, $14k=28$, $k=2$

따라서 $(f^{-1}\circ g^{-1})(19)=2$

답 2

대표유형 09 함수의 그래프와 합성함수, 역함수

▸ 25739-0291

함수 $y=f(x)$의 그래프와 직선 $y=x$가 그림과 같을 때, $(f\circ f)^{-1}(b)$의 값을 구하시오.
(단, 모든 점선은 x축 또는 y축에 평행하다.)

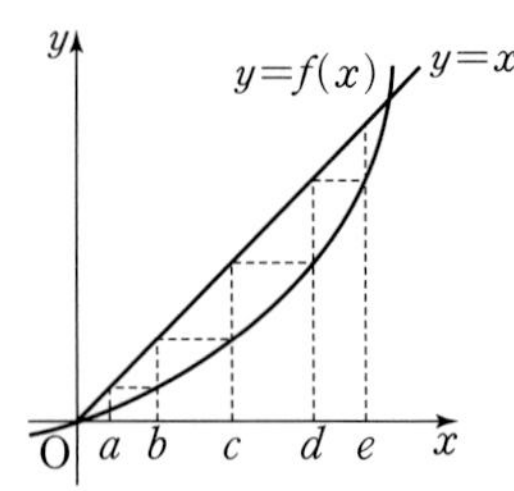

MD의 한마디!

합성함수의 역함수의 값을 구하기 위해
① 직선 $y=x$ 위의 점의 x좌표와 y좌표가 같음을 이용하여 $f(b)$, $f(c)$, $f(d)$, $f(e)$의 값을 먼저 구하고,
② $f(k)=b$, $f(m)=k$를 만족시키는 k, m의 값을 차례로 구합니다.

MD's Solution

직선 $y=x$를 이용하여 y축과 점선이 만나는 점의 y좌표를 나타내면 그림과 같다. → 직선 $y=x$ 위의 점의 x좌표와 y좌표가 같아.

$f^{-1}(b)=k$라 하면 $f(k)=b$
↳ 함수 $y=f(x)$의 그래프가 점 (k, b)를 지나면 역함수 $y=f^{-1}(x)$의 그래프는 점 (b, k)를 지나.

$f(c)=b$이므로 $k=c$에서 $f^{-1}(b)=c$

$f^{-1}(c)=m$이라 하면 $f(m)=c$

$f(d)=c$이므로 $m=d$에서 $f^{-1}(c)=d$

따라서 $(f\circ f)^{-1}(b)=(f^{-1}\circ f^{-1})(b)=f^{-1}(f^{-1}(b))=f^{-1}(c)=d$

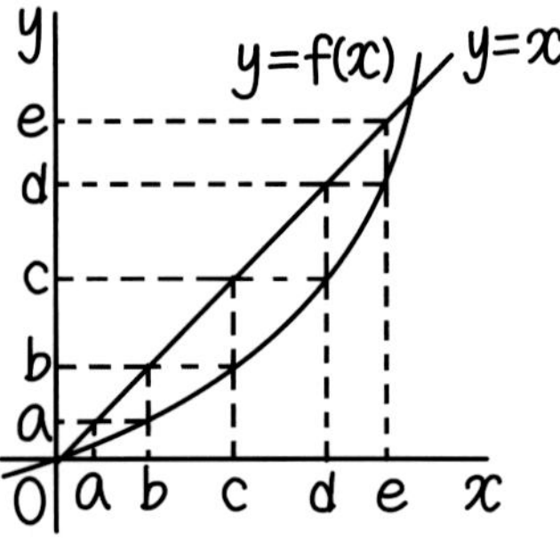

답 d

유제

09-1

▸ 25739-0292

함수 $y=f(x)$의 그래프가 그림과 같을 때, $(f\circ f\circ f)(b)$의 값을 구하시오. (단, 모든 점선은 x축 또는 y축에 평행하다.)

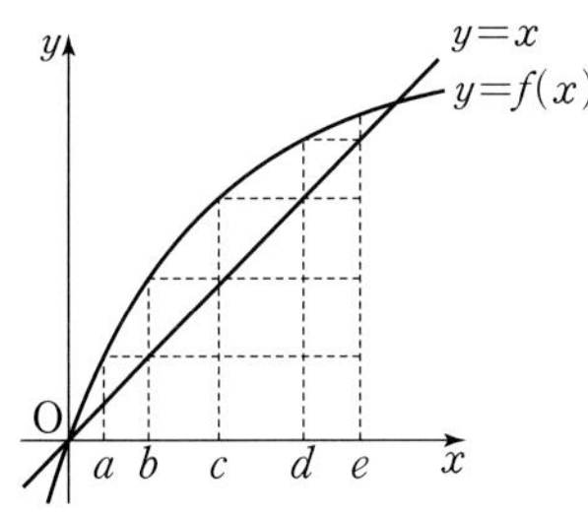

직선 $y=x$를 이용하여 y축과 점선이 만나는 점의 y좌표를 나타내면 그림과 같다.

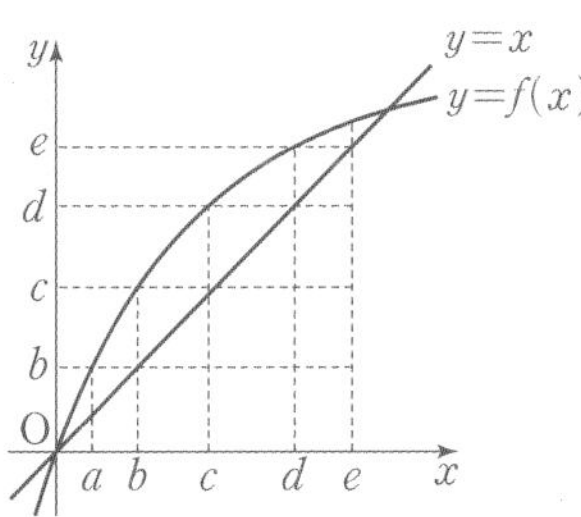

따라서 $(f\circ f\circ f)(b)=f(f(f(b)))=f(f(c))=f(d)=e$

답 e

09-2

▸ 25739-0293

집합 $A=\{1,\ 2,\ 3,\ 4\}$에 대하여 집합 A에서 집합 A로의 두 함수 $f(x)$, $g(x)$가 있다. 두 함수 $y=f(x)$, $y=g(x)$의 그래프가 각각 그림과 같을 때, $(f\circ g)(3)+(g\circ f)^{-1}(2)$의 값은?

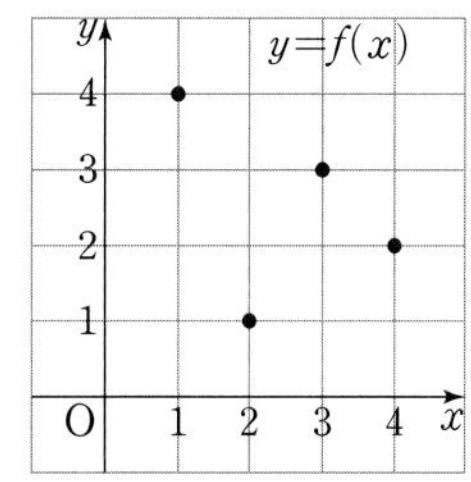

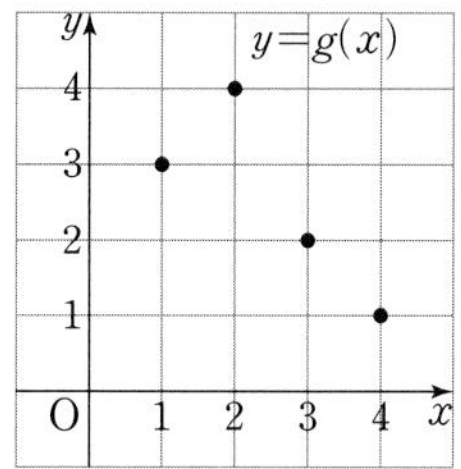

① 4 ② 5 ③ 6
④ 7 ⑤ 8

$(f\circ g)(3)=f(g(3))$에서 $g(3)=2$이므로
$f(g(3))=f(2)=1$
$(g\circ f)^{-1}(2)=(f^{-1}\circ g^{-1})(2)=f^{-1}(g^{-1}(2))$에서
$g(3)=2$이므로 $g^{-1}(2)=3$
즉, $f^{-1}(g^{-1}(2))=f^{-1}(3)$이다.
$f(3)=3$이므로 $f^{-1}(3)=3$
따라서 $(f\circ g)(3)+(g\circ f)^{-1}(2)=1+3=4$

답 ①

대표유형 10 역함수의 그래프의 성질

▸ 25739-0294

함수 $f(x)=x^2-6x+10$ $(x\geq 3)$의 그래프와 그 역함수 $y=f^{-1}(x)$의 그래프가 만나는 점의 좌표를 구하시오.

MD의 한마디!

두 함수 $y=f(x)$, $y=f^{-1}(x)$의 그래프가 만나는 점의 좌표를 구하기 위해
① 두 그래프가 직선 $y=x$에 대하여 대칭임을 이용하여
② 함수 $y=f(x)$의 그래프와 직선 $y=x$가 만나는 점의 좌표를 구합니다.

MD's Solution

함수 $y=f(x)$의 그래프와 그 역함수 $y=f^{-1}(x)$의 그래프는 직선 $y=x$에 대하여 대칭이므로
두 함수 $y=f(x)$, $y=f^{-1}(x)$의 그래프는 오른쪽 그림과 같다.
즉, 두 함수 $y=f(x)$, $y=f^{-1}(x)$의 그래프가 만나는 점은 함수 $y=f(x)$의 그래프와 직선 $y=x$가 만나는 점과 같으므로

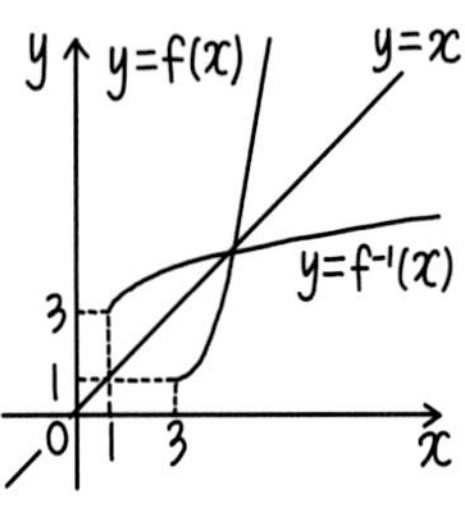

$x^2-6x+10=x$에서 → 방정식 $f(x)=x$의 해를 구해야 해.
$x^2-7x+10=0$
$(x-2)(x-5)=0$ → x의 값의 범위가 $x\geq 3$이므로 두 함수의 그래프가 만나는 점의 x좌표는 2가 될 수 없어.
$x\geq 3$이므로 $x=5$
따라서 구하는 점의 좌표는 $(5, 5)$이다.

답 $(5, 5)$

유제

10-1

▸ 25739-0295

일차함수 $f(x)=ax+b$의 그래프와 함수 $y=g(x)$의 그래프가 직선 $y=x$에 대하여 대칭이다. $f(2)=7$, $g(4)=3$일 때, $f(5)$의 값은? (단, a, b는 상수이다.)

① -1 ② -2 ③ -3
④ -4 ⑤ -5

$f(2)=7$이므로 $2a+b=7$ …… ㉠
일차함수 $f(x)=ax+b$의 그래프와 함수 $y=g(x)$의 그래프가 직선 $y=x$에 대하여 대칭이므로 함수 $g(x)$는 $f(x)$의 역함수이다.
$g(4)=3$이므로 $f(3)=4$에서
$3a+b=4$ …… ㉡
㉠, ㉡을 연립하면 $a=-3$, $b=13$
따라서 $f(x)=-3x+13$이므로
$f(5)=-3\times 5+13=-2$

답 ②

10-2

▸ 25739-0296

함수 $f(x)=\begin{cases} 3x-2 & (x<2) \\ \frac{1}{2}x+3 & (x\geq 2) \end{cases}$의 그래프와 그 역함수 $y=f^{-1}(x)$의 그래프가 서로 다른 두 점 P, Q에서 만날 때, 선분 PQ의 길이를 구하시오.

함수 $y=f(x)$의 그래프와 그 역함수 $y=f^{-1}(x)$의 그래프는 직선 $y=x$에 대하여 대칭이므로 그림과 같다.

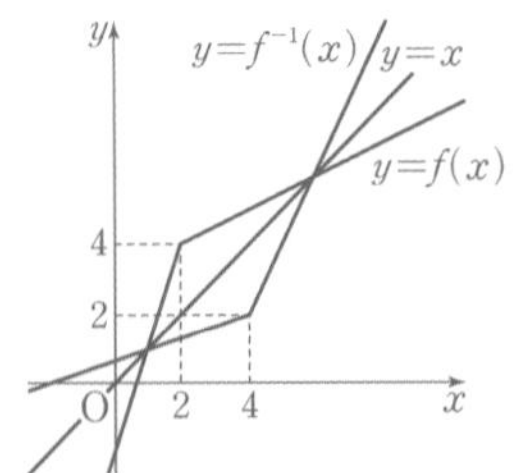

즉, 두 함수 $y=f(x)$, $y=f^{-1}(x)$의 그래프의 교점은 함수 $y=f(x)$의 그래프와 직선 $y=x$의 교점과 같으므로
$3x-2=x$에서 $x=1$이고 $1<2$를 만족시킨다.
$\frac{1}{2}x+3=x$에서 $x=6$이고 $6\geq 2$를 만족시킨다.
따라서 P(1, 1), Q(6, 6) 또는 P(6, 6), Q(1, 1)이므로
$\overline{PQ}=\sqrt{5^2+5^2}=5\sqrt{2}$

답 $5\sqrt{2}$

실력 완성
단원 마무리

본문 105~108쪽

1
▸ 25739-0297

두 집합 $X=\{x|-1\le x\le 4\}$, $Y=\{y|2\le y\le 9\}$에 대하여 함수 $f(x)=ax+2a+1$이 X에서 Y로의 함수가 되도록 하는 실수 a의 최댓값과 최솟값의 합은?

① 2 ② $\frac{13}{6}$ ③ $\frac{7}{3}$
④ $\frac{5}{2}$ ⑤ $\frac{8}{3}$

답 ③

풀이 $a\le 0$이면 $1\le x\le 4$일 때 $6a+1\le f(x)\le a+1\le 1$이므로 조건을 만족시키는 함수가 존재하지 않는다.
따라서 $a>0$이다.
$a>0$일 때, 함수 $f(x)$가 X에서 Y로의 함수가 되려면
$f(-1)\ge 2$, $f(4)\le 9$이어야 한다.
$f(-1)=-a+2a+1=a+1\ge 2$에서
$a\ge 1$ …… ㉠
$f(4)=4a+2a+1=6a+1\le 9$에서
$a\le \frac{4}{3}$ …… ㉡
㉠, ㉡에서 $1\le a\le \frac{4}{3}$
따라서 실수 a의 최댓값과 최솟값의 합은
$1+\frac{4}{3}=\frac{7}{3}$

2
▸ 25739-0298

자연수 전체의 집합에서 정의된 함수 $f(x)$가

$$f(x)=\begin{cases} x^2+1 & (x\text{는 홀수}) \\ \frac{x^2}{2}+1 & (x\text{는 짝수}) \end{cases}$$

이다. 이차방정식 $x^2-5x+4=0$의 두 실근이 α, β일 때, $f(\alpha+\beta)+f(\alpha\beta)$의 값은?

① 32 ② 33 ③ 34
④ 35 ⑤ 36

답 ④

풀이 이차방정식의 근과 계수의 관계에 의하여
$\alpha+\beta=5$, $\alpha\beta=4$
5는 홀수이므로 $f(\alpha+\beta)=f(5)=5^2+1=26$
4는 짝수이므로 $f(\alpha\beta)=f(4)=\frac{4^2}{2}+1=9$
따라서 $f(\alpha+\beta)+f(\alpha\beta)=35$

3
▸ 25739-0299

정의역이 $\{x|-2\le x\le 2\}$인 함수
$f(x)=-x^2+2x+2$
의 치역이 $\{y|p\le y\le q\}$일 때, $p+q$의 값은?
(단, p, q는 상수이다.)

① -1 ② -2 ③ -3
④ -4 ⑤ -5

답 ③

풀이 $f(x)=-x^2+2x+2=-(x-1)^2+3$이므로 함수 $y=f(x)$의 그래프는 그림과 같다.

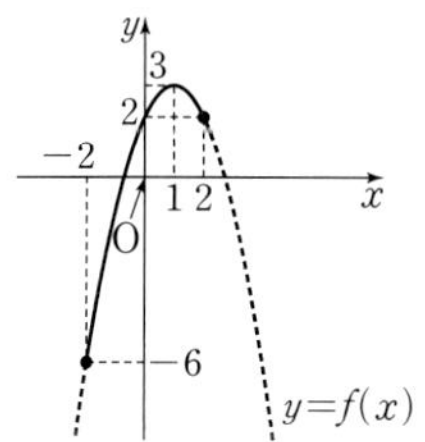

함수 $f(x)$는 $x=1$에서 최댓값 3, $x=-2$에서 최솟값 -6을 갖는다.
즉, 치역은 $\{y|-6\le y\le 3\}$이므로 $p=-6$, $q=3$
따라서 $p+q=-6+3=-3$

4
▸ 25739-0300

집합 X가 정의역이고, 공역이 실수 전체의 집합인 두 함수 $f(x)=x^3-3x$, $g(x)=2x^2$에 대하여 $f=g$가 성립하도록 하는 집합 X의 개수는? (단, $X\ne\varnothing$)

① 3 ② 4 ③ 5
④ 6 ⑤ 7

답 ⑤

풀이 $f=g$이므로 정의역 X에 속한 모든 원소 x에 대하여 $f(x)=g(x)$이어야 한다.
$x^3-3x=2x^2$에서 $x^3-2x^2-3x=0$
$x(x^2-2x-3)=0$
$x(x+1)(x-3)=0$
$x=0$ 또는 $x=-1$ 또는 $x=3$
따라서 집합 X는 $\{-1, 0, 3\}$의 부분집합 중 공집합을 제외한 부분집합이므로 구하는 개수는
$2^3-1=7$

5

▸ 25739-0301

실수 전체의 집합 R에서 R로의 함수

$$f(x)=\begin{cases} x+2 & (x<0) \\ (9-a^2)x+2 & (x\geq 0) \end{cases}$$

이 일대일대응일 때, 정수 a의 최댓값은?

① 1 ② 2 ③ 3 ④ 4 ⑤ 5

답 ②

풀이 함수 $f(x)$가 일대일대응이 되려면
두 직선 $y=(9-a^2)x+2$, $y=x+2$의 기울기의 부호가 같아야 한다.
즉, $9-a^2>0$에서 $a^2-9<0$이고
$(a+3)(a-3)<0$, $-3<a<3$
따라서 정수 a의 최댓값은 2이다.

6

▸ 25739-0302

실수 전체의 집합에서 정의된 두 함수 f, g에 대하여 f는 항등함수, g는 상수함수이다. 모든 실수 x에 대하여 $h(x)=f(x)+g(x)$이고 $h(8)=30$일 때, $h(16)$의 값을 구하시오.

답 38

풀이 함수 f가 항등함수이므로 모든 실수 x에 대하여 $f(x)=x$, 즉 $f(8)=8$
$h(8)=30$이므로 $f(8)+g(8)=30$, 즉 $8+g(8)=30$에서
$g(8)=22$
함수 g가 상수함수이므로 모든 실수 x에 대하여
$g(x)=22$
따라서 $h(16)=f(16)+g(16)=16+22=38$

7

▸ 25739-0303

두 함수 $f(x)=ax+b$, $g(x)=-2x+3$에 대하여 $f(a)=a^2-3$이고 $f\circ g=g\circ f$일 때, $(f\circ f)(2)$의 값은? (단, a, b는 상수이다.)

① 9 ② 11 ③ 13 ④ 15 ⑤ 17

답 ⑤

풀이 $f(a)=a^2+b$이므로 $a^2+b=a^2-3$에서
$b=-3$
즉, $f(x)=ax-3$
$(f\circ g)(x)=a(-2x+3)-3=-2ax+3a-3$
$(g\circ f)(x)=-2(ax-3)+3=-2ax+9$
$3a-3=9$에서 $a=4$
따라서 $f(x)=4x-3$이므로 $f(2)=5$이고
$(f\circ f)(2)=f(f(2))=f(5)=4\times5-3=17$

8

▸ 25739-0304

최고차항의 계수가 1인 이차함수 $y=f(x)$의 그래프는 그림과 같이 점 $(2, -2)$를 꼭짓점으로 하고 점 $(0, 2)$를 지난다. 함수 $g(x)=x^2+3x+a$에 대하여 방정식 $(f\circ g)(x)=f(x)$의 서로 다른 실근의 개수가 2가 되도록 하는 정수 a의 개수는?

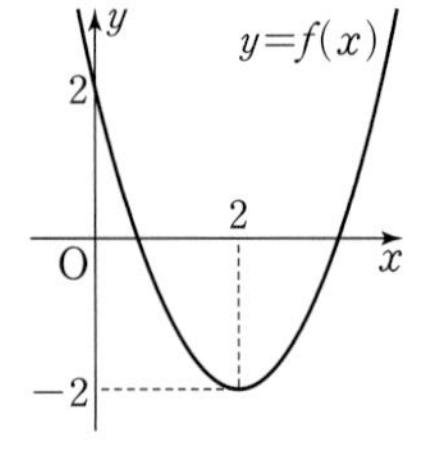

① 6 ② 7 ③ 8 ④ 9 ⑤ 10

답 ①

풀이 최고차항의 계수가 1인 이차함수 $y=f(x)$의 그래프의 꼭짓점이 $(2, -2)$이고 점 $(0, 2)$를 지나므로 $f(x)=(x-2)^2-2$이고
$(f\circ g)(x)=f(g(x))=f(x)$에서
$\{g(x)-2\}^2-2=(x-2)^2-2$
$g(x)-2=x-2$ 또는 $g(x)-2=-x+2$
즉, $g(x)=x$이거나 $g(x)=4-x$
$g(x)=x$, 즉 $x^2+3x+a=x$에서
이차방정식 $x^2+2x+a=0$의 판별식을 D_1이라 하면
$\frac{D_1}{4}=1-a$
$g(x)=4-x$, 즉 $x^2+3x+a=4-x$에서
이차방정식 $x^2+4x+a-4=0$의 판별식을 D_2라 하면
$\frac{D_2}{4}=4-(a-4)=-a+8$
방정식 $(f\circ g)(x)=f(x)$가 서로 다른 두 실근을 갖는 경우는 다음과 같다.

(i) $D_1<0$이고 $D_2>0$인 경우
$1-a<0$에서 $a>1$이고
$-a+8>0$에서 $a<8$이므로
$1<a<8$을 만족시키는 정수 a의 개수는 6이다.

(ii) $D_1=D_2=0$인 경우
$1-a=0$에서 $a=1$이고
$-a+8=0$에서 $a=8$이므로
이를 동시에 만족시키는 정수 a는 존재하지 않는다.

(iii) $D_1>0$이고 $D_2<0$인 경우
$1-a>0$에서 $a<1$이고
$-a+8<0$에서 $a>8$이므로
이를 동시에 만족시키는 정수 a는 존재하지 않는다.

(i), (ii), (iii)에 의하여 구하는 정수 a의 개수는 6이다.

9

▸ 25739-0305

두 함수 $f(x)=ax+b$, $g(x)=cx+b$가 모든 실수 x에 대하여 다음 조건을 만족시킨다.

> (가) $(f \circ f)(x)=4x+3$
> (나) $(f \circ f \circ g)(x)=12x+7$

부등식 $g(f(k))<28$을 만족시키는 모든 자연수 k의 값의 합은? (단, $a>0$인 상수이고, b, c는 상수이다.)

① 4 ② 5 ③ 6
④ 7 ⑤ 8

답 ③

풀이 $f(x)=ax+b$이고
조건 (가)에서
$(f \circ f)(x)=a(ax+b)+b=a^2x+ab+b=4x+3$이므로
$a^2=4$에서 $a>0$이므로 $a=2$
$ab+b=3$에서 $2b+b=3b=3$이므로 $b=1$
즉, $f(x)=2x+1$
조건 (나)에서
$(f \circ f \circ g)(x)=(f \circ f)(g(x))=4(cx+1)+3$
$=4cx+7=12x+7$
이므로 $4c=12$에서 $c=3$
즉, $g(x)=3x+1$
따라서 $g(f(k))=3(2k+1)+1=6k+4$이고
$6k+4<28$에서 $k<4$이므로 모든 자연수 k의 값의 합은
$1+2+3=6$

10

| 2023학년도 11월 고1 학력평가 6번 | ▸ 25739-0306

실수 전체의 집합에서 정의된 두 함수 $f(x)=2x+1$, $g(x)$가 있다. 모든 실수 x에 대하여 $(g \circ g)(x)=3x-1$일 때, $((f \circ g) \circ g)(a)=a$를 만족시키는 실수 a의 값은?

① $\frac{1}{5}$ ② $\frac{3}{5}$ ③ 1
④ $\frac{7}{5}$ ⑤ $\frac{9}{5}$

답 ①

풀이 $((f \circ g) \circ g)(a)=(f \circ (g \circ g))(a)$에서
$(f \circ (g \circ g))(a)=f((g \circ g)(a))$
$=f(3a-1)$
$=2(3a-1)+1$
$=6a-1$
$6a-1=a$에서 $a=\frac{1}{5}$

11

▸ 25739-0307

집합 $X=\{1, 2, 3, 4, 5\}$에 대하여 X에서 X로의 일대일대응인 두 함수 f, g가 다음 조건을 만족시킨다.

> (가) $f(1)=3$, $f(2)+g(4)=7$
> (나) $f(2)=g(2)$, $f(4)=g(4)$
> (다) 함수 $(g \circ f)(x)$는 항등함수이다.

$f(3)+g(5)$의 값은?

① 5 ② 6 ③ 7
④ 8 ⑤ 9

답 ①

풀이 $(g \circ f)(1)=1$이므로 $g(f(1))=g(3)=1$
$f(2)+g(4)=7$, $f(4)=g(4)$이므로 $f(2)+f(4)=7$에서
$f(1)=3$이므로 $f(2)=2$, $f(4)=5$ 또는 $f(2)=5$, $f(4)=2$
(i) $f(2)=2$, $f(4)=5$일 때, $g(2)=f(2)=2$, $g(4)=f(4)=5$
이므로 $(g \circ f)(4)=g(f(4))=g(5)=4$
$(g \circ f)(5)=g(f(5))=5$이므로 $f(5)=4$
즉, $f(3)=1$이므로 $f(3)+g(5)=1+4=5$
(ii) $f(2)=5$, $f(4)=2$일 때, $g(2)=f(2)=5$, $g(4)=f(4)=2$
이므로 $(g \circ f)(4)=g(f(4))=g(2)=4$가 되어 조건을 만족시키는 함수 g는 존재하지 않는다.
(i), (ii)에 의하여 $f(3)+g(5)=1+4=5$

[다른 풀이]
(다)에서 $g \circ f$는 집합 X에서의 항등함수이므로 X의 모든 원소 x에 대하여 $(g \circ f)(x)=x$
g는 일대일대응이므로 역함수 g^{-1}가 존재하고
$(g^{-1} \circ (g \circ f))(x)=g^{-1}(x)$
즉, $f(x)=g^{-1}(x)$이므로 f는 g의 역함수이다.
(가)에서 $f(1)=3$이므로 $g(3)=1$
$f(2)+g(4)=7$, $f(4)=g(4)$이므로 $f(2)+f(4)=7$에서
$f(2)=2$, $f(4)=5$ 또는 $f(2)=5$, $f(4)=2$
(i) $f(2)=2$, $f(4)=5$일 때
$g(2)=f(2)=2$, $g(4)=f(4)=5$이므로 $f(5)=g(5)=4$
즉, $f(3)=1$이므로 $f(3)+g(5)=1+4=5$
(ii) $f(2)=5$, $f(4)=2$일 때
$g(4)=f(4)=2$이므로 $f(2)=4$가 되어 함수 f가 일대일대응이라는 조건에 모순이다.
즉, 이 조건을 만족시키는 함수 f는 존재하지 않는다.

[참고] 두 함수 f, g의 대응을 그림으로 표현하면 다음과 같다.

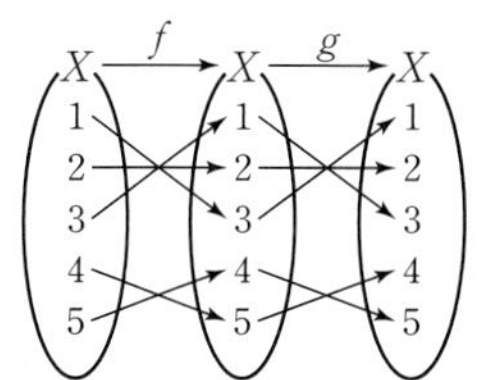

12

▸ 25739-0308

두 함수 $f(x)=|x+2|$, $g(x)=-x^2+4x+5$에 대하여 집합 A를 다음과 같이 정의하자.

$A=\{x|x$는 $(g\circ f)(x)=k$인 실수$\}$

집합 A의 원소의 개수가 4가 되도록 하는 모든 자연수 k의 값의 합은?

① 17 ② 18 ③ 19 ④ 20 ⑤ 21

답 ⑤

풀이 $g(x)=-x^2+4x+5=-(x-2)^2+9$

$y=(g\circ f)(x)=g(f(x))=g(|x+2|)$

$=-(|x+2|-2)^2+9$

즉, $(g\circ f)(x)=\begin{cases}-(x+4)^2+9 & (x<-2)\\ -x^2+9 & (x\geq -2)\end{cases}$

이므로 함수 $y=(g\circ f)(x)$의 그래프는 그림과 같다.

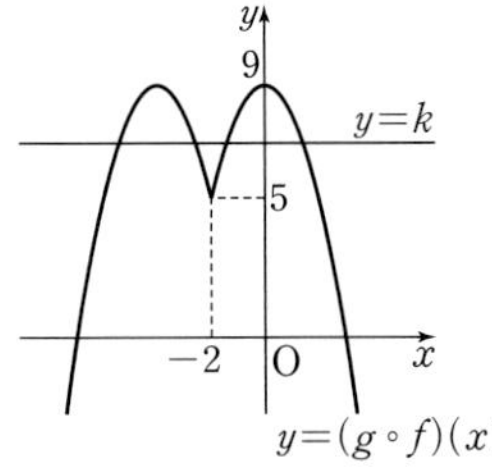

집합 A의 원소의 개수가 4가 되려면 방정식 $(g\circ f)(x)=k$의 서로 다른 실근이 4개이어야 한다.

즉, 이차함수 $y=-(x+4)^2+9$의 그래프와 직선 $y=k$가 $x<-2$인 범위에서 서로 다른 두 점에서 만나야 하고,

이차함수 $y=-x^2+9$의 그래프와 직선 $y=k$가 $x>-2$인 범위에서 서로 다른 두 점에서 만나야 한다.

이를 만족시키는 k의 값의 범위는 $5<k<9$

따라서 모든 자연수 k의 값의 합은

$6+7+8=21$

13

▸ 25739-0309

$x\geq 0$에서 정의된 두 함수

$f(x)=3x+2$, $g(x)=x^2+2$

에 대하여 $(f\circ g)^{-1}(11)+(f^{-1}\circ g^{-1})(11)$의 값은?

① $\frac{4}{3}$ ② $\frac{3}{2}$ ③ $\frac{5}{3}$ ④ $\frac{11}{6}$ ⑤ 2

답 ①

풀이 $(f\circ g)(x)=f(g(x))=f(x^2+2)$

$=3(x^2+2)+2=3x^2+8\ (x\geq 0)$ …… ㉠

$(g\circ f)(x)=g(f(x))=g(3x+2)$

$=(3x+2)^2+2=9x^2+12x+6\ (x\geq 0)$ …… ㉡

$(f\circ g)^{-1}(11)=a$라 하면 $(f\circ g)(a)=11$이므로

㉠에서 $3a^2+8=11$, $a^2=1$

$a\geq 0$이므로 $a=1$

$(f^{-1}\circ g^{-1})(11)=b$라 하면

$(g\circ f)^{-1}(11)=b$에서 $(g\circ f)(b)=11$이므로

㉡에서 $9b^2+12b+6=11$

$9b^2+12b-5=0$

$(3b+5)(3b-1)=0$

$b\geq 0$이므로 $b=\frac{1}{3}$

따라서

$(f\circ g)^{-1}(11)+(f^{-1}\circ g^{-1})(11)=a+b=1+\frac{1}{3}=\frac{4}{3}$

14

| 2024학년도 3월 고2 학력평가 27번 | ▸ 25739-0310

집합 $X=\{1, 2, 3, 4, 5, 6\}$에 대하여 다음 조건을 만족시키는 함수 $f: X\longrightarrow X$의 개수를 구하시오.

(가) $x_1\in X$, $x_2\in X$인 임의의 x_1, x_2에 대하여 $1\leq x_1<x_2\leq 4$이면 $f(x_1)<f(x_2)$이다.
(나) 함수 f의 역함수가 존재하지 않는다.

답 510

풀이 조건 (가)에 의하여 $f(1)>f(2)>f(3)>f(4)$이므로 $f(1)$, $f(2)$, $f(3)$, $f(4)$의 값을 결정하는 경우의 수는 집합 X의 6개의 원소 중에 4개를 선택하는 경우의 수와 같다.

즉 ${}_6C_4={}_6C_2=\frac{6\times 5}{2}=15$

조건 (나)에 의하여 함수 f는 일대일대응이 아니므로 $f(1)$, $f(2)$, $f(3)$, $f(4)$, $f(5)$, $f(6)$ 중 적어도 두 개 이상은 같은 값이어야 한다.

(i) $f(5)$의 값이 $f(1)$, $f(2)$, $f(3)$, $f(4)$의 값 중 하나와 같은 경우

$f(5)$의 값을 정하는 경우의 수는 ${}_4C_1=4$

$f(6)$의 값은 1부터 6까지 모두 가능하므로 $f(6)$의 값을 정하는 경우의 수는 ${}_6C_1=6$

따라서 $4\times 6=24$

(ii) $f(5)$의 값이 $f(1)$, $f(2)$, $f(3)$, $f(4)$의 값과 다른 경우

$f(5)$의 값은 집합 X의 원소 중 $f(1)$, $f(2)$, $f(3)$, $f(4)$의 값과 다른 값에 대응되어야 하므로 $f(5)$의 값을 정하는 경우의 수는 ${}_2C_1=2$

$f(6)$의 값은 $f(1)$, $f(2)$, $f(3)$, $f(4)$, $f(5)$의 값 중 하나와 같아야 하므로 $f(6)$의 값을 정하는 경우의 수는 ${}_5C_1=5$

따라서 $2\times 5=10$

(i), (ii)에 의하여 구하는 함수의 개수는

$15\times(24+10)=510$

15

▸ 25739-0311

일차함수 f의 역함수를 g라 할 때, 다음 중 함수 $y=f\left(\frac{2x-1}{3}\right)+1$의 역함수는?

① $y=-\frac{3}{2}g(x-1)+\frac{1}{2}$ ② $y=-\frac{3}{2}g(x+1)-\frac{1}{2}$
③ $y=\frac{3}{2}g(x-1)-\frac{1}{2}$ ④ $y=\frac{3}{2}g(x-1)+\frac{1}{2}$
⑤ $y=\frac{3}{2}g(x+1)-\frac{1}{2}$

답 ④

풀이 $y=f\left(\frac{2x-1}{3}\right)+1$에서 $y-1=f\left(\frac{2x-1}{3}\right)$
역함수의 성질에 의하여
$\frac{2x-1}{3}=f^{-1}(y-1)=g(y-1)$
$2x-1=3g(y-1)$
x를 y에 대한 식으로 나타내면
$x=\frac{3}{2}g(y-1)+\frac{1}{2}$
x와 y를 서로 바꾸면
$y=\frac{3}{2}g(x-1)+\frac{1}{2}$
따라서 함수 $y=f\left(\frac{2x-1}{3}\right)+1$의 역함수는
$y=\frac{3}{2}g(x-1)+\frac{1}{2}$

16

▸ 25739-0312

함수 $f(x)=\frac{1}{2}(x-a)^2+1\ (x\geq a)$의 역함수를 $f^{-1}(x)$라 하자. 두 함수 $y=f(x)$와 $y=f^{-1}(x)$의 그래프가 서로 다른 두 점 A, B에서 만난다. $\overline{\mathrm{AB}}=2$일 때, 상수 a의 값은?

① $\frac{1}{2}$ ② $\frac{9}{16}$ ③ $\frac{5}{8}$
④ $\frac{11}{16}$ ⑤ $\frac{3}{4}$

답 ⑤

풀이 함수 $y=f(x)$의 그래프와 그 역함수 $y=f^{-1}(x)$의 그래프는 직선 $y=x$에 대하여 대칭이므로 두 함수 $y=f(x)$와 $y=f^{-1}(x)$의 그래프는 점 A의 x좌표가 점 B의 x좌표보다 작은 경우 다음과 같다.

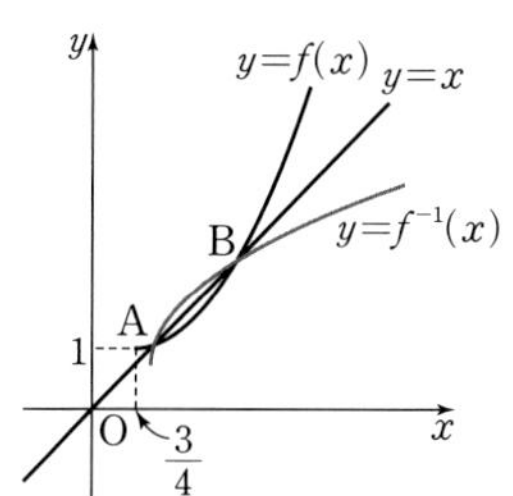

$f(x)=x$에서 $\frac{1}{2}(x-a)^2+1=x$
$x^2-2(a+1)x+a^2+2=0$ …… ㉠
방정식 ㉠의 두 근을 $\alpha,\ \beta\ (\alpha<\beta)$라 하면
$\alpha+\beta=2(a+1),\ \alpha\beta=a^2+2$
이므로
$(\beta-\alpha)^2=(\alpha+\beta)^2-4\alpha\beta$
$=4(a+1)^2-4(a^2+2)$
$=8a-4$
$\overline{\mathrm{AB}}^2=2(\beta-\alpha)^2$, $\overline{\mathrm{AB}}=2$이므로
$2(8a-4)=4,\ 8a-4=2$
따라서 $a=\frac{3}{4}$

17 | 2021학년도 3월 고2 학력평가 20번 |

▸ 25739-0313

세 집합
$X=\{1, 2, 3, 4\},\ Y=\{2, 3, 4, 5\},\ Z=\{3, 4, 5\}$
에 대하여 두 함수 $f: X \longrightarrow Y,\ g: Y \longrightarrow Z$가 다음 조건을 만족시킨다.

(가) 함수 f는 일대일대응이다.
(나) $x\in(X\cap Y)$이면 $g(x)-f(x)=1$이다.

보기에서 옳은 것만을 있는 대로 고른 것은?

보기
ㄱ. 함수 $g\circ f$의 치역은 Z이다.
ㄴ. $f^{-1}(5)\geq 2$
ㄷ. $f(3)<g(2)<f(1)$이면 $f(4)+g(2)=6$이다.

① ㄱ ② ㄱ, ㄴ ③ ㄱ, ㄷ
④ ㄴ, ㄷ ⑤ ㄱ, ㄴ, ㄷ

답 ①

풀이 ㄱ. 함수 f는 일대일대응이고 조건 (나)에서 $g(x)-f(x)=1$이므로 $f(x)=5$인 x가 존재하면 $g(x)=6$이 되어 $g: Y \longrightarrow Z$인 조건에 모순이다.
따라서 집합 $X\cap Y=\{2, 3, 4\}$의 모든 원소 x에 대하여 $f(x)\leq 4$이다.
또 함수 f는 일대일대응이므로
$\{f(2), f(3), f(4)\}=\{2, 3, 4\}$이고
$g(x)=f(x)+1$에서 $\{g(2), g(3), g(4)\}=\{3, 4, 5\}$
따라서 함수 $g\circ f$의 치역은 Z이다. (참)
ㄴ. ㄱ에서 $\{f(2), f(3), f(4)\}=\{2, 3, 4\}$이고
함수 f는 일대일대응이므로 $f(1)=5$
따라서 $f^{-1}(5)=1$ (거짓)
ㄷ. ㄴ에서 $f(1)=5$이므로
$f(3)<g(2)<f(1)$에서 $f(3)<g(2)<5$

ㄱ에서 $\{g(2), g(3), g(4)\}=\{3, 4, 5\}$이므로

(i) $g(2)=3$인 경우

$f(2)=g(2)-1=2$이고 함수 f는 일대일대응이므로

$f(3)=3$ 또는 $f(3)=4$가 되어 $f(3)<g(2)<5$를 만족시키지 않는다.

(ii) $g(2)=4$인 경우

$f(2)=g(2)-1=3$이고 함수 f는 일대일대응이므로

$\{f(2), f(3), f(4)\}=\{1, 2, 3\}$과 $f(3)<g(2)<5$에서

$f(3)<4$이고

$f(2)=3$이므로 $f(3)<3$에서 $f(3)=2$

함수 f는 일대일대응이므로 $f(4)=4$

따라서 $f(4)+g(2)=4+4=8$ (거짓)

이상에서 옳은 것은 ㄱ이다.

18

▸ 25739-0314

집합 $X=\{x|0\le x\le 1\}$를 정의역으로 하는 함수 $f(x)=x^2+a$와 함수 $f(x)$의 치역을 정의역으로 하고 집합 $Y=\{y|2\le y\le 5\}$를 공역으로 하는 함수 $g(x)=bx-1$이 있다. 함수 $g\circ f: X\longrightarrow Y$의 역함수가 존재하도록 하는 두 상수 a, b에 대하여 $a+b$의 최댓값을 M, 최솟값을 m이라 할 때, $M-m$의 값을 구하시오.

답 9

풀이 $(g\circ f)(x)=g(f(x))=b(x^2+a)-1=bx^2+ab-1$이고 합성함수 $(g\circ f)(x)$가 역함수가 존재하려면 일대일대응이어야 하고 다음과 같이 경우를 나누어 생각할 수 있다.

(i) $(g\circ f)(0)=2$, $(g\circ f)(1)=5$인 경우

$ab-1=2$에서 $ab=3$

$b+ab-1=5$에서 $b=3$이므로 $a=1$

따라서 $a+b=4$

(ii) $(g\circ f)(0)=5$, $(g\circ f)(1)=2$인 경우

$ab-1=5$에서 $ab=6$

$b+ab-1=2$에서 $b=-3$이므로 $a=-2$

따라서 $a+b=-5$

(i), (ii)에 의하여 $M=4$, $m=-5$이므로

$M-m=9$

서술형

19

▸ 25739-0315

두 집합 $X=\{1, 2, 3, 4\}$, $Y=\{1, 2, 3, 4, 5\}$에 대하여 다음 조건을 만족시키는 함수 $f: X\longrightarrow Y$의 개수를 구하시오.

(가) 함수 f는 일대일함수이다.

(나) $f(1)<f(4)$, $f(2)+f(3)=6$

답 12

풀이 (i) $\{f(2), f(3)\}=\{1, 5\}$일 때

$f(1)=2$, $f(4)=3$ 또는 $f(1)=2$, $f(4)=4$ 또는

$f(1)=3$, $f(4)=4$

따라서 함수 f의 개수는 $2\times 3=6$ …… ❶

(ii) $\{f(2), f(3)\}=\{2, 4\}$일 때

$f(1)=1$, $f(4)=3$ 또는 $f(1)=1$, $f(4)=5$ 또는

$f(1)=3$, $f(4)=5$

따라서 함수 f의 개수는 $2\times 3=6$ …… ❷

(i), (ii)에 의하여 구하는 함수 f의 개수는

$6+6=12$ …… ❸

채점 기준	배점
❶ $\{f(2), f(3)\}=\{1, 5\}$일 때 함수 f의 개수 구하기	40 %
❷ $\{f(2), f(3)\}=\{2, 4\}$일 때 함수 f의 개수 구하기	40 %
❸ 함수 f의 개수 구하기	20 %

20

▸ 25739-0316

집합 $X=\{1, 2, 3, 4, 5\}$에 대하여 집합 X에서 집합 X로의 두 함수의 그래프가 그림과 같다.

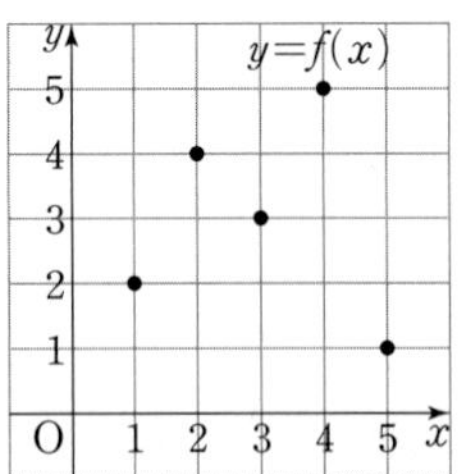

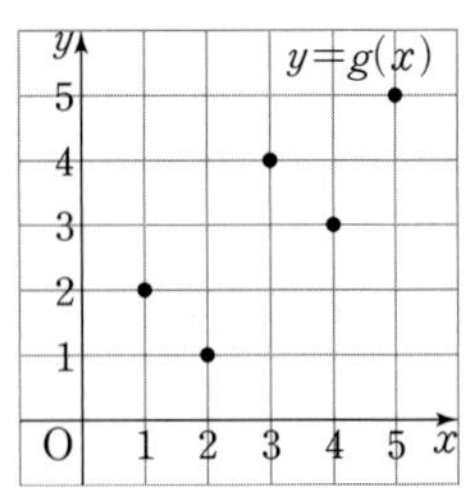

$f\circ(f\circ h)^{-1}\circ f=g$를 만족시키는 함수 $h(x)$에 대하여 $h(1)+h(4)$의 값을 구하시오.

답 6

풀이 $f\circ(f\circ h)^{-1}\circ f=g$의 좌변을 정리하면

$f\circ(f\circ h)^{-1}\circ f=f\circ h^{-1}\circ f^{-1}\circ f=f\circ h^{-1}$ …… ❶

$f\circ h^{-1}=g$에서

$h^{-1}=f^{-1}\circ g$, $h=g^{-1}\circ f$이므로

$h(x)=g^{-1}(f(x))$ …… ❷

$h(1)=g^{-1}(f(1))=g^{-1}(2)=1$

$h(4)=g^{-1}(f(4))=g^{-1}(5)=5$ …… ❸

따라서 $h(1)+h(4)=1+5=6$ …… ❹

채점 기준	배점
❶ 합성함수 및 역함수의 성질을 적용하여 식을 변형하기	30 %
❷ $h(x)$를 $f(x)$, $g(x)$로 나타내기	30 %
❸ $h(1)$, $h(4)$의 값을 각각 구하기	30 %
❹ $h(1)+h(4)$의 값 구하기	10 %

21

▸ 25739-0317

실수 전체의 집합에서 정의된 함수 $f(x)$에 대하여 $f(5x-2)=10x+3$일 때, $f(x)$의 역함수를 $g(x)$라 하자. 함수 $y=g(x)$의 그래프가 x축, y축과 만나는 점을 각각 A, B라 하고 삼각형 OAB의 넓이를 $\frac{q}{p}$라 할 때, $p+q$의 값을 구하시오.

(단, O는 원점이고 p와 q는 서로소인 자연수이다.)

답 53

풀이 $f(5x-2)=10x+3$에서 $5x-2=t$라 하면

$x=\frac{t+2}{5}$이므로 $f(t)=10\times\frac{t+2}{5}+3$에서

$f(t)=2t+7$ …… ❶

$y=2x+7$에서 $x=\frac{1}{2}y-\frac{7}{2}$, $y=\frac{1}{2}x-\frac{7}{2}$이므로

$g(x)=\frac{1}{2}x-\frac{7}{2}$ …… ❷

따라서 점 A의 좌표는 $(7, 0)$이고 점 B의 좌표는 $\left(0, -\frac{7}{2}\right)$이므로 삼각형 OAB의 넓이는

$\frac{1}{2}\times7\times\frac{7}{2}=\frac{49}{4}$ …… ❸

따라서 $p=4$, $q=49$이고 $p+q=53$ …… ❹

채점 기준	배점
❶ 함수 $f(x)$ 구하기	30 %
❷ 역함수 $g(x)$ 구하기	30 %
❸ 삼각형 OAB의 넓이 구하기	30 %
❹ $p+q$의 값 계산하기	10 %

22

▸ 25739-0318

함수 $f(x)=\begin{cases}-\frac{1}{2}x+1 & (x<2)\\ -4x+8 & (x\geq2)\end{cases}$의 그래프와 그 역함수 $y=f^{-1}(x)$의 그래프로 둘러싸인 부분의 넓이를 구하시오.

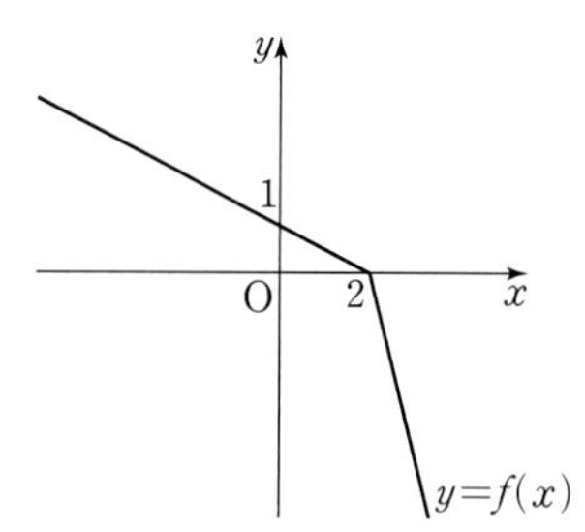

답 $\frac{14}{3}$

풀이 두 함수 $y=f(x)$, $y=f^{-1}(x)$의 그래프는 직선 $y=x$에 대하여 대칭이므로 함수 $y=f^{-1}(x)$의 그래프를 그리면 다음과 같다. …… ❶

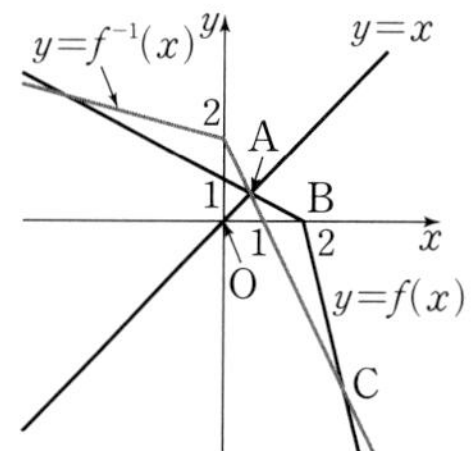

즉, $f^{-1}(x)=\begin{cases}-\frac{1}{4}x+2 & (x\leq0)\\ -2x+2 & (x>0)\end{cases}$

함수 $y=f(x)$의 그래프와 직선 $y=x$의 교점을 A, 함수 $y=f(x)$의 그래프가 x축과 만나는 점을 B, 두 함수 $y=f(x)$, $y=f^{-1}(x)$의 그래프가 제4사분면에서 만나는 점을 C라 하자.

$-\frac{1}{2}x+1=x$에서 $x=\frac{2}{3}$이므로 $A\left(\frac{2}{3}, \frac{2}{3}\right)$

$-4x+8=0$에서 $x=2$, 즉 $B(2, 0)$

$-4x+8=-2x+2$에서 $x=3$, 즉 $C(3, -4)$ …… ❷

삼각형 ABC의 넓이는

$\frac{1}{2}\times1\times\frac{2}{3}+\frac{1}{2}\times1\times4=\frac{7}{3}$

두 함수 $y=f(x)$, $y=f^{-1}(x)$로 둘러싸인 부분의 넓이는 삼각형 ABC의 넓이의 2배와 같으므로 구하는 넓이는

$\frac{7}{3}\times2=\frac{14}{3}$ …… ❸

채점 기준	배점
❶ 역함수의 그래프 그리기	30 %
❷ 삼각형의 꼭짓점의 좌표 구하기	40 %
❸ 넓이 구하기	30 %

08 유리함수와 무리함수

개념 CHECK

본문 109~114쪽

1. 유리식

1 ▸ 25739-0319

다음 식을 계산하시오.

(1) $\frac{1}{x}+\frac{1}{x-1}$　(2) $\frac{x-1}{x^2+1}-\frac{1}{x}$

(3) $\frac{x^2-x}{x+2}\times\frac{2x+4}{x-1}$　(4) $\frac{x}{x^2+x-2}\div\frac{x}{x^2-x}$

(1) $\frac{1}{x}+\frac{1}{x-1}=\frac{(x-1)+x}{x(x-1)}=\frac{2x-1}{x^2-x}$

(2) $\frac{x-1}{x^2+1}-\frac{1}{x}=\frac{x(x-1)-(x^2+1)}{x(x^2+1)}$

$=\frac{-x-1}{x(x^2+1)}=-\frac{x+1}{x(x^2+1)}$

(3) $\frac{x^2-x}{x+2}\times\frac{2x+4}{x-1}=\frac{x(x-1)}{x+2}\times\frac{2(x+2)}{x-1}=2x$

(4) $\frac{x}{x^2+x-2}\div\frac{x}{x^2-x}=\frac{x}{x^2+x-2}\times\frac{x^2-x}{x}$

$=\frac{x}{(x+2)(x-1)}\times\frac{x(x-1)}{x}$

$=\frac{x}{x+2}$

답 (1) $\frac{2x-1}{x^2-x}$　(2) $-\frac{x+1}{x(x^2+1)}$　(3) $2x$　(4) $\frac{x}{x+2}$

2 ▸ 25739-0320

다음 빈 칸에 알맞은 것을 써넣으시오.

(1) $\frac{1}{x(x+1)}=\frac{1}{(x+1)-\square}\left(\frac{1}{\square}-\frac{1}{x+1}\right)$

$=\frac{1}{\square}-\frac{1}{x+1}$

(2) $\frac{1}{(x+1)(x+3)}$

$=\frac{1}{(\square)-(\square)}\left(\frac{1}{\square}-\frac{1}{\square}\right)$

$=\frac{1}{2}\left(\frac{1}{\square}-\frac{1}{\square}\right)$

(1) $\frac{1}{x(x+1)}=\frac{1}{(x+1)-\boxed{x}}\left(\frac{1}{\boxed{x}}-\frac{1}{x+1}\right)=\frac{1}{\boxed{x}}-\frac{1}{x+1}$

(2) $\frac{1}{(x+1)(x+3)}$

$=\frac{1}{(\boxed{x+3})-(\boxed{x+1})}\left(\frac{1}{\boxed{x+1}}-\frac{1}{\boxed{x+3}}\right)$

$=\frac{1}{2}\left(\frac{1}{\boxed{x+1}}-\frac{1}{\boxed{x+3}}\right)$

답 풀이 참조

2. 유리함수

3 ▸ 25739-0321

다음 중 다항함수가 아닌 유리함수를 있는 대로 고르면?

① $y=\frac{1}{2x}$　② $y=2x+1$　③ $y=\frac{x}{2}$

④ $y=\frac{x-1}{2x+1}$　⑤ $y=\frac{x^2}{3x+2}$

① $y=\frac{1}{2x}$, ④ $y=\frac{x-1}{2x+1}$, ⑤ $y=\frac{x^2}{3x+2}$은 다항함수가 아닌 유리함수이다.

② $y=2x+1$, ③ $y=\frac{x}{2}$는 다항함수이다.

답 ①, ④, ⑤

4 ▸ 25739-0322

다음 함수의 그래프를 그리시오.

(1) $y=\frac{2}{x}$

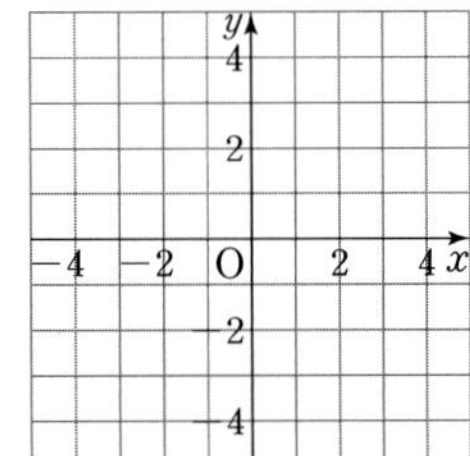

(2) $y=-\frac{3}{x}$

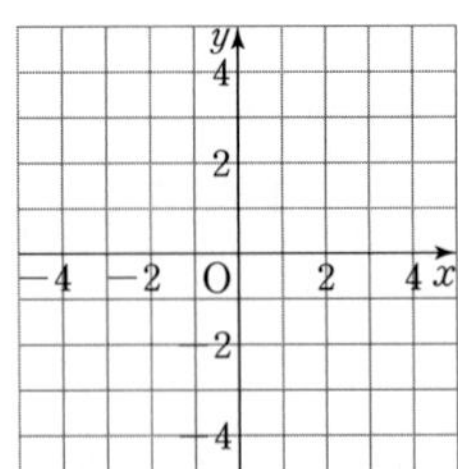

(1) $y=\frac{2}{x}$

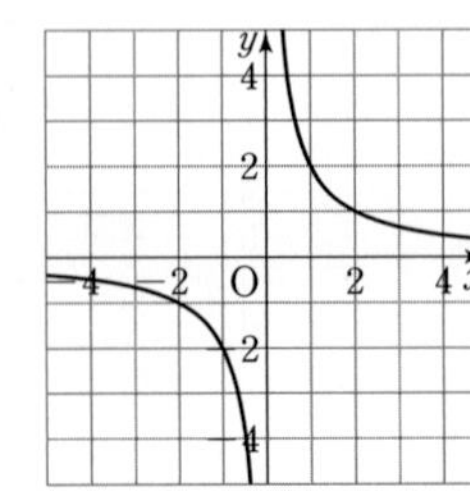

(2) $y=-\frac{3}{x}$

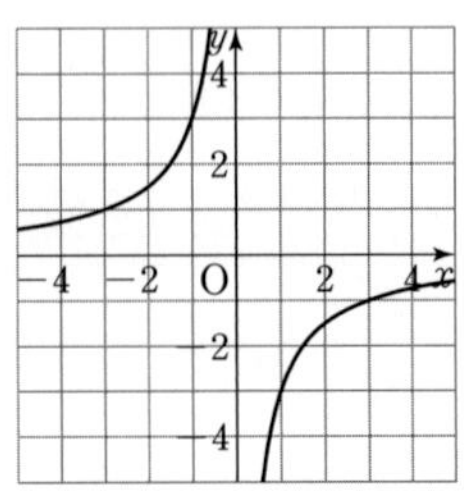

답 (1) 풀이 참조　(2) 풀이 참조

3. 유리함수 $y=\frac{k}{x-p}+q\ (k\neq0)$의 그래프

5

▶ 25739-0323

다음 함수의 그래프를 그리고, 점근선의 방정식, 정의역, 치역을 구하시오.

(1) $y=\frac{2}{x+2}+3$　　　(2) $y=-\frac{3}{x-2}+1$

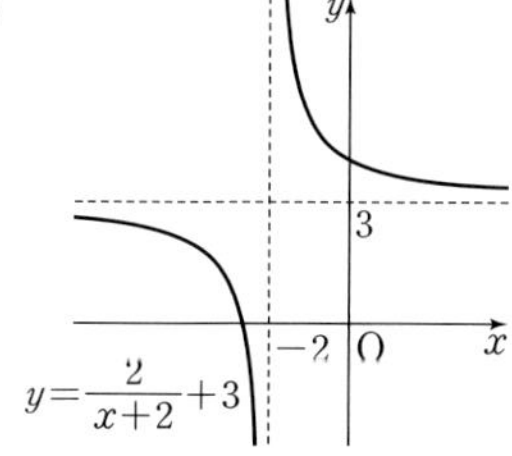

점근선의 방정식: $x=-2$, $y=3$,
정의역: $\{x\,|\,x$는 $x\neq-2$인 실수$\}$,
치역: $\{y\,|\,y$는 $y\neq3$인 실수$\}$

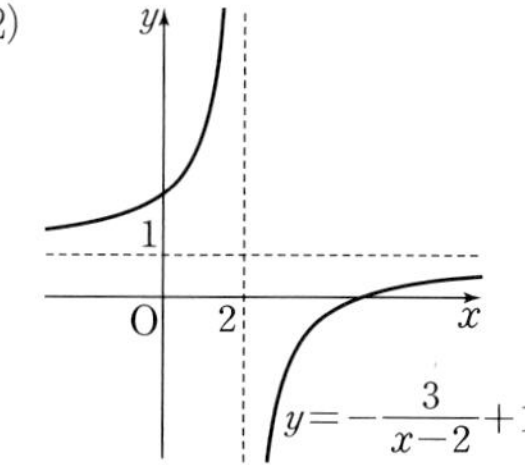

점근선의 방정식: $x=2$, $y=1$,
정의역: $\{x\,|\,x$는 $x\neq2$인 실수$\}$,
치역: $\{y\,|\,y$는 $y\neq1$인 실수$\}$

답 (1) 풀이 참조　(2) 풀이 참조

6

▶ 25739-0324

다음 유리함수를 $y=\frac{k}{x-p}+q$의 꼴로 바꾸시오.
(단, p, q는 상수이고, $k\neq0$이다.)

(1) $y=\frac{3x-2}{x-1}$　　　(2) $y=-\frac{2x-3}{x+1}$

(1) $y=\frac{3x-2}{x-1}=\frac{3(x-1)+1}{x-1}=\frac{1}{x-1}+3$

(2) $y=-\frac{2x-3}{x+1}=\frac{-2x+3}{x+1}=\frac{-2(x+1)+5}{x+1}=\frac{5}{x+1}-2$

답 (1) $y=\frac{1}{x-1}+3$　(2) $y=\frac{5}{x+1}-2$

4. 무리식

7

▶ 25739-0325

다음 무리식의 값이 실수가 되도록 하는 실수 x의 값의 범위를 구하시오.

(1) $\sqrt{x-2}$　　　(2) $\sqrt{3x+4}$

(3) $\frac{1}{\sqrt{x+4}}$　　　(4) $\frac{1}{\sqrt{x-2}}+\frac{1}{\sqrt{5-x}}$

(1) $x-2\geq0$에서 $x\geq2$

(2) $3x+4\geq0$에서 $3x\geq-4$, $x\geq-\frac{4}{3}$

(3) $x+4>0$에서 $x>-4$

(4) $x-2>0$이고 $5-x>0$에서 $2<x<5$

답 (1) $x\geq2$　(2) $x\geq-\frac{4}{3}$　(3) $x>-4$　(4) $2<x<5$

8

▶ 25739-0326

다음 식의 분모를 유리화하시오.

(1) $\frac{1}{\sqrt{x+1}+\sqrt{x-1}}$　　　(2) $\frac{4}{\sqrt{x+4}-2}$

(1) $$\frac{1}{\sqrt{x+1}+\sqrt{x-1}}=\frac{\sqrt{x+1}-\sqrt{x-1}}{(\sqrt{x+1}+\sqrt{x-1})(\sqrt{x+1}-\sqrt{x-1})}=\frac{\sqrt{x+1}-\sqrt{x-1}}{(x+1)-(x-1)}=\frac{\sqrt{x+1}-\sqrt{x-1}}{2}$$

(2) $$\frac{4}{\sqrt{x+4}-2}=\frac{4(\sqrt{x+4}+2)}{(\sqrt{x+4}-2)(\sqrt{x+4}+2)}=\frac{4(\sqrt{x+4}+2)}{x}$$

답 (1) $\frac{\sqrt{x+1}-\sqrt{x-1}}{2}$　(2) $\frac{4(\sqrt{x+4}+2)}{x}$

9

▶ 25739-0327

다음 식을 간단히 하시오.

(1) $\frac{2}{\sqrt{x}-1}-\frac{2}{\sqrt{x}+1}$　　　(2) $\frac{1}{\sqrt{x}-\sqrt{y}}+\frac{1}{\sqrt{x}+\sqrt{y}}$

(1) $\frac{2}{\sqrt{x}-1}-\frac{2}{\sqrt{x}+1}=\frac{2(\sqrt{x}+1)-2(\sqrt{x}-1)}{(\sqrt{x}-1)(\sqrt{x}+1)}=\frac{4}{x-1}$

(2) $\frac{1}{\sqrt{x}-\sqrt{y}}+\frac{1}{\sqrt{x}+\sqrt{y}}=\frac{(\sqrt{x}+\sqrt{y})+(\sqrt{x}-\sqrt{y})}{(\sqrt{x}-\sqrt{y})(\sqrt{x}+\sqrt{y})}=\frac{2\sqrt{x}}{x-y}$

답 (1) $\frac{4}{x-1}$　(2) $\frac{2\sqrt{x}}{x-y}$

5. 무리함수

10

▸ 25739-0328

다음 함수의 그래프를 오른쪽 좌표평면에 나타내고 정의역과 치역을 각각 구하시오.

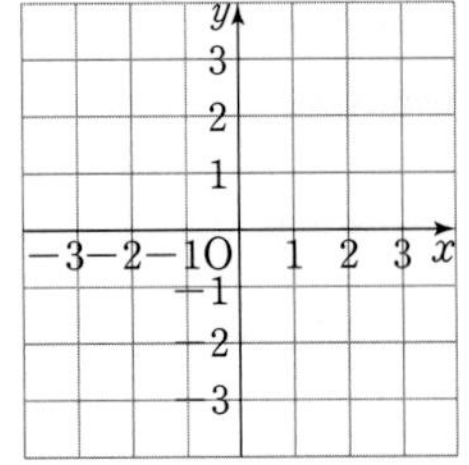

(1) $y=\sqrt{2x}$

(2) $y=\sqrt{-3x}$

(3) $y=-\sqrt{2x}$

(4) $y=-\sqrt{-3x}$

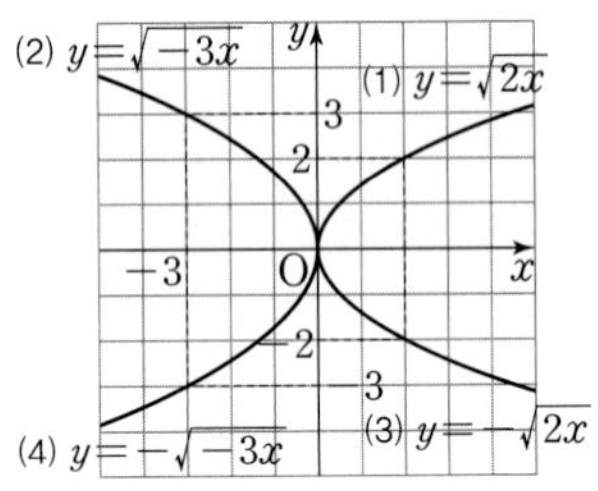

(1) 정의역: $\{x|x\geq 0\}$, 치역: $\{y|y\geq 0\}$

(2) 정의역: $\{x|x\leq 0\}$, 치역: $\{y|y\geq 0\}$

(3) 정의역: $\{x|x\geq 0\}$, 치역: $\{y|y\leq 0\}$

(4) 정의역: $\{x|x\leq 0\}$, 치역: $\{y|y\leq 0\}$

답 풀이 참조

6. 무리함수 $y=\sqrt{a(x-p)}+q$ $(a\neq 0)$의 그래프

11

▸ 25739-0329

다음과 같이 평행이동한 그래프의 식을 구하고 그래프를 그리시오.

(1) 함수 $y=\sqrt{2x}$의 그래프를 x축의 방향으로 2만큼, y축의 방향으로 1만큼 평행이동

(2) 함수 $y=\sqrt{-2x}$의 그래프를 x축의 방향으로 -1만큼, y축의 방향으로 3만큼 평행이동

(1) $y-1=\sqrt{2(x-2)}$에서 $y=\sqrt{2x-4}+1$

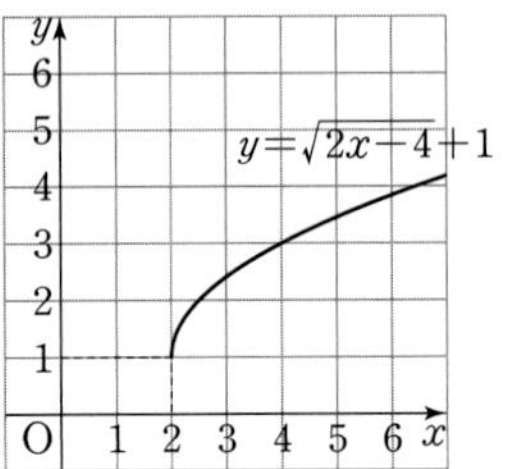

(2) $y-3=\sqrt{-2(x+1)}$에서 $y=\sqrt{-2x-2}+3$

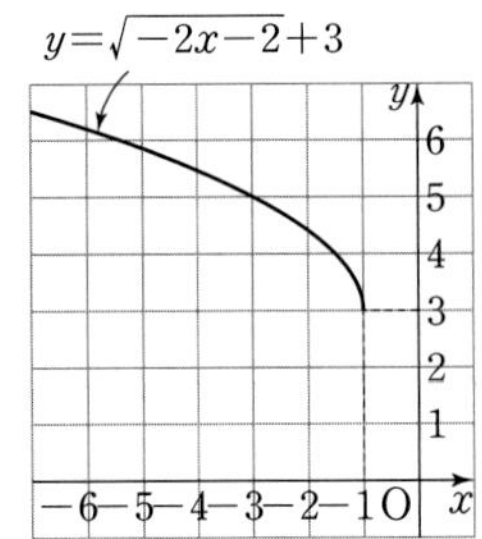

답 (1) $y=\sqrt{2x-4}+1$ (2) $y=\sqrt{-2x-2}+3$
그래프는 풀이 참조

12

▸ 25739-0330

다음 함수의 식을

$$y=\sqrt{a(x-p)}+q \text{ 또는 } y=-\sqrt{a(x-p)}+q$$

의 꼴로 나타내시오. (단, a, p, q는 상수이다.)

(1) $y=\sqrt{-3x+1}-2$　　(2) $y=-\sqrt{2x+4}+5$

(1) $y=\sqrt{-3x+1}-2=\sqrt{-3\left(x-\frac{1}{3}\right)}-2$

(2) $y=-\sqrt{2x+4}+5=-\sqrt{2(x+2)}+5$

답 (1) $y=\sqrt{-3\left(x-\frac{1}{3}\right)}-2$ (2) $y=-\sqrt{2(x+2)}+5$

대표유형 01 유리식의 계산

▸ 25739-0331

다음 식의 분모를 0으로 만들지 않는 모든 실수 x에 대하여 다항식 $f(x)$가 다음 등식을 만족시킬 때, $f(a+b+c)$의 값을 구하시오. (단, a, b, c는 상수이다.)

$$\frac{1}{x-1}-\frac{1}{x}-\frac{1}{x+1}+\frac{1}{x+2}=\frac{f(x)}{x(x+a)(x+b)(x+c)}$$

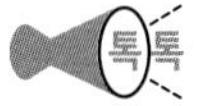

MD의 한마디!

① 좌변을 통분하여 계산합니다.
② ①의 결과와 우변을 비교하여 세 상수 a, b, c의 값과 다항식 $f(x)$를 각각 구합니다.
③ $a+b+c$의 값을 $f(x)$에 대입합니다.

MD's Solution

주어진 식의 좌변을 통분하여 계산하면

$$\frac{1}{x-1}-\frac{1}{x}-\frac{1}{x+1}+\frac{1}{x+2}=\left(\frac{1}{x-1}-\frac{1}{x+1}\right)-\left(\frac{1}{x}-\frac{1}{x+2}\right)$$

→ 네 개의 식을 한꺼번에 통분하기보다는 두 개씩 나누어서 통분하면 계산이 조금 더 쉬워져.

$$=\frac{(x+1)-(x-1)}{(x-1)(x+1)}-\frac{(x+2)-x}{x(x+2)}$$

→ 항을 어떻게 나누느냐에 따라서 계산이 복잡한 정도가 달라질 수 있다는 점을 기억하자.

$$=\frac{2}{(x-1)(x+1)}-\frac{2}{x(x+2)}=\frac{2x(x+2)-2(x-1)(x+1)}{x(x-1)(x+1)(x+2)}$$

$$=\frac{2x^2+4x-2x^2+2}{x(x-1)(x+1)(x+2)}=\frac{4x+2}{x(x-1)(x+1)(x+2)}$$

→ 주어진 식의 우변을 보고 좌변의 분모를 인수분해 된 형태로 계산하면 양변을 비교하기 편해.

따라서 $a+b+c=2$이고 $f(x)=4x+2$이므로

$f(a+b+c)=f(2)=4\times2+2=10$

답 10

유제

01-1

▸ 25739-0332

$x\neq1$인 모든 실수 x에 대하여 다항식 $f(x)$가

$$\frac{a}{x-1}+\frac{x+b}{x^2+x+1}=\frac{f(x)}{x^3-1}$$

를 만족시킨다. $f(0)=3$, $f(-1)=4$일 때, $f(a+b)$의 값을 구하시오. (단, a, b는 상수이다.)

주어진 식의 좌변을 통분하면

$$\frac{a}{x-1}+\frac{x+b}{x^2+x+1}=\frac{a(x^2+x+1)+(x+b)(x-1)}{(x-1)(x^2+x+1)}=\frac{(a+1)x^2+(a+b-1)x+a-b}{x^3-1}$$

이므로 $f(x)=(a+1)x^2+(a+b-1)x+a-b$

$f(0)=a-b=3$ …… ㉠

$f(-1)=(a+1)-(a+b-1)+a-b=a-2b+2=4$에서

$a-2b=2$ …… ㉡

㉠, ㉡을 연립하면 $a=4$, $b=1$

$a+b=5$이고 $f(x)=5x^2+4x+3$이므로 $f(a+b)=f(5)=148$

답 148

01-2

▸ 25739-0333

다음 식의 분모를 0으로 만들지 않는 모든 실수 x에 대하여

$$\frac{6}{x(x+2)}+\frac{6}{(x+2)(x+4)}+\frac{6}{(x+4)(x+6)}+\frac{6}{(x+6)(x+8)}=\frac{a}{x^2+bx}$$

일 때, 두 상수 a, b에 대하여 $a+b$의 값을 구하시오.

주어진 등식의 좌변을 간단히 하면

$$\frac{6}{x(x+2)}+\frac{6}{(x+2)(x+4)}+\frac{6}{(x+4)(x+6)}+\frac{6}{(x+6)(x+8)}$$

$$=6\times\frac{1}{2}\times\left(\frac{1}{x}-\frac{1}{x+2}+\frac{1}{x+2}-\frac{1}{x+4}+\frac{1}{x+4}-\frac{1}{x+6}+\frac{1}{x+6}-\frac{1}{x+8}\right)$$

$$=3\left(\frac{1}{x}-\frac{1}{x+8}\right)=\frac{24}{x^2+8x}$$

따라서 $a=24$, $b=8$이므로 $a+b=32$

답 32

대표유형 02 유리함수의 식 구하기

▸ 25739-0334

함수 $y=\frac{ax+b}{x+c}$의 그래프가 그림과 같고 점 $(1, 0)$을 지날 때, 세 상수 a, b, c에 대하여 $3a+2b+c$의 값을 구하시오.

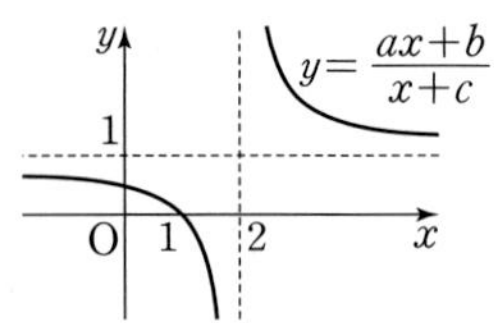

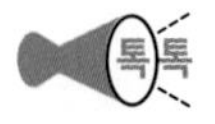

MD의 한마디!

주어진 유리함수의 그래프를 보고
① x축, y축과 평행한 두 점근선의 방정식을 구합니다.
② 그래프가 지나는 점의 좌표를 유리함수의 식에 대입하여 유리함수의 식을 구합니다.

MD's Solution

주어진 유리함수의 그래프와 두 점근선의 방정식이 각각 $x=2$, $y=1$이므로

$y=\frac{k}{x-2}+1$ $(k>0)$으로 놓을 수 있다. → 두 점근선이 주어지면 유리함수의 식을 이렇게 표현할 수 있어.

함수 $y=\frac{k}{x-2}+1$의 그래프가 점 $(1, 0)$을 지나므로

$0=\frac{k}{-1}+1$에서 $k=1$

즉, $y=\frac{1}{x-2}+1=\frac{x-1}{x-2}$ → 유리함수를 문제에서 주어진 식과 같이 변형하여 세 상수의 값을 구해.

이므로 $a=1$, $b=-1$, $c=-2$

따라서 $3a+2b+c=-1$

답 -1

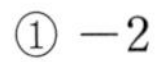

유제

02-1

▸ 25739-0335

함수 $y=\frac{c}{x+a}+b$의 그래프가 그림과 같고 두 점 $(2, 0)$, $(0, k)$를 지날 때, 상수 k의 값은? (단, a, b, c는 상수이다.)

① -2 ② -4
③ -6 ④ -8
⑤ -10

주어진 함수의 그래프의 두 점근선이 각각 $x=-1$, $y=2$이므로 $a=1$, $b=2$라 놓을 수 있다.

또 함수 $f(x)=\frac{c}{x+1}+2$의 그래프가 점 $(2, 0)$을 지나므로

$\frac{c}{2+1}+2=0$에서 $c=-2\times3$, $c=-6$

따라서 함수 $y=-\frac{6}{x+1}+2$의 그래프가 점 $(0, k)$를 지나므로

$k=-6+2=-4$

답 ②

02-2

▸ 25739-0336

두 상수 a, b에 대하여 함수 $y=\frac{4x+a}{x+b}$의 그래프가 다음 조건을 만족시킨다.

> (가) 두 점근선이 만나는 점은 직선 $y=-2x$ 위에 있다.
> (나) 점 $(1, 2)$를 지난다.

$a+b$의 값을 구하시오. (단, $a\neq4b$)

조건 (가)에 의하여 두 점근선이 만나는 점을 $(p, -2p)$라 하면 두 점근선의 방정식은 $x=p$, $y=-2p$

주어진 함수를 $y=\frac{k}{x-p}-2p$ $(k\neq0)$이라 하면

$y=\frac{-2px+2p^2+k}{x-p}$에서 $-2p=4$, $p=-2$

즉, 함수 $y=\frac{k}{x+2}+4$의 그래프가 점 $(1, 2)$를 지나므로

$2=\frac{k}{3}+4$, $k=-6$에서 $y=\frac{-6}{x+2}+4=\frac{-6+4(x+2)}{x+2}=\frac{4x+2}{x+2}$

따라서 $a=2$, $b=2$이므로 $a+b=4$

답 4

대표유형 03 유리함수의 그래프의 대칭성

▸ 25739-0337

함수 $y=\dfrac{ax-b}{x-c}$의 그래프가 점 $(4,\ 3)$에 대하여 대칭이고 점 $(3,\ 2)$를 지날 때, 세 상수 a, b, c에 대하여 $a+b+c$의 값을 구하시오. (단, $ac\neq b$)

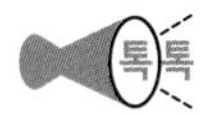

MD의 한마디!

유리함수의 그래프는

① 두 점근선의 교점에 대하여 대칭임을 이용하여 점근선의 방정식을 구합니다.

② ①에서 구한 점근선의 방정식과 점 (3, 2)를 지나는 것을 이용하여 세 상수 a, b, c의 값을 구합니다.

MD's Solution

주어진 함수의 그래프가 점 (4, 3)에 대하여 대칭이므로 이 함수의 점근선은 $x=4$, $y=3$이다.

↳ 대칭이 되는 점은 두 점근선의 교점이야.

즉 $y=\dfrac{k}{x-4}+3$으로 놓을 수 있다.

↳ 점근선을 알면 유리함수의 식을 간단하게 세울 수 있어.

또 이 함수의 그래프가 점 (3, 2)를 지나므로

$2=\dfrac{k}{3-4}+3$, $2=-k+3$, $k=1$

↳ 함수의 그래프가 지나는 점의 좌표를 함수의 식에 대입하면 등식이 성립해.

따라서 주어진 함수를 식으로 나타내면 $y=\dfrac{1}{x-4}+3$이고

$y=\dfrac{1+3(x-4)}{x-4}=\dfrac{3x-11}{x-4}$이므로

$a=3$, $b=11$, $c=4$이고 $a+b+c=18$

답 18

[참고] $y=\dfrac{ax-b}{x-c}$의 그래프의 점근선이 $x=c$, $y=a$임을 이용한다면 좀 더 간단한 과정으로 풀 수 있다.

유제

03-1

▸ 25739-0338

함수 $y=\dfrac{2x-5}{x-4}$의 그래프가 점 $(a,\ b)$에 대하여 대칭일 때, $a+b$의 값은?

① 5 ② 6 ③ 7 ④ 8 ⑤ 9

$y=\dfrac{2x-5}{x-4}=\dfrac{2(x-4)+3}{x-4}=\dfrac{3}{x-4}+2$이므로

함수 $y=\dfrac{2x-5}{x-4}$의 그래프의 점근선은 $x=4$, $y=2$이다.

즉, 함수 $y=\dfrac{2x-5}{x-4}$의 그래프는 두 점근선의 교점 $(4,\ 2)$에 대하여 대칭이므로

$a=4$, $b=2$

따라서 $a+b=6$

답 ②

03-2

▸ 25739-0339

함수 $y=\dfrac{ax+1}{x-b}$의 그래프가 두 점 $(2,\ -5)$, $(4,\ 9)$를 지나고 직선 $y=-x+k$에 대하여 대칭일 때, 상수 k의 값을 구하시오. (단, a, b는 상수이고 $ab\neq-1$이다.)

함수 $y=\dfrac{ax+1}{x-b}$의 그래프가 두 점 $(2,\ -5)$, $(4,\ 9)$를 지나므로

$-5=\dfrac{2a+1}{2-b}$에서 $-10+5b=2a+1$

$2a-5b=-11$ …… ㉠

$9=\dfrac{4a+1}{4-b}$에서 $36-9b=4a+1$

$4a+9b=35$ …… ㉡

㉠, ㉡을 연립하면 $a=2$, $b=3$

함수 $y=\dfrac{2x+1}{x-3}$의 그래프의 두 점근선은 $x=3$, $y=2$이므로

직선 $y=-x+k$는 점 $(3,\ 2)$를 지난다.

따라서 $2=-3+k$, $k=5$

답 5

대표유형 04 유리함수의 역함수

▸ 25739-0340

함수 $f(x)$의 역함수가 $f^{-1}(x)=\frac{2}{x-1}+3$일 때, 함수 $y=f(x)$의 그래프는 두 직선 $y=x+p$, $y=-x+q$에 대하여 대칭이다. $p+q$의 값을 구하시오. (단, p, q는 상수이다.)

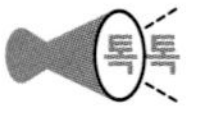

MD의 한마디!

① $(f^{-1})^{-1}(x)=f(x)$임을 이용하여 역함수의 역함수를 구한 후 이를 함수 f와 비교합니다.
② 함수 $y=f(x)$의 그래프의 두 점근선의 교점을 구합니다.
③ ②에서 구한 교점이 두 직선 $y=x+p$, $y=-x+q$ 위의 점임을 이용하여 p, q의 값을 구합니다.

MD's Solution

→ 역함수의 역함수는 원래 함수와 같음을 이용하면 주어진 함수의 역함수를 구하는 것보다 편리해.

$(f^{-1})^{-1}(x)=f(x)$이므로 함수 $f^{-1}(x)=\frac{2}{x-1}+3$의 역함수를 구하면

$y=\frac{2}{x-1}+3$, $(y-3)(x-1)=2$, $x=\frac{2}{y-3}+1$이므로 x와 y를 서로 바꾸면 $y=\frac{2}{x-3}+1$

→ 역함수는 주어진 함수식을 y에 대하여 정리한 후 x와 y를 서로 바꾸면 돼.

$f(x)=\frac{2}{x-3}+1$

→ $y=\frac{k}{x-p}+q$의 그래프의 점근선은 $x=p$, $y=q$야.

한편 함수 $y=f(x)$의 그래프의 두 점근선은 $x=3$, $y=1$이므로

함수 $y=f(x)$의 그래프는 점 $(3, 1)$을 지나고 기울기가 각각 -1, 1인 직선에 대하여 대칭이다.

즉, 점 $(3, 1)$은 두 직선 $y=x+p$, $y=-x+q$ 위의 점이므로

$1=3+p$에서 $p=-2$이고 $1=-3+q$에서 $q=4$

따라서 $p+q=(-2)+4=2$

답 2

[참고] 함수 $y=f^{-1}(x)$의 그래프의 두 점근선을 찾은 후 직선 $y=x$에 대하여 대칭이동시켜 함수 $y=f(x)$를 구할 수도 있다.

유제

04-1

▸ 25739-0341

함수 $f(x)=\frac{2x}{x-3}$의 역함수 $y=f^{-1}(x)$의 그래프가 점 (p, q)에 대하여 대칭일 때, $p-q$의 값은?

① -5　② -4　③ -3
④ -2　⑤ -1

$y=\frac{2x}{x-3}$에서 x를 y에 대한 식으로 나타내면

$y(x-3)=2x$, $(y-2)x=3y$, $x=\frac{3y}{y-2}$

x와 y를 서로 바꾸면 $y=\frac{3x}{x-2}=\frac{3(x-2)+6}{x-2}=\frac{6}{x-2}+3$

즉, $f^{-1}(x)=\frac{6}{x-2}+3$

함수 $y=f^{-1}(x)$의 그래프의 점근선은 $x=2$, $y=3$이므로 점 $(2, 3)$에 대하여 대칭이다.

따라서 $p=2$, $q=3$이므로 $p-q=-1$

답 ⑤

04-2

▸ 25739-0342

함수 $f(x)=\frac{3x+3}{x-2}$의 그래프를 x축의 방향으로 a만큼, y축의 방향으로 b만큼 평행이동하였더니 함수 $y=f^{-1}(x)$의 그래프와 일치하였다. ab의 값을 구하시오. (단, a, b는 상수이다.)

$y=\frac{3x+3}{x-2}=\frac{9}{x-2}+3$이므로 함수 $y=\frac{3x+3}{x-2}$의 그래프를 x축의 방향으로 a만큼, y축의 방향으로 b만큼 평행이동하면

$y=\frac{9}{x-a-2}+3+b$　…… ㉠

함수 $y=\frac{3x+3}{x-2}$에서 x를 y에 대한 식으로 나타내면

$y(x-2)=3x+3$, $(y-3)x=2y+3$, $x=\frac{2y+3}{y-3}$

x와 y를 서로 바꾸면 $y=\frac{2x+3}{x-3}$이므로

$f^{-1}(x)=\frac{2x+3}{x-3}=\frac{9}{x-3}+2$　…… ㉡

㉠, ㉡에서 $a+2=3$, $3+b=2$이므로 $a=1$, $b=-1$

따라서 $ab=-1$

답 -1

대표유형 05 유리함수의 그래프와 직선의 위치 관계

▸ 25739-0343

두 집합 $A=\left\{(x,\ y)\,\middle|\,y=\dfrac{2x-7}{x-2}\right\}$, $B=\{(x,\ y)\,|\,y=mx+2\}$에 대하여 $n(A\cap B)=1$이 되도록 하는 상수 m의 값을 구하시오. (단, $m\neq0$)

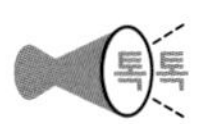

MD의 한마디!

① $n(A\cap B)=1$은 함수 $y=\dfrac{2x-7}{x-2}$의 그래프와 직선 $y=mx+2$가 한 점에서 만난다는 의미입니다.

② 방정식 $\dfrac{2x-7}{x-2}=mx+2$가 오직 하나의 실근을 갖게 되는 조건을 이용하여 m의 값을 구합니다.

MD's Solution

→ $(x,y)\in A$이고 $(x,y)\in B$인 (x,y)가 단 하나만 존재한다는 의미이지.

$n(A\cap B)=1$이므로

→ $y=\dfrac{2x-7}{x-2}$과 $y=mx+2$를 동시에 만족시키는 (x,y)가 단 하나만 존재한다는 것은 교점이 한 개라는 의미와 같아.

함수 $y=\dfrac{2x-7}{x-2}$의 그래프와 직선 $y=mx+2$가 오직 한 점에서만 만난다.

$\dfrac{2x-7}{x-2}=mx+2$에서 $2x-7=(mx+2)(x-2)$, $mx^2-2mx+3=0$

$m\neq0$이므로 이차방정식 $mx^2-2mx+3=0$의 판별식을 D라 하면

$\dfrac{D}{4}=m^2-3m=0$에서 $m=3$

→ 만나는 점이 하나라는 것은 이차방정식을 만족시키는 실수 x의 값이 하나라는 뜻이므로 판별식의 값은 0이 되어야 해.

답 3

유제

05-1

▸ 25739-0344

양수 m에 대하여 함수 $y=\dfrac{mx-5}{x+1}$의 그래프와 직선 $y=4(x-1)$이 오직 한 점 $(a,\ b)$에서만 만날 때, $m-a\times b$의 값은?

① 1　　② 2　　③ 3　　④ 4　　⑤ 5

$\dfrac{mx-5}{x+1}=4(x-1)$, 즉 $mx-5=4x^2-4$에서

이차방정식 $4x^2-mx+1=0$의 판별식을 D라 하면

$D=(-m)^2-4\times4=0$에서 $m^2=16$

$m>0$이므로 $m=4$

이차방정식 $4x^2-4x+1=(2x-1)^2=0$에서

$x=\dfrac{1}{2}$이므로 $a=\dfrac{1}{2}$이고

점 $(a,\ b)$는 직선 $y=4(x-1)$ 위의 점이므로

$b=4\times\left(-\dfrac{1}{2}\right)=-2$

따라서 $m-a\times b=4-\dfrac{1}{2}\times(-2)=5$

답 ⑤

05-2

▸ 25739-0345

$2\le x\le4$인 모든 실수 x에 대하여 $ax\le\dfrac{x+2}{x-1}\le bx$가 항상 성립할 때, 실수 a의 최댓값을 M, 실수 b의 최솟값을 m이라 하자. $M+m$의 값을 구하시오.

함수 $y=\dfrac{x+2}{x-1}$는 $x=2$일 때 $y=4$이고, $x=4$일 때 $y=2$이므로 이 함수의 그래프는 두 점 $(2,\ 4)$, $(4,\ 2)$를 지난다.

또, 두 직선 $y=ax$, $y=bx$는 a, b의 값에 관계없이 항상 원점을 지난다.

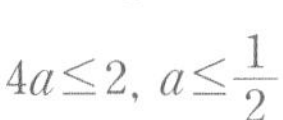

(i) $ax\le\dfrac{x+2}{x-1}$가 성립하는 경우

$4a\le2$, $a\le\dfrac{1}{2}$

따라서 $M=\dfrac{1}{2}$

(ii) $\dfrac{x+2}{x-1}\le bx$가 성립하는 경우

$2b\ge4$, $b\ge2$

따라서 $m=2$

(i), (ii)에 의하여 $M+m=\dfrac{1}{2}+2=\dfrac{5}{2}$

답 $\dfrac{5}{2}$

대표유형 06 무리식의 계산

▸ 25739-0346

$x=\sqrt{3}+\sqrt{2}$, $y=\sqrt{3}-\sqrt{2}$일 때, $\dfrac{\sqrt{x}+\sqrt{y}}{\sqrt{x}-\sqrt{y}}$의 값은?

① $\dfrac{\sqrt{6}}{2}-\dfrac{\sqrt{3}}{2}$ ② $\dfrac{\sqrt{6}}{2}-\dfrac{\sqrt{2}}{2}$ ③ $\dfrac{\sqrt{6}}{2}+\dfrac{\sqrt{2}}{2}$ ④ $\dfrac{\sqrt{6}}{2}+\dfrac{\sqrt{3}}{2}$ ⑤ $\sqrt{6}$

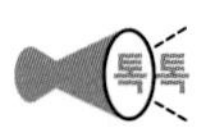

MD의 한마디!

무리식의 값을 구하기 위해서는
① 무리식의 분모를 유리화하여 간단히 정리합니다.
② 주어진 x, y의 값을 대입하여 계산합니다.

MD's Solution

주어진 식을 유리화하면

$$\frac{\sqrt{x}+\sqrt{y}}{\sqrt{x}-\sqrt{y}}=\frac{(\sqrt{x}+\sqrt{y})(\sqrt{x}+\sqrt{y})}{(\sqrt{x}-\sqrt{y})(\sqrt{x}+\sqrt{y})}=\frac{x+y+2\sqrt{xy}}{x-y} \quad \cdots\cdots \text{㉠}$$

$x+y$, $x-y$, xy를 각각 구하면

$x+y=(\sqrt{3}+\sqrt{2})+(\sqrt{3}-\sqrt{2})=2\sqrt{3}$ → x, y의 값을 바로 대입하는 것보다 문제의 상황에 맞게 정리한 값을 대입하는게 편리해.

$x-y=(\sqrt{3}+\sqrt{2})-(\sqrt{3}-\sqrt{2})=2\sqrt{2}$

$xy=(\sqrt{3}+\sqrt{2})(\sqrt{3}-\sqrt{2})=3-2=1$

위의 값을 ㉠에 대입하면

$$\frac{x+y+2\sqrt{xy}}{x-y}=\frac{2\sqrt{3}+2}{2\sqrt{2}}=\frac{\sqrt{3}+1}{\sqrt{2}}=\frac{\sqrt{6}}{2}+\frac{\sqrt{2}}{2}$$

답 ③

유제

06-1

▸ 25739-0347

$x=\sqrt{5}+1$일 때, $\dfrac{1}{\sqrt{x}-1}-\dfrac{1}{\sqrt{x}+1}=\dfrac{b\sqrt{5}}{a}$이다. $a+b$의 값은? (단, a와 b는 서로소인 자연수이다.)

① 6 ② 7 ③ 8
④ 9 ⑤ 10

$\dfrac{1}{\sqrt{x}-1}-\dfrac{1}{\sqrt{x}+1}=\dfrac{(\sqrt{x}+1)-(\sqrt{x}-1)}{(\sqrt{x}-1)(\sqrt{x}+1)}=\dfrac{2}{x-1}$

이므로

$\dfrac{2}{x-1}=\dfrac{2}{(\sqrt{5}+1)-1}=\dfrac{2}{\sqrt{5}}=\dfrac{2\sqrt{5}}{5}$에서

$a=5$, $b=2$

따라서 $a+b=7$

답 ②

06-2

▸ 25739-0348

$x+y=\sqrt{2}-1$, $x-y=\sqrt{2}+1$일 때, $\dfrac{\sqrt{x+y}+\sqrt{x-y}}{\sqrt{x+y}-\sqrt{x-y}}$의 값을 구하시오.

$\dfrac{\sqrt{x+y}+\sqrt{x-y}}{\sqrt{x+y}-\sqrt{x-y}}$

$=\dfrac{(\sqrt{x+y}+\sqrt{x-y})(\sqrt{x+y}+\sqrt{x-y})}{(\sqrt{x+y}-\sqrt{x-y})(\sqrt{x+y}+\sqrt{x-y})}$

$=\dfrac{(x+y)+(x-y)+2\sqrt{(x-y)(x+y)}}{(x+y)-(x-y)}$ ⋯⋯ ㉠

$x+y=\sqrt{2}-1$, $x-y=\sqrt{2}+1$을 ㉠에 대입하면

$\dfrac{(\sqrt{2}-1)+(\sqrt{2}+1)+2\sqrt{(\sqrt{2}-1)(\sqrt{2}+1)}}{(\sqrt{2}-1)-(\sqrt{2}+1)}$

$=\dfrac{2\sqrt{2}+2}{-2}=-\sqrt{2}-1$

답 $-\sqrt{2}-1$

대표유형 07 무리함수의 식 구하기

▸ 25739-0349

그림과 같이 함수 $y=\sqrt{a(x-1)}+b$의 그래프가 두 점 $\left(-\frac{1}{3}, 0\right)$, $(1, -2)$를 지날 때, 두 상수 a, b에 대하여 $a\times b$의 값을 구하시오.

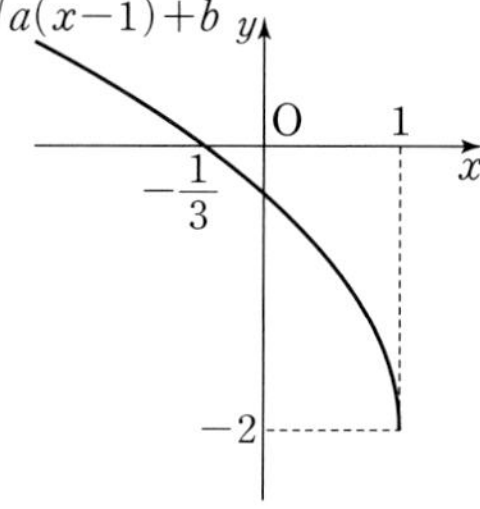

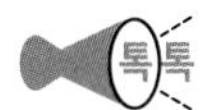

MD의 한마디!

주어진 무리함수의 그래프는

① $y=\sqrt{ax}$의 그래프를 x축의 방향과 y축의 방향으로 얼마만큼 평행이동한 것인지를 구합니다.

② 그래프가 점 $\left(-\frac{1}{3}, 0\right)$을 지난다는 것을 이용합니다.

MD's Solution

주어진 함수의 그래프는 함수 $y=\sqrt{ax}$의 그래프를 x축의 방향으로 1만큼, y축의 방향으로 −2만큼 평행이동한 것이다.

↳주어진 그래프가 함수 $y=\sqrt{ax}$의 그래프를 얼마만큼 평행이동한 것인지 알아야 해.

$y=\sqrt{a(x-1)}-2$이므로

$b=-2$

주어진 함수의 그래프가 점 $\left(-\frac{1}{3}, 0\right)$을 지나므로

$0=\sqrt{a\left(-\frac{1}{3}-1\right)}-2$, $-\frac{4}{3}a=4$

$a=-3$

따라서 $a\times b=(-3)\times(-2)=6$

답 6

유제

07-1

▸ 25739-0350

정의역이 $\{x|x\geq 3\}$이고 치역이 $\{y|y\leq 4\}$인 함수 $y=-\sqrt{ax-b}+c$의 그래프가 점 $(a, 4-\sqrt{10})$을 지날 때, $a+b+c$의 값을 구하시오. (단, a, b, c는 양수이다.)

함수 $y=-\sqrt{ax-b}+c$의 정의역은 $\{x|x\geq 3\}$이고

$ax-b\geq 0$에서 $x\geq\frac{b}{a}$이므로 $\frac{b}{a}=3$, 즉 $b=3a$

또, 함수 $y=-\sqrt{ax-b}+c$의 치역이 $\{y|y\leq 4\}$이고

$-\sqrt{ax-b}\leq 0$이므로 $c=4$

한편 점 $(a, 4-\sqrt{10})$을 지나므로

$4-\sqrt{10}=-\sqrt{a^2-3a}+4$, $\sqrt{a^2-3a}=\sqrt{10}$

양변을 제곱하면 $a^2-3a=10$, $(a+2)(a-5)=0$이고

$a>0$이므로 $a=5$, $b=3a=15$이다.

따라서 $a+b+c=5+15+4=24$

답 24

07-2

▸ 25739-0351

함수 $y=\sqrt{ax+b}+c$의 그래프가 그림과 같고 점 $(0, 3)$을 지난다. 이차함수 $y=cx^2+ax+b$의 그래프의 꼭짓점의 좌표를 (p, q)라 할 때, $p+q$의 값을 구하시오. (단, a, b, c는 상수이다.)

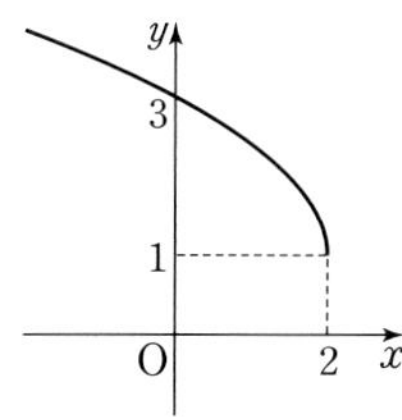

주어진 함수의 그래프는 $y=\sqrt{ax}$ $(a<0)$의 그래프를 x축의 방향으로 2만큼, y축의 방향으로 1만큼 평행이동한 것이다.

$y=\sqrt{a(x-2)}+1$이므로 $b=-2a$, $c=1$

한편 함수 $y=\sqrt{a(x-2)}+1$의 그래프가 점 $(0, 3)$을 지나므로

$3=\sqrt{-2a}+1$, $\sqrt{-2a}=2$, $a=-2$이고 $b=4$

이차함수 $y=x^2-2x+4=(x-1)^2+3$의 그래프의 꼭짓점의 좌표는 $(1, 3)$이다.

따라서 $p=1$, $q=3$이므로 $p+q=4$

답 4

대표유형 08 무리함수의 최댓값과 최솟값

▶ 25739-0352

$-2\le x\le 4$에서 함수 $y=\sqrt{-2x+a}+1$의 최댓값을 M, 최솟값을 3이라 할 때, 두 상수 a, M에 대하여 $a+M$의 값을 구하시오. (단, $a\ge 8$)

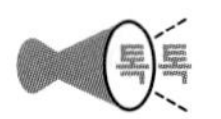

MD의 한마디!

제한된 범위에서 함수의 최댓값과 최솟값을 구하기 위해서는
① 주어진 범위에 대하여 함수의 그래프를 그립니다.
② 무리함수의 그래프를 통해 함수가 최대가 되는 x의 값과 최소가 되는 x의 값을 구합니다.

MD's Solution

$y=\sqrt{-2x+a}+1=\sqrt{-2\left(x-\frac{a}{2}\right)}+1$ 이므로

↳ 그래프를 그리기 위해서는 평행이동에 대한 정보를 얻는 것이 편리해.

함수 $y=\sqrt{-2x+a}+1$의 그래프는 함수 $y=\sqrt{-2x}$의 그래프를 x축의 방향으로 $\frac{a}{2}$ 만큼, y축의 방향으로 1만큼 평행이동한 것이다.

$-2\le x\le 4$에서 함수 $y=\sqrt{-2x+a}+1$의 그래프는 다음과 같다.

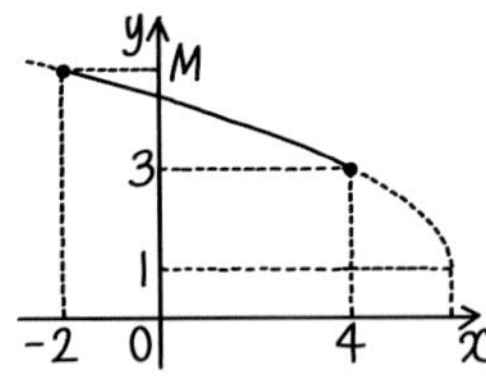

→ 그래프를 제한된 범위에 대해서 정확하게 그리면 함수가 최댓값을 가질 때와 최솟값을 가질 때를 분명하게 파악할 수 있어.

따라서 주어진 함수는 $x=-2$에서 최댓값 M을 갖고 $x=4$에서 최솟값 3을 갖는다.

$3=\sqrt{-2\times4+a}+1$에서 $\sqrt{a-8}=2$, $a-8=4$, $a=12$

즉, $y=\sqrt{-2x+12}+1$이므로

$M=\sqrt{-2\times(-2)+12}+1=5$

따라서 $a+M=12+5=17$

답 17

유제

08-1

▸ 25739-0353

정의역이 $\{x|-19\le x\le 2\}$인 함수 $y=-\sqrt{-x+a}+6$의 최댓값이 4일 때, 이 함수의 최솟값은? (단, $a\ge 2$)

① -2 ② -1 ③ 0
④ 1 ⑤ 2

$y=-\sqrt{-x+a}+6=-\sqrt{-(x-a)}+6$이므로 함수 $y=-\sqrt{-x+a}+6$의 그래프는 함수 $y=-\sqrt{-x}$의 그래프를 x축의 방향으로 a만큼, y축의 방향으로 6만큼 평행이동한 것이다.
$-19\le x\le 2$에서 함수 $y=-\sqrt{-x+a}+6$의 그래프는 다음과 같다.

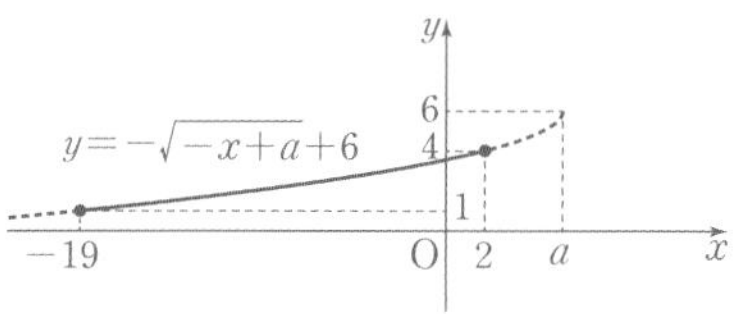

따라서 주어진 함수는 $x=2$에서 최대이고 최댓값이 4이므로
$-\sqrt{-2+a}+6=4$, 즉 $\sqrt{-2+a}=2$에서 $a=6$
따라서 주어진 함수는 $x=-19$에서 최소이고 최솟값은
$-\sqrt{-(-19)+6}+6=1$

답 ④

08-2

▸ 25739-0354

정의역이 $\{x|a\le x\le b\}$인 함수 $y=\sqrt{-2x+21}+1$의 치역이 $\{y|2\le y\le 6\}$일 때, 두 상수 a, b에 대하여 $b-a$의 값을 구하시오.

$y=\sqrt{-2x+21}+1=\sqrt{-2\left(x-\frac{21}{2}\right)}+1$이므로 함수 $y=\sqrt{-2x+21}+1$의 그래프는 함수 $y=\sqrt{-2x}$의 그래프를 x축의 방향으로 $\frac{21}{2}$만큼, y축의 방향으로 1만큼 평행이동한 것이다.
함수 $y=\sqrt{-2x+21}+1$의 그래프는 다음과 같다.

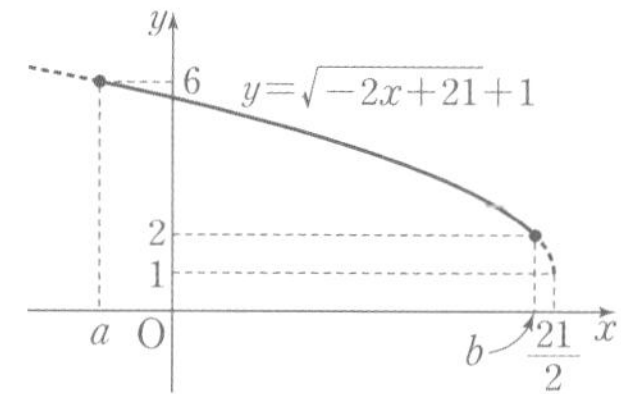

$a\le x\le b$일 때,
함수 $y=\sqrt{-2x+21}+1$은 $x=a$에서 최댓값, $x=b$에서 최솟값을 갖는다.
$x=a$에서 최대이고, 최댓값이 6이므로
$6=\sqrt{-2a+21}+1$에서
$\sqrt{-2a+21}=5$, $-2a+21=25$
$-2a=4$, $a=-2$
$x=b$에서 최소이고 최솟값이 2이므로
$2=\sqrt{-2b+21}+1$에서
$\sqrt{-2b+21}=1$, $-2b+21=1$
$-2b=-20$, $b=10$
따라서 $b-a=10-(-2)=12$

답 12

대표유형 09 무리함수의 역함수

▸ 25739-0355

무리함수 $f(x)=\sqrt{ax+b}+1$의 그래프와 $f(x)$의 역함수 $y=f^{-1}(x)$의 그래프가 원 $x^2+y^2-4x-6y+9=0$의 중심에서 만날 때, $f(-2)$의 값을 구하시오. (단, a, b는 상수이다.)

MD의 한마디! 톡톡

함숫값을 구하기 위해서는 함수의 식을 먼저 완성해야 합니다.
① 주어진 원의 방정식에서 중심의 좌표를 구합니다.
② 두 함수 $y=f(x)$, $y=f^{-1}(x)$의 그래프가 모두 원의 중심을 지난다는 조건을 이용하여 a, b의 값을 구합니다.
③ $x=-2$를 함수 $f(x)$의 식에 대입하여 $f(-2)$의 값을 구합니다.

MD's Solution

원의 방정식 $x^2+y^2-4x-6y+9=0$을 정리하면
$(x-2)^2+(y-3)^2=4$이므로 원의 중심의 좌표는 $(2, 3)$이다.
↳ 원의 중심의 좌표를 구하기 위해서 주어진 원의 방정식을 중심의 좌표를 알 수 있는 형태로 변형하자.
두 함수 $y=f(x)$와 $y=f^{-1}(x)$의 그래프가 점 $(2, 3)$에서 만나므로
$f(2)=3$에서 $\sqrt{2a+b}+1=3$, $\sqrt{2a+b}=2$, $2a+b=4$ …… ㉠
$f^{-1}(2)=3$에서 $f(3)=2$이므로
↳ $f^{-1}(b)=a$이면 $f(a)=b$가 성립한다는 것은 역함수 관계에서 매우 중요해.
$\sqrt{3a+b}+1=2$, $\sqrt{3a+b}=1$, $3a+b=1$ …… ㉡
㉠, ㉡을 연립하면 $a=-3$, $b=10$
즉, $f(x)=\sqrt{-3x+10}+1$이므로 $f(-2)=\sqrt{16}+1=5$

답 5

유제

09-1

▸ 25739-0356

무리함수 $y=-\sqrt{ax-3}+b$의 역함수의 정의역이 $\{x|x\le3\}$, 치역이 $\{y|y\le-2\}$일 때, 두 상수 a, b에 대하여 $a+b$의 값을 구하시오. (단, $a\ne0$)

역함수의 치역이 $\{y|y\le-2\}$이므로
주어진 무리함수의 정의역은 $\{x|x\le-2\}$이다.
$ax-3\ge0$에서 $a<0$이고
$\frac{3}{a}=-2$, $a=-\frac{3}{2}$
역함수의 정의역이 $\{x|x\le3\}$이므로
주어진 무리함수의 치역은 $\{y|y\le3\}$이고
$-\sqrt{ax-3}\le0$에서 $b=3$
따라서 $a+b=-\frac{3}{2}+3=\frac{3}{2}$

답 $\frac{3}{2}$

09-2

▸ 25739-0357

함수 $f(x)=\sqrt{-ax+b}-c$의 역함수 $y=f^{-1}(x)$의 그래프가 오른쪽 그림과 같을 때, $a+b+c$의 값은?
(단, a, b, c는 상수이고, $f^{-1}(3)=0$이다.)

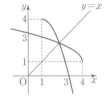

① 1 ② 2
③ 3 ④ 4
⑤ 5

함수 $y=f^{-1}(x)$의 그래프를 직선 $y=x$에 대하여 대칭이동시키면 그림과 같다.
즉, 함수 $f(x)=\sqrt{-ax+b}-c$의 그래프는 함수 $y=\sqrt{-ax}$의 그래프를 x축의 방향으로 4만큼, y축의 방향으로 1만큼 평행이동시킨 것이므로 $f(x)=\sqrt{-a(x-4)}+1$
또 함수 $f(x)=\sqrt{-a(x-4)}+1$의 그래프가 점 $(0, 3)$을 지나므로 $3=\sqrt{4a}+1$에서 $2=\sqrt{4a}$, $a=1$
따라서 $f(x)=\sqrt{-x+4}+1$에서 $a=1$, $b=4$, $c=-1$이므로
$a+b+c=4$

답 ④

대표유형 10 무리함수의 그래프와 직선의 위치 관계

▸ 25739-0358

실수 k에 대하여 함수 $y=\sqrt{3x-6}+1$의 그래프와 직선 $y=x+k$가 만나는 점의 개수를 $f(k)$라 할 때, $f(-2)+f(-1)+f\left(-\frac{1}{2}\right)+f(0)$의 값을 구하시오.

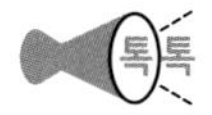

MD의 한마디!

① 함수 $y=\sqrt{3x-6}+1$의 그래프를 좌표평면에 그린 후
② 직선 $y=x+k$에서 k의 값이 달라짐에 따라 기울기가 1인 직선과의 교점의 개수를 파악합니다.
③ 교점의 개수에 따라 $f(k)$를 구합니다.

MD's Solution

함수 $f(x)=\sqrt{3x-6}+1$의 그래프가 직선 $y=x+k$와 서로 다른 두 점에서 만나기 위해서는 실수 k의 값이 직선 $y=x+k$가 점 $(2, 1)$을 지날 때의 k의 값보다 크거나 같고 함수 $f(x)=\sqrt{3x-6}+1$의 그래프와 접할 때의 k의 값보다 작아야 한다.

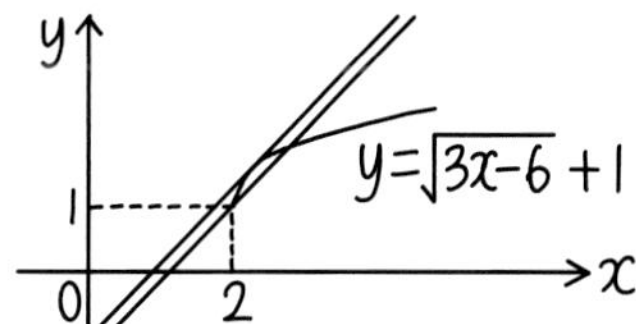

→ 무리함수의 그래프와 직선의 위치 관계를 찾기 위해서는 반드시 좌표평면에 무리함수의 그래프와 직선을 그려봐야 해.

(i) 직선 $y=x+k$가 점 $(2, 1)$을 지날 때,
$1=2+k$에서 $k=-1$

(ii) 직선 $y=x+k$가 함수 $f(x)=\sqrt{3x-6}+1$의 그래프와 접할 때,
$x+k=\sqrt{3x-6}+1$에서 $x+k-1=\sqrt{3x-6}$
양변을 제곱하면
$(x+k-1)^2=3x-6$
$x^2+2(k-1)x+(k-1)^2=3x-6$
$x^2+(2k-5)x+k^2-2k+7=0$
이 이차방정식의 판별식을 D라 하면
$D=(2k-5)^2-4k^2+8k-28=0$에서
$-12k-3=0$, $k=-\frac{1}{4}$

→ 등호가 포함되는지의 여부를 꼼꼼히 확인해야 해.

(i), (ii)에 의하여 $k<-1$ 또는 $k=-\frac{1}{4}$일 때 $f(k)=1$이고, $-1\le k<-\frac{1}{4}$일 때 $f(k)=2$, $k>-\frac{1}{4}$일 때 $f(k)=0$

따라서 $f(-2)+f(-1)+f\left(-\frac{1}{2}\right)+f(0)=1+2+2+0=5$

답 5

유제

10-1

▸ 25739-0359

두 집합

$A=\{(x, y) \mid y=\sqrt{x-2}+1\}$

$B=\{(x, y) \mid y=x+k\}$

에 대하여 $A\cap B\neq\varnothing$이 되도록 하는 실수 k의 최댓값은?

① -1 ② $-\frac{3}{4}$ ③ $-\frac{1}{2}$

④ $-\frac{1}{4}$ ⑤ 0

$A\cap B\neq\varnothing$은 함수 $y=\sqrt{x-2}+1$의 그래프와 직선 $y=x+k$의 교점이 존재한다는 의미이다.

따라서 실수 k의 값은 그림과 같이 직선 $y=x+k$가 함수 $y=\sqrt{x-2}+1$의 그래프에 접할 때의 k의 값보다 작거나 같아야 한다.

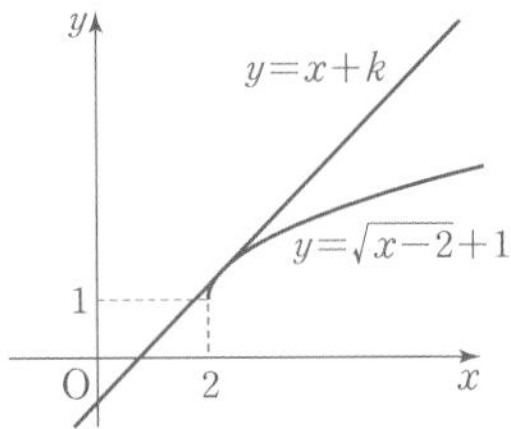

직선 $y=x+k$가 함수 $y=\sqrt{x-2}+1$의 그래프에 접할 때의 k의 값을 구하면

$x+k=\sqrt{x-2}+1$에서

$x+k-1=\sqrt{x-2}$

양변을 제곱하면

$(x+k-1)^2=x-2$

$x^2+(2k-3)x+(k^2-2k+3)=0$

이 이차방정식의 판별식을 D라 하면

$D=(2k-3)^2-4(k^2-2k+3)=0$에서

$-4k-3=0$, $k=-\frac{3}{4}$

따라서 $A\cap B\neq\varnothing$이 되도록 하는 실수 k의 값의 범위는 $k\leq-\frac{3}{4}$이므로 최댓값은 $-\frac{3}{4}$이다.

 ②

10-2

▸ 25739-0360

함수 $f(x)=\sqrt{2x-8}$의 그래프와 직선 $y=mx+1$이 한 점에서 만날 때, 양수 m의 값을 구하시오.

$f(x)=\sqrt{2x-8}=\sqrt{2(x-4)}$이므로 함수 $y=f(x)$의 그래프는 함수 $y=\sqrt{2x}$의 그래프를 x축의 방향으로 4만큼 평행이동한 것이고, 직선 $y=mx+1$은 m의 값에 관계없이 점 $(0, 1)$을 지나는 직선이다.

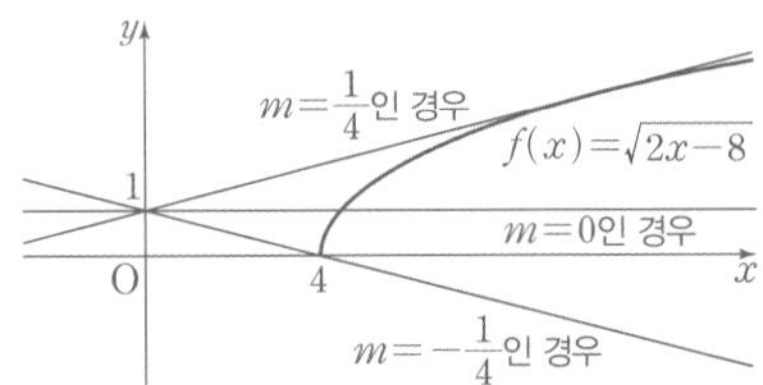

그림과 같이 양수 m에 대하여 직선 $y=mx+1$이 함수 $y=f(x)$의 그래프와 접할 때 한 점에서 만나므로

$\sqrt{2x-8}=mx+1$의 양변을 제곱하면

$2x-8=m^2x^2+2mx+1$

$m^2x^2+2(m-1)x+9=0$

이 이차방정식의 판별식을 D라 하면

$\frac{D}{4}=(m-1)^2-9m^2=-8m^2-2m+1=0$에서

$8m^2+2m-1=0$

$(4m-1)(2m+1)=0$

$m>0$이므로

$m=\frac{1}{4}$

답 $\frac{1}{4}$

실력 완성

단원 마무리

본문 125~128쪽

1
▸ 25739-0361

0이 아닌 세 실수 a, b, c에 대하여 $a+b+c=0$일 때,

$$\left(\frac{b-c}{a}-1\right)\left(\frac{c-a}{b}-1\right)\left(\frac{a-b}{c}-1\right)$$

의 값은?

① 2 ② 4 ③ 6
④ 8 ⑤ 10

답 ④

풀이 구하는 식을 통분하면

$\dfrac{b-c-a}{a}\times\dfrac{c-a-b}{b}\times\dfrac{a-b-c}{c}$이고

$a+b+c=0$에서

$a=-b-c$, $b=-c-a$, $c=-a-b$이므로

$\dfrac{b-c-a}{a}\times\dfrac{c-a-b}{b}\times\dfrac{a-b-c}{c}$

$=\dfrac{b+b}{a}\times\dfrac{c+c}{b}\times\dfrac{a+a}{c}$

$=\dfrac{8abc}{abc}=8$

2
▸ 25739-0362

$\dfrac{2}{x^2+2x}+\dfrac{3}{x^2+7x+10}+\dfrac{4}{x^2+14x+45}$의 값이 $\dfrac{1}{n}$ (n은 자연수)의 꼴이 되도록 하는 자연수 x의 최솟값을 구하시오.

답 3

풀이 주어진 식을 간단히 하면

$\dfrac{2}{x^2+2x}+\dfrac{3}{x^2+7x+10}+\dfrac{4}{x^2+14x+45}$

$=\dfrac{2}{x(x+2)}+\dfrac{3}{(x+2)(x+5)}+\dfrac{4}{(x+5)(x+9)}$

$=\dfrac{1}{x}-\dfrac{1}{x+2}+\dfrac{1}{x+2}-\dfrac{1}{x+5}+\dfrac{1}{x+5}-\dfrac{1}{x+9}$

$=\dfrac{1}{x}-\dfrac{1}{x+9}=\dfrac{9}{x(x+9)}$

$\dfrac{9}{x(x+9)}=\dfrac{1}{n}$에서 $9n=x(x+9)$ (n은 자연수)

$9n$은 9의 배수이므로 $x(x+9)$도 9의 배수이다.

(i) x가 3의 배수가 아닌 경우
x가 3의 배수가 아니면 $x+9$도 3의 배수가 아니므로 주어진 등식이 성립하지 않는다.

(ii) x가 3의 배수인 경우
x가 3의 배수이면 $x+9$도 3의 배수이므로 $x(x+9)$는 9의 배수이다.

따라서 x의 최솟값은 3이다.

3
▸ 25739-0363

정의역이 $\{x|3\le x\le 7\}$인 함수 $f(x)=\dfrac{b}{x-1}+a$의 최댓값이 11, 최솟값이 7일 때, 두 양수 a, b에 대하여 ab의 값은?

① 40 ② 45 ③ 50
④ 55 ⑤ 60

답 ⑤

풀이 b가 양수이므로 함수 $y=f(x)$는 $x=3$에서 최댓값, $x=7$에서 최솟값을 갖는다.

$x=3$일 때 최댓값 11을 가지므로

$\dfrac{b}{2}+a=11$ …… ㉠

$x=7$일 때 최솟값 7을 가지므로

$\dfrac{b}{6}+a=7$ …… ㉡

㉠, ㉡을 연립하여 풀면

$a=5$, $b=12$

따라서 $ab=60$

4
▸ 25739-0364

정의역이 $\left\{x\,\middle|\,x\le -\dfrac{5}{2}\text{ 또는 }x\ge 0\right\}$인 함수

$f(x)=\dfrac{-3x-8}{x+2}$이 있다. 정의역의 원소 k에 대하여 $f(k)$의 값이 정수가 되도록 하는 모든 실수 k의 값의 합은?

① $-\dfrac{73}{6}$ ② $-\dfrac{25}{2}$ ③ $-\dfrac{77}{6}$
④ $-\dfrac{79}{6}$ ⑤ $-\dfrac{27}{2}$

답 ①

풀이 $f(x)=\dfrac{-3x-8}{x+2}=\dfrac{-3(x+2)-2}{x+2}=\dfrac{-2}{x+2}-3$이므로

함수 $y=f(x)$의 그래프는 그림과 같다.

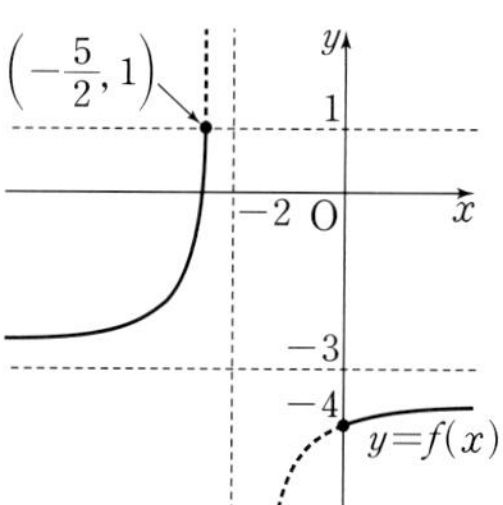

함수 $f(x)$의 정의역이 $\left\{x\,\middle|\,x\le -\dfrac{5}{2}\text{ 또는 }x\ge 0\right\}$이고

$f\left(-\dfrac{5}{2}\right)=1$, $f(0)=-4$이므로 치역은

$\{y|-4\le y<-3\text{ 또는 }-3<y\le 1\}$

따라서 정수인 $f(k)$의 값은 -4, -2, -1, 0, 1이다.

$f(k)=\frac{-3k-8}{k+2}$에서

$kf(k)+2f(k)=-3k-8$

$k=\frac{-2f(k)-8}{f(k)+3}$

이므로 $f(k)$의 값이 각각 -4, -2, -1, 0, 1일 때의 k의 값은

$0,\ -4,\ -3,\ -\frac{8}{3},\ -\frac{5}{2}$

따라서 모든 실수 k의 값의 합은

$0+(-4)+(-3)+\left(-\frac{8}{3}\right)+\left(-\frac{5}{2}\right)=-\frac{73}{6}$

5

▸ 25739-0365

함수 $y=\frac{2x-a}{x-2}$의 그래프가 모든 사분면을 지나도록 하는 정수 a의 최댓값은? (단, $a\neq4$)

① -3 ② -2 ③ -1 ④ 0 ⑤ 1

답 ③

풀이 $y=\frac{2x-a}{x-2}=\frac{2(x-2)-a+4}{x-2}=\frac{4-a}{x-2}+2$이므로 이 함수의 그래프의 두 점근선의 방정식은 $x=2$, $y=2$이다.

(i) $4-a<0$인 경우

그림과 같이 주어진 함수의 그래프가 제3사분면을 지나지 않는다.

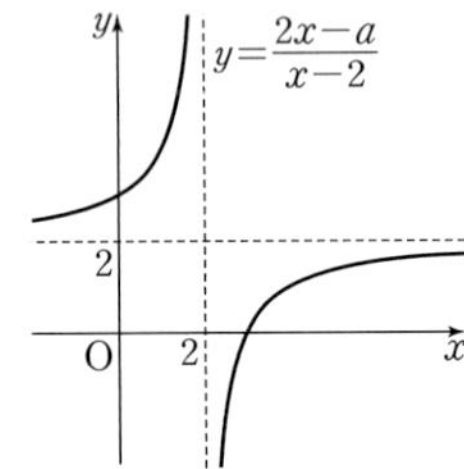

(ii) $4-a>0$인 경우

그림과 같이 주어진 함수의 그래프가 제1, 2, 4사분면을 항상 지나고, 함수의 그래프가 y축과 음의 방향에서 만날 때 제3사분면을 지난다.

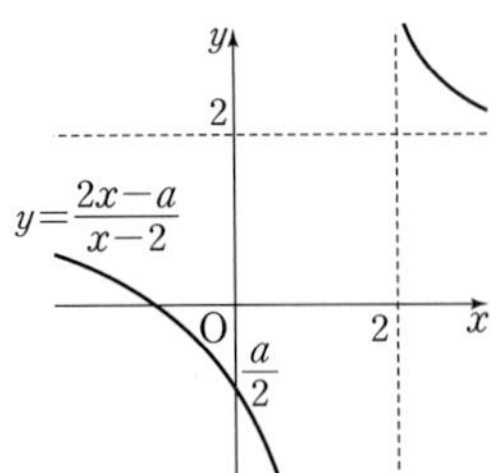

함수 $y=\frac{2x-a}{x-2}$의 그래프가 y축과 만나는 점의 좌표가 $\left(0,\ \frac{a}{2}\right)$이므로 $\frac{a}{2}<0$에서 $a<0$이다.

따라서 두 부등식 $4-a>0$, $a<0$을 동시에 만족시키는 실수 a의 값의 범위는 $a<0$이다.

(i), (ii)에서 구하는 실수 a의 값의 범위는 $a<0$이다.

따라서 구하는 정수 a의 최댓값은 -1이다.

6

| 2022학년도 3월 고2 학력평가 18번 | ▸ 25739-0366

함수 $f(x)=\frac{a}{x}+b\ (a\neq0)$이 다음 조건을 만족시킨다.

> (가) 곡선 $y=|f(x)|$는 직선 $y=2$와 한 점에서만 만난다.
> (나) $f^{-1}(2)=f(2)-1$

$f(8)$의 값은? (단, a, b는 상수이다.)

① $-\frac{1}{2}$ ② $-\frac{1}{4}$ ③ 0 ④ $\frac{1}{4}$ ⑤ $\frac{1}{2}$

답 ①

풀이 조건 (가)에서 곡선 $y=|f(x)|$가 직선 $y=2$와 한 점에서만 만나는 경우는 곡선 $y=f(x)$가 직선 $y=2$와 한 점에서 만나고 곡선 $y=-f(x)$가 직선 $y=2$와 만나지 않는 경우와 곡선 $y=f(x)$가 직선 $y=2$와 만나지 않고 곡선 $y=-f(x)$가 직선 $y=2$와 한 점에서 만나는 경우로 나누어 생각할 수 있다.

또, 곡선 $y=-f(x)$가 직선 $y=2$와 만나는 점의 개수는 곡선 $y=f(x)$가 직선 $y=-2$와 만나는 점의 개수와 같다.

즉, 조건 (가)를 만족시키기 위해서는 곡선 $y=f(x)$가 직선 $y=2$와 만나는 점의 개수와 직선 $y=-2$와 만나는 점의 개수의 합은 1이어야 한다.

곡선 $y=f(x)$가 x축과 평행한 직선과 만나는 점의 개수는 점근선을 제외하면 항상 1이므로 두 직선 $y=2$와 $y=-2$ 중 하나는 곡선 $y=f(x)$의 점근선이다.

한편 곡선 $y=f(x)$의 점근선은 $y=b$이므로

$b=2$ 또는 $b=-2$ …… ㉠

주어진 함수의 역함수를 구하면

$y=\frac{a}{x}+b$에서 $x=\frac{a}{y}+b$이고

이를 y에 대하여 정리하면

$y=\frac{a}{x-b}$, 즉 $f^{-1}(x)=\frac{a}{x-b}$

조건 (나)에서

$\frac{a}{2-b}=\frac{a}{2}+b-1$ …… ㉡

이므로 ㉠에서 $b=-2$

$b=-2$를 ㉡에 대입하면

$\frac{a}{4}=\frac{a}{2}-3,\ a=12$

따라서 $f(x)=\frac{12}{x}-2$이므로

$f(8)=\frac{12}{8}-2=-\frac{1}{2}$

7

▸ 25739-0367

함수 $f(x)=\dfrac{3x+b}{x+a}$가 다음 조건을 만족시킨다.

> (가) 1이 아닌 모든 실수 x에 대하여
> $f^{-1}(x)=f(x-2)-2$이다.
>
> (나) 함수 $y=f(x)$의 그래프를 평행이동하면 함수 $y=\dfrac{6}{x}$의 그래프와 일치한다.

$f(a+b)$의 값을 구하시오. (단, a, b는 $b\neq 3a$인 상수이다.)

답 9

풀이 $f(x)=\dfrac{3x+b}{x+a}=\dfrac{3(x+a)-3a+b}{x+a}=\dfrac{-3a+b}{x+a}+3$

이므로

함수 $y=f(x)$의 그래프의 점근선은 $x=-a$, $y=3$이고 두 점근선의 교점은 $(-a, 3)$

이때 함수 $y=f^{-1}(x)$의 그래프의 두 점근선의 교점은

점 $(-a, 3)$을 직선 $y=x$에 대하여 대칭이동한 점 $(3, -a)$이다.

한편 함수 $y=f(x-2)-2$의 그래프는 함수 $y=f(x)$의 그래프를 x축의 방향으로 2만큼, y축의 방향으로 -2만큼 평행이동한 그래프이므로

두 점근선의 교점은 $(-a+2, 1)$

따라서 $-a+2=3$에서 $a=-1$ …… ㉠

$f(x)=\dfrac{3+b}{x-1}+3$의 그래프를 평행이동하면 함수 $y=\dfrac{6}{x}$의 그래프와 일치하므로

$3+b=6$에서 $b=3$ …… ㉡

㉠, ㉡에서 $f(x)=\dfrac{3x+3}{x-1}$이고 $a+b=2$이므로

$f(2)=9$

8

▸ 25739-0368

함수 $y=\dfrac{2x-1}{x-1}$의 그래프와 직선

$y=mx-m+2$ $(m>1)$이 서로 다른 두 점 A, B에서 만난다. $\overline{AB}=\sqrt{17}$일 때, 상수 m의 값은?

① 3 ② 4 ③ 5
④ 6 ⑤ 7

답 ②

풀이 $y=\dfrac{2x-1}{x-1}=\dfrac{2(x-1)+1}{x-1}=\dfrac{1}{x-1}+2$이므로 함수

$y=\dfrac{2x-1}{x-1}$의 그래프의 두 점근선의 방정식은 $x=1$, $y=2$이고 직선 $y=mx-m+2=m(x-1)+2$는 m의 값에 관계없이 두 점근선의 교점 $(1, 2)$를 지난다.

함수 $y=\dfrac{1}{x-1}+2$의 그래프와 직선 $y=mx-m+2$ $(m>1)$을 각각 x축의 방향으로 -1만큼, y축의 방향으로 -2만큼 평행이동하면 함수 $y=\dfrac{1}{x-1}+2$의 그래프는 함수 $y=\dfrac{1}{x}$의 그래프가 되고 직선 $y=mx-m+2$는 직선 $y=mx$가 된다. 함수 $y=\dfrac{1}{x}$의 그래프와 직선 $y=mx$가 만나는 두 점을 각각 A′, B′이라 하면 $\overline{A'B'}=\overline{AB}=\sqrt{17}$이고 두 점 A′, B′은 원점에 대하여 대칭이므로 점 A′의 좌표를 $\left(a, \dfrac{1}{a}\right)$이라 하면 점 B′의 좌표는 $\left(-a, -\dfrac{1}{a}\right)$이다. 두 점 A′, B′을 지나는 직선의 기울기가 m이므로

$m=\dfrac{\dfrac{1}{a}-\left(-\dfrac{1}{a}\right)}{a-(-a)}=\dfrac{1}{a^2}$ …… ㉠

$\overline{A'B'}=\sqrt{\{a-(-a)\}^2+\left\{\dfrac{1}{a}-\left(-\dfrac{1}{a}\right)\right\}^2}$

$=\sqrt{4a^2+\dfrac{4}{a^2}}=\sqrt{17}$

즉, $4a^2+\dfrac{4}{a^2}=17$ …… ㉡

㉠에서 $a^2=\dfrac{1}{m}$을 ㉡에 대입하면

$\dfrac{4}{m}+4m=17$에서

$4m^2-17m+4=0$

$(4m-1)(m-4)=0$

$m=\dfrac{1}{4}$ 또는 $m=4$

$m>1$이므로 $m=4$

9

▸ 25739-0369

함수 $y=\dfrac{4}{x}$의 그래프가 직선 $y=-x+k$와 제1사분면에서 만나는 서로 다른 두 점을 각각 A, B라 할 때 $\overline{AB}=3\sqrt{2}$이다. 삼각형 OAB의 넓이를 $\dfrac{q}{p}$라 할 때 $p+q$의 값을 구하시오. (단, p와 q는 서로소인 자연수이고, k는 상수, O는 원점이다.)

답 17

풀이 함수 $y=\dfrac{4}{x}$의 그래프는 직선 $y=x$에 대하여 대칭이므로 두 점 A, B도 직선 $y=x$에 대하여 대칭이다.

예를 들어 점 A의 x좌표가 점 B의 x좌표보다 작은 경우 그림과 같다.

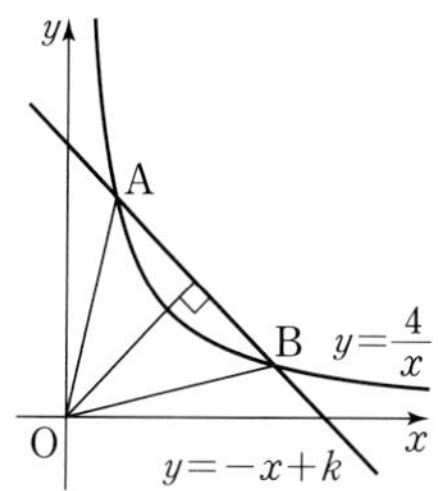

점 A의 좌표를 $\left(a, \frac{4}{a}\right)$ $(a>0)$이라 하면

점 B의 좌표는 $\left(\frac{4}{a}, a\right)$이고

$\overline{AB}=3\sqrt{2}$이므로

$\sqrt{\left(\frac{4}{a}-a\right)^2+\left(a-\frac{4}{a}\right)^2}=3\sqrt{2}$이고

양변을 제곱하면

$\left(\frac{4}{a}-a\right)^2+\left(a-\frac{4}{a}\right)^2=18$, $\left(a-\frac{4}{a}\right)^2=9$

$a-\frac{4}{a}=-3$ 또는 $a-\frac{4}{a}=3$

$a-\frac{4}{a}=-3$에서 $a^2+3a-4=0$, $(a+4)(a-1)=0$

$a>0$이므로 $a=1$

$a-\frac{4}{a}=3$에서 $a^2-3a-4=0$, $(a+1)(a-4)=0$

$a>0$이므로 $a=4$

$a=1$일 때 A(1, 4), B(4, 1)이고

$a=4$일 때 A(4, 1), B(1, 4)

두 점 A, B는 직선 $y=-x+k$ 위의 점이므로

$4=-1+k$에서 $k=5$

원점 O에서 직선 $y=-x+5$까지의 거리를 구하면

$\frac{|0+0-5|}{\sqrt{1^2+1^2}}=\frac{5}{\sqrt{2}}=\frac{5\sqrt{2}}{2}$

따라서 삼각형 OAB의 넓이는

$\frac{1}{2}\times 3\sqrt{2}\times\frac{5\sqrt{2}}{2}=\frac{15}{2}$

즉, $p=2$, $q=15$이므로 $p+q=17$

10

▸ 25739-0370

$x=\frac{1}{2-\sqrt{3}}$, $y=\frac{1}{2+\sqrt{3}}$일 때, $\frac{x\sqrt{y}}{\sqrt{x}-\sqrt{y}}-\frac{y\sqrt{x}}{\sqrt{x}+\sqrt{y}}$의 값은?

① $\frac{2\sqrt{3}}{3}$ ② $\sqrt{3}$ ③ $\frac{4\sqrt{3}}{3}$
④ $\frac{5\sqrt{3}}{3}$ ⑤ $2\sqrt{3}$

답 ①

풀이 $x=\frac{1}{2-\sqrt{3}}=2+\sqrt{3}$, $y=\frac{1}{2+\sqrt{3}}=2-\sqrt{3}$이므로

$x+y=4$, $x-y=2\sqrt{3}$, $xy=(2+\sqrt{3})(2-\sqrt{3})=4-3=1$

따라서

$$\begin{aligned}\frac{x\sqrt{y}}{\sqrt{x}-\sqrt{y}}-\frac{y\sqrt{x}}{\sqrt{x}+\sqrt{y}}&=\frac{x\sqrt{y}(\sqrt{x}+\sqrt{y})-y\sqrt{x}(\sqrt{x}-\sqrt{y})}{(\sqrt{x}-\sqrt{y})(\sqrt{x}+\sqrt{y})}\\&=\frac{x\sqrt{xy}+xy-xy+y\sqrt{xy}}{x-y}\\&=\frac{(x+y)\sqrt{xy}}{x-y}=\frac{4\times 1}{2\sqrt{3}}=\frac{2\sqrt{3}}{3}\end{aligned}$$

11

▸ 25739-0371

$x=\frac{\sqrt{2}+1}{\sqrt{2}-1}$, $y=\frac{\sqrt{2}-1}{\sqrt{2}+1}$일 때,
$x^3-x^2y-xy^2+y^3$의 값을 구하시오.

답 192

풀이
$$\begin{aligned}x^3-x^2y-xy^2+y^3&=x^2(x-y)-y^2(x-y)\\&=(x^2-y^2)(x-y)\\&=(x+y)(x-y)^2\end{aligned}$$

이고

$x=\frac{\sqrt{2}+1}{\sqrt{2}-1}=\frac{(\sqrt{2}+1)^2}{(\sqrt{2}-1)(\sqrt{2}+1)}=3+2\sqrt{2}$

$y=\frac{\sqrt{2}-1}{\sqrt{2}+1}=\frac{(\sqrt{2}-1)^2}{(\sqrt{2}+1)(\sqrt{2}-1)}=3-2\sqrt{2}$

에서

$x+y=6$, $x-y=4\sqrt{2}$

이므로

$$\begin{aligned}x^3-x^2y-xy^2+y^3&=(x+y)(x-y)^2\\&=6\times(4\sqrt{2})^2=192\end{aligned}$$

12

▸ 25739-0372

함수 $y=\sqrt{2x-3}+3$의 정의역을 A,
함수 $y=-\sqrt{-3x+15}+2$의 정의역을 B라 할 때, 집합 $A\cap B$의 원소 중 정수인 것의 개수는?

① 3 ② 4 ③ 5
④ 6 ⑤ 7

답 ②

풀이 함수 $y=\sqrt{2x-3}+3$의 정의역은

$A=\left\{x\middle|x\geq\frac{3}{2}\right\}$,

함수 $y=-\sqrt{-3x+15}+2$의 정의역은

$B=\{x|x\leq 5\}$

이므로

$A\cap B=\left\{x\middle|\frac{3}{2}\leq x\leq 5\right\}$

따라서 $A\cap B$의 원소 중 정수는 2, 3, 4, 5이므로 그 개수는 4이다.

13

▸ 25739-0373

두 상수 a, b에 대하여 함수 $f(x)=\sqrt{ax}+b$에 대한 설명 중 **보기**에서 옳은 것만을 있는 대로 고른 것은? (단, $a\neq0$)

보기

ㄱ. $a=1$, $b=2$일 때, 함수 $y=f(x)$의 그래프는 제1사분면을 지난다.

ㄴ. a의 값에 관계없이 치역은 $\{y|y\geq b\}$이다.

ㄷ. $ab>0$일 때, 함수 $y=f(x)$의 그래프는 제4사분면을 지나지 않는다.

① ㄱ ② ㄱ, ㄴ ③ ㄱ, ㄷ ④ ㄴ, ㄷ ⑤ ㄱ, ㄴ, ㄷ

답 ⑤

풀이 ㄱ. 함수 $y=\sqrt{x}+2$는 정의역이 $\{x|x\geq0\}$이고 치역이 $\{y|y\geq2\}$이므로 함수 $y=\sqrt{x}+2$의 그래프는 그림과 같이 제1사분면을 지난다. (참)

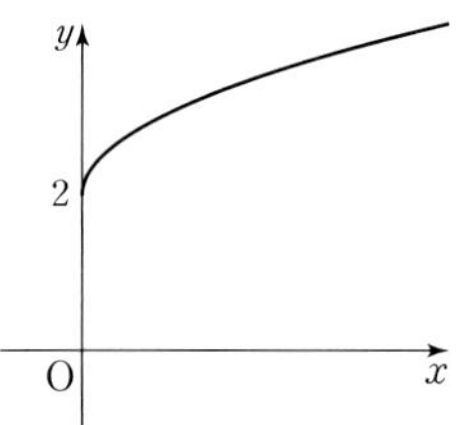

ㄴ. $a>0$일 때 정의역은 $\{x|x\geq0\}$이고 치역은 $\{y|y\geq b\}$이고, $a<0$일 때, 정의역은 $\{x|x\leq0\}$이고 치역은 $\{y|y\geq b\}$이다. 따라서 a의 값에 관계없이 치역은 항상 $\{y|y\geq b\}$이다. (참)

ㄷ. $a>0$, $b>0$일 때, 제1사분면을 지나고 제4사분면을 지나지 않는다.

$a<0$, $b<0$일 때, 함수 $y=\sqrt{ax}+b$는 정의역이 $x\leq0$이고 치역은 $b\geq0$이므로 함수 $y=\sqrt{ax}+b$의 그래프는 제2사분면과 제3사분면을 지나고 제4사분면을 지나지 않는다. (참)

따라서 옳은 것은 ㄱ, ㄴ, ㄷ이다.

14

▸ 25739-0374

함수 $f(x)=\sqrt{4-2x}+3$과 그 역함수 $f^{-1}(x)$에 대하여 $f^{-1}(a)=\frac{3}{2}$, $f(0)=b$를 만족시킬 때, 두 상수 a, b에 대하여 $f(a-2b)$의 값을 구하시오.

답 7

풀이 $f^{-1}(a)=\frac{3}{2}$에서 $f\left(\frac{3}{2}\right)=a$

$f\left(\frac{3}{2}\right)=\sqrt{4-2\times\frac{3}{2}}+3=4$이므로 $a=4$

$f(0)=\sqrt{4}+3=5$에서 $b=5$이므로

$a-2b=4-5\times2=-6$

따라서 $f(a-2b)=f(-6)=\sqrt{4-2\times(-6)}+3=7$

15

| 2023학년도 3월 고2 학력평가 20번 |

▸ 25739-0375

함수

$$f(x)=\begin{cases}-(x-a)^2+b & (x\leq a)\\ -\sqrt{x-a}+b & (x>a)\end{cases}$$

와 서로 다른 세 실수 α, β, γ가 다음 조건을 만족시킨다.

(가) 방정식 $\{f(x)-\alpha\}\{f(x)-\beta\}=0$을 만족시키는 실수 x의 값은 α, β, γ뿐이다.

(나) $f(\alpha)=\alpha$, $f(\beta)=\beta$

$\alpha+\beta+\gamma=15$일 때, $f(\alpha+\beta)$의 값은? (단, a, b는 상수이다.)

① 1 ② 2 ③ 3 ④ 4 ⑤ 5

답 ③

풀이 함수 $y=f(x)$의 그래프는 다음과 같다.

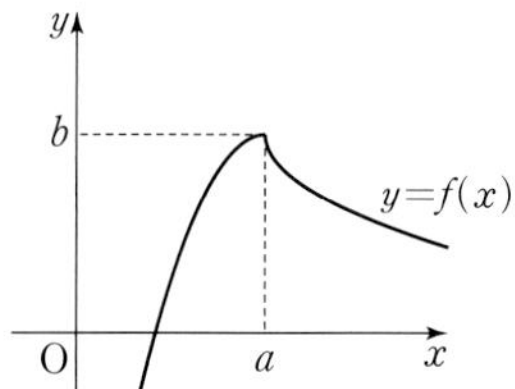

조건 (가)에서 $f(x)=\alpha$ 또는 $f(x)=\beta$이고

조건 (나)에서 $f(\alpha)=\alpha$, $f(\beta)=\beta$이므로

$f(x)=\alpha$를 만족시키는 실수 x의 값이 α, γ이고 $f(x)=\beta$를 만족시키는 실수 x의 값이 β뿐이라 하자.

함수 $y=f(x)$의 그래프와 직선 $y=\alpha$는 서로 다른 두 점에서 만나야 하고 함수 $y=f(x)$의 그래프와 직선 $y=\beta$는 한 점에서만 만나야 한다.

또 함수 $y=f(x)$의 그래프와 직선 $y=\beta$가 만나는 점은 (a, b)가 된다.

즉, $a=\beta$, $b=\beta$

조건 (나)에서 그림과 같이 함수 $y=f(x)$의 그래프와 직선 $y=x$는 두 점 (α, α), (β, β)에서 만나고 함수 $y=f(x)$의 그래프와 직선 $y=\alpha$는 두 점 (α, α), (γ, α)에서 만난다.

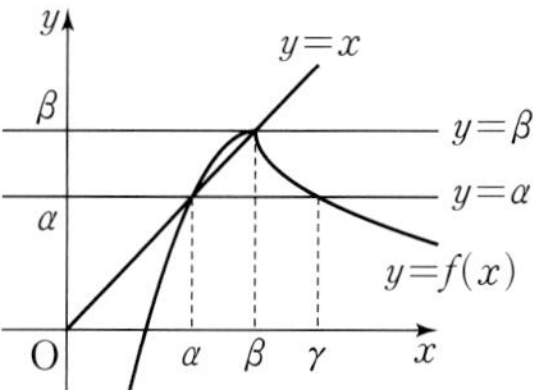

$f(x)=x$에서

$-(x-a)^2+b=x$, $-(x-\beta)^2+\beta=x$

$(x-\beta)^2+x-\beta=0$, $(x-\beta)(x-\beta+1)=0$

따라서 $x=\beta$ 또는 $x=\beta-1$이고

$\alpha<\beta$이므로 $\alpha=\beta-1$

한편 무리함수 $y=-\sqrt{x-\beta}+\beta$의 그래프가 점 $(\gamma,\ \alpha)$를 지나므로

$\alpha=-\sqrt{\gamma-\beta}+\beta$에서

$\beta-1=-\sqrt{\gamma-\beta}+\beta$

$\sqrt{\gamma-\beta}=1$

양변을 제곱하여 정리하면

$\gamma=\beta+1$

$\alpha+\beta+\gamma=15$에서

$(\beta-1)+\beta+(\beta+1)=15,\ \beta=5$

즉, $f(x)=\begin{cases}-(x-5)^2+5 & (x\le5)\\ -\sqrt{x-5}+5 & (x>5)\end{cases}$이고

또 $\alpha=4$이므로 $\alpha+\beta=9$

따라서 $f(9)=-\sqrt{9-5}+5=3$

16

▸ 25739-0376

모든 실수 x에 대하여 $\sqrt{2kx^2-kx+4}$의 값이 실수가 되도록 하는 실수 k의 최댓값은?

① 28 ② 30 ③ 32 ④ 34 ⑤ 36

답 ③

풀이 모든 실수 x에 대하여 $\sqrt{2kx^2-kx+4}$의 값이 실수가 되기 위해서는 모든 실수 x에 대하여 $2kx^2-kx+4\ge0$이어야 한다.

(i) $k=0$일 때,
$4\ge0$이므로 성립한다.

(ii) $k>0$일 때,
이차방정식 $2kx^2-kx+4=0$의 판별식을 D라 하면
$D=(-k)^2-4\times2k\times4=k^2-32k\le0$이어야 한다.
$k(k-32)\le0,\ k>0$이므로 $0<k\le32$

(iii) $k<0$일 때,
$2kx^2-kx+4\ge0$이 항상 성립하는 것은 아니다.

(i)~(iii)에 의하여 실수 k의 값의 범위는 $0\le k\le32$이므로 k의 최댓값은 32이다.

17

▸ 25739-0377

그림과 같이 점 $\mathrm{A}(n,\ 0)\ (n>0)$을 지나고 x축에 수직인 직선이 두 함수 $y=\sqrt{4x},\ y=\sqrt{kx}$의 그래프와 만나는 점을 각각 B, C라 하자. 삼각형 OAB가 직각이등변삼각형이고 삼각형 OAB의 넓이와 삼각형 OAC의 넓이의 합이 11일 때, 상수 k에 대하여 $16k$의 값을 구하시오. (단, $0<k<4$이고 O는 원점이다.)

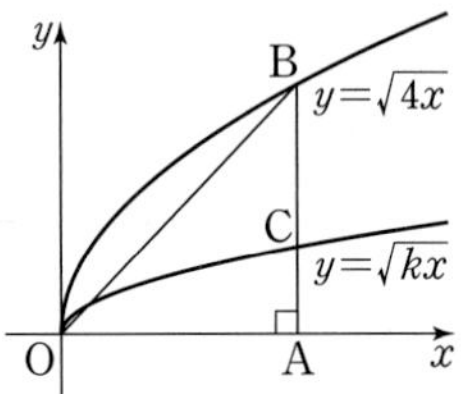

답 9

풀이 점 $\mathrm{A}(n,\ 0)$을 지나고 x축에 수직인 직선 $x=n$과 두 함수 $y=\sqrt{4x},\ y=\sqrt{kx}$의 그래프가 만나는 점의 좌표는 각각 $\mathrm{B}(n,\ \sqrt{4n}),\ \mathrm{C}(n,\ \sqrt{kn})$

삼각형 OAB가 직각이등변삼각형이므로 $\overline{\mathrm{OA}}=\overline{\mathrm{AB}}$

즉, $n=\sqrt{4n}$에서 $n^2=4n,\ n(n-4)=0$

$n>0$이므로 $n=4$

두 삼각형 OAB, OAC의 넓이는 각각

$\frac{1}{2}\times4\times\sqrt{4\times4}=8,\ \frac{1}{2}\times4\times\sqrt{k\times4}=4\sqrt{k}$이고

두 삼각형의 넓이의 합이 11이므로

$8+4\sqrt{k}=11,\ 4\sqrt{k}=3,\ k=\frac{9}{16}$

따라서 $16k=9$

18

▸ 25739-0378

양수 a와 실수 m에 대하여 함수 $y=|\sqrt{ax}-3|$의 그래프와 직선 $y=m(x+3)$이 만나는 서로 다른 점의 개수를 $N(m)$이라 하자. 임의의 양의 실수 m에 대하여 $N(m)\ne1$일 때, 상수 a의 값을 구하시오.

답 24

풀이 함수 $y=|\sqrt{ax}-3|$의 그래프의 개형은 그림과 같다.

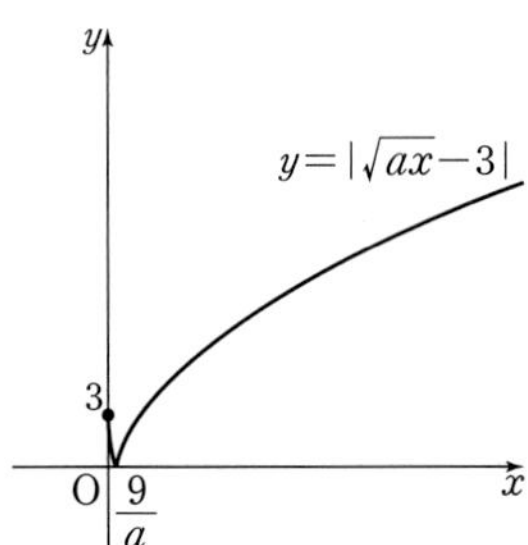

직선 $y=x+3$과 함수 $y=|\sqrt{ax}-3|$의 그래프의 위치 관계는 다음과 같다.

(i) 직선 $y=x+3$과 함수 $y=|\sqrt{ax}-3|$의 그래프가 한 점에서 만나는 경우

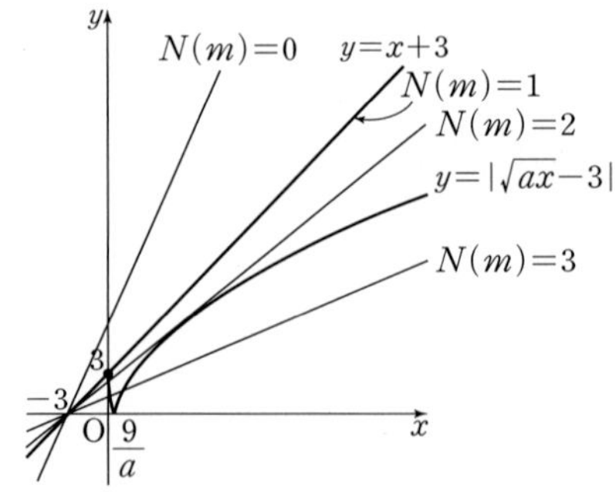

임의의 양의 실수 m에 대하여 직선 $y=m(x+3)$과 함수 $y=|\sqrt{ax}-3|$의 그래프의 교점의 개수는 0 또는 1 또는 2 또는 3인데 $N(1)=1$이므로 주어진 조건을 만족시키지 않는다.

(ii) 직선 $y=x+3$과 함수 $y=|\sqrt{ax}-3|$의 그래프가 서로 다른 두 점에서 만나는 경우

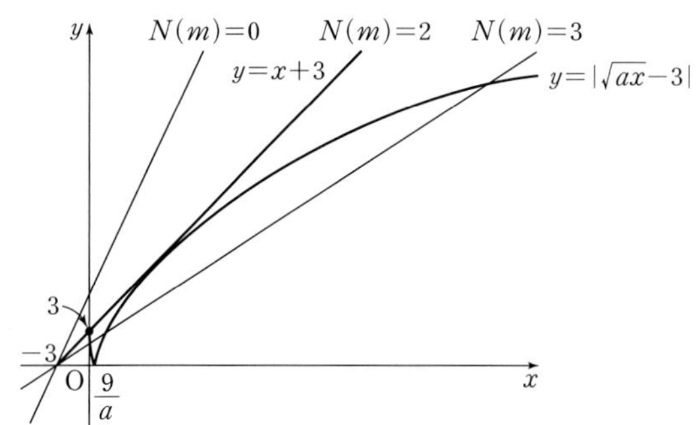

임의의 양의 실수 m에 대하여 직선 $y=m(x+3)$과 함수 $y=|\sqrt{ax}-3|$의 그래프의 교점의 개수는 0 또는 2 또는 3이므로 $N(m)\neq 1$을 만족시킨다.

$x>\frac{9}{a}$에서 함수 $y=|\sqrt{ax}-3|$의 그래프와 직선 $y=x+3$이 접할 때의 a의 값을 구해보자.

$\sqrt{ax}-3=x+3$에서 $\sqrt{ax}=x+6$

위 등식의 양변을 제곱하면

$ax=x^2+12x+36$, $x^2+(12-a)x+36=0$

이 이차방정식의 판별식을 D라 하면 $D=0$이어야 하므로

$D=(12-a)^2-4\times1\times36=0$, $a^2-24a=0$, $a(a-24)=0$

$a>0$이므로 $a=24$

(iii) 직선 $y=x+3$과 함수 $y=|\sqrt{ax}-3|$의 그래프가 서로 다른 세 점에서 만나는 경우

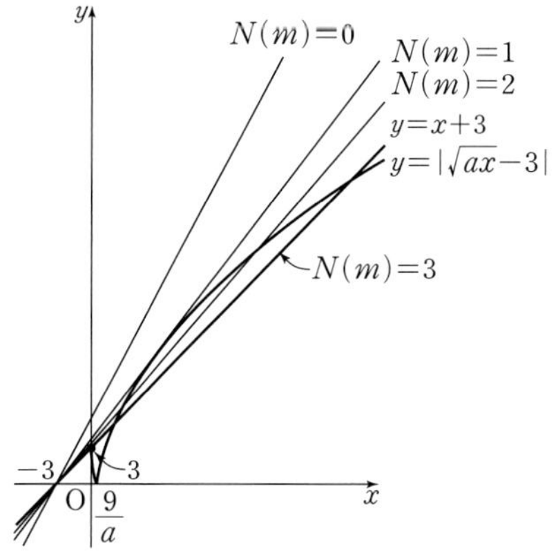

임의의 양의 실수 m에 대하여 직선 $y=m(x+3)$과 함수 $y=|\sqrt{ax}-3|$의 그래프의 교점의 개수는 0 또는 1 또는 2 또는 3이다. 즉, $N(m)=1$인 1보다 큰 실수 m의 값이 존재하므로 주어진 조건을 만족시키지 않는다.

(i)~(iii)에 의하여 구하는 상수 a의 값은 24이다.

서술형

19

▸ 25739-0379

함수 $f(x)=\frac{x-3}{x-5}$의 그래프가 x축과 만나는 점을 A라 하고, 함수 $y=f(x)$의 그래프의 두 점근선이 만나는 점을 B라 하자. 두 점 A, B를 지나는 원의 넓이의 최솟값을 $m\pi$라 할 때, $12m$의 값을 구하시오. (단, m은 상수이다.)

답 15

풀이 $\frac{x-3}{x-5}=0$에서 $x=3$이므로 점 A의 좌표는 $(3, 0)$ …… ❶

또한 $f(x)=\frac{x-3}{x-5}=\frac{x-5+2}{x-5}=\frac{2}{x-5}+1$에서

함수 $y=f(x)$의 그래프의 점근선은 $x=5$, $y=1$이므로

함수 $y=f(x)$의 그래프의 점근선이 만나는 점 B의 좌표는 $(5, 1)$ …… ❷

두 점 A(3, 0), B(5, 1)을 지나는 원 중 넓이가 최소인 원은 선분 AB를 지름으로 하는 원이다.

$\overline{AB}=\sqrt{(5-3)^2+(1-0)^2}=\sqrt{5}$에서 반지름의 길이가 $\frac{\sqrt{5}}{2}$이므로

두 점 A, B를 지나는 원의 넓이의 최솟값은

$\pi\times\left(\frac{\sqrt{5}}{2}\right)^2=\frac{5}{4}\pi$이므로 $m=\frac{5}{4}$ …… ❸

따라서 $12m=12\times\frac{5}{4}=15$ …… ❹

채점 기준	배점
❶ 점 A의 좌표 구하기	20 %
❷ 점 B의 좌표 구하기	30 %
❸ 원의 넓이의 최솟값 구하기	40 %
❹ $12m$의 값 구하기	10 %

20

▸ 25739-0380

유리함수 $y=\frac{ax+3}{x-2a}$의 그래프의 두 점근선과 직선 $y=x+5$로 둘러싸인 도형의 넓이가 18일 때, 양수 a의 값을 구하시오.

답 1

풀이 함수 $y=\frac{ax+3}{x-2a}$의 그래프의 두 점근선의 방정식은

$x=2a$, $y=a$

두 점근선의 교점을 A, 직선 $y=x+5$와 두 점근선 $x=2a$, $y=a$의 교점을 각각 B, C라 하면

세 점 A, B, C의 좌표는

A$(2a, a)$, B$(2a, 2a+5)$, C$(a-5, a)$이다. …… ❶

함수 $y=\frac{ax+3}{x-2a}$의 그래프의 두 점근선이 서로 수직이고

$\overline{AB}=\overline{AC}=|a+5|$이므로 삼각형 ABC는 $\angle A=90°$인 이등변삼각형이다.

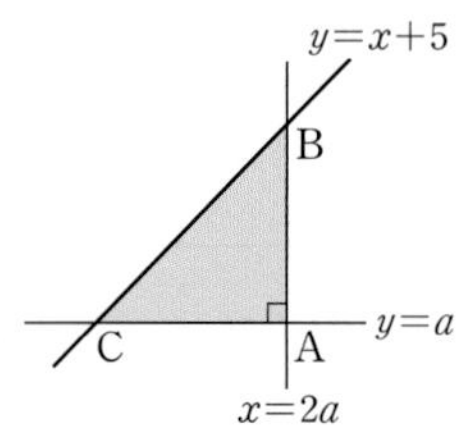

$\frac{1}{2}(a+5)^2=18$에서 $(a+5)^2=36$ ...... ❷

$a+5=-6$ 또는 $a+5=6$

$a=-11$ 또는 $a=1$

a는 양수이므로 $a=1$ ...... ❸

채점 기준	배점
❶ 세 점 A, B, C의 좌표를 a로 나타내기	40 %
❷ 삼각형 ABC의 넓이를 a로 나타내기	40 %
❸ a의 값 구하기	20 %

21

▸ 25739-0381

함수 $y=\sqrt{ax+b}+c$의 정의역이 $\{x|x\geq 2\}$, 치역이 $\{y|y\geq 5\}$이고 이 함수의 그래프가 점 $(3, 9)$를 지난다. 함수 $y=\sqrt{cx-a}-b$의 정의역이 $\{x|x\geq \alpha\}$이고 치역이 $\{y|y\geq \beta\}$일 때, $\frac{\beta}{\alpha}$의 값을 구하시오.

(단, $a>0$, $\alpha\neq 0$이고 b, c, α, β는 상수이다.)

답 10

풀이 $y=\sqrt{ax+b}+c$의 정의역이 $\{x|x\geq 2\}$이므로

$ax+b\geq 0$, 즉 $x\geq -\frac{b}{a}$에서 $-\frac{b}{a}=2$, $b=-2a$

이 함수의 치역이 $\{y|y\geq 5\}$이므로

$c=5$

즉, $y=\sqrt{ax-2a}+5$

또, 이 함수의 그래프가 점 $(3, 9)$를 지나므로

$9=\sqrt{3a-2a}+5$

$\sqrt{a}=4$

$a=16$

$b=-2\times 16=-32$ ...... ❶

함수 $y=\sqrt{cx-a}-b=\sqrt{5x-16}+32$ ...... ❷

$5x-16\geq 0$에서

이 함수의 정의역은 $\left\{x\middle|x\geq \frac{16}{5}\right\}$이고 치역은 $\{y|y\geq 32\}$이다.

...... ❸

따라서 $\alpha=\frac{16}{5}$, $\beta=32$이므로 $\frac{\beta}{\alpha}=10$ ...... ❹

채점 기준	배점
❶ a, b, c의 값 구하기	50 %
❷ 함수 $y=\sqrt{cx-a}-b$의 식 구하기	20 %
❸ 함수 $y=\sqrt{cx-a}-b$의 정의역과 치역 구하기	20 %
❹ $\frac{\beta}{\alpha}$의 값 구하기	10 %

22

▸ 25739-0382

두 함수 $f(x)=\frac{ax+b}{x+2}$, $g(x)=\sqrt{x+4}+c$에 대하여 실수 전체의 집합에서 $h(x)$를

$$h(x)=\begin{cases} f(x) & (x\leq -3) \\ g(x) & (x\geq -3) \end{cases}$$

이라 할 때, $h(x)$는 함수이고, 다음 조건을 만족시킨다.

> (가) 함수 $y=h(x)$의 그래프가 y축과 만나는 점의 y좌표는 23이다.
> (나) 함수 $h(x)$는 일대일함수이다.
> (다) 함수 $h(x)$의 치역은 $\{y|y>4\}$이다.

$h(-4)+h(5)$의 값을 구하시오.

(단, a, b, c는 상수이고 $b\neq 2a$이다.)

답 37

풀이 함수 $h(x)$가 실수 전체의 집합에서 정의된 함수이므로

$f(-3)=g(-3)$에서

$\frac{-3a+b}{-3+2}=\sqrt{-3+4}+c$, $3a-b=1+c$

$3a-b-c=1$ ...... ㉠ ...... ❶

$\frac{ax+b}{x+2}=\frac{a(x+2)-2a+b}{x+2}=\frac{-2a+b}{x+2}+a$이므로

두 점근선의 방정식은 $x=-2$, $y=a$이다.

조건 (가)에서 $h(0)=g(0)=\sqrt{4}+c=23$이므로

$c=21$ ...... ㉡

따라서 $x\geq -3$에서 $h(x)=g(x)\geq 22$

조건 (나)에서 함수 $y=f(x)$의 그래프는 x축의 방향으로 2만큼, y축의 방향으로 $-a$만큼 평행이동했을 때 그 그래프가 제2사분면을 지나므로 $-2a+b<0$ ...... ㉢

즉, 함수 $h(x)$가 $x\geq -3$에서 $h(x)\geq 22$이고 $-2a+b<0$

조건 (다)에서 함수 $h(x)$의 치역이 $\{y|y>4\}$이므로

$x\leq -3$에서 $y>4$이다.

따라서 $a=4$ ...... ㉣

㉡, ㉣을 ㉠에 대입하면 $3\times 4-b-21=1$에서 $b=-10$이고 이것은 ㉢을 만족시킨다. ...... ❷

따라서 $h(x)=\begin{cases} \frac{4x-10}{x+2} & (x\leq -3) \\ \sqrt{x+4}+21 & (x\geq -3) \end{cases}$이므로 ...... ❸

$h(-4)+h(5)=\frac{4\times(-4)-10}{-4+2}+\sqrt{5+4}+21$

$=13+24=37$ ...... ❹

채점 기준	배점
❶ 함수의 정의를 이용하여 $f(-3)=g(-3)$임을 확인하기	30 %
❷ a, b, c의 값 구하고 $-2a+b<0$임을 확인하기	40 %
❸ 함수 $h(x)$의 식 구하기	20 %
❹ $h(-4)+h(5)$의 값 구하기	10 %